Bauwelt Fundamente 99

Herausgegeben von
Ulrich Conrads und Peter Neitzke

Beirat:
Gerd Albers
Hansmartin Bruckmann
Lucius Burckhardt
Gerhard Fehl
Herbert Hübner
Julius Posener
Thomas Sieverts

trotzdem modern

Die wichtigsten Texte
zur
Architektur in Deutschland
1919–1933

Ausgewählt und kommentiert
von
Kristiana Hartmann

Der Umschlag zeigt auf der Titelseite das Bauhaus in Dessau. Der Blick geht vom Werkstättengebäude auf das Atelierhaus. Foto um 1927 von Irene Hoffmann. Umschlagrückseite: Federzeichnung von Bruno Taut zur *Stadtkrone*. Aus dem gleichnamigen, bei Eugen Diederichs 1919 in Jena erschienenen Buch Tauts.

Alle Rechte vorbehalten
© Friedr. Vieweg & Sohn Verlagsgesellschaft mbH, Braunschweig/Wiesbaden, 1994

Der Verlag Vieweg ist ein Unternehmen der Verlagsgruppe Bertelsmann International

Umschlagentwurf: Helmut Lortz
Herstellung: Ute Jöst Publikations-Service, Weinheim
Satz: Fotosatz Otto Gutfreund GmbH, Darmstadt
Druck und buchbinderische Verarbeitung: Lengericher Handelsdruckerei, Lengerich
Gedruckt auf säurefreiem Papier
Printed in Germany

ISBN 3-528-08799-4   ISSN 0522-5094

Inhalt

Kristiana Hartmann: Neugier auf die Moderne 7

I Dokumente 1919–1923

1 Ausblicke, Rückblicke 52
2 Expressionismus 80
3 Zusammenschlüsse 100

II Dokumente 1924–1928

1 Die Protagonisten oder Sieg des neuen Baustils 122
2 Zweifel, Kritik 158

III Dokumente 1929–1933

1 Appell an die Vernunft oder Was ist modern? 198
2 Die Patriarchen kommen zu Wort 238
3 Front 276

IV Übergeordnete Texte 1918–1933

1 Blick über die Grenzen 292
2 Wohnung, Wohnkultur 334
3 Typ, Serie und Sozialisierung 368
4 Lehren aus der Geschichte 400

Die Dokumente. Gesamtübersicht 410
Namenregister 414

George Grosz: Vorstadt. Blatt 73 aus „Ecce Homo", 1922/23

Kristiana Hartmann

Neugier auf die Moderne

trotzdem modern ... obwohl der Tod der Moderne schon angesagt war

Die Moderne zwischen den Stühlen

„Mechanization takes Command"
oder der Bauwirtschaftsfunktionalismus übernimmt die Leitung

Kritiker... Skeptiker... und die Wiedergutmachung

Modernity and Commerce

Heroenkult ist keine Antwort

Bewegung als Zukunftspostulat

Architektur als Erzieherin oder Sprache und Architektur

Typen produzieren Probleme

Angriffe von links und von rechts

Qualität für das Glück –
oder die produktive Kraft des Zweifelns

Und die Rezeption der Moderne?
Arbeiter, Angestellte, Parteikader und die Neue Sachlichkeit

Ungereimtheiten zulassen
oder eine Anthologie zur Geschichte der Moderne als Weg-Weiser

Die Geschichte der modernen Architektur 1919–1933 in Deutschland, mit den Begriffen wie Avantgarde, Neue Sachlichkeit, Funktionalismus, Rationalismus, Neues Bauen, später Internationaler Stil umschrieben, soll, das ist mein Wunsch, neu gelesen werden können.
Der Moderne[1], dem „Götterbild der Moderne", einem „wissenden und reinen Weib mit flatterndem Gewand und vorwärtsschreitender Gebärde"[2], gilt mein Interesse. Die Moderne ist ein lang andauernder, noch immer nicht abgeschlossener und kulturpolitisch weitverzweigter Prozeß des Suchens. Die Modernisierung begann im 16. Jahrhundert und erreichte mit der Aufklärung einen Höhepunkt. Die Umstrukturierung der sozialen Wirklichkeit, die Freisetzung der Menschen aus ökonomischen, sozialen und ideologischen Spannungen gehören zum Programm der Moderne. Schließlich wurde die Moderne in den achtziger Jahren des 19. Jahrhunderts in Berlin und kurz darauf auch in Wien in Szene gesetzt. Deutsche Literaten, genannt das „Junge Deutschland", kämpften, erschreckt vom Gründerschwindel und Gründerboom, gegen „Schlotbarone" und „Planlosigkeit". Mit „Sezessionsstil-Socken" und „stefangeorgischen Ohrmuscheln" (Herwarth Walden)[3] forderten sie eine grundlegende Lösung der „sozialen Frage".
Der bauhistorischen Aufarbeitung der Moderne wurde in den letzten Jahren beträchtliche Aufmerksamkeit gewidmet. Der Architekt und Bauhistoriker Kenneth Frampton hat 1980 ein intensiv beobachtendes Buch *Die Architektur der Moderne*, mit dem Untertitel *Eine kritische Baugeschichte* herausgegeben.[4] In der Bundesrepublik Deutschland wird die „Besichtigung der Moderne" seminarartig vollzogen.[5] „Die andere Tradition" wird ausgestellt.[6] Auf die „sanfte Alternativposition zur programmatischen Moderne" wiesen Münchner Ausstellungen des Jahres 1990 hin: „Die Klassische Moderne der Post" (Rudolf Vorhoelzer, 1884–1954) oder die monographische Schau über den süddeutschen Lois Welzenbacher (1889–1955).[7] 1992 wird in Münster an die „Halbzeit der Moderne"[8] und in Frankfurt an „Moderne Architektur in Deutschland"[9] erinnert. Anatole Kopp beschreibt in seinem Buch *Quand le Moderne n'était pas un style mais une cause*[10] vor allem die „changements radicaux".
Bisher als unumstößlich geltende Epochebildungen und Zeitgrenzen (1918, 1933, 1945) werden in Frage gestellt. Zugleich konstatiert die Forschung das Nebeneinander von Stilrichtungen, wie z.B. Expressionismus, Funktionalismus, Traditionalismus.[11] Die feinsinnigen Analysen herausragender Monumente, die Monographien über einzelne Architekten konzentrieren sich meist auf formale Fragen. Die „Moderne" wird

selten aus ihrer Klammerung an „Manifeste"[12] gelöst. Die Vielschichtigkeit von Architektur, vor allem ihre Verflechtung mit anderen Denk-Prozessen, Denk-Bereichen, mit anderen Disziplinen, kurz, architektonische Entwicklungen als Teil des gesamtkulturellen Prozesses zu erkennen, war weder Gegenstand noch Ziel der Auseinandersetzung.[13]
Die Architektur der Moderne soll hier nun nicht entlang der gebauten Objekte beobachtet werden, es geht vielmehr um das beinahe übersehene Streitgespräch über Architektur innerhalb der Moderne selbst. Aus vielfach weitgehend unbekannten wie auch aus bekannten, doch mehr oder weniger in Vergessenheit geratenen Beiträgen in Kulturblättern, Fachzeitschriften und auch in der Tagespresse läßt sich in gebotener Abkürzung ein Bild der intensiven Architekturdebatte zwischen 1919 und 1933 gewinnen: eine selten gleichstimmige, viel öfter widersprüchliche, eng miteinander verzahnte Folge differenzierter Meinungen und wohlüberlegter Darstellungen. Aus all diesen Stimmen habe ich nach mehrmaliger Durchsicht eine kritische Auswahl getroffen[14], zu der vorliegenden Anthologie geordnet und das Ergebnis *trotzdem modern* genannt.
Diese Anthologie ist keine neue Architekturgeschichte der Moderne, sondern ein Lesebuch mit zeitgenössischen Texten zu einer erweiterten Sicht der Moderne. *trotzdem modern* fahndet nach den Alltagsgesprächen über Architektur, nach der Art des Abwägens und dem Inhalt der Argumente.
Viele zeitgenössische Architekten fragten sich: Ist die erhoffte Befreiung von den Fesseln der architektonisch vermittelten politischen Überhöhung durch die gläserne Sichtbarmachung, durch die entschlackte Form erreicht, wird dieses Angebot von den Nutzern angenommen oder nicht? Oder werden mit der angestrebten Technisierung nur neue Probleme produziert?
Die chronologisch gruppierten Dokumente berichten über den Verlauf der Architekturdebatte und über die persönlichen Verknüpfungen der Diskussionsteilnehmer 1919–1923, 1924–1928, 1929–1933. Zeitübergreifende Artikel, übergeordnete Texte 1918–1934 zu den Themen *Blick über die Grenzen, Wohnung/Wohnkultur, Typ/Serie und Sozialisierung, Lehren aus der Geschichte* sind an den Schluß der Anthologie gestellt.

trotzdem modern...
obwohl der Tod der Moderne schon angesagt war

Das Lesebuch zur Moderne soll die aktuelle architektonische Diskussion erweitern, vor allem die festgefügten Meinungen über die Moderne von neuem in Frage stellen. Die in der Anthologie gesammelten und geäußerten Gedanken hatten kaum Chance, in die Praxis umgesetzt zu werden. Nur kurz war die Zeit der klassischen Moderne zwischen der Stabilisierung der Mark 1924 und der Destabilisierung der Weltwirtschaft 1929. Länger, als die Moderne „lebte", dauert mittlerweile ihr „Ausverkauf". „Die Moderne ist alt geworden", ließ sich Heinrich Klotz 1984 vernehmen.[15] Die medienwirksamsten Aktionen gegen die Moderne sind Befreiungsschläge, etwa die eines Charles Jencks, der gar den „Schlußakkord der Uniformitätsdynamik" der Moderne festzulegen unternahm. Die am 15. Juli 1972 in St. Louis, Missouri vorgenommene Sprengung von 14geschossigen Scheibenhäusern der Siedlung Pruitt-Igoe des Architekten Minora Yamasaki, die 1951 noch in Erinnerung an die CIAM-Ideale mit dem ersten Preis des Institute of Architects gekrönt worden waren, galt Jencks als „Tod der Moderne".[16]

Von ähnlicher Bedeutung bei der Verunglimpfung der Moderne – oder besser der Epigonen der Moderne – sind die folgenden Ereignisse: Am 18. Februar 1986 wurde im Wohngebiet „Les 4000" in La Courneuve bei Saint Denis um 13.07 Uhr – zur live-Übertragung nach den Nachrichten – der Wohnblock mit dem symbolträchtigen Namen „Debussy" gesprengt. 1987 wurde die mit Pathos und Bundesmitteln erst in den sechziger Jahren erstellte „Metastadt" in Wulfen abgebrochen. „So endet eine Moderne ...".[17] Schuld daran waren, das vermitteln die Strategen der Postmoderne in ihrer verkürzenden Geschichtsbetrachtung, der „weiße Rechtkant", die „leere weiße Wand", die „weißen und gläsernen Kästen", die „weißen Elementarkörper", die „nackten weißen Kuben" oder die „weiße Stereometrie der Baukuben" wie auch das „stählerne Weiß der Maschine".

An die Stelle einer weißen Glaskiste stellte der Amerikaner Robert Venturi den „dekorierten Schuppen" oder das „Haus als Ente". Mit Sprachspielen, mit bewußten historischen Verkürzungen setzte die angloamerikanische Kampagne gegen die Moderne ein. Schon 1966 bog Venturi Mies van der Rohes Lebensziel „less is more" ironisch in „less is bore" um. Natürlich wurde auch Sullivans „form follows function" persifliert. Aus Peter Blakes Umkehrslogan „form follows fiasco" aus dem Jahr 1974[18] wurde das postmoderne „form follows fun" modelliert, obwohl eine andere Umdeutung – „form follows profit" – dem tatsächlichen, renditeorientierten neuen Baugeschehen am ehesten entspräche.

Die „Absolutheitsdogmen der Moderne" wurden durch eine blühende und schließlich wuchernde und überreizte Pflanze, die postmoderne

Architektur, ersetzt. Der „Untergang des Ozeans der Monotonie" wurde gefeiert.[19] Die Postmoderne hätte, so Jencks und seine Nachbeter, die „durchgängige Fehlkonstruktion", die „negative Kehrseite der Ganzheitshoffnungen", der „Unterdrückung" und „Zensur" der Moderne erkannt. Hand-in-Hand standen Architektur-Hoffnungs-Träger und Endzeitstimmungs-Macher nebeneinander. Im Orwell-Jahr 1984 erschien *Die katastrophale Moderne*, verfaßt von Hans-Jürgen Heinrich. Ein Jahr später rezensierte die italienische Wochenzeitschrift *L'Espresso* den Titel *La Fine della modernità* (Das Ende der Moderne) von Gianni Vattimo mit der Überschrift: „Siamo tutti post-malati" (Wir sind alle post-krank). Der „Traum der Vernunft gebar", so Wolf Jobst Siedler, in Anlehnung an Goya, die Moderne degradierend, „Ungeheuer".[20] Derartige Ungeheuer brauchen natürlich keine Heimat mehr. Der Option für einen „bodenständigen kommerziellen Jargon der Straße" folgend, forderte Charles Jencks, das Museum of Modern Art, das 1932 die moderne Architektur mit der Bezeichnung „Internationaler Stil" von Europa in die USA gebracht hatte[21], solle in ‚Museum of Post Modern Art' umbenannt werden.
Die signalartige Ablösung der politisch reflektierenden Moderne durch die sogenannt ‚spontane' und ‚sinnesfreudige' Postmoderne wurde, angesichts allgemeiner Entpolitisierungstendenzen, begrüßt. Die formenreiche Überlagerungs- und Überredungskunst, die sich visueller Manipulationstechniken bediente, paßte in das bundesrepublikanische Wende-Manöver der frühen achtziger Jahre. Die verbale Befreiung der Architektur sowohl aus ihrer konstruktiven als auch wirtschaftlichen Verknüpfung – ein, wie man hoffte, Phantasie-Aufbau-Präparat – kam dem Wunsch nach Entpolitisierung nicht nur der Architektur sehr nahe.
Flight of Fancy betitelte Brent C. Brolin 1985 sein Buch über die „Verdrängung des Ornaments".[22] Mit Texturen vor-moderner Objekte, mit krypto-klassizistischen Pastiches, mit exaltiertem Potpurri-Konsum nach dem Motto *anything goes* – z. B. Charles Moores Piazza d'Italia in New Orleans (1975 ff vom Postmoderne-Philosophen Jean-François Lyotard „Freistil-Klassizismus" genannt) –, mit bewußt eingesetzter architektonischer Schizophrenie, mit Mehrheitskodierungen sollte die neue, die andere Zeit versinnbildlicht werden.
Die Suche nach der Geschichte, nach einer Rechtfertigung formaler Spielereien kann im europäischen Raum weit, zum Beispiel bis in die Zeit des Absolutismus, zurückverfolgt werden. Die im 17. Jahrhundert zu beobachtenden architektonischen Ablösungsprozesse von der antiken

Kultur – die Streitigkeiten über den Vitruvianismus zwischen den „Anciens" und den „Modernes" (Blondel, Perrault etc.), die technologischen Erfindungen des 18. und 19. Jahrhunderts, schließlich die Folgen des rasanten Stadtwachstums im Zuge der Industrialisierung entzogen dem Bauen die normative Sicherheit. Sie entließen die Architektur aus ihren konstruktiven, stilistischen und ideologischen Bindungen und schickten sie in die Beliebigkeit. Doch der durch die Aufklärung hervorgerufene „Schauder vor der Entwurzelung" steckte die Architektur vorerst in ein Museum der Geschichte (Historismus) und eröffnete die Diskussion um das Stilkleid: „In welchem Style sollen wir bauen?" (Heinrich Hübsch, 1795–1863). Das späte Eintreten Deutschlands in den Kreis der europäischen Nationalstaaten zwang die Architekten der „verspäteten Nation"[23], die Stilsuche noch weiter zu treiben, als es die Kollegen anderer Staaten taten. Den Historismus kritisch zu beobachten, auf die formale und suggestive Ummantelung zu verweisen, hatten sich vor allem zwei Architekten zum Ziel gesetzt, der ins Exil geschickte Deutsche Gottfried Semper (1803–1879) und der Österreicher Otto Wagner (1841–1918). Das „Aufatmen über das Entkommen" gelang dem Franzosen Eugène-Emmanuel Viollet-le-Duc (1814–1879) und dem Niederländer Hendrik Petrus Berlage (1856–1934). Im Umgang mit der Geschichte wurden reine, rationale, konstruktive Strukturen auf den Weg der Moderne gelenkt.

Das „Entkommen" aus den Fesseln der Angst, wie es Viollet-le-Duc vorgeschlagen, und das „Befreien" von den Fesseln der Macht, wie es die Moderne versucht hatte, genügte der Post-Moderne nicht. 1980 zelebrierte die Biennale in Venedig „La Presenza del Passato" (Die Gegenwart der Vergangenheit). Ein selbstherrlicher Formalismus setzte an die Stelle der Herrschaft des Singulars die Tyrannei des Plurals.

Das angezettelte Durcheinander stimuliert viele Architekten, die Tradition des postmodernen Historismus mit anderen Formeln fortzusetzen und sich damit in eine der vielen Neo-Gardismen einzureihen. Rationalisten, Kontextualisten widmen ihre Entwurfsarbeit den Varianten des Urtyps, der rein architektonischen Typologie. Um 1988 waren die Dekonstruktivisten stolz, die Postmoderne überholt zu haben.[24] An die Stelle der potpourri-Architektur wurde eine spielerische, dreidimensionale Schichtungstechnik gesetzt. Ein abstraktes Netzkoordinatensystem schirmte die schwebenden Formen, die architektonische Skulptur von der Außenwelt ab. Zum Schutz eines geschlossenen Systems der Architektur beharren die gekrönten Stars sogar darauf, äußere Beschränkungen zu reduzieren oder grundsätzlich abzuwehren und die Verbindung zu anderen kulturellen Veränderungen zu negieren. Die Befreiung der Architektur aus den Niederungen des Alltags zugunsten einer Architektur um der Architektur willen hat Aufwind. Die triviale Vereinnahmung historischer Aspekte ließ Catherine Cook in einer Rezension der New Yorker Dekonstruktivismus-Ausstellung ausrufen: „Der Architekt ermöglicht der Tradition lediglich fehlzugehen, sich selbst zu deformieren [...]. Jeder thematisiert ein anderes Dilemma der reinen Form."[25]

Die Moderne zwischen den Stühlen

Die postmoderne Kampfansage gegen die Moderne hatte in beiden sich widersprechenden weltpolitischen Lagern Vorläufer mit unterschiedlichen Argumenten. Die nationalsozialistische Ideologie unterwanderte schon vor der Machtübernahme die Zukunftshoffnungen der Moderne. Fast gleichzeitig, spätestens 1932, wurde die Moderne den stalinistischen Abwehr- und Austreibungstechniken der Sowjetunion ausgesetzt. Ursprünglich angezogen von der „UdSSR im Aufbau"[26] verließen viele westliche Architekten der Moderne, z. B. Ernst May (1886–1970), Hannes Meyer (1889–1954), Bruno Taut (1880–1938), Hans Schmidt (1893–1972), das Land wieder.[27]
Nach dem Zweiten Weltkrieg riefen die zerstörten, brachliegenden deutschen Städte um Hilfe. Für fünf Millionen zerstörte Wohnungen mußte Ersatz geschaffen werden. 400 Millionen Kubikmeter „äußerer Schutt" wurde abgetragen. Die nach 1945 veröffentlichten Berichte erzählen von der „Kraft des Neuanfangs", vom „Geist der Utopie"[28], auch wenn viele sich mit der Auslagerung des „inneren Schutts", mit der „Unfähigkeit zu trauern" (Mitscherlich) schwer taten. Die Wut auf die faschistischen Kulissen und Lügen, auf die Achsen und Monumente in allen besetzten Zonen rief bis 1949 nach weiträumigen, fast utopisch-organischen Stadtlandschaften, bebaut mit schlichter Sachlichkeit. Die Hauptstadt Berlin erhielt 1946 von Hans Scharouns (1893–1972) Planungskollektiv den radikalsten Ent-Städterungsplan dieser Jahre. Auch der frühe Wiederaufbau in der sowjetischen Zone orientierte sich am Motto „Aus den Trümmern lernen". Die kargen „Schrumpfungspläne", der Wille zur Bepflanzung versus Monumentalisierung stammen von Otto Haesler (1886–1962) in Rathenow, Max Taut (1884–1967) in Magdeburg, Heinrich Tessenow (1876–1950) in Rostock, Hubert Hoffmann (geb. 1904) in Dessau etc. „Die Deutschen liefen aus Verzweiflung zur optimistischen Transparenz über, wollten ihre dumpfen Bunkergefühle [...] verges-

sen."²⁹ Die in innerer Emigration überlebenden „Partisanen" der modernen Architektur³⁰ plädierten für eine bescheidene Sachlichkeit, für Zurückhaltung. Die Ruinenrekonstruktion der Frankfurter Paulskirche durch Rudolf Schwarz (1897–1961) und andere Architekten zwischen 1946 und 1948, diese demonstrativ schlichte Monumentalvision im Nachkriegsdeutschland, und die karge, auf wesentliche Elemente beschränkte Rekonstruktion der teilweise zerstörten Alten Pinakothek von Leo von Klenze (1784–1864) in München durch Hans Döllgast (1891–1974) zwischen 1952 und 1957 zeigen an, daß die Architektursprache in den ersten Nachkriegsjahren als politische Haltungssprache verstanden worden ist. In den achtziger Jahren, mitten im postmodernen Abschreibungswettlauf gegen die Moderne, wuchsen und wucherten Diskussionen über einen rehistorisierenden „Rückbau" der genannten Beispiele demonstrativer Schlichtheit. Immer wieder wird man beinahe gezwungen, „trotzdem modern" zu sagen.

Die gleichsam einheitliche Haltung wurde bei der Teilung Deutschlands in Ost und West, in DDR und BRD, durchschnitten. 1950 erzwang die SED der DDR mit den „Sechzehn Grundsätzen des Städtebaus", mit dem politisch programmatischen Gegenzug zur „Charta von Athen" der CIAM-Bewegung, eine erste Wende. Die Architektur der DDR mußte eine das „Nationalbewußtsein" schützende Symbolsprache erhalten. Nicht ohne anfängliche Gegenwehr wurde das Diktat relativ schnell umgesetzt.³¹ Ausgewählte Objekte der Moderne, z. B. Bruno Tauts Berliner „Hufeisensiedlung", wurde im stalinistischen Deutschland als zweifelhaftes, „formalistisches" Negativobjekt aus dem Arsenal historischer Hoffnungsträger entfernt, da es, nach Ulbricht, „an keinerlei Traditionen anknüpft und auch in keiner Weise der Sorge um den Menschen Rechnung trägt"³².

Der Kampf der Machtblöcke setzte architektonische Signale. Es erscheint beinahe unglaublich, wie in jener Aufbauphase einige konservative, traditionsorientierte Anwälte eines „angeblich historischen Erbes" des Westens mit den stalinistischen Thesen für die Stützung des nationalen Erbes des Ostens übereinstimmten. Beide setzten vernichtende Pfeile gegen die Moderne.³³ Der Darmstädter Architekturhistoriker Karl Gruber wandte sich gegen die „Massenkarnickelställe", Walter Ulbricht, der damalige stellvertretende Ministerpräsident der DDR, beklagte 1950 den „Kasernenstil". Realisierte Alternative hierzu wurde die Stalinallee. „Unsere erste Aufgabe ist der Wiederaufbau der Hauptstadt Deutschlands, Berlin, so schön und würdig, daß die Hauptstadt des künftigen einigen Deutsch-

land zugleich das Symbol des Fortschritts wird. Die Sache des Wiederaufbaus ist eine nationale Aufgabe, an der alle deutschen Bürger interessiert sind [...]. Die Entwürfe [...] für die Gebäude an der Stalinallee zeigen, daß [...] mit den alten formalistischen und konstruktivistischen Anschauungen gebrochen [worden ist]...".[34] Wie nahe wiederum die staatsdoktrinäre Moderne-Schelte zu der erst später einsetzenden postmodernen Suche nach populistischer Akzeptanz war, zeigt die große Anerkennung, die die Ostberliner Magistrale bei den italienischen Rationalisten fand.
Bei der Planung und Gestaltung des Hansaviertels, dem Prunkstück der 1957 organisierten „Interbau" in Berlin-West, war die Ostberliner Stalinallee Anlaß für eine programmatische Gegenposition. Um der kritischen Wiederaufnahme der Moderne zu entsprechen, wurden 53 Architekten aus 13 Ländern, u. a. Alvar Aalto (1898–1976), Egon Eiermann (1904–1970), Walter Gropius (1883–1969), Hubert Hoffmann, Arne Jacobsen (1902–1971), Wassili Luckhardt (1889–1972) eingeladen. Insgesamt verfolgte die föderalistische westliche Wiederaufbau-Diskussion pluralistische ästhetische Leitbilder. Neben der Orientierung an eine räumlich weitgestreute Moderne waren auch beharrungsfreudige Qualitäten, detailfreudige Rekonstruktionen, z. B. die Prinzipalmarktplanung von 1946 in Münster/Westfalen durch Edmund Scharf, zu beobachten.

„Mechanization takes Command"[35] –
oder der Bauwirtschaftsfunktionalismus übernimmt die Leitung

Die programmatischen Vorzeigespiele mußten aufgrund der zunehmenden Wohnungsnot alsbald abgesetzt werden. Die beiden politisch auseinanderdriftenden, seit 1948/1949 getrennten deutschen Teilstaaten waren gezwungen, die Fabrikationsidee der Moderne, die Typisierung und Standardisierung, wieder aufzugreifen und auch zu praktizieren. Es ist interessant, daß die maschinelle Vorfabrikation schon im letzten Kriegsjahr, 1944, Diskussionsstoff des in Wriezen bei Berlin von Albert Speer (1905–1981) eingerichteten „Arbeitsstabes Wiederaufbauplanung zerstörter Städte" gewesen war. Die Architekten diskutierten in jenen kriegsumwitterten Monaten die Probleme einer öden Schematisierung sowie die einer heimatverbundenen Reichstypisierung. Fritz Tamms (1904–1980) stellte sich kriegstaugliche Massivbaracken in KdF-ähnlichen Notstädten vor, die, seiner Meinung nach, mal hotelmäßig, mal lagermäßig belegt werden könnten.[36] Die langjährige Zusammenarbeit der „Führer-Architekten" sorgte nun in etlichen westdeutschen Nachkriegsstädten für weit-

reichende Neuplanungen. Die Wort- und Sinn-Kombination „Wendezeit" und „Seilschaft" fand in Deutschland auch 1945 statt: Gutschow und Mitarbeiter planten nach 1945 in Hannover, Wortmann und Pinnau in Bremen, Tamms mit Hentrich u. a. in Düsseldorf.
Um besser, billiger und schneller bauen zu können, wurde im Nachkriegsdeutschland alle Hoffnung auf den technischen Fortschritt gesetzt.[37] Die Moskauer Unionskonferenz von 1954 erzwang in der DDR eine erneute, kurzfristig angesetzte Wende. Die Fassadenkosmetik, der „Zuckerbäckerstil" wurde verabschiedet[38], schon ein Jahr danach begann der Bau des ersten vollmechanisierten Großplattenwerkes in Groß-Zeißig bei Hoyerswerda. Erster Höhepunkt des mit dem Zweiten Fünfjahresplan 1956 beschleunigten industriellen Wohnungsbaus war der 1957 begonnene Aufbau der Wohnstadt Neu-Hoyerswerda mit einer geplanten jährlichen Produktionsmenge von 7000 Wohneinheiten und einer erwarteten Aufnahmekapazität von 48 000 Einwohnern. Der Montagebau mit Stahlbetonfertigteilen wurde 1957 auf einem Internationalen Kongreß an der TH Dresden, damals noch mit westdeutscher Beteiligung, kräftig gefeiert. In der DDR stieg der Anteil des Montagebaus am Bauvolumen schon zwischen 1958 und 1963 von 12 Prozent auf 74 Prozent an.[39] Der Siebenjahresplan von 1959 sah den Bau von 691 000 Wohnungen zwischen 1959 und 1965 vor.

Auch im Westen mußte der steigenden Wohnungsknappheit mit neuen Planungsleitlinien, vor allem mit neuen Größenordnungen begegnet werden. Zwischen 1950 und 1965 wurden in der BRD 3,1 Millionen Wohnungen gebaut. Für 30 000 Einwohner, für 60 000 Einwohner (1962 Planung des Märkischen Viertels in Berlin) wurden Satellitenstädte, Trabantensiedlungen, Schlafstädte (Neue Vahr in Bremen, Nordweststadt in Frankfurt am Main etc.) errichtet.[40] Der „Nachkriegsfunktionalismus", der „Bauwirtschaftsfunktionalismus", dieses aus der Not der Stunde Null zu schnell geborene Wirtschaftswunder-Kind, wandte, unter Umgehung einer kritischen Rezeption, nur die schnell fertigen Rezepte an und übersah dabei die schon in den zwanziger Jahren geäußerten skeptischen Argumente. Die Verantwortung über den Massenwohnungsbau legte man in die Hände der Bauwirtschaft und zugleich, was noch schlimmer war, in die Akten einer immer anonymer arbeitenden Wohnungswirtschaft.

Kritiker...

Gegen die „Alarmbilder einer Un-Architektur", gegen das „Bauen als Umweltzerstörung"[41] meldeten sich Kritiker im Westen schon früh zu Wort.[42] 1960 machten Ulrich Conrads und Hans G. Sperlich im Gegenzug zur rationalen Unterkühlung auf *Phantastische Architektur* aufmerksam.[43] 1968 veranstalteten Architekten, Soziologen und Studenten der Berliner TU und FU ein Kontrastprogramm zu den Berliner Bauwochen Diagnose 68: „Sei schlau, verdien' beim Bau". 1972 verlangte die von Josef Lehmbruck und Wend Fischer organisierte Ausstellung „Profitopolis": „Der Mensch braucht eine andere Stadt."[44] Gesellschaftskritische Stadtsoziologen übertrugen ihre Betroffenheit in eine Zusammenarbeit mit verunsicherten Planern und Architekten.[45]

Skeptiker...

Historiker wiesen auf die Longue-durée (Braudel) des Geschehens, auf die „Koppelungen", „Überschneidungen" hin. Die Langlebigkeit konservativen bis faschistischen Ideengutes im Architekturgeschäft wurde unter Beweis gestellt. Anna Teut hat 1967 auf die Entwicklungszusammenhänge innerhalb der deutschen Architektur des 20. Jahrhunderts hingewiesen[46], Barbara Miller Lane beschrieb 1968 die Querverbindungen zwischen der Weimarer Republik und dem Dritten Reich.[47] Werner Durth wagte sich 1986, mit den *Biographischen Verflechtungen deutscher Architekten 1900–1970* Tabuzonen der deutschen Architektur des 20. Jahrhunderts anzupacken, die „sich bis in unsere Gegenwart verlängern" lassen.[48]

und die „Wiedergutmachung"

Vittorio Magnago Lampugnani suchte und fand auf der anderen Seite Erklärungen und Beweise der Akzeptanz-Riten moderner deutscher Architekten nach dem ominösen Januar 1933. „Nach 1934 [richteten Walter Gropius und Ludwig Mies van der Rohe] eine Abteilung der von der Deutschen Arbeitsfront in Berlin organisierten Ausstellung ‚Deutsches Volk – Deutsche Arbeit' ein; der Auftrag war ein offizieller Parteiauftrag."
In postmoderner Pluralitäts-Manier entläßt Lampugnani als unpolitischer Zivilisationsliterat die Architekten aus der Verantwortung des geistigen

Mitläufertums: „Ist seine [des Architekten] politische Haltung oder seine Architektur kritisierbar?" wollte er wissen.[49] Erschreckt erinnert man sich dabei an die öffentliche Rehabilitierung von Künstlern des „Dritten Reiches" durch den Vorsitzenden des Kulturausschusses von Düsseldorf (dem nachmaligen Kultusminister des Landes Nordrhein-Westfalen), Werner Schütz, im Jahre 1950: Vergeben könne man einem Künstler dann, wenn er sich zwar „im Politischen geirrt", „im Künstlerischen [aber] gehalten" hätte.[50] Ueli Pfammatter fragt 1990 in seinem Buch *Moderne und Macht*: „Sollen wir dem unseligen postmodernen ‚Zeitgeist' nachgeben und die unbequemen Fragen nach den Umständen, unter denen die Bauten zustande kamen und wofür Projekte vorgesehen waren [z. B. nach der Haltung des Architekten zur politischen und sozialen Wirklichkeit], nicht mehr stellen?"[51]

In neueren Publikationen und Veranstaltungen wird im Wellenschlag der Postmoderne oder im Sinne einer „Wiedergutmachungsaktion" eine Kehrtwendung angepeilt. Auf die Haltung der „Bewahrer", der behutsamen „Traditionalisten" ganz unterschiedlicher politischer Couleur wird hingewiesen. Die architektonische Entwurfsarbeit von Paul Bonatz (1877–1956), Theodor Fischer (1862–1938) und Hans Poelzig (1869–1936), von Paul Schmitthenner (1884–1972) und Fritz Schumacher (1869–1947), von Martin Elsässer (1884–1957) und Bruno Paul (1874–1968), natürlich auch von Heinrich Tessenow, selbst von Paul Schultze-Naumburg (1869–1949) wird erforscht und ausgestellt. Der „Wiederaufbau" einer traditionalistischen Architekturgeschichte garantiert jedoch keineswegs die noch immer ausstehende, differenzierte Bewertung der Moderne, kann sie auch nicht ersetzen. 1987 traten einige jüngere Bauhistoriker mit ihrem Buch *Abschied von der Postmoderne* einen Schritt nach vorne. Das ehrt sie. Leider haben auch sie die Stolpersteine übersehen, über die sie geklettert sind.[52]

Modernity and Commerce

Wegschaufeln, ordnen, neu beginnen – dies erleben wir zur Zeit auf weltpolitischer, vor allem auch auf nationalpolitischer Ebene als Chance. Der Weg für neue Ideen soll geöffnet werden. Leider begleiten Fehldeutungen, Kurzatmigkeit und Kurzschlüssigkeit das überall geforderte vollständig „unter-den-Tisch-Kehren" anderer, zwar überholt scheinender, aber in ihrem Grundkonzept noch keineswegs zureichend analysierter Systeme. Mit aufgeblasenen politischen, aber auch architektonischen

Gesten wird statt dessen Zukunft kräftig persifliert; Bejahung, Akzeptanz, ja, sogar Freude über „Neue Prächtigkeit" und neues Pathos sind gefragt.
Die Geschichte kennt auch bei solchen Überredungsfeiern Vorreiter. Schon in der Frühphase der Moderne hatte Oswald Spengler mit dem *Untergang des Abendlandes* Abschied von der Moderne genommen.[53] Der Kunsthistoriker Hans Sedlmayr war es, der 1948 die Trauer um Verlorenes, den Verlust der alten Form als *Verlust der Mitte*[54] beklagte und sich damit an die Spitze der bundesrepublikanischen Moderne-Verdreher setzte.[55] So wurde in den Nachkriegs-Diskussionen von Mitgliedern des 1944 eingerichteten „Arbeitsstabes Wiederaufbauplanung zerstörter Städte", die sich über die „Stunde Null" in das zu beplanende westliche Nachkriegsdeutschland retten konnten, Sedlmayrs Analyse für eine neue Sinnfindung herangezogen. Aber auch im Darmstädter Gespräch von 1950 fand das vielgelesene Buch, das der Autor dort persönlich vorstellte, reges Interesse.[56] Und neuerdings zitierte der Kunsthistoriker Tilman Buddensieg den *Verlust der Mitte* wieder einmal im „Silhouetten-Gespräch" von Berlin-Mitte 1992. In unverständlicher Überbewertung des „demokratischen Charakters" der „Reichstagskuppel" von Paul Wallot wurde für deren Rekonstruktion plädiert.[57] Die politische „Haltungssprache" jener Architekten der Moderne, die den Zweiten Weltkrieg überlebten, ist offensichtlich vergessen. Politischer Wille und stadtplanerischer Sinnverstand klafft auseinander.
Markante, solitäre Objekte, die „Neue Monumentalität", die „Große Form", die große Geste, die „fiktionalen Darstellungsmittel" (Klotz), die harte, glatte Großstadtarchitektur bekrönen eine Investoren-Machtkultur. In Frankfurt am Main bestimmen medienwirksame und kapitalträchtige postmoderne Hochhäuser die Skyline. Sony und Mercedes sind inwischen die Herren der Hauptstadt-Mitte Berlins.
„Die große Form ist suggestive Überredungskunst, Versalschrift, ein Gemisch aus Traumkunst, Obelisk, Mausoleum und symmetrischer Gewaltsamkeit zur Disziplinierung des Heterogenen..."[58] Der 1923 gedrehte amerikanische Spielfilm „Ausgerechnet Wolkenkratzer" mit dem Komiker Harold Lloyd hat das Thema nicht so bitter-ernst verarbeitet. Adolf Behne (1895–1941) beschreibt 1921 die kritische Wahrnehmung von Pathos: „Die Deutschen wollten [...] Baukunst erzwingen; wenn es nicht anders ging mit Gewalt. Das ist der innere Grund für die krampfhafte Monumentalität, deren Protzigkeit und Gedröhn uns so sehr geschadet hat."[59]

Für den Bundestags-Umzug des vereinten Deutschland sollen 220 000 Quadratmeter Bürofläche, dreizehnmal mehr als die Fläche des klotzigen Reichstages, zur Verfügung gestellt werden. Stolz wird 1992 verkündet, die geplante Stadt-Mitte Berlins am Potsdamer-/Leipziger Platz würde 30 000 Arbeitsplätze bereitstellen. Zahlen können nicht darüber hinwegtäuschen, daß oft „Ad-hoc-Entwürfe" gefragt sind und die Vision einer ganzheitlichen Ordnung aufgegebenen ist. Der öffentliche Raum verkommt in Berlin zum Entwicklungspotential. „Der Stadtmittelpunkt füllt sich bis zum Sättigungspunkt an", warnte Henri Lefèbvre schon 1972, „er fault, er explodiert"[60]. „Alles auf einen Schlag, wie eine gute Reklame", so kritisierte Jane Jacobs 1963 Le Corbusiers funktionale und hygienische „Traumstadt".[61] Der Herzinfarkt durch zunehmenden City-Verkehr steht im „Delirious Berlin" vor der Tür, „soziale Lebensumstände sollen nur noch dort geschützt werden, wo sie den Boom nicht behindern"[62]. Die Wiedervereinigung wird dazu benutzt, alte, längst erkannte Fehler zu wiederholen.

Das Be-bauen, Be-werfen der „Filetstücke" in der neu-alten Hauptstadt erinnert an den ersten ‚Wendepunkt' in der Geschichte der Moderne, an die Anpassungslogik der Architektur des Marktes: 1943 formulierten Siegfried Giedion, José Luis Sert und Fernand Léger das Manifest *Nine Points on Monumentality*.[63] In dem 1956 in hoher Auflage erschienenen Buch *Architektur und Gemeinschaft* wurden die *Neun Punkte über Monumentalität – Ein menschliches Bedürfnis* wieder von Siegfried Giedion den deutschen Lesern vorgetragen. 1957 hatte der Kunsthistoriker Arthur Drexler das Yankee-Know-how des postmodernen way of life, des aktuellen amerikanischen Traums der Public-Private-Partnership (PPP) mit der Ausstellung „Buildings for Business and Governement" beflügelt. Ein weiterer Höhepunkt war die 1976 im bewußt marktwirtschaftlich agierenden „Museum of Modern Art" gezeigte Beaux-Art-Ausstellung. Bei diesen Anpassungsfesten ist es interessant, daß Lewis Mumford schon vier Jahre nach dem Moderne-Import in die Vereinigten Staaten, 1936, die Wendebewegung in *Modernity and Commerce* beschrieben hatte.[64]

Auch maskenlose architektonische Aktionen wurden von den neuen Heroen der Zukunft vorgeführt. 1955 setzten die allweltlichen Warenlieferanten, wie Pepsi Cola, General Electric, Gulf, ihre Marktinteressen im ersten amerikanischen Disneyland in früh-postmoderne Raumsprache um. Die Organisatoren der Olympiade 1992 bedienten sich zur Abwicklung ihres Sport-Gigantismus einer ähnlichen Sponsorencrew. Im Olym-

piajahr 1992 erschien in München das Buch *Coca Cola Art. Konsum – Kult – Kunst.*⁶⁵ Das Krönungsornat der von den Medien beherrschten Warengesellschaft aber, das kürzlich eröffnete europäische Disneyland im Westen von Paris, wird in einer zeitlichen Übereinstimmung mit der Entlassung der postmodernen Architektur aus dem Spektakel als wirtschaftlicher Flop enttarnt.
Nikolaus Kuhnert und Peter Neitzke stellten schon 1981 das Visions-Geschenk in Frage: „Wir vermuten, daß die neue Baumeisterlichkeit ein Schicksal ereilen wird, das unsere Gesellschaft für alles bereit hält: die Verwandlung in eine Ware. Sie hat bereits begonnen."⁶⁶ Je enger „Architektur als Kunst" und das Zieldenken der Wirtschaftsmacht miteinander verschränkt werden⁶⁷, um so fragwürdiger erscheinen die mit blühender Sprache vorgetragenen elitären Raum-Bau-Kunst-Erklärungen. Die architektonische Rhetorik, die poetische Architektursprache strahlen oft eine kontraproduktive Herrschaftlichkeit aus. Die Abhängigkeit der an die Marktwirtschaft, gar an die destruktiven Varianten des Wohlstands gefesselten architektonischen Kultur kann nicht übersehen werden. Die gesellschaftspolitische Verantwortung eines den öffentlichen Raum gestaltenden Architekten wird, je verknüpfter, je verschränkter die Bezüge sind, immer mehr in die Enge, ins Abseits gedrängt. Dabei soll die Notwendigkeit, Investoren zu finden, die die architektonische Kultur beflügeln, also das altehrwürdige Mäzenatentum, hier keineswegs in Frage gestellt werden. Der öffentliche Raum muß jedoch vor jeglichem Besitzdenken geschützt, bewahrt werden. Der für diesen Raum Verantwortliche, der Staat, zieht sich mit stereotypen Forderungen nach immer schnelleren Lösungen räumlicher und gestalterischer Probleme, mit der Absage an wirklich vorausschauende Planung, immer stärker aus der kulturellen Verantwortung zurück. Das notwendige kleinräumliche, das regionale Denken wird durch gläubige Ausrichtung auf weitgespannte globale Dimensionen schier erdrückt. „Ja, mach nur einen Plan, sei nur ein großes Licht, und mach noch einen zweiten Plan, gehn tun sie beide nicht." (Brecht)
Kann der Wunsch nach einer „Modernité sans phrase", nach einer „neuen Modernität", nach einer „zweiten Moderne bar jeder Überfrachtung der Architektur mit Gesellschaftsutopien"⁶⁸ diskussionslos angenommen werden? Weder die kurzschlüssigen Angriffe gegen die Moderne, noch das Ausbrechen der Architektur aus der Verantwortung eines akzeptierbaren öffentlichen Raumes lösen die aktuellen Spannungen. Die langlebige „Stilfrage" enthebt den suchenden Architekten im Kampf um seine

autonome Rolle nicht aus der gesellschaftspolitischen Verantwortung seines Metiers.
Eine Rekonstruktion der „Streitkultur" zwischen Nach- oder Postmoderne und Moderne erscheint angesichts der wirtschaftlichen, ökologischen und sozialen Herausforderung seit der Vereinigung der zwei so unterschiedlichen deutschen Teilstaaten fast fragwürdig.
Einer heutigen Streitkultur ist dieses Lesebuch denn auch nicht gewidmet. *trotzdem modern* möchte aber der fehlgeleiteten nach-modernen, post-modernen Debatte neuen Zündstoff geben. Begann doch der medienwirksame Kampf gegen die Moderne mit der Beschimpfung einer unterkühlten, identifikationsarmen Alltagsarchitektur. Nun wurde aber gerade von der Postmoderne diese Alltagsarchitektur aus dem Entwurfsdenken zugunsten „hoher Architektur" hinausgedrängt. Eine ikonographische Überreizung und eine mediale Überflutung, vor allem in den marktwirtschaftlich besetzten Stadtzentren, sind inzwischen Alltagswirklichkeit anstelle des erhofften architektonischen Ausdrucks.
Viele Vertreter der Moderne haben das politische Umfeld des Bauens, die ökonomischen Verknotungen aktiv und genau beobachtet – ein Grund mehr, trotzdem modern zu denken. Die marktgängigen Medien kümmern sich nicht um kritische Anmerkungen, kaum um unbequeme Wahrheiten. „Schlechte Zeiten für Visionen", so wird 1992 ein Interview mit Dieter Simon, dem Direktor des Max-Planck-Instituts für Europäische Rechtsgeschichte in Frankfurt am Main, überschrieben: „Die Gesellschaft müßte auch Individuen wollen, die in der Lage sind, sich mit Freude und für wenig Geld über alte Texte zu beugen."[69] „Schlechte Zeit für Prognosen" betitelte Ulrich Conrads einen Artikel in der Bauwelt 1983[70], *Schlechte Zeit für Lyrik*, überschrieb Bert Brecht ein während seines dänischen Exils verfaßtes Poem. Schon wieder Überschneidungen.
Das als Konsum-Kult-werbende Todes-Angebot gegen die „Öde", gegen die „Absolutheitsdogmen der Moderne" findet da eher Gehör. In der *Stadtbauwelt* 113/1992 sinniert der Philosoph Wolfgang Welsch, immer noch und in übernommener Weise, gegen die „Totalitätsobsession" des Funktionalismus, gegen die „superben Formalismen" des Neuen Bauens, gegen die „erschreckende Uniformierung der Wohnmaschine". Welsch wendet sich auch gegen das „miserable Neuzeit-Diktat" der „Architektur für eine technologische Gesellschaft" (an Mies van der Rohe erinnernd) und gegen die „Einheit von Kunst und Technik" (an Gropius erinnernd).[71]

Heroenkult ist keine Antwort

Den Kampf gegen die Moderne und den Heroenkult sehen wir nun vereint. Die Hierarchisierung ihrer Stars gehört zur Einbalsamierungstaktik der Postmoderne. Jetzt ist sie auch bei der Behandlung der Architekten der zwanziger Jahre zu beobachten. Immer wieder muß für die Moderne das sogenannte Dreigestirn der modernen Architektur herhalten: Le Corbusier (1887–1965), Mies van der Rohe (1886–1969), Gropius (1883–1969). Als ob die Welt von damals so klein, so eng gewesen wäre. Gewiß ist ein Negativum der Moderne ihre totale „Traditionsnegation", gar der kompromißlose Bruch mit allem Vergangenen. Le Corbusiers rabiate Abrißplanung von Paris muß dabei die schuldvolle Hauptrolle übernehmen.[72] Aber auch von Gropius wird berichtet, er habe bei seiner Ankunft in den USA alle Bücher über historische Architektur aus der Harvard-Bibliothek entfernen lassen.[73] Architekturhistoriker wie -kritiker besorgen gleichermaßen die Heroisierung lebender wie verstorbener Architekten. Nicht die differenzierende Analyse des Werks, sondern die Kultfigur ist gefragt, wie das Beispiel Mies van der Rohes zeigt. Die 1984–1986 fertiggestellte, beinahe originalgetreue Rekonstruktion seines Barcelona-Pavillons[74], dieses „Tempels der Moderne", ist Teil dieser Glorifizierung. Darüber hinaus wurden Mies van der Rohe 1986/1987 anläßlich der Ausstellungen in Berlin und Frankfurt/Main[75] Aureolen der Bewunderung gebunden. Bei der Ehrung des „Vorbildlichen Architekten" im Bauhaus-Archiv[76] wurde die Leitfigur, Mies van der Rohe, in peinlich abgekupferten Zeichnungen seiner Schüler kommentarlos zur Schau gestellt.[77] Die Kultkampagne endete vorläufig in einer ins Leere gesprochenen Diskussion. Als Bekrönung der architektonischen Kultur im wiedervereinten Berlin stand der Bau des gläsernen, kristallinen Turms, die Realisierung von Mies' entmaterialisierter Hochhausidee von 1921[78] nahe dem Bahnhof Friedrichstraße zur Diskussion.

Bewegung als Zukunftspostulat

Dissens und Gegenstrategien zulassen, Mut haben zur Bewegung als Zukunftspostulat, wie Jean-François Lyotard die Grundprinzipien der Postmoderne gerne verwirklicht gesehen hätte, waren auch Errungenschaften der Moderne. Ich erinnere an den revolutionären Elan der frühen Weimarer Zeit. Das von Bruno Taut 1920–1922 in zwei Folgen

herausgegebene *Frühlicht* verfolgte die „Utopie vom Umbau der Erde"[79]. Der Name *Frühlicht* entsprach dem im Jahre 1917 unter dem Namen *Das Frühlicht* in deutscher Übersetzung erschienenen Roman *Le Feu* von Henri Barbusse. Dieses literarische Werk des Pazifismus bezeichnete eine absolut konträre Position gegen die Haltung, die sich in dem 1922 erschienenen Buch *In Stahlgewittern* des Jungkonservativen Ernst Jünger manifestierte, in dem die Barbarei des Krieges als etwas Urtümliches dargestellt wird.[80] Mitten in einem doppelgesichtigen Desintegrationsraum, der gewaltlosen, pazifistischen Reform und der Paralysierung, der zunehmenden Aushöhlung des deutschen Staates von innen, spielte sich der Kulturkampf, die Kultursuche der Moderne ab.[81]
Um so erstaunlicher sind die Kraft und die Phantasie der Moderne, auf die unsere Anthologie im Abschnitt Dokumente 1919–1933 hinweist. Das Erinnerungspolster „Moderne" ist gefüllt mit den epochalen Neuerungen, Erfindungen und Baulösungen und mit den zentralen Gedanken der sozialethischen Verpflichtung der Architektur gegenüber der Gesellschaft (z. B. Hannes Meyer). Die Bedeutung der Moderne nicht nur als Formgeberin, sondern als Kulturträgerin, als Modell der gesellschaftlichen Bewegung läßt sich zwar durch gewissenlose Vereinfachungen diskriminieren, in Abrede stellen läßt sie sich nicht. „Es gibt gar keinen Grund, die Moderne als überholt zu schelten [...]. Das Neue Bauen [...] steckt bis obenhin voll immer noch aktueller Handlungsanweisungen und Lehren."[82]
Den „Entzauberungsprozeß", die durch die Aufklärung hervorgerufene „dämonische Versachlichung", beklagte die Philosophie schon im 19. Jahrhundert.[83] Diese Haltung vertrat auch das breit ausladende Kulturleben der zwanziger Jahre. Es verfolgte eine ganzheitliche Denkspur. Die Moderne begab sich in teilweise grenzen-lose Gebiete. Die Suche nach archaischen Quellen, nach archaischen Landschaften, nach dem „Grundsätzlichen" spielte eine zentrale Rolle. Dazu gehörte die Darstellung des Unendlichen, des Übersinnlichen, die dionysische Begeisterung für das Inkommensurable, ja sogar das vitale, prometheische Nachdenken über eine rauschhafte Welt jenseits der Ratio (Nietzsche). Auch Mythen des Orients, Kulturen des fernen Ostens und Afrikas sollten dem seit der Jahrhundertwende wirksamen pantheistischen Drang Nachhilfeunterricht erteilen.[84] Mythos und Moderne, Mythos der Technik, Mythos gegen Rationalität, Bauhausstil ein Mythos – diese Gegenüberstellungen begleiten die Moderne seit Jahren.[85]
Der unsichtbare Konflikt, so Theodor W. Adorno (1903–1969), soll im

modernen Kunstwerk seine Sprache finden. Oder dem Maler Paul Klee (1879–1940) folgend: Gefühle eines übersinnlichen Vermögens sollen erweckt werden, die rein „diesseitig" nicht zu fassen sind.[86] Ernst Bloch (1885–1977) überschrieb ein Kapitel in *Das Prinzip Hoffnung* mit *Entdeckung des Noch-Nicht-Bewußten oder die Dämmerung nach Vorwärts*. Und Walter Benjamin (1892–1940) schrieb in seinem Passagen-Werk: „Es gibt Noch-nicht-bewußtes-Wissen vom Gewesenen, dessen Förderung die Struktur des Erwachens hat."(S. 492) Zu diesem, das „Übersinnliche" suchenden Denk-Kontext, das visionär Geschaute in Sprache umzusetzen, zählt auch die 1921 entwickelte und heute noch angewandte und gültige Psychodiagnostik von Hermann Rorschach (1884–1922), die in formgedeuteten Kleksographien undurchdringliche Zonen der Psyche zu erhellen sucht.[87]
Nicht erst die modernen Philosophen, Psychologen und Künstler suchten den Sinngehalt des Unsichtbaren. Bereits Immanuel Kant (1724–1804), auf den sich Bruno Taut immer wieder berief, sah in der Abwesenheit von Form einen möglichen Index des Nicht-Darstellbaren, in der Abstraktion eine Hilfestellung bei der Suche nach Einbildungskraft für die Darstellung des Unendlichen.[88] Bruno Taut hoffte schon 1914, daß der beengende Zweckgedanke in seinem Glashaus überwunden, daß „das Auge und das Gefühl des Menschen für subtilere Reize gewonnen", daß das „neue Zeitalter" erreicht worden sei.[89] Die expressionistische Bestrebung, außerhalb der empirischen Wirklichkeit eine radikal neue Wirklichkeit zu schaffen, bezog sich auch auf Gedanken Paul Scheerbarts (1863–1915), der 1892 den Verlag deutscher Phantasten gegründet hatte.[90] Scheerbart war der poetische Ziehvater der architektonischen Aussteiger und Kämpfer nach 1918. „Dein Sinn, mein Sohn, ist zu sehr auf das Praktische gerichtet, darum willst Du Ingenieur werden. Laß das sein: es ist nicht mehr zeitgemäß. Die Zeit schreit jetzt nach den großen Architekten, die unser Leben endlich einmal lebenswert machen sollen."[91] Das Zwiegespräch zwischen Scheerbart und Taut ging auch nach Scheerbarts Tod 1915 weiter: „Kunst ist Mitteilung von Empfindungen, und darin liegt ihre Grenze. Sie duldet darum keine Abstraktion, die nicht in der Natur ihrer Mittel liegt. Eine darüber hinausgehende Abstraktion überschreitet die Grenze des Künstlerischen auf die Gefahr hin, Erzeugnis des Intellekts und nicht mehr der Phantasie zu werden", so Taut im Architektur-Schauspiel *Der Weltbaumeister*.[92] Ernst Bloch erinnert in *Das Prinzip Hoffnung* an Taut, einen „Jünger Scheerbarts", wie er schreibt, vor allem an dessen „Haus des Himmels [...] der Grundriß besteht aus sieben

Dreiecken [...] in Tauts Programmen [hatte] Zahlenmystik neben modernstem Material Platz, mit Astralischem letzthin die Farbigkeit".[93]
Die mathematische Matrix, der immer wieder genannte alt böse Feind, ist nicht nur in der Architektur allein angewendet worden. Die Musik etwa lebt von logischen Spielkonfigurationen.[94] Auch hier können interessante Gleichzeitigkeiten festgestellt werden. 1922 kreierte der österreichische Komponist Arnold Schönberg (1874–1951) die alles Schmückende und Ornamentale vermeidende, „sprengend-antikonventionelle" (Adorno) Zwölfton-Musik.[95] Nicht nur der De Stijl-Mitbegründer Piet Mondrian (1872–1944) beschäftigte sich aktiv mit dem Tanz, ebenso auch der Bauhaus-Lehrer, Maler, Bildhauer und Tänzer Oskar Schlemmer (1888–1943). Er inszenierte 1921 das berühmte Triadische Ballett. Der „Tanz der Dreiheit", so Schlemmer, der „Wechsel der Eins, Zwei und Drei, in Form, Farbe und Bewegung, soll auch die Planimetrie der Tanzfläche und die Stereometrie der sich bewegenden Körper, jene Dimensionalität des Raumes erzeugen, die durch Verfolgung elementarer Grundformen wie Gerade, Diagonale, Kreis, Ellipse und der Verbindungen untereinander notwendigerweise entstehen muß. So wird der Tanz, seiner Herkunft nach dionysisch und ganz Gefühl, appollinisch-streng in seiner endlichen Gestalt, Sinnbild des Ausgleichs von Polaritäten."[96]
Mary Wigman (1886–1973), Künderin eines neuen Tanzstils, formte 1924 in den drei Tänzen – Kreis, Dreieck, Chaos – Grundformen tänzerisch um.[97] Das Grundsätzliche, das Ganzheitliche wurde gesucht. Beim lebens- und tanzphilosophischen Strömen, Fluten, Verdichten setzte sie – neben expressionistischen, magischen Bewegungen – auch die sinnliche Bedeutung der Farbe ein. Die im Engadin 1918 choreographierten *Sieben Tänze des Lebens* zeigen dies deutlich: Tanz der Lust in Rot, Tanz des Dämons in Braun, Tanz des Leides in Violett, Tanz der Liebe in Grün, Tanz des Todes in Weiß etc. Das Engadin wiederum besuchte Mary Wigman zusammen mit Rudolf Laban, um auf den Spuren Friedrich Nietzsches die Wahrheit des Tanzes zu finden. Mary Wigman hatte sich schon vor dem Ersten Weltkrieg in der 1910–1914 von Heinrich Tessenow erbauten Bildungsanstalt in Dresden-Hellerau ihre eurythmische Tanzauffassung angeeignet. Hier erlebte sie die frühe Bündelung verschiedener Künste. Die rhythmischen Tanzübungen von Emile Jaques-Dalcroze wurden in Hellerau mit den Bühnenbildern, den „Espaces rhythmiques", von Adolph Appia und der Beleuchtungstechnik, dem leuchtenden Raum von Alexander Salzmann verwoben. Charles-Edouard Jeanneret, der spätere Le Corbusier, beschrieb in einem Brief an seine Eltern am 28.

Oktober 1910 aus Hellerau, wie sehr er sich von „allem, was neu ist, [...], von der neuen Malerei, den neuen Klängen, den neuen literarischen Formen" angezogen fühlte: „Ich liebe die Suchenden."[98] Das Ineinanderweben von Musik, Lichtregie, Malerei und Tanz erreichten Igor Strawinski (1882–1971), Pablo Picasso (1881–1973) und Jean Cocteau (1889–1963) bei der Ausformung von Sergej Diaghilews (1872–1929) „Ballets Russes". Walter Riezler (1878–1965), der multimedial und interdisziplinär denkende Herausgeber des öffentliches Forums des Deutschen Werkbundes, der Zeitschrift *Die Form*[99], verknüpfte gleichzeitige Kulturströmungen miteinander. Riezler hatte bei Adolf Furtwängler (1853–1907) Archäologie und bei Max Reger (1873–1916) Musik studiert und lud als Städtischer Museumsdirektor in Stettin (1910–1933) bei zahlreichen Vortragsveranstaltungen auch die Tänzerin Mary Wigman und den Psychiater Hans Prinzhorn (1866–1933) ein.[100]

Architektur als Erzieherin
oder Sprache *und* Architektur

Die langdauernden personellen und institutionellen Verankerungen ‚wilhelminischer' Pracht- und Prestigeentfaltung[101] bedrängten noch nach dem „Trägheitsprinzip" das Architekturgeschehen der zwanziger Jahre. Die Spannungen zwischen der Hoffnung auf einen neuen Anfang und den überdauernden Haltungen waren Teil der Architekturdebatte. Kriegerehrenmale sollten gebaut werden, Hochhausdebatten wurden geführt. Auch die lebensphilosophischen Verinnerlichungen eines spezifischen „Deutschtums" waren, stimuliert durch das von Julius Langbehn unter dem Pseudonym „Von einem Deutschen" herausgegebene Buch Rembrandt als Erzieher[102], gesellschaftsfähiger Diskussionsstoff. „Der Vergleich zwischen den Formen der Baukunst und der gesprochenen oder geschriebenen Sprache drängt sich immer wieder auf."[103] Aus dem gefühlsmäßigen Überschwang der Architektur beschreibenden Texte lassen sich chauvinistische bis nationalchauvinistische Töne heraushören. Unbedingte Wesenheit, Gründlichkeit, Wahrhaftigkeit, Ehrlichkeit, aber auch Innerlichkeit, Geradheit des Geistes und der Gesinnung, Prometheusgleichungen, Führertum, Schicksalhaftigkeit wurden bemüht, um Architektur zu beschreiben.[104]
Schlüsselbau dieser Debatte war das Chile-Hochhaus von Fritz Höger (1877–1949) in Hamburg (1922/1923), ein „Mark-Stein in der Geschichte der Baukunst, die Legitimation der ‚Moderne'". So begeisterte sich

Hermann Sörgel: „Ja, das Chilehaus [...] ist diszipliniert in höchstem Grade. Bei aller Kühnheit der Erscheinung widerspricht es nicht der Tradition. Doch ist es ihr, ohne sie zu brechen, vorausgeeilt in Meilenlänge [...]. Der Stil des Chilehauses ist Schicksal, nicht Programm."[105] Klingt das nicht ganz ähnlich wie das postmoderne Motto „Form produces Vision"?
Das Anrufen von „Werten", nicht von „Wegen"[106], das Fahnden nach dem „Wesen der Baukunst"[107] waren nicht nur nationalistischen Stimmen vorbehalten. Die Doktrin von der „Architektur als Erzieherin" – seit wilhelminischer Zeit unter „fortschrittlichen" Architekten ein beliebtes Postulat – hatte während der gesamten Periode Konjunktur.
Die Tiefbohrungen, das Suchen nach den Gründen, nach Grundprinzipien und Grundformen haben wir schon im musikalischen und tänzerischen Bereich beobachtet. Interessant erscheint darüber hinaus, daß Sprachkünstler wie Architekten, Sprachkritiker wie Architekturkritiker in den zwanziger Jahren in beiden Kunst-Sparten zu ähnlichen Deutungen kamen. So spricht Gyorgy (Georg) Lukács (1885–1971) bei der Beschreibung der Sprache Stefan Georges (1868–1933) von einer „disziplinierten Strenge"[108], Klaus Mann (1906–1949) nannte George den „Wegweiser in eine Zukunft des strengen Glücks", der George-Schüler Friedrich Gundolf (1880–1931) umschrieb dessen sprachliche Gewalt mit „klare Farbe", „reine Linie".[109]
Friedrich Nietzsche (1844–1900) und Oswald Spengler (1880–1936), Stefan George und Thomas Mann (1875–1955), Sigmund Freud (1856–1939) und Hans Prinzhorn (1866–1933), Gustav Wyneken (1875–1964), Piotr Kropotkin (1842–1921) und viele andere Philosophen, Literaten, Psychologen, Reformpädagogen und Anarchisten haben wortgewaltig die Zäsur 1918/1919 überbrückt.[110] Die inhaltliche Stringenz der Beiträge, die kritische Negation des Überlieferten, aber auch die gespannte politische und die instabile ökonomische Situation nach dem Versailler Vertrag disziplinierten die Denk-Zirkel.[111] Der gedankliche „Weltenbau" überstrahlte die Diskussionen. In Literaten- und ähnlichen intellektuellen Kreisen, in denen Architekten seit den Reformjahren vor dem Ersten Weltkrieg verkehrten, wurden die lebensphilosophischen Schriften diskutiert und zum Teil begierig adaptiert.
Wenn Sprache die Befindlichkeit eines Menschen, einer Gruppe widerspiegelt, so verspricht die dem Leser überlassene Exegese architekturtheoretischer Texte interessante Hinweise auf die Befindlichkeit des Architektenstandes.

Typen produzieren Probleme

Zu einer kritischen, dennoch die Moderne bejahenden Architekturgeschichte gehört auch die Beobachtung der von ihr und in Deutschland insbesondere von der „Reichsforschungsgesellschaft für Wirtschaftlichkeit in Bau- und Wohnungswesen e. V."[112] vorbereiteten „Produktionstechniken" und der damit verbundenen, bis heute wirksamen Selbstläufer kapitalistischer Entfremdung und Unterkühlung.[113] Die von der Moderne angestrebte Verbilligung des Bauens strandete nicht selten – durch Teuerungen im Finanzsektor – im Nichts. So schluckte eine Monatsmiete von 46 Mark in Mart Stams Hellerhof im „neuen Frankfurt" den Monatslohn eines qualifizierten Facharbeiters.[114]
Neue Produktionstechniken standen und stehen in engem Zusammenhang mit der Frage nach dem Arbeitsplatz. Auf die unheilvolle Interdependenz von technischem Fortschritt und wirtschaftlichem Stillstand – und der damit verbundenen Arbeitslosigkeit – haben nicht nur Politökonomen hingewiesen. Auch Hans Bernoulli (1876–1959), ein Schweizer Architekt, der lange Jahre in Deutschland selbständig tätig war, beschäftigte sich 1928 damit.[115] Auf die Labilität innerer Verhältnisse wies Gustav Langen 1927 in einer Kritik an der Weißenhofsiedlung hin: „Noch verwickelter aber wird die Frage der Wirtschaftlichkeit des neuen Bauens bei der Menschenersparnis. Volkswirtschaftlich ist dies nur dann nicht schädlich, wenn [...] die verbleibenden hochqualifizierten, taylorisierten Arbeiter ihre entlassenen Kollegen miternähren [...]. Nützlich ist Menschenersparnis auf einem Arbeitsgebiet nur dann, wenn die Wirtschaft für andere Arbeitsgebiete Armeen braucht [...]. In dieser Lage sind wir heute leider nicht. Wir können die ‚ersparten' Arbeiter [...] der Arbeitslosenfürsorge zuführen, was das Schädlichste ist [...]."[116]
Auch wenn in unserer Anthologie kaum Originaltexte zu diesem Thema aufgenommen werden konnten, beweisen doch auch die nur kurz angedeuteten Diskussionspunkte, daß von den Vertretern der Moderne zum Beispiel die Demütigung und Ausgrenzung Arbeitsloser aus dem Baugeschehen ernsthaft mitbedacht worden ist.

Angriffe von links und von rechts

Die radikalen Linken der KPD führten – dies wurde selten von entsprechenden Chronisten vermerkt – einen erbitterten Kampf gegen die „Modernen", gegen die „Novembergruppe", gegen die „Untergänge in Farborgien", wie sie selber schrieben, gegen den „sublimierten Untergang", die „sublimierte Auflösung" des Expressionismus.[117] Im Zentralorgan des Spartakusbundes, *Rote Fahne*, wurde die Ausstellung der Novembergruppe 1921 gehässig kommentiert: „Man kann nicht genug dagegen protestieren, daß ein Geist wie Haussmann sich zum Anwalt der Arbeiter-Kunst-Interessen macht, was ihm nur durch ideologische Phrasen möglich ist [...]. Auch Architektur-Entwürfe werden in dem Glaspalast ausgestellt, von der Novembergruppe und dem Bund Berliner Architekten. Es ist bezeichnend, daß diese Architektur im Ganzen die machtbewußte optimistische Fassade der imperialistischen Gesellschaft darstellt [...], wie sie der amerikanische Imperialismus schon längst erreicht hat."[118]

Nicht nur die Veitstänze des Expressionismus fielen dem Verdikt der radikalen Linken zum Opfer, selbst das Bauhaus mußte in der Zeitschrift *Die Linkskurve*[119] Federn lassen: „das bauhaus ist kein künstlerisches, sondern ein soziales fänomen' (Hannes Meyer im Bauhausprospekt). wie sieht dieses ‚fänomen' in Wirklichkeit aus? Alle Meister am Bauhaus sind Künstler, teils Maler, teils Architekten.

Wie steht es um die Malerei? Ehemalig radikale Kleinbürger flüchteten vor der Realität mit ihren Widersprüchen in eine Scheinwelt abstrakter Form- und Farbbeziehungen und wollen damit eine zweite unreale ‚bessere' Welt vortäuschen, die internationalen Snobs zahlen gut (Bilder von Klee, Kandinsky kosten in die Tausende), denn sie haben eine neue Attraktion.

[...] und um die Architektur? Hannes Meyer, der Leiter des Bauhauses, baut eine Schule für den ADGB in Bernau. Kosten 2 000 000 Mark. Eine Schule mit allen Raffinessen moderner Architektur ausgestattet, eine Schule in der schönsten märkischen Landschaft. Sie soll den zukünftigen Bonzen unumstößlich beweisen, daß der Sozialismus im gelobten Lande Hindenburgs doch marschiert. [...]

und um die Werkstattproduktion? Bauhausmöbel, Bauhausstoffe? Bauhausreklame für Junkers und den deutschen Konserventrust! Ist das vielleicht sozial? Das ist alles Dienst an der herrschenden Klasse. Wir sehen bis jetzt ein künstlerisches, inhaltlich-reaktionäres ‚fänomen', aber kein soziales.

Doch vielleicht kommt das ‚soziale' mehr im Innern des Bauhauses zur Geltung? Das Schulgeld ist erhöht (um ca. 80 Prozent am 1. September), die Lebensmittelpreise in der Kantine gesteigert, die kommunistische Zelle verboten, revolutionäre Studierende gemaßregelt. Wo bleibt da das

‚soziale fänomen'? Das bleibt in der Phrase. Radikale Phrasen, reaktionäre Tatsachen! Linke SPD. Auch das Bauhaus ist eine der vielen verborgenen Stützen der herrschenden Klasse. Wie sagt Hannes Meyer? ‚Alles Leben ist Drang nach Harmonie'. Jawohl: Zur Klassenharmonie! m."
Die Angriffe von rechts sind bekannter – ihnen wurde und wird immer wieder Raum gegeben. Eine ironische Anweisung – erschienen in den von Werner Hegemann (1881–1936) herausgegebenen *Wasmuths Monatshefte für Baukunst*[120] – soll das Stimmungsbild aufzeigen. Aus den sieben Punkten *leitsätzliches zur rationalisierung der wohnung* kann entnommen werden: „bei der gestaltung der modernen wohnung laß dich weniger von vernunft und erfahrung leiten, sondern halte dich mehr an statistik und psychometrie; du kannst die güte deiner arbeit dann einwandfrei mit planimeter und rechenschieber feststellen [...].
nimm die anordnung der einzelnen räume zueinander unter dem alleinigen gesichtspunkt vor, die arbeitswege der hausfrau möglichst zu verkürzen. du wirst unsterblichkeit erlangen, wenn es dir gelingt, sie bis auf null zu reduzieren [...].
vergiß nicht bei der formgestaltung [...] das stärkste wirkungsmittel der modernen architekten: die überraschung beim beschauer; es ist vorteilhaft, wenn ihm gleich von vorneherein die luft wegbleibt und er um atem ringt, statt um ausdruck für eine unflätige kritik.
befolge diese ratschläge getrost; es gibt noch kein gesetz, auf grund dessen du gezwungen werden könntest, in eine von dir gestaltete wohnung einzuziehen." Unterschrift – auch wieder mit ironischem Hinweis: „kuno braut m. d. r.".
Darunter steht: „Für Architekten! Schütze Dich, bevor es zu spät ist."

Qualität für das Glück –
oder: die produktive Kraft des Zweifelns[121]

Nicht allein die immer wieder hervorgehobene Überrationalität, sondern auch und mit Nachdruck die Suche nach Qualität – ein ganzheitliches Anliegen – waren Teil der Debatte in den zwanziger Jahren.[122] Selbstzweifel, Selbstkritik, Kurskorrekturen mitten im Geschäft der Moderne hatten einen wichtigen Stellenwert. Meist wird gerade dies von Historikern übersehen. Die Ausführungen des Berliner Exilanten und Rückkehrers, Julius Posener, sind fast eine Ausnahme.[123]
Josef Frank (1885–1967)[124] bekannt als der Ausrichter der Wiener Werkbundsiedlung von 1932, keineswegs Parteigänger der Traditionalisten, gab

schon 1927 zu bedenken: „Die Wohnungen werden als Arbeitsstätten hergerichtet wie zu flüchtigem Aufenthalt, und der Bewohner kommt nicht zu der Ruhe, deren er bedarf [...]. Denn der Mensch ist weder eine Maschine noch eine Kapitalanlage, die sich rentieren muß, sondern arbeitet, solange er muß, um in der übrigen Zeit ein Mensch sein zu können [...]. Die Wohnung hat eine seelische Funktion."[125] Frank sprach das Problem auf seinem vielbeachteten, von wenigen Mitstreitern jedoch akzeptierten Referat anläßlich einer öffentlichen Kundgebung des Deutschen Werkbundes in Wien 1930 ein weiteres Mal an: „Man sagt immer, daß die frühere Zeit pathetisch war, die heutige aber sachlich ist. Es hat aber kaum jemals eine pathetischere Zeit gegeben als die unsere, nie wurden Forderungen so eindeutiger Art aufgestellt. Jede Einfachheit, die nicht mehr zu überbieten ist, ist pathetisch; es ist pathetisch, alles gleich machen zu wollen, so daß Varianten nicht mehr möglich sind, alles organisieren zu wollen, um alle Menschen in eine große gleichartige Masse hineinzuzwängen."[126]

Von Qualität – so die Meinung der Zeitgenossen – kann nur die Rede sein, wenn Form, Funktion, und Ökonomie, Nutzungsaspekte und Erlebniswerte gleichermaßen berücksichtigt werden. Isoliert formale, einseitig konstruktive, intolerant parteipolitische Interpretationen wurden in der Regel decouvriert. Weder durch das Rechnen noch das Sehen allein wurde die Vision der Moderne gesucht. Erich Mendelsohn (1887–1953) sah schon 1923 Gefahren in der architektonischen Umsetzung sowohl einer allzu bewußt eingesetzten Abstraktion als auch eines unbeherrschten Temperaments der Dynamik: „... erst aus den Wechselbeziehungen zwischen Funktion und Dynamik, zwischen Realität und Irrealität, Bewußtsein und Unbewußtheit, zwischen Vernunft und Gefühl, Zahl und Gedanke, zwischen Begrenztheit und Unendlichkeit ergibt sich die lebendige Schöpferlust, die Raumlust des Architekten".[127]

Fragen nach der psychischen Auswirkung von Wohnung und Wohnumfeld, nach der emotionalen Sicherheit, dem Zuhausesein wurden durchaus gestellt. Auch die sinnliche Komponente des Wohnens, ja sogar die kosmische Orientierung des Menschen waren im Gespräch. Zeitgenössische Kritiker der Moderne beklagten bei der neuen, kühlen, abstrakten Architektur immer wieder den „Verlust an Nähe"[128]. Die entpersonalisierten Pappkuben, das lebensfremde Modelldenken würden die architektonische Hauptaufgabe vermissen lassen. Dies wurde vor allem nach der ersten Aufbauphase und möglicherweise auch während der erzwungenen wirtschaftlichen Verschnaufpause nach der weltwirtschaftlichen Krise von 1929 erkannt: Ein Haus muß zum Wohnen einladen. Eine allzu rigide Entrümpelung dessen, was man Heim nennt, zieht psychosomatische Verlustsyndrome nach sich. Auch dies wurde nicht nur von seiten eines überinterpretierten Nationalismus[129] zur Diskussion gestellt. Ernst Bloch etwa hat diese noch immer nicht eingelöste Hoffnung formuliert: „Architektur ist und bleibt ein Produktionsversuch menschlicher Heimat."[130] Der Schweizer Architekturkritiker Peter Meyer (1894–1984), übrigens ein Theodor-Fischer-Schüler, wie er stolz bemerkte, ging mit dem Primat der Logik, dem Siegeszug der Wissenschaften in der Avantgarde noch weniger zimperlich um[131]: „Der Zeitgenosse hat zuviel andere Sorgen, um auch noch seine Wohnung, den letzten Rest relativer Geborgenheit, als ‚Problem' sehen zu wollen."[132]

In der Architekturdebatte der tschechischen Zeitschrift *KVART* (ab 1930 Sammelband für Poesie und Wissenschaft), geführt von einer linken Künstlergruppe, spielte die kritische Auseinandersetzung mit den Irrtümern und Mißverständnissen der Konstruktivisten eine zentrale Rolle: „Wohnen, das heißt Schlafen und Träumen, Essen und Singen, Arbeiten und Ruhen."[133]

Der französische Maler und Graphiker Fernand Léger (1881–1955) wies 1933 auf dem CIAM-Kongreß in Athen auf die mangelnde Volkstümlichkeit der unterkühlten Architektur hin. Er forderte die Architekten auf, sich mit dem Geschmack des Mittelmäßigen zu arrangieren.[134]

Walter Benjamin schrieb zwischen 1927 und 1940 sein berühmtes geschichtsphilosophisches *Passagenwerk*, als Teil einer Urgeschichte der Moderne. Auch hier finden wir („Traumstadt und Traumhaus") einen Passus zum Thema: „Die Masse verlangt durchaus vom Kunstwerk [...] etwas Wärmendes. Hier ist das nächstzuentzündende Feuer der Haß. Seine Hitze aber beißt und sengt und gibt nicht den ‚Komfort des Herzens', der die Kunst zum Gebrauche qualifiziert. Für werdende, lebendige Formen [...] gilt, daß [sie] in sich etwas erwärmendes, brauchbares, schließlich beglückendes haben, daß sie dialektisch den ‚Kitsch' in sich aufnehmen, sich selbst damit der Masse nahe bringen und ihn dennoch überwinden können [...]. Ähnlich [...] wie für die politische Struktur des Films kann die Abstraktion auch für die anderen modernen Ausdrucksmittel [...] gefährlich werden."[135]

Adolf Behne wies 1927 auf die Gefahren einer Spannung zwischen Architekt und Nutzer hin: „Sollen wir denn, so kann sich doch der Mieter leicht fragen, wirklich unsere Möbel färben und zerschneiden, nur

um dem Architekten seinen schönen Wohnungsgedanken nicht zu beeinträchtigen? Sind denn eigentlich wir für den Architekten da – oder nicht am Ende doch der Architekt für uns? [...] Es ist wahr: immer hat der Architekt eine Neigung, Architektur als Selbstzweck zu treiben, für sich statt für den Menschen zu bauen."[136]
„Formalismus" und „Wohndiät" in der Wohnsiedlung Karlsruhe-Dammerstock wären gefährliche Stützen der neuen Architektur, warnte Behne 1930. „Die Methode des Dammerstock ist die diktatorische Methode [...]. Dies ist kein Miteinander, sondern ein Auseinander [...] die Tatsache bleibt bestehen, daß der Architekt noch immer viel zu hoch hinaus will. Im Grunde denkt er noch immer: die Siedlung, das ist mein Werk, meine Idee, mein Produkt, und ich werde dieses Produkt zur größten künstlerischen Vollkommenheit treiben [...] die Menschen müssen sich dann einpassen. Aber die Siedlung ist erst mit den Menschen komplett, und wenn in einer Siedlung außen der letzte Stahl-, Glas- und Flachdach-Schick herrscht, und innen stehen Plüschmöbel mit Muscheln, und gegen Morgen- und Abendsonne sind schön mit Schleifen in der Mitte geraffte Gardinen und auch Lambrequins und Stores, dann ist wieder etwas Wesentliches nicht richtig. Denn nie werden die eleganten blanken Fronten jemanden erziehen, dazu sind sie viel zu weit ab vom äußersten Ende des anderen Flügels."[137]
Unsicherheit bekundete auch Rudolf Schwarz: „Was ist nun mit dem Neuen Bauen? Ist es da oder nicht? Ist es eine Sache oder viele? Ist es ein Programm oder eine Wirklichkeit? Das sind Fragen, auf die wir die Antwort nicht fanden. Manches ist da und wir meinen, anderes stehe bevor. Vieles ist besser geworden, als es zuletzt war. Aber anderes auch schlechter. Ist denn heute wirklich mehr Baukunst da als in der schwermütigen Zeit des Symbolismus [...]?"[138]

Und die Rezeption der Moderne?
Arbeiter, Angestellte, Parteikader und die Neue Sachlichkeit

Eine sozialpsychologische Studie der Jahre 1929/1930 von Erich Fromm und Hilde Weiß aus dem Frankfurter Psychoanalytischen Institut[139] hat in differenzierter Form nachweisen können, daß die Diskrepanz zwischen manifesten politischen Personen und latenten Charakterstrukturen der befragten Personen aus Arbeiter- und Angestellten-Haushalten zum Wahldebakel von 1930 führte, das die geräuschlose Durchsetzung des Faschismus nach 1933 vorbereitet hat.[140] „Die Mehrheit der Befragten, so

das Fazit dieser Analysen, bekannte sich [...] zwar zu den (in der Regel linken) Parolen ihrer Bezugsparteien, aber bei subtilen, scheinbar unpolitischen Fragen sank die Radikalität der Stellungnahmen beträchtlich."[141] „Nur noch 15% der Mitglieder der KPD und der SPD erwiesen sich jetzt als eindeutig ‚radikale‘ (Kadergruppen) [...] während immerhin 25% als tendenziell oder völlig autoritär bezeichnet werden mußten."[142]
Der „Hang zum autoritären Apparat" war nicht nur bei protofaschistischen Splittergruppen und deren fehlgeleiteten Anhängern evident, er hatte eine breite Basis. Die neue Architektur, mochte sie auch noch so gläsern und offen in bewußter Ablösung von den gesellschaftlichen Abhängigkeiten des Wilhelminismus erscheinen, konnte nicht umerziehen.
Eine Auswertungsquote nach der Frage: „Wie schmücken Sie Ihre Wohnung?"[143] erstaunt. Innerhalb der Gesamtzahl der Befragten gaben 7 Prozent an, ihre Wohnung mit Nippsachen zu schmücken. (Die Frage scheint nicht auf hohes Interesse gestoßen zu sein.) Nur 3 Prozent konnten sich dem Begriff „Neue Sachlichkeit" nähern. Untergliedert man die Antworten nochmals in bezug auf die Parteizugehörigkeit, so ergibt sich die erstaunliche Wertung, daß Sozialdemokraten eine Vorliebe für Nippes gegenüber Neuer Sachlichkeit mit 10:3 angaben, die Kommunisten mit 4:2, Nationalisten mit 11:6 (die prozentual höchste Akzeptanz der Neuen Sachlichkeit), die Bürgerlichen mit 5:2. Die Frommsche Analyse gibt einen Hinweis darauf, in welchem Maße die „zu beglückenden" Bevölkerungsgruppen hinter ihren Sozialisationsschranken allein gelassen worden sind.[144]
Ernst Bloch versucht in seinem Aufsatz *Neue Häuser und wirkliche Klarheit*[145] eine weitere Begründung gegen die gläserne Öffnung zu geben: „[...] es mehrt sich das Bedürfnis nach verschlossener Lebenssicherheit, wenigstens im Wohnraum. Der begonnene Grundzug der neuen Baukunst war Offenheit: sie brach die dunklen Steinhöhlen, sie öffnete Blickfelder durch leichte Glaswände, doch dieser Ausgleichswille mit der äußeren Welt war zweifelsohne verfrüht. Die Entinnerlichung wurde Hohlheit, die südliche Lust zur Außenwelt wurde, beim gegenwärtigen Anblick der kapitalistischen Außenwelt, kein Glück. Denn nicht Gutes geschieht hier auf der Straße, an der Sonne; die offene Tür, die riesig geöffneten Fenster sind im Zeitalter der Faschisierung bedrohlich, das Haus mag wieder zur Festung werden, wo nicht zur Katakombe. Das breite Fenster voll lauter Außenwelt braucht ein Draußen voll anziehender Fremdlinge, nicht voll Nazis [...]."

Ungereimtheiten zulassen
oder eine Anthologie zur Geschichte der Moderne als Weg-Weiser

Programm war die Grundlage und Quelle der Moderne (Summerson). Der geschichtslose Allerweltsnihilismus des Post-Histoire verschwindet gegenüber dem „leidenschaftlichen Gegenwartbewußtsein" der Moderne im Nichts. Kenneth Frampton beklagt das Auseinanderklaffen des Welt-Denkens zwischen dem „unschuldigen Optimismus" der zwanziger und dreißiger Jahre und dem beschränkten aktuellen Medien-Glauben: „Insgesamt gesehen ist unsere soziokulturelle und politische Entwicklung weit hinter unseren technischen Möglichkeiten zurückgeblieben... ".[146]
Wir sind aufgerufen, „nach einer kritischen Architekturpraxis zu fragen, die – ohne in einen sentimentalen Primitivismus zu verfallen – dem Verschleiß der Konsumgesellschaft in der modernen Welt widersteht."[147]
Vertieft man sich in die breitgelagerte philosophische Kultur der Moderne, ohne die platten Verkürzungen mitzuschleppen, so kann man sich der Idee von Jean-François Lyotard kaum entziehen, mit der Postmoderne, mit der Nach-Moderne – nicht Anti-Moderne, wie er immer wieder betont – einen Raum zum Nachdenken gewonnen zu haben, einen Widerstand gegen eine „kommunikative Verflachung", aber auch gegen das Diktat der Neuen Technologien.
Die Sammlung von differenzierten Meinungen und wohlüberlegten Darlegungen in der Architekturdebatte zwischen 1919 und 1933 soll einen Weg in bereits verloren geglaubtes Terrain legen, um es neu entdecken zu können. „Die Moderne denken mit modernem Denken, heißt [...] das unabgeschlossene Projekt Moderne erleben und deuten."[148]
Erst eine Architekturpraxis und Geschichtsschreibung, die auch Ungereimtes zuläßt, Irrtümer bekennt, die die Erinnerung als Chance nutzt, als Chance zum Korrigieren, kann Wege aufzeigen helfen: Wege aus dem „Geschmäcklerischen" zu einer Architektur der Zukunft.[149] Gesucht sind Architekten, die eine neue Beziehung zum Nutzer einleiten, sich ihrer sozialen, politischen und wirtschaftlichen Bindungen bewußt sind. Gesucht sind Nutzer, die nicht nur „Mode" konsumieren, sondern „Lebensumwelt" fordern. „Unter den neuen Bedingungen eines vereinten Deutschlands bleibt es [...] eine schwierige Aufgabe, die geschenkte Freiheit [ich meine auch die geschenkte große Heimat, K. H.] als Chance der Mitgestaltung zu nutzen, die nicht allein den Regeln des Marktes und der Spekulation unterworfen ist."[150] Carpe diem!

Die erkannten und zugegebenen Fehler (eines ästhetisch wie funktional ausgedörrten Massenwohnungsbaus in den Ländern der ehemaligen Bundesrepublik wie denen der ehemaligen DDR) interpretiere ich als eine Herausforderung zum Nachdenken, zum Suchen. Der Loslösungsprozeß der Moderne von ihren historischen Bandagen kann als Aufforderung verstanden werden, die zweieinhalb Millionen fehlender Wohnungen in der Bundesrepublik Deutschland in Angriff zu nehmen. Statt einer konzertierten Liquidierung aller utopischen Hoffnungen plädiere ich für eine kritische Weiterentwicklung des Projekts der Moderne.[151] Fehler erkennen, Mut haben zur Loslösung von Bandagen – darin sehe ich die Aufgabe einer „gesamtdeutschen" Architektur.
Statt daß die Moderne der Tradition gegenübergestellt wird, soll nach der Tradition der Moderne gefahndet werden.
trotzdem modern möchte die Denksinnlichkeit anregen.
trotzdem modern möchte an das leidenschaftliche Gegenwartsbewußtsein, an die Kraft und Phantasie der Moderne, aber auch an die produktive Kraft des Zweifelns erinnern.
trotzdem modern möchte Bewegung als Zukunftspostulat fordern.
trotzdem modern stellt die Abschottung der Architektur gegenüber anderen kulturellen und wissenschaftlichen Denk-Bewegungen in Frage.
trotzdem modern wendet sich gegen Symbol-Sucher, Formspieler „großer Gesten" und unterstützt Wege-Sucher.
trotzdem modern möchte Raum zum Nachdenken gewinnen.

Nachsatz: Ein großes Interesse an der Architektur der Moderne begleitet mein Leben seit einem Vierteljahrhundert. 1986/87 befreite mich die Stiftung Volkswagenwerk von meinen Lehrverpflichtungen und ermöglichte, meine bisherigen Forschungerkenntnisse durch eine breitangelegte Sammlung, schließlich eine systematisch gegliederte Auswahl in der vorliegenden Anthologie zu vertiefen. Für die großzügige Förderung, aber auch für die einsatzfreudige Unterstützung seitens der Dortmunder Stadt- und Landesbibliothek und der Bibliothek der TU Delft/Niederlande, möchte ich mich bedanken.
Ein Unfall zwang mich, das Material vorerst ruhen zu lassen. Miriam möchte ich für das hartnäckige „trotzdem", dem Verlag, vor allem Ulrich Conrads für die Geduld, die sensible Nachlesekultur und die geteilte Neugier auf *trotzdem modern* ganz herzlichen Dank sagen.

Kristiana Hartmann, März 1993

Anmerkungen

1 Die Moderneforschung begann in der BRD in den fünfziger Jahren. Vgl. dazu u. a. Nelson, Benjamin, Der Ursprung der Moderne, Frankfurt am Main 1977, 1984; Gumbrecht, H. U., Modern, Modernität, Moderne, in: Historisches Lexikon zur politisch sozialen Sprache in Deutschland, 4. Bd., Stuttgart 1978; Nietschke, August, Gerhard A. Ritter, Detlev Peukert, Rüdiger vom Bruch (Hrsg.), Jahrhundertwende. Der Aufbruch der Moderne 1880–1930, 2 Bde., Reinbek 1990; Habermas, Jürgen, Der philosophische Diskurs der Moderne, Frankfurt am Main 1985
2 Vgl. die zeitgenössische Anthologie von Sprengel, Peter (Hrsg.), Die Berliner Moderne 1885–1914, Stuttgart 1987 (Vorwort von Sprengel). Thomas Nipperdey versuchte das „Klischée vom spießigen, gegen alles Neue verstockten Bürger" zurechtzurücken in: Wie das Bürgertum die Moderne fand, Berlin 1988. Nach Berlin wäre Wien als Wiege der Moderne zu nennen. Die Wiener Otto Wagner, Adolf Loos, aber auch Sigmund Freud und Theodor Herzl veränderten die alte Welt in eine moderne Welt. Vgl. dazu u. a. die Zeitgenössische Anthologie, hrsgg. v. Wunberg, Gotthart u. a., Die Wiener Moderne. Literatur, Kunst und Musik zwischen 1890 und 1910, Stuttgart 1981
3 Vgl. dazu Sprengel, Die Berliner Moderne, a.a.O., S. 666: Text von Herwarth Walden über das Café Größenwahn, eigentlich Café des Westens (gegründet 1893 am Kurfürstendamm 18/19, von Messel gebaut, umgezogen 1915 zum Kurfürstendamm 26).
4 Stuttgart 1983. Von Kenneth Frampton stammt auch der Aufsatz: Kritischer Regionalismus. Thesen zu einer Architektur des Widerstands, in: Huyssen A. und K. R. Scheerpe (Hrsg.), Postmoderne. Zeichen eines kulturellen Wandels, Reinbek bei Hamburg 1986
5 Holländer, Hans und Christian V. Thomsen (Hrsg.), Besichtigung der Moderne: Bildende Kunst. Architektur. Musik. Literatur. Religion (Bericht über eine Seminarveranstaltung der RWTH Aachen, Sommersemester 1985), Köln 1987
6 Die andere Tradition. Architektur in München von 1800 bis heute. Ausstellung Nr. 3 in der Reihe „Erkundungen", München, Dezember 1981 bis Ende 1982, mit Beiträgen von Jürgen Habermas und Wend Fischer
7 Das Stadtmuseum München hatte schon 1979 eine Gesamtschau „Die zwanziger Jahre in München" veranstaltet. Vgl. dazu den von Christoph Stölzl herausgegebenen Katalog, München 1979
8 1910. Halbzeit der Moderne. Van de Velde, Behrens, Hoffmann und die anderen, hrsgg. v. Klaus Bußmannn nach dem Konzept von Klaus Jürgen Sembach u. a. (Westf. Landesmuseum für Kunst- und Kulturgeschichte, Münster), Stuttgart 1992
9 Moderne Architektur in Deutschland 1900 bis 1950. Reform und Tradition, Katalog, Deutsches Architektur-Museums, Frankfurt am Main, hrsgg. v. V. M. Lampugnani und R. Schneider, Stuttgart 1992
10 Kopp, Anatole, Quand le Moderne n'était pas un style mais une cause, Ecole nationale supérieure des Beaux-Arts, Paris 1988
11 Grundsätzliche bibliographische Hinweise dazu in: Sharp, Dennis, Sources of Modern Architecture, London 1981; Morgan, Ann Lee und Colin Naylor (Hrsg.), Contemporary Architects, Chicago/London 1987; Placzek, Adolf K. (Hrsg.), Macmillan Encyclopedia of Architects, London 1982
12 Vgl. dazu: Conrads, Ulrich (Hrsg.), Programme und Manifeste zur Architektur des 20. Jahrhun-

derts, *Bauwelt Fundamente*, Bd. 1, Frankfurt am Main/Berlin 1964; Schmidt, Diether (Hrsg.), Manifeste Manifeste, Schriften deutscher Künstler des zwanzigsten Jahrhunderts, Bd. 1, Dresden 1965; Appolonio, Umbro, Der Futurismus. Manifeste und Dokumente einer künstlerischen Revolution 1909–1918, Köln 1962; Programme, Manifeste, in: Argan, G. C., Die Kunst des 20. Jahrhunderts 1880–1940, Propyläen Kunstgeschichte, Band 12, Frankfurt a. Main/Berlin/Wien 1977, S. 67–114; Benton T. & C., D. Sharp, Form and Function. A Source Book for History of Architecture and Design 1880–1939, London 1975. 1980 erschien in der Reihe *Bauwelt Fundamente* (Bd. 52) ein Textbuch von G. R. Blomeyer und B. Tietze, Opposition zur Moderne. Aktuelle Positionen in der Architektur, Braunschweig/Wiesbaden 1980. Vgl. auch Ciré, Annette und Ochs, Haila (Hrsg.), Die Zeitschrift als Manifest. Aufsätze zu architektonischen Strömungen im 20. Jahrhundert, Basel/Berlin/Boston 1991; Reinhardt, Stephan, Die Schriftsteller und die Weimarer Republik. Ein Lesebuch, Berlin 1992; Mierau, Fritz (Hrsg.), Russen in Berlin. Literatur, Malerei, Theater, Film 1918–1933, Leipzig 1987, 1990
13 Eine Ausnahme ist sicherlich Maldonado, Tomàs, Il futuro della modernità, Milano 1987. Interessante Querverbindungen bis Querschüsse leistet Peter Ulrich Hein, Die Brücke ins Geisterreich, Künstlerische Avantgarde zwischen Kulturkritik und Faschismus, Reinbek bei Hamburg 1992
14 Die *Bauwelt* hat seit 1961 immer wieder schwer zugängliche Texte der Moderne veröffentlicht. Vgl. dazu: *Bauwelt* 41/42, 1961: Berlin. Dokumente europäischen Bauens oder: In der Sprache dieser Stadt. *Bauwelt* 33/1977 begleitete die Ausstellungskette: Tendenzen der zwanziger Jahre, 15. Europäische Kunstausstellung mit einem „Konvolut verstreuter, schwer zugänglicher, in Vergessenheit geratener oder noch unveröffentlichter Briefe, Glossen, Kritiken zum Neuen Bauen". *Bauwelt* 11/1984 berichtet unter dem Motto „vergessen, verdrängt, mißdeutet, mißachtet: Zeugen und Zeugnisse der Zeit 1910–1984" über eine (Wieder-)Entdeckungsreise durch die jüngste Baugeschichte.
15 Klotz, Heinrich, Moderne und Postmoderne, Braunschweig 1984, S. 16. Das „alt-gewordene Dogma" des Neuen Bauens, die „funktionalistischen Sauberkeitsarchitekten" hatte Klotz schon 1974 im Symposium „Pathos des Funktionalismus" beim IDZ Berlin und 1975 in seinem Vortrag beim Deutschen Werkbund Baden-Württemberg für die „Formenarmut", für die „Hungerikonographie", für die „sterilisierte Stadt" verantwortlich gemacht. (in: *Arch+*, 27, September 1975).
16 Dies behauptete Jencks in: Die Sprache der Postmodernen Architektur, Stuttgart 1977. Jencks hatte schon als postgraduate student 1966 in der englischen Zeitschrift *Arena*, „The problems of Mies" (Mai) und „The International fallacy of Gropius" (Juni) beschrieben. Hätte Jencks den Brief von Paul Bonatz an Karl Schmidt-Hellerau vom 10. April 1941 gekannt, so könnte er sich nicht brüsten, diese Todesminute festgelegt zu haben: „[...] ich will versuchen, weiter rückwärts blickend gut und schlecht zu unterscheiden: [...] Taut, May, alles was sich um Weissenhof Stuttgart 1927 bewegt — man sollte meinen, es seien Lebensalter schon her, so abgestanden. Schule gemacht? Ja und zwar die internationale, gültig von Buenos Aires bis Moskau. Braucht keinen Todesstoß mehr [...]." Bonatz hatte 1928 (ein Jahr nach der Weißenhof-Siedlung) neben Schmitthenner, Schultze-Naumburg, Bestelmeyer u. a. das Stuttgarter Block-Manifest unterzeichnet (Schmitthenner-Archiv, München).
17 Klotz, Heinrich, Moderne und Postmoderne, a.a.O., S. 42
18 Blake, Peter, Form Follows Fiasco. Why Modern Architecture Hasn't Worked, Boston/Toronto 1974. Eine kommentierte Bibliographie über Sowjetischen Konstruktivismus findet sich unter dem Titel Form Follows Form. Source Imagery of Constructivist Architecture 1917–1925, hrsgg. v. Kestutis Paul Zygas, Michigan 1978
19 Klotz, Heinrich, Die Revision der Moderne. Postmoderne Architektur 1960–1980, München 1984, S. 7
20 Siedler, Wolf Jobst, in: *Der Tagesspiegel*, 13. 11. 1986
21 In der Reihe *Bauwelt Fundamente* ist das von Russell-Hitchcock und Johnson 1932 veröffentlichte Buch: Der Internationale Stil, als Band 70 erschienen, Braunschweig 1985. Die maßgeblichen Persönlichkeiten der 1932er Ausstellung waren Alfred Barr, Henry Russell-Hitchcock und Philip Johnson und – indirekt – ihre politisch ungleich radikaleren Kollegen Lewis Mumford und Catherine Bauer, die beide bei der Gestaltung der Sektion Wohnungsbau mitgearbeitet haben. 60 Jahre danach, 1992, erschien in Begleitung einer rekonstruierten Ausstellung an der Columbia

University in New York der Nachdruck, hrsgg. v. Terence Riley mit einem Vorwort von Philip Johnson und einer Vorbemerkung von Bernard Tschumi, New York 1992. Kenneth Frampton begleitete diese Neuauflage mit seinem kritischen Artikel: Der Schatten der Aufklärung, in: *Arch+*, 112, Juni 1992, S. 12 ff.
22 Brolin, Brent C., Flight of Fancy. The Banishment and Return of Ornament, London 1985. Brolin hatte die Moderne schon früher kritisch hinterfragt: The Failure of Modern Architecture, London 1976. Dt. Das Versagen der modernen Architektur, Frankfurt/Wien/Berlin 1980. Unter dem Titel: Die Verdrängung des Ornaments, erschien in Frankfurt am Main 1977 ein Buch von Michael Müller mit dem Untertitel: Zum Verhältnis von Architektur und Lebenspraxis. Michael Müller, ein ständiger Kritiker der Postmoderne, veröffentlichte dazu u. a.: Architektur und Avantgarde, Frankfurt am Main 1984, und Schöner Schein. Eine Architekturkritik, Frankfurt am Main 1987
23 Plessner, Helmuth, Die verspätete Nation. Über die politische Verfügbarkeit des bürgerlichen Geistes, Stuttgart 1959
24 Das Museum of Modern Art veranstaltete 1988 eine Ausstellung zum Thema Deconstructivist Architecture.
25 Cook, Catherine, Nur Bilder oder intelligente Konzeption? Zur Beziehung zwischen Dekonstruktivismus und russischer Avantgarde, in: *archithese*, 1–89, S. 49 ff.
26 Bruno Taut besuchte 1926 die Sowjetunion als Mitglied der „Gesellschaft der Freunde des neuen Rußland". Er wird vom Moskauer Stadtsowjet zum Berater im Bereich Wohnungsbau gewählt. Die Erwartung auf die sowjetischen Leistungen beschrieb Taut schon 1924 in: *Das neue Rußland* 1/2, S. 10: „Nach den umfangreichen Zerstörungen in der Kriegs- und Nachkriegszeit tritt die Frage in wirklich neuen Aufbaus menschlicher Heimstätten in ein helleres Licht, und es will scheinen, daß gerade für die riesigen Gebiete des großen Rußland dieses Licht einen besonders bedeutungsvollen Glanz haben müßte."
27 Vgl. dazu Borngräber, Christian, Ausländische Architekten in der UdSSR, in: Wem gehört die Welt, Katalog Neue Gesellschaft für Bildende Kunst, Berlin 1977, S. 109 ff.
28 Bloch, Ernst, Geist der Utopie (1918, 1923), Frankfurt am Main 1964 (stw 35). Aus dem Klappentext: „‚Geist der Utopie' ist ein Manifest gegen die Leere, Ungläubigkeit und Hohlheit dieser Zeit; es ist die beschwörende Proklamation eines neuen, reichen, frommen Lebens. Von einer Verzweiflung über die Barbarei des Krieges geschrieben, eifert Bloch für eine umfassende Revolution, deren politischer Aspekt zwar conditio sine qua non ist, die aber weit darüber hinaus in ein neues Zeitalter führen soll, das wieder metaphysisch, gottsucherisch und von utopisch-prinzipiellen Begriffen bestimmt sein soll."
29 Schreiber, Mathias, Die Befreiung vom Bunker. Warum siegte nach 1945 die Moderne?, in: *Frankfurter Allgemeine Zeitung*, 25. Mai 1985, S. 25.
30 Vgl. dazu Beyme, Klaus von, Werner Durth, Niels Gutschow u. a. (Hrsg.), Neue Städte aus Ruinen. Deutscher Städtebau der Nachkriegszeit, München 1992
31 Am 8. Dezember 1951 wurde in Berlin-Ost die Deutsche Bauakademie (seit 1972 Bauakademie der DDR) als zentrale wissenschaftliche Institution des Bauwesens zur „parteilichen Auseinandersetzung mit den ideologischen Fragen der Architektur" gegründet. Leitende Mitarbeiter waren H. Hopp, H. Henselmann, R. Paulick. Am 23. April 1952 wurde u. a. W. Ulbricht als Ehrenmitglied berufen.
32 Ulbricht, Walter, Der Aufbau der Städte und die Fragen der Architektur, in: *Neues Deutschland*, Nr. 254, Seite 4, 1. November 1951
33 Durth, Werner, Utopia im Niemandsland, in: So viel Anfang war nie. Deutsche Städte 1945–1949, Berlin 1989, S. 214 ff. Vgl. dazu auch: Schätzke, Andreas, Zwischen Bauhaus und Stalinallee. Architekturdiskussion im östlichen Deutschland 1945–1955, Braunschweig/Wiesbaden, 1991 (*Bauwelt Fundamente*, Bd. 95)
34 Ulbricht, Walter, Der Aufbau der Städte... a.a.O.
35 Giedion, Siegfried, Mechanization Takes Command. A Contribution to Anonymous History (1948), New York 1975. Dt. Die Herrschaft der Mechanisierung, Frankfurt am Main 1982
36 Durth, Werner, Deutsche Architekten, Biographische Verflechtungen 1900–1970, Braunschweig/Wiesbaden 1986, S. 224

37 Unter dem Titel: Besser, billiger und schneller, wurde die programmatische Rede N. S. Chruschtschows auf der Moskauer Unionskonferenz in der DDR 1955 als Broschüre veröffentlicht.
38 Kurt Liebknecht beschreibt die neue Wende: „Wir haben in der Architekturtheorie den Fehler begangen, der Kunst in der Architektur das Primat zu geben ...". Als Nachtrag dieser Selbstkritik stellte Liebknecht 1960 fest: „Diese Fehler hatten ihren ideologischen Ursprung in einem gewissen Dogmatismus, der in jenen Jahren vor allem auch in der Deutschen Bauakademie herrschte." Zit. nach Topfstedt, Thomas, Städtebau in der DDR 1955–1971, Leipzig 1988, S. 155 (*Neues Deutschland* vom 18. Dezember 1955)
39 Vgl dazu Topfstedt, 1988, a.a.O., S. 11ff., 31ff., und Durth, Werner, Getrennte Wege. Zum Bauen in Ost- und Westdeutschland, in: Architektur in Deutschland '91, Stuttgart 1992, S. 60–66
40 In der Hauptstadt Berlin soll nach der Wende ein erneuter quantitativer Sprung erreicht werden. Neu geplante Siedlungen sollen, so der Berliner Senat, bis zu 16000 Wohneinheiten (Kaulsdorf/Mahlsdorf 2) bereitstellen.
41 Titel eines Buches von Rolf Keller, Zürich 1973
42 Im November 1960 veranstaltete die Stadt München zusammen mit dem Bayerischen Rundfunk, dem Deutschen Werkbund und der Münchner Volkshochschule zum Thema: „Die zwanziger Jahre" den dritten Geisteswissenschaftlichen Kongreß. Die Vorträge und Diskussionsbeiträge wurden von Leonhard Reinisch herausgegeben: Die Zeit ohne Eigenschaften. Eine Bilanz der zwanziger Jahre, Stuttgart 1961. Leider war der erste Referent, es ging dabei um Architektur, Siegfried Giedion. Ein Diskussionsteilnehmer beklagte: „Bei dem Referat von Siegfried Giedion hat mich ein gewisser Heroenkult enttäuscht." Erst 1965 erschien die erste deutsche Ausgabe von Giedions Raum, Zeit, Architektur, in der der „Parteimann" Giedion, der „Wortführer" Le Corbusiers und der CIAM mit seinem „Hang zum Totschweigen" zu Worte kommt. „Giedion geht [...] in seiner Parteilichkeit zuweilen bis nahe an die Grenze, wo Geschichtsschreibung aufhört und Propaganda beginnt." Dies schreibt Julius Posener in einer Buchrezension in: Posener, Julius, Aufsätze und Vorträge: 1931–1980 (*Bauwelt Fundamente*, Bd. 54/55), Braunschweig/Wiesbaden 1981, S. 85ff.
43 Conrads, Ulrich und Hans G. Sperlich, Phantastische Architektur, Stuttgart 1960. Die Arbeit zu diesem Buch, das zu großen Teilen die Architektur des Expressionismus darstellt, wurde 1959 abgeschlossen. Von „extremer Tastbarkeit", von „bergender Höhle", aber auch von „phantastischen Gerüsten", „schwebender Architektur" wird darin gesprochen. In einer Vorbemerkung ist zu lesen: „[Es] wurde uns klar, daß [...] Adolf Behne dieses Buch hätte schreiben müssen, denn er war der Schriftführer des Berliner ‚Arbeitsrates für Kunst' und darüber hinaus in allen wichtigen architektonischen Geschehnissen unseres Jahrhunderts persönlich engagiert." 1961 meldete Ada Louise Huxtable in der *Bauwelt* (15/1961, S. 424) über eine in New York gezeigte Ausstellung: Visionary Architecture, Visionäre Architektur: „Der Effekt dieser seltsamen, fast unheimlichen Ausstellung, die zu gleichen Teilen Genie, Arroganz und Narrheit umfaßt, ist sowohl beunruhigend wie anregend. Doch wenn sie nur einen kurzen, scharfen Anstoß zum gründlicheren architektonischen Denken geben sollte, kann das Museum wieder einen Erfolg verzeichnen." 1964 fanden in Florenz eine Expressionismus-Ausstellung und ein daran anschließender Kongreß statt. Vgl. im Zusammenhang damit Borsi, F. und G. K. König, Architettura dell'espressionismo, Genova 1967; Sharp, Dennis, Modern Architecture and Expressionism, London 1966; schließlich natürlich: Pehnt, W., Die Architektur des Expressionismus, Stuttgart 1973. Pehnt hatte sich seit 1959 mit dem Thema Expressionismus auseinandergesetzt und in einem neueren Aufsatz – Das architektonische Opfer. Ein Motiv der klassischen Moderne –, in: Die Erfindung der Geschichte 1989, S. 116ff., noch einmal vertieft. Vgl. auch Dube, Wolf-Dieter, Der Expressionismus in Wort und Bild, Stuttgart 1973
44 „Profitopolis ist ein zorniger, ein engagierter Name für einen bösen Zustand [...]. Unsere ‚Städte mit ihren Plagen' sind ‚keine Naturkatastrophen, sondern Katastrophen gesellschaftlichen Unvermögens'", schreibt Wend Fischer in der Einleitung, Alexander Mitscherlich zitierend (Ausstellungskatalog, München 1972, S.6). Ein Jahr nach der Ausstellung in München veröffentlichte Ulrich Conrads Umwelt Stadt. Argumente und Lehrbeispiele für eine humane Architektur, München/Gütersloh 1973. Vgl. dazu auch Helms, Hans G. und Jörn Janssen, Kapitalistischer Städtebau, Neuwied/Berlin 1970
45 Vgl. dazu Informationen und Literaturangaben in Korte, Hermann, Stadtsoziologie. Forschungs-

probleme und Forschungsergebnisse der 70er Jahre, Darmstadt 1986. Die Reihe *Bauwelt Fundamente* hat folgende Titel veröffentlicht: Jacobs, Jane, Tod und Leben großer amerikanischer Städte (Bd. 4), Gütersloh/Berlin 1963 (New York 1961) Neuausgabe: Braunschweig/Wiesbaden 1993; Gans, Herbert J., Die Levittowner. Soziographie einer Schlafstadt (Bd. 26), Gütersloh/Berlin 1969 (New York 1967); Boudon, Philippe, Die Siedlung Pessac – 40 Jahre Wohnen à Le Corbusier. Sozioarchitektonische Studie, (Bauwelt Fundamente Bd. 28) Gütersloh 1971 (Paris 1969)
46 Teut, Anna, Architektur im Dritten Reich 1933–1945 (*Bauwelt Fundamente*, Bd. 19) Frankfurt am Main/Berlin/Wien 1967; vgl. dazu auch Brenner, Hildegard, Die Kunstpolitik im Nationalsozialismus, Reinbek bei Hamburg 1963
47 Lane, Barbara Miller, Architektur und Politik in Deutschland 1918–1945, Braunschweig 1986
48 Durth, Werner, Deutsche Architekten, a.a.O., S. 11, und ders. und Niels Gutschow, Träume in Trümmern, Braunschweig 1988
49 Lampugnani, Vittorio Magnago, Architektur als Kultur. Die Ideen und die Formen. Aufsätze 1970–1985, Köln 1986. Hier vor allem der Aufsatz Die entnazifizierte Baugeschichte. Architektur im nationalsozialistischen Deutschland und im faschistischen Italien, S. 229; vgl. auch den Aufsatz Die eigenwillige Muse in derselben Sammlung, Anmerkung 13: „Le Corbusier hat mit dem italienischen Faschismus sympathisiert [...] Paul Schmitthenner ist zum Nationalsozialismus übergetreten [...] Philip Johnson, der bis 1939 ein überzeugter Anhänger von Hitler war, hat 1936 (vergeblich) versucht, eine nach nationalsozialistischem Muster organisierte Partei in den USA zu gründen." Thilo Hilpert hat auf die Wendemanöver von Le Corbusier zwischen 1930–1945 in: Die Funktionelle Stadt. Le Corbusiers Stadtvisionen, Braunschweig 1978, hingewiesen (*Bauwelt Fundamente*, Bd. 48). Vgl. zum Thema auch Hochman, Elaine S., Mies van der Rohe. Architects of Fortune and the Third Reich, New York 1989
50 Durth, Werner, Deutsche Architekten, a.a.O., S. 295 ff. Diesem ersten Aufbrausen des Düsseldorfer Architektenringes gegen die „Ära Tamms" folgte 1952 der sogenannte „Düsseldorfer Architekturstreit", während dessen eine ganze Architektengarde aus dem „Dritten Reich" angeklagt wurde.
51 Pfammatter, Ueli, Moderne und Macht. ‚Razionalismo': Italienische Architekten 1927–1942, Braunschweig 1990 (*Bauwelt Fundamente*, Bd. 85), S. 7
52 Fischer, Günther, Ludwig Fromm, Rolf Gruber, Gerd Kähler und Klaus-Diether Weiß, Abschied von der Postmoderne. Beiträge zur Überwindung der Orientierungskrise, Braunschweig 1987 (*Bauwelt Fundamente*, Bd. 64). Die Moderne, die ich „trotzdem" weiterdiskutieren möchte, hat z. B. die geographischen, klimatischen Besonderheiten nicht grundsätzlich mißachtet, wie behauptet wird, sie hat die menschlichen Maßstäbe nicht vernachlässigt, sie hat darüber hinaus nicht nur erschreckend puristische Niemandstäler mit Container-Architektur vollgestellt.
53 Die Mixtur aus philiströsen Verstiegenheiten und klassischem Bildungsgut, aus Daseinsverzweiflung und romantischem Konservativismus beschrieb Spengler schon seit 1911. Das Buch erschien 1918 und 1922. In acht Jahren wurden 100000 Exemplare verkauft. Vgl. dazu Felken, Detlef, Oswald Spengler. Konservativer Denker zwischen Kaiserreich und Diktatur, München 1988
54 Vgl. auch Sedlmayr, Hans, Die Revolution der modernen Kunst, Reinbek bei Hamburg 1955. Sedlmayr, seit 1951 Inhaber des Lehrstuhls für Kunstgeschichte an der Universität München, hatte sich in dem eigens für rowohlts deutsche enzyklopädie geschriebenen Text keineswegs von seiner konservativen Ablehnung der Moderne gelöst. Das Buch erlebte bis 1961 eine Auflage von 125000.
55 Vgl. dazu Stern, Fritz, Kulturpessimismus als politische Gefahr. Eine Analyse nationaler Ideologien in Deutschland, Bern/Stuttgart 1963. Vgl. dazu auch Bracher, Karl-Dietrich, Zeit der Ideologien. Eine Geschichte des politischen Denkens im 20. Jahrhundert, Stuttgart 1982; Mohler, Armin, Die Konservative Revolution in Deutschland 1918 bis 1932, Darmstadt 1989; Mit der Verwandlung von Geschichtsbetroffenheit in eine Distanzierung von Geschichte beschäftigt sich Lutz Niethammer, Posthistoire. Ist die Geschichte zu Ende?, Reinbek bei Hamburg 1989
56 Durth, Werner, Deutsche Architekten, a.a.O., S. 275 und S. 359 f.
57 Buddensieg, Tilmann, Kuppel des Volkes. Die Legitimität eines demokratischen Symbols, in: *Frankfurter Allgemeine Zeitung*, 2. Oktober 1992
58 Schreiber, Mathias, Die Stadt als Medium, in: Schabert, Th. (Hrsg.), Die Welt der Stadt, München/Zürich 1991, S. 154

59 Behne, Adolf, Europa und die Architektur, 1921, a.a.O., S. 32
60 Lefèbvre, Henri, Die Revolution der Städte, München 1972
61 Jacobs, Jane, 1963, Tod und Leben, a.a.O., S. 25
62 Eichstädt, Wulf, Die Metropolisierung Groß-Berlins, in: Helms, Hans G., Die Stadt als Gabentisch, Leipzig 1992, S. 435
63 Paul Zucker veranstaltete ein Jahr später, 1944, an der Columbia University eine Konferenz zum Thema „The New Architecture and City Planning".
64 In: *New Yorker*, XII (Oct. 7, 1936) S. 649–52Y; vgl. auch Mumford, Lewis, ‚Modern' als Handelsware, in: *Die Form*, 1930, S. 222 f.; Hughes, Thomas P. und Agatha C. Hughes, Lewis Mumford. Public Intellectual, New York, Oxford (Oxford Univ. Press) 1990
65 Murken-Altrogge, Christa, Coca-Cola-Art. Konsum – Kult – Kunst, München 1992. Im Werbetext steht u. a.: Coca-Cola – Synonym für den Lebensstil der jungen Generation [...] beispiellose Entwicklung eines Markenartikels vom Konsumprodukt zum Kultobjekt
66 Kuhnert, Nikolaus und Peter Neitzke, Befriedete Tradition, in: Jahrbuch für Architektur. Neues Bauen 1980/1981, Braunschweig/Wiesbaden 1980, S. 19
67 In der *Deutschen Bauzeitung* 41/1930 (S. 321 ff.) ist zu lesen: „Bei dem neuen, schönen Schiff ‚Europa' des Norddeutschen Lloyd hat man [...] mit Rücksicht auf den internationalen, richtiger amerikanischen, etwas konservativ eingestellten Geschmack für zweckmäßig gehalten [...] der Innenausstattung traditionelle Formgebung vorzuschreiben. Professor Troost, München, der mit Ausnahme der III. und Touristenklasse die innenkünstlerischen Aufgaben zu lösen hatte, hat dies in formvollendeter Weise getan [...]. Bei dieser Gelegenheit sei auf den Wert der einer heutigen Architektengeneration meist verloren gegangenen Darstellungskunst hingewiesen." Paul Ludwig Troost (1878–1934) studierte zusammen mit Ludwig Hoffmann in Darmstadt. Er wurde 1933 Hitlers Chefarchitekt für wichtige Bauten, z. B. Haus der Kunst in München.
68 Kuhnert, Nikolaus und Philipp Oswalt, Das Abenteuer der Modernität, in: *Arch+* 105/106, Oktober 1990, S. 38
69 In: *Wochenpost*, 39, 17. September 1992, S. 27
70 In „betrifft", *Bauwelt* 1/2, 1983 zum Heftthema: Posthistoire, Postmoderne oder die unmögliche Gegenwart
71 Welsch, Wolfgang, Wie modern war die moderne Architektur?, in: *Stadtbauwelt* 113, Bauwelt 12/1992, S. 650 ff.
72 Der aktive Architekturkritiker Werner Hegemann veröffentlichte 1927 eine barsche Le Corbusier-Kritik: Kritik des Großstadt-Sanierungsplans Le Corbusiers, in: *Der Städtebau*, 22, Berlin 1927, S. 69–74, vgl. auch Meyer, Peter, Le Corbusier, in: *Der Lesezirkel*, 15, Hottingen 1927, S. 9
73 Sergius Ruegenberg hat dem Mies-Monographen Franz Schulze am 23. Juni 1982 mitgeteilt, Mies hätte 1924 das Verbrennen „großer Teile" seiner Akten angeordnet, um „im nachhinein den Eindruck zu erwecken, seine Hinwendung zur Moderne sei im wesentlichen geradlinig verlaufen". (Schulze, Franz, Mies van der Rohe, Leben und Werk, Berlin 1986, S. 89) Ludwig Mies hatte sich 1921, im entscheidenden Jahr, in dem er wichtige Diskussionen mit van Doesburg, El Lissitzky und Richter geführt hatte, noch den Nachnamen seiner Mutter van der Rohe zugelegt.
74 Auch das auf einem Terrainbruch eines erhöhten Plateaus der Stadt Brünn/Brno errichtete, seit 1963 unter Denkmalschutz stehende Haus Tugendhat (1928–1930) von Mies van der Rohe, das, schwer kriegsbeschädigt, unterschiedlich genutzt einem komplizierten Baukonstruktionsprozeß unterzogen worden ist, konnte 1983 wiederhergestellt und als staatliches Repräsentations- und Gästehaus wiedereröffnet werden.
75 Mies van der Rohe-Ausstellungen in der von Mies 1962–1967 geplanten und gebauten Neuen Nationalgalerie, im Bauhaus-Archiv in Berlin (West) (von Gropius geplant) und im Deutschen Architektur-Museum (ein Ungers-Umbau) in Frankfurt am Main 1986/1987. Vgl. dazu: Mies van der Rohe. Vorbild und Vermächtnis, Frankfurt am Main 1986, eine Übernahme der Ausstellung „The Unknown Mies van der Rohe and His Disciples of Modernism" in The Art Institute of Chicago. 1977 fand in den von Mies 1927–1930 erbauten Häusern Esters und Lange, die von der Stadt Krefeld übernommen worden waren, die Ausstellung, Wohnen in einer neuen Zeit. Die Villen- und Landhausprojekte von Ludwig Mies van der Rohe" statt.

76 Der vorbildliche Architekt. Mies van der Rohes Architekturunterricht 1930-1958 am Bauhaus und in Chicago, Katalog zur Ausstellung 13.11. 1986-18.1. 1987 im Bauhaus-Archiv Berlin
77 Hubert Hoffman berichtet als ehemaliger Bauhaus-Schüler in: Begegnungen mit Mies van der Rohe und Ludwig Hilberseimer über seine Erfahrungen (*Wiss. Z.Hochsch.Archit.Bauwes.*, Weimar 1987, S. 269 ff.).
78 Ende 1921 wurde von der Turmhaus AG ein Wettbewerb zur Bebauung der ehemaligen L'épinière am Bahnhof Friedrichstraße mit einem Hochhaus unter den Mitgliedern des BDA ausgeschrieben. Im Preisgericht waren: Bestelmeyer, Billing, Brix, L. Hoffmann, Straumer u. a. Frist: 2. Januar 1922. Das Projekt von Mies wurde nicht ausgezeichnet, Scharoun erhielt einen Ankauf.
79 Ulrich Conrads gab 1963 ein Reprint von *Frühlicht* als *Bauwelt Fundament* Bd. 8 heraus. Der Roman *Das Frühlicht* (*Le feu*) von Henri Barbusse ist in mehr als 60 Sprachen übersetzt worden. Mit Barbusse konspirierte der „Arbeitsrat für Kunst" am 11. Oktober 1919 in Straßburg in bezug auf die Gründung einer deutschen Sektion der Internationale de la pensée (La Clarté).
80 1921 wurde das pazifistische Friedenskartell gegründet, in demselben Jahr die Zeitschrift *Das andere Deutschland* herausgegeben, und 1926 gründete Kurt Hiller die Gruppe revolutionärer Pazifisten. Vgl. dazu Wurgaft, Lewis D., The Activists. Kurt Hiller and the Politics of Action on the German Left 1914-1933, Philadelphia 1977
81 Vgl. dazu Elias, Norbert, Studien über die Deutschen, Frankfurt am Main 1989, hier u. a. Kapitel III: Zivilisation und Gewalt
82 Aus einem im März 1987 veröffentlichten Vortrag von Ulrich Conrads, Rückblicke auf ein Pensum für morgen, zitiert von Alfred Roth in: Für Ulrich Conrads von Freunden, Braunschweig 1988, S. 160
83 Der Streit um Aufklärung und Mythos (Adorno/Horkheimer/Habermas) kann hier nicht vertieft werden.
84 Vgl. dazu Eksteins, Modris, Tanz über Gräben. Die Geburt der Moderne und der Erste Weltkrieg, Reinbek bei Hamburg 1990
85 Z. B. Blumenberg, Hans, Arbeit am Mythos, Frankfurt am Main 1979; Habermas, Jürgen, Die Verschlingung von Mythos und Aufklärung, in: Bohrer, K. H. (Hrsg.), Mythos und Moderne, Frankfurt am Main 1983; Cassirer, Ernst, Der Mythos des Staates, Frankfurt am Main 1985; Kemper, P., Macht des Mythos – Ohnmacht der Vernunft?, Frankfurt am Main 1989
86 Klee, Paul, Gedichte, hrsgg. v. Felix Klee, Zürich 1980, S. 7: „Diesseitig sind wir gar nicht faßbar." Vgl. dazu auch das Pädagogische Skizzenbuch von Paul Klee, 1925
87 1920 wurde in Berlin das Psychoanalytische Institut mit einer Klinik und einer Ausbildungsstätte gegründet. 1922 hielt Sigmund Freud dort seine vorerst letzte Vorlesung: Theorie vom Überich, dem Ich und dem Es. 1922 erschien Stefan Zweigs (1881-1942) Novellen der Leidenschaft: Amok. Der Einfluß Freuds auf Zweigs vorwiegend psychologische Interessen an seinen Figuren ist bekannt. 1922 erschien das Buch von Hans Prinzhorn (1866-1933), dem deutschen Psychologen und Neurologen, Bildnerei der Geisteskranken. Vgl. dazu Hilberseimers Denkreisen im Kapitel: Expressionismus. Prinzhorn war ein guter Freund der Tänzerin Mary Wigman.
Zu diesem Suchen nach Innen mitten in einer bewegten, verunsichernden Zeit gehört auch die 1923 von Manfred Kyber herausgegebene Arbeit: Einführung in das Gesamtgebiet des Okkultismus.
88 Zitiert bei Lyotard, Jean-Francois, Beantwortung der Frage: Was ist postmodern?, in: Postmoderne und Dekonstruktion. Texte französischer Philosophen der Gegenwart, Stuttgart 1990, S. 43
89 Taut, Bruno, Werkbundausstellung 1914, Köln 1914; ders., Eine Notwendigkeit, in: *Der Sturm*, Bd. 4, Nr., 196/197 (Februar 1914), S. 174f.; und Behne, A., Bruno Taut, in: *Der Sturm*, Bd. 4, Nr. 198/199 (Februar 1914), S. 182f.; und ders., Expressionistische Architektur, in: *Der Sturm*, Bd. 5, Nr. 19/20 (Januar 1915), S. 135
90 Scheerbart, Paul, 70 Millionen Weltgrüße. Eine Biographie in Briefen 1889-1915, hrsgg. v. Mechthild Rausch, Berlin o. J. (1990)
91 Scheerbart, Paul, Der Architektenkongreß, eine Parlamentsgeschichte, in: Berliner Tageblatt (Beilage: Der Zeitgeist), 6.1. 1913, und in der 1. Magdeburger Ausgabe des *Frühlicht* (Herbst 1921)
92 Taut, Bruno, Der Weltbaumeister. Architektur-Schauspiel für Symphonische Musik. Dem Geiste Paul Scheerbarts gewidmet, von Bruno Taut, gezeichnet im September 1919, Hagen i. W. 1920, im

Nachwort: Über Bühne und Musik. Im Oktober 1993 wurde Der Weltbaumeister von Bruno Taut in Graz uraufgeführt.
93 Bloch, Ernst, Das Prinzip Hoffnung, a.a.O., S. 661 f.
94 Musik und Architektur, beide abstrakt und beide im reinsten Einklang, Bruno Taut an Karl Ernst Osthaus am 2.8.1919, Osthaus-Archiv Hagen. Vgl. dazu auch: Fischer, Theodor, Zwei Vorträge über Proportionen, München 1934, und Redslob, Edwin, Von Weimar nach Europa, Berlin 1972, S. 242: „Lyonel Feiningers [...] in den Weltraum hinausweisende Kunst [...] half mir [...] zu ihrem Verständnis, [als] ich in seinem Atelier die Noten von Bachs Kunst der Fuge auf dem Zeichentisch liegen sah und eines Tages auch von dem Maler selbst komponierte Fuge hörte, die wie die Melodie zu seinem bildnerischen Schaffen war." Alle diese Ideen fußen auf Friedrich Wilhelm Joseph Schellings (1775–1854) Aperçu von der Architektur als „erstarrter Musik", eine Parallelisierung, die er aus dem gemeinsamen „anorganischen" Wesen und der gemeinsamen Affinität zur Mathematik herleitete. Vgl. auch: Pehnt, Wolfgang, Die Erfindung der Geschichte. Aufsätze und Gespräche zur Architektur unseres Jahrhunderts München 1989, S. 17 ff., darin u. a. Verstummte Tonkunst. Musik und Architektur in neuerer Zeit
95 Im August 1925 wurde Arnold Schönberg als Leiter der Meisterklasse für Komposition an die Preußische Akademie der Künste Berlin berufen. Arnold Schönberg war der Lehrer von Hanns Eisler (1898–1962), der die Bühnenmusik vieler Brecht-Stücke und schließlich 1949 die National-hymne der DDR komponiert hat. Der Text dieser Hymne stammt von Johannes R. Becher (1891–1958), der sich 1922 von seiner frühexpressionistischen Symbolsprache gelöst hatte. Vgl. dazu Herden, E. M., Vom Expressionismus zum sozialistischen Realismus. Der Weg Johannes R. Bechers als Künstler und Mensch, Dissertation, Heidelberg 1962
96 Schlemmer, Oskar, Idealist der Form. Briefe, Tagebücher, Schriften 1912–1943, Leipzig 1990, S. 96. Schlemmer hat 1916 Vorstufen zum „Triadischen Ballett" in Stuttgart aufgeführt. Vgl. auch Thiess, F., Der Tanz als Kunstwerk, München 1920
97 Müller, Hedwig, Mary Wigman. Leben und Werk der großen Tänzerin, Weinheim und Berlin 1986. Die Schülerin von Mary Wigman, Gret Palucca, gründete 1925 eine Tanzschule in Dresden.
98 Brief an die Eltern in La Chaux-de-Fonds, Bibliothèque de la Ville, Fondation Le Cobusier, LCms62, Carnet III. Information aus: de Michelis, Marco, Heinrich Tessenow, Das architektonische Gesamtwerk, Stuttgart 1991
99 Vgl. dazu Die Form. Stimme des Deutschen Werkbundes 1925–1934, hrsgg. v. Felix Schwarz und Franz Gloor, Bauwelt Fundamente, Bd. 24, Gütersloh 1969. Vgl. auch Kurt Riezler, Tagebücher, Aufsätze, Dokumente, hrsgg. v. K. D. Erdmann, Göttingen 1972
100 Vgl. auch Anm. 87
101 Ich verweise auf die Kapitel „Zusammenschlüsse" und „Patriarchen".
102 Das Buch erschien mit einer ungeheuren Auflagenziffer: Im ersten Erscheinungsjahr 1890 wurden in 29 Auflagen 60000 Exemplare gedruckt. Bis 1891 erschienen insgesamt 39 Auflagen. Vom Jahre 1893 an ließ die Nachfrage etwas nach oder der Bedarf war weitgehend gedeckt. Bis 1909 erschienen 49 Auflagen. Langbehns Werk war ein Kultbuch der Jugendbewegung. 1925 bis 1930 stieg die Auflage wieder beträchtlich. Bis 1945 sind in 55 Auflagen 145000 Exemplare verkauft worden. Das Werk wurde in den zwanziger Jahren das „Spengler-Buch vor der Katastrophe" genannt.
103 Hegemann, Werner und Leo Adler, Warnung vor „Akademismus" oder „Klassizismus", in: *Wasmuths Monatshefte für Baukunst*, 11. Jg., H.1, 1927, S. 6, vgl. Dokumente 1924–1928, Kritik 4
104 Link, J. und W. Wülfing (Hrsg.), Nationale Mythen und Symbole in der zweiten Hälfte des 19. Jahrhunderts, Stuttgart 1991, S. 65
105 Sörgel, Hermann, Das Chile-Hochhaus in Hamburg, ein Markstein in der Geschichte der Baukunst, in: *Baukunst*, 1925, S. 3 ff.
106 Ebeling, Siegfried, Der Raum als Membran, Dessau 1926, S. 5
107 Adler, Leo, Vom Wesen der Baukunst. Die Baukunst als Ereignis und Erscheinung, Leipzig 1926
108 Lukács, Georg, Die neue Einsamkeit und ihre Lyrik: Stefan George, zitiert in: Stefan George in seiner Zeit. Dokumente zur Wirkungsgeschichte, Bd. 1, hrsgg. v. Ralph-Rainer Wuthenow, Stuttgart 1980, S. 129 ff.; „die Richtung seiner Entwicklung führt immer bestimmter und immer ausschließlicher hierher. Nach den phantastischen Märchenlandschaften und schwülen Hängegärten der ersten

Gedichte kamen immer einfachere, immer strengere und über immer weniger Mittel verfügende. Eine Art Präraffaelismus steckt in der Entwicklung dieser Lyrik, doch nicht der englische, sondern der wirklich primitive, wirklich florentinische: einer, der keine Pikanterien aus der Strenge macht, sondern die Strenge selbst als Grundlage seines Stilisierens übernimmt; der die Primitivität kunstästhetisch auslegt, so, daß er nicht einmal imstande sei, Schönheiten zu erblicken, die die Komposition etwa stören können; der die luftige Leichtigkeit und die zerbrechliche Steifheit seiner Linien zur Durchgeistigung gebraucht; der – sei es bewußt und berechnet – das Leben nur mit einer puritanischen Technik in sich einschließen will und eher geneigt ist, dieses aufzugeben, als seine schneeige, manchmal vielleicht etwas starre Reinheit."
109 Friedrich Gundolf zum 60. Geburtstag von Stefan George in: Hannoverscher Kurier, 12. Juli 1928: „... er ist Künstler mit dem unerbittlichen Drang nach möglichst starkem, dichtem und gestaltigem Ausdruck seiner Fülle, mit dem Willen zur klaren Farbe, zur reinen Linie [...]". Gundolf war Lehrer von Goebbels. Vgl. dazu Kluncker, Karlhans, Der George-Kreis als Dichterschule, in: Bauer, R. u. a. (Hrsg.), Fin de siècle. Zur Literatur und Kunst der Jahrhundertwende, Frankfurt am Main 1977. Die immer wieder überbrückte Spannung zwischen Links und Rechts beweist die Tatsache, daß sich Heinrich Mann, nach seinem Ausschluß aus der Leitung der Sektion Dichtung der Preußischen Akademie der Künste, persönlich für die Nachfolge-Kandidatur Stefan Georges eingesetzt hatte.
110 Vgl. dazu u. a. Klages, Ludwig, Die psychologischen Errungenschaften Nietzsches (entstanden für einen Vortrag im Bernoullianum Basel am 14. Mai 1919), Leipzig 1926, 1930 (2); Kerler, Dietrich Heinrich, Weltwille und Wertwille. Linien des Systems der Philosophie, Leipzig 1925
111 Die Grundlage des zwischen 1918 und 1933 zunehmenden Desintegrationsprozesses war die „Unterzeichnung des Versailler Vertrages" am 28. Juni 1919, von den Alldeutschen „Diktatfrieden" genannt, in dem das kriegsangreifende Deutschland gezwungen worden war, 13 Prozent seiner inländischen Territorien und alle Kolonien abzugeben. „,Versailles' wurde von einem Vehikel des Nationalismus zu einem Mythos der Gegenrevolution." Proß, Harry, Die Zerstörung der deutschen Politik. Dokumente 1871-1933, Frankfurt am Main 1983, S. 315. Zwischen 1919 und 1923 fanden 376 politische Morde statt. Bei 22 wurden linke Täter (zehn Todesstrafen), bei 356 rechte Täter (nur einer wurde bestraft) nachgewiesen. Vgl. dazu z. B. Gumbel, Emil Julius, Verschwörer. Zur Geschichte und Soziologie der deutschen nationalistischen Geheimbünde 1918-1924 (1924) Frankfurt am Main 1984. Gumbel wurde 1932 wegen seiner pazifistischen Haltung die venia legendi entzogen. Bruno Taut war der einzige Architekt unter den zahlreichen Unterzeichnern einer Protesterklärung. Vgl. auch Strohl, Hélène, Ein gewisses Deutschland der zwanziger Jahre, in: Panik Stadt, Berlin/Braunschweig 1979, S. 120 ff.; und u. a. Elias, Norbert, Studien über die Deutschen a.a.O.
112 Die Reichsforschungsgesellschaft für Wirtschaftlichkeit in Bau- und Wohnungswesen wurde am 14.12.1926 gegründet und schließlich am 5.6.1931 wieder aufgelöst. Vgl. dazu: *Bauwelt* 28/1927, S. 685: Das Reich stellte 10 Millionen für die Forschung zur Verfügung. Die Reichsforschungsgesellschaft mit Sitz in Berlin stand unter der Aufsicht des Reichsarbeitsministeriums. Im fünfzehnköpfigen Verwaltungsrat u. a. Friedrich Paulsen (*Bauwelt*), Otto Bartning, Prof. Siedler (BDA Vorstand). Im Sachverständigenbeirat saßen 15 Mitglieder: u. a. Paul Mebes, Ernst May, Paul Schmitthenner, Walter Gropius, Bruno Ahrens, Alexander Block. Angriffe gegen die Reichsforschungsgesellschaft formulierten Paul Schultze-Naumburg, Cornelius Gurlitt in *Bauwelt* 34/1927, S. 855 und in *Deutsche Bauzeitung* Nr. 31/32, 1927, S. 268 ff. Vgl. auch: Schumacher, Fritz: Der Fluch der Technik, Hamburg 1932 und die Rezension dazu von Friedrich Tamms, in: *Baugilde*, H. 11, 1932, S. 547
113 Vgl. dazu Janssen, Jörn, Bauproduktion 1919-1933 in Deutschland. Materielle Grundlage der Diskussion über die funktionalistische Stadt, Dortmund 1987
114 Zwischen 1928 und 1932 stieg die Arbeitsleistung um mehr als das Doppelte, gleichzeitig sanken die Reallöhne um mehr als 50 Prozent, vgl. dazu Varga, Die Krise der kapitalistischen Rationalisierung, 1928
115 Bernoulli, Hans, Technischer Fortschritt und wirtschaftlicher Stillstand, in: *Baugilde*, 1928, S. 1133 f.
116 Langen, Gustav, „Neues Bauen", Gedanken auf der Werkbundausstellung ‚Die Wohnung', Stutt-

gart zur Zeit der Tagung für wirtschaftliches Bauen, in: *Deutsche Bauzeitung*, Nr. 88, 1927, S. 722 f. Die Arbeitslosigkeit nahm zwischen 1928 um 10 Prozent, 1929 um 14, 1930 um 25 und 1932 um 44 Prozent zu, vgl. dazu Fritzsche, Klaus, Politische Romantik und Gegenrevolution. Fluchtwege in der Krise der bürgerlichen Gesellschaft. Das Beispiel des „Tat"-Kreises, Frankfurt am Main 1976, S. 25

117 Die „Expressionismusdebatte" 1937/1938, an der Lukács, Bloch u. a. teilgenommen hatten, spielte dabei eine tragende Rolle. Die einseitige Interpretation des Expressionismus, vor allem von Seiten der „Ultralinken", ist nach dem Zweiten Weltkrieg in der DDR übernommen worden. Mit dem expressionistischen Part des Bauhauses z. B. konnte man dort kaum etwas anfangen, er wurde beiseite geschoben. Im Lexikon der Kunst, Leipzig 1968 (Nachdruck 1973), ist zu lesen, Expressionismus sei die Hauptströmung der bildenden Kunst Europas zwischen 1905 und 1925, *„in der vornehmlich alle jene Künstler sich trafen, die gegen die spätbürgerlichen Verhältnisse opponierten, allerdings ohne in sich selbst bürgerliche Begrenztheiten ganz überwunden zu haben".* (Bd. 1, S. 654) Der oben kursiv gesetzte Nebensatz wurde in der Neuausgabe von 1989 weggelassen, ebenso die danach einsetzende Information über die „unter dem Druck des Überganges zum Imperialismus schon vor 1900 zuspitzende Krisenhaftigkeit von Sein und Lebensweise in der spätbürgerlichen Gesellschaft [...]. Weniger fortschrittlich oder traditionell humanistischer Haltung verbundene Verteter des E. hingegen vermochten die Gefahren des wurzellosen Subjektivismus [...] und damit der Dekadenz nicht zu entgehen." Vgl. dazu auch A. E. und P. U. Hein, Kunstpolitische Konzepte der deutschen Arbeiterbewegung. Eine Darstellung am Beispiel von Literatur und Theater, Münster 1983, S. 3 f.: „Die deutsche KP vor 1923 hat kein kunstpolitisches Konzept entwickelt; wo das Proletariat den Sieg noch nicht davongetragen hatte, so die grobe Richtung dieses Denkens, war auch von einer neuen, sprich proletarischen Kunst nicht viel zu erwarten."

118 *Rote Fahne*, Nr. 14 und Nr. 15, 1921. *Rote Fahne*, ehemaliger Berliner Lokalanzeiger, erstes Erscheinen: 10. Nov. 1918, ab 18. Nov. herausgegeben von Karl Liebknecht und Rosa Luxemburg

119 *Die Linkskurve*, 6. Juni 1930. Adolf Behne geht in seinem Aufsatz: Stagniert die Kunst? mit der Kritik von links (zu den Linken zählte er sich selber) hart um: „Natürlich wird ein banausisches Feuilleton nicht dadurch sozialistisch, daß in jedem Satz einmal das Wort Klassenkampf eingefügt wird." (in: *Soz. Monatshefte*, Dez. 1925, S. 759)

120 *Wasmuths Monatshefte für Baukunst*, XIV, 1929, S. 176

121 1975 hat die Carl-Friedrich-von-Siemens-Stiftung eine Vortragsreihe zum Thema „Was ist Glück" veranstaltet. Der Vortrag von Julius Posener „Eine Architektur für das Glück", ist 1976 im Band „Was ist Glück?" bei dtv veröffentlicht worden.

122 Vgl. dazu z. B. auch Scharff, Richard, Der Weg zu uns selbst. Eine Ganzheitslehre des Lebens. – Wohnen und Stadt-Bau-Kultur. Band Wohnkultur als modernes Problem, Detmold 1932: „Es gibt genau genommen keine Möbel mehr, nur mehr Funktionsprovisorien." (S. 121)

123 Nicht selten rückte Posener in seinen Vorträgen und Veröffentlichungen zur Geschichte der neuen Architektur die Anschaulichkeit, die haptische Kultur der gebauten Umwelt als Heimat ins Zentrum seiner Ausführungen. Vgl. dazu den Nachdruck seiner Vorlesungsreihe in *Arch+* 1979 ff., und Posener, Julius, Aufsätze und Vorträge 1931–1980, Braunschweig 1981 (*Bauwelt Fundamente*, Bd. 54/55)

124 Vgl. dazu Czech, Hermann, A Mode for the Current Interpretation of Josef Frank, in: *a + u*, 11/1991, S. 20–31. Das wichtigste schriftstellerische Werk von Josef Frank ist: Architektur als Symbol. Elemente deutschen Bauens, Wien 1981 (Nachdruck des 1931 erschienenen Buches)

125 Frank, Josef, Drei Behauptungen und ihre Folgen, in: *Die Form*, 1927, S. 290 f.

126 Frank, Josef, Was ist modern?, in: *Die Form*, 1930, S. 340

127 Mendelsohn, Erich, Dynamik und Funktion, Vortrag 1923, in: *Wasmuths Monatshefte für Baukunst*, 8. Jg., 1924, S. 4

128 Heidegger, Martin, Bauen Wohnen Denken, in: Vorträge und Aufsätze, Pfullingen 1954, S. 105

129 Vgl. dazu Senger, Alexander von, Krisis der Architektur, Zürich 1928; Schultze-Naumburg, Paul, Kunst und Rasse, München 1928 und die aufgeregte Diskussion zu diesem Buch von Hans Rosenthal, Gibt es einen Weg aus der Wirrnis unserer deutschen Kulturauffassungen? in: *DBZ* 1929, S. 495 f., Entgegnungen dazu von Adolf Behne in *DBZ*: 1929, S. 750 ff. und von Paul Klopfer in:

DBZ 1929, S. 542f. Vgl. auch Margold, Emanuel Josef, Form und Rationalisierung im neuen Bauen. Das Problem der Wohnmaschine, in: *Die Baugilde*, 1927, S. 788
130 Bloch, Ernst, Das Prinzip Hoffnung, Frankfurt am Main, 1979, (6. Auflage). Philosophisches Hauptwerk von Bloch, entstanden zwischen 1938 und 1947, überarbeitet 1953 und 1959.
131 Vgl. dazu Medici-Mall, Katharina, Was bringen Architekturdebatten. Werk und Wirkung des Architekturkritikers Peter Meyer in den dreißiger Jahren, in: Grenzbereiche der Architektur, Festschrift Adolf Reinle, hrsgg. v. Thomas Bolt, Basel/Boston/Stuttgart 1985, S. 157ff.
132 Meyer, Peter, Situation der Architektur, in: *Das Werk*, 9. Sept. 1940, S. 243
133 Vgl. dazu die bisher unveröffentlichte Dissertation von Simone Hain, Verteidigung der Poesie. Architekturkritik der sozialistisch orientierten tschechischen Avantgarde in den dreißiger Jahren. Berlin 1986
134 Abgedruckt in *Annales Techniques* 1933, H. 44–46, vgl. dazu auch: Steinmann, Martin (Hrsg.), CIAM. Dokumente 1928–1939, Basel 1979
135 Benjamin, Walter, Gesammelte Schriften V,1, Das Passagenwerk, hrsgg. v. Rolf Tiedemann, Frankfurt am Main 1982, S. 500
136 In: Behne, Adolf, Neues Wohnen – neues Bauen, 2. Kapitel: Diktatur oder Sachlichkeit, S. 28 und 30, Leipzig 1927
137 Behne, Adolf, Dammerstock, in: *Die Form*, 1930, S. 163ff., hier speziell S. 166
138 Schwarz, Rudolf, Neues Bauen, in: *Die Schildgenossen*, 1929, S. 217, ebenso abgedruckt in: Rudolf Schwarz, Wegweisung der Technik und andere Schriften zum Neuen Bauen 1926–1961, hrsgg. v. von Maria Schwarz und Ulrich Conrads, Bauwelt Fundamente, Bd. 51, Braunschweig 1979, S. 121
139 1929, im Jahr der Gründung des Frankfurter Psychoanalytischen Instituts (Teil des 1923 diskutierten und 1924 gegründeten Instituts für Sozialforschung), wurde von Erich Fromm und Hilde Weiß eine 271 Positionen umfassende Enquète ausgearbeitet. Von den 3300 verteilten Fragebögen erhielten Fromm und Weiß bis 1931 1100 Fragebögen zurück. Durch Emigration und Auflösung des Frankfurter Instituts waren 1934 nur noch 584 Fragebögen vorhanden. Trotz des zugestandenermaßen experimentellen Charakters der Befragung wurde für 1936 eine Publikation des Materials angekündigt, die allerdings nicht mehr zustande kam. Horkheimer, seit 1931 Direktor des Instituts, und andere Institutsmitglieder äußerten Zweifel an der „Seriosität" des Unternehmens – für ihn sei die Erhebung „zu marxistisch". Er hatte Angst vor negativen Folgen für das Institut. Die Enquète verschwand in der Schublade und wurde sogar aus den Annalen des Instituts teilweise gestrichen. Im Todesjahr Fromms, 1980, erschien die Studie unter dem Titel „Arbeiter und Angestellte am Vorabend des Dritten Reiches. Eine sozial-psychologische Untersuchung". Vgl. dazu Reijen, W. van und G. Schmid Noerr (Hrsg.), Grand Hotel Abgrund. Eine Photobiographie der Frankfurter Schule, Hamburg 1990. Vgl. auch Geiger, Theodor, Die soziale Schichtung des deutschen Volkes, Soziographischer Versuch auf statistischer Grundlage (1932), Stuttgart 1967; Rülcker, Christoph, Arbeiterkultur und Kulturpolitik im Blickwinkel des „Vorwärts" 1918–1928, in: Archiv für Sozialgeschichte, XIV. Band, S. 115ff., Braunschweig 1974
140 Das proportionale Verhältnis zwischen Angestellten und Arbeitern veränderte sich zwischen 1882 und 1933 wie folgt: 1882 1:21, 1995 1:13, 1907 1:9, 1925 1:4, 1933 1:5. Vgl. dazu Cremer, Fritz, Die Angestellten in der neuen Gesellschaft, Frankfurt 1954, Köln 1962; Speier, Hans, Die Angestellten vor dem Nationalsozialismus. Ein Beitrag zum Verständnis der deutschen Sozialstruktur 1918–1933, Göttingen 1977. Vgl. auch Kracauer, Siegfried, Die Angestellten (Erstveröffentlichung in der Frankfurter Zeitung, 1929), Frankfurt am Main 1971. Ein „bahnbrechender [...] Versuch, von einem unabhängigen, marxistischen Standpunkt aus die Sozialstruktur in Deutschland zu analysieren", besonders die Untersuchung des heraufkommenden Nationalsozialismus ist Geiger, Theodor, Die soziale Schichtung des deutschen Volkes. Soziographischer Versuch auf statistischer Grundlage, Stuttgart 1932
141 Bonss, Wolfgang, Kritische Theorie und empirische Sozialforschung. Anmerkungen zu einem Fallbeispiel, Vorwort zur Studie Erich Fromms, S. 36
142 A. a. O., S. 37. Das Problem der autoritären bzw. autoritätshörigen Kadergruppen kann hier nicht weiter diskutiert werden.
143 In Fischer/Fromm/Weiß a.a.O., S. 141ff.

144 Vgl. dazu Hein, P. U., Die Brücke ins Geisterreich, a.a.O., S. 115. Hein fragt sich, ob das Interesse der Nationalsozialisten, u. a. des medienpolitischen Sachwalters des Nationalsozialismus, Josef Goebbels, an der Avantgarde vielleicht nicht größer war als bislang angenommen. Vgl. dazu auch Hepp, Corona, Avantgarde. Moderne Kunst, Kulturkritik und Reformbewegungen nach der Jahrhundertwende, München 1987, S. 179
145 Bloch, Ernst, Das Prinzip Hoffnung, a.a.O., S. 859
146 Frampton, Kenneth, Der Schatten der Aufklärung, a.a.O., S. 12
147 Frampton, Kenneth, Ort – Form und kulturelle Identität, in: Werk, Bauen + Wohnen, 11/1988, S. 27
148 Simmel, Georg, Vom Wesen der Moderne, hrsgg. v. Werner Jung, Hamburg 1990, S. 354
149 Die Niederländer, die kurz nach 1945 mit dem Strukturalismus eine kleinteilige, nicht hierarchisierte Alternative fanden, suchen immer wieder, meist mit sozialpolitischem Impetus, „Modernism without dogma". Vgl. dazu Ibelings, Hans, Modernism without Dogma: Architecture of a Younger Generation in the Netherlands, Rotterdam 1991
150 Durth, Werner, Getrennte Wege, a.a.O., S. 66
151 Vgl. dazu Habermas, Jürgen, Der Eintritt in die Postmoderne, in: Merkur 20 (Oktober 1983), S. 752–761; Bürger, Peter, Das Altern der Moderne, in: Ludwig von Friedeburg und Jürgen Habermas (Hrsg.), Adorno-Konferenz 1983, Frankfurt am Main 1983, S. 177–197

Frans Masereel:
Holzschnitt aus dem Album „Die Stadt", 1925

I Dokumente 1919–1923

1 Ausblicke, Rückblicke
2 Expressionismus
3 Zusammenschlüsse

Linke Seite: Oskar Nerlinger: Stadtbild mit Ballon, 1921

1 Ausblicke, Rückblicke

[1] Adolf Behne
Die Pflicht zur Wahrhaftigkeit

[2] Hans Poelzig
Rede vor dem Deutschen Werkbund

[3] Walter Müller-Wulckow
Aufbau-Architektur

[4] Peter Behrens
Das Ethos und die Umlagerung der künstlerischen Probleme

[5] Adolf Behne
Der moderne Zweckbau

[6] Erich Mendelsohn
Probleme einer neuen Baukunst

[7] Erich Mendelsohn
Dynamik und Funktion

[8] Ludwig Mies van der Rohe
Gelöste Aufgaben

In der ersten Novemberhälfte 1918, nach dem Rücktritt Wilhelms II., verkündeten Karl Liebknecht und Philipp Scheidemann die „freie sozialistische" und die „freie deutsche Republik". Am 6. Februar 1919 wurde das Regierungsprogramm der Weimarer Koalition verabschiedet. 1919 war außerdem das Jahr der Generalstreiks, unzähliger Morde, der Gründung des reaktionären Bundes der Frontsoldaten „Stahlhelm" und anderer Freikorps-Bünde wie „Wiking" und „Reichsflagge". Zu den Festpunkten der wirren Unruhezeit 1918/19 gehörten auch die Gründung der deutschen Arbeiterpartei (seit 1920 NSDAP, Nationalsozialistische Deutsche-Arbeiter-Partei) und schließlich des von Benito Mussolini ins Leben gerufenen ersten faschistischen Kampfbundes Italiens (vgl. oben Anm. 111).
Die labile, politische Stimmung spiegelte sich auch im Kulturleben. Hermann Hesse ließ unter dem Pseudonym Emil Sinclair das Buch *Demian* erscheinen. „Der Vogel kämpft sich aus dem Ei. Das Ei ist die Welt. Wer geboren werden will, muß eine Welt zerstören." Nachdem die eigentliche Autorschaft des elektrisierenden Romans bekannt wurde, mußte Hesse den das Werk auszeichnenden Fontane-Preis zurückgeben. Mitten im politischen Zwist mit seinem Bruder Thomas veröffentlichte Heinrich Mann 1918 das Hauptwerk der deutschen Satire des 20. Jahrhunderts, *Der Untertan*, ein Buch, das seit 1911 in Teil- und Privatdrukken erschienen war. Leopold Jessner inszenierte 1919 in Berlin Schillers *Wilhelm Tell* mit Albert Bassermann als Tell und Fritz Kortner als Geßler in den Hauptrollen. Drei Tage nach der Premiere, am 15. Januar 1919, ergänzten die Schauspieler den Prolog mit einem Wutausbruch gegen die Ermordung von Rosa Luxemburg und Karl Liebknecht.
Auch die Architekten suchten einen festen Boden. Die einen erwarteten Halt durch die Wiederbelebung alter Formen, die anderen rechneten mit den Schuldigen ab, zeigten – wie z. B. der Kunsthistoriker und Wegbe-

gleiter der Moderne, *Adolf Behne* (1895-1948) - neue, selbstkritische Wege auf, sprachen von der „Pflicht zur Wahrhaftigkeit": Nicht Deutschland, Deutschland, sondern Freiheit, Freiheit über alles! (Ausblicke 1) Der Architekt und Lehrer *Hans Poelzig* (1869-1936) beklagte 1919 als erster Vorsitzender des Werkbundes in einer Rede (Ausblicke 2) die „jämmerliche Architektur" als Resultat einer „heimatlosen, seelischen Zerrissenheit" und einer überbürokratisierten Organisation. Zukunftshoffnungen könnten, so Poelzig, nur mit einer neuen Baukunst gefestigt werden, die der musikalischen Haltung der Umgebung gerecht würde. Adolf Behne attestierte Poelzig im selben Jahr, für die Wiedergewinnung des verlorenen Allgemeininteresses für Baukunst eine große Leistung erbracht zu haben: „Endlich wieder einmal Arbeiten von erregender Originalität."
Walter Müller-Wulckow (1886-1964) hat mit seinen Blauen Büchern über die Bauten der zwanziger Jahre in Deutschland, 1929-1932, ein zeitgenössisches Nachschlagewerk geliefert (Wiederauflage: Königstein im Taunus 1975). Er war ein historisch und philosophisch gebildeter Architekt (Studien u. a. bei dem Kunsthistoriker Woelfflin und bei dem Soziologen Simmel) und lieferte im brodelnden Jahr 1919 mit *Aufbau-Architektur* (Ausblicke 3) einen aufmunternden Bericht über eine Anzahl historischer Werke, an denen die neuen Tendenzen anknüpfen könnten. Ausdrucksbereitschaft und subtile Intellektualität seien, so Müller-Wulckow, mehr gefragt als beschränkte Rechthaberei.
Der Maler und Grafiker, der architektonische Autodidakt und Lehrer *Peter Behrens* (1868-1940), der 1917, mitten im Krieg, die Werkbundausstellung in Bern ausgerichtet hatte und der 1921 an die Düsseldorfer Kunstakademie berufen worden war, warnte in *Das Ethos und die Umlagerung der künstlerischen Probleme* (Ausblicke 4) vor dem Irrsinn eines kulturellen Abbruchs durch Revolution und vor dem Dogma der marxistischen Lehre. Zugleich widersetzte sich Behrens dem *amorphen Gebilde des Expressionismus*. Er plädierte für eine Akkumulierung geometrischer Spekulation mit mystischen Zahlen und strukturierter Ornamentik. Nur so könne der Weg zu einer neuen Architektur gefunden werden.
Adolf Behne vermengte die formalästhetischen Gesichtspunkte mit einer soziologisch und politisch fundierten Kritik des Bauens. Behne war Mitglied der USPD, des „Arbeitsrates für Kunst" und später, 1923, auch Mitbegründer der „Gesellschaft der Freunde des neuen Rußland". In seinem Buch *Wiederkehr der Kunst* lenkte er 1919 den Blick auf den

Neuanfang. Im selben Jahr (*Die Pflicht zur Wahrhaftigkeit*) zog er gegen das faustisch ringende Heldentum der Deutschen zu Felde: „Wir sind Menschen und die anderen sind doch wohl auch Menschen. Um Gestalten zu können, müssen wir frei sein und leicht." In seinem Buch *Der moderne Zweckbau*, abgeschlossen 1923, veröffentlicht erst 1926, fand Behne eine Lösung: Von Anfang an ist das Haus ebensosehr Spielzeug wie Werkzeug (Ausblicke 5).
Der Ostpreuße *Erich Mendelsohn* (1887–1953) hatte 1912 bei dem Übervater einer ganzen Architektengeneration, bei Theodor Fischer in München, diplomiert. Früh berühmt durch seinen Einstein-Turm in Potsdam (1917, 1920–24), setzte er sich mit der Gefahr einer frühen Unterkühlung auseinander: Eine neue Architektur entstehe durch ein Ausbalancieren von Gefühl, Sinnlichkeit und Irrationalität auf der einen, Intellekt, Organisation und Dynamik auf der anderen Seite (Ausblicke 6 und 7).
Ludwig Mies van der Rohe (1886–1969), der sowohl bei Bruno Paul als auch bei Peter Behrens lernend gearbeitet hatte, verurteilte das Umherirren. Selbstsicher berichtete er vor dem Bund Deutscher Architekten (BDA) 1923, das „dumme Jonglieren mit historischen Mitteln" beschimpfend, über „Gelöste Aufgaben" (Ausblicke 8). Nur die mit unbedingter Wahrhaftigkeit eingesetzten zweckrationalen Elemente würden, so Mies, in die Zukunft weisen. 1923 erschien in Berlin die von Hans Richter, Werner Graeff, El Lissitzky und Ilja Ehrenburg herausgegebene Zeitschrift für elementare Gestaltung *G*, in der auch Mies van der Rohe publizierte.
Ganz nebenbei: der Bubikopf, eine zweckrationale Frauenfrisur, kam 1921 auf und war von 1924 an vorherrschend.

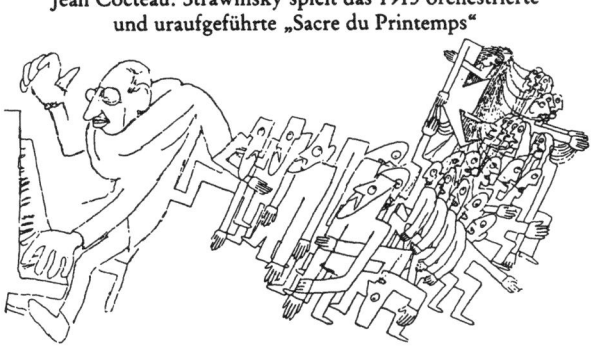

Jean Cocteau: Strawinsky spielt das 1913 orchestrierte und uraufgeführte „Sacre du Printemps"

I DOKUMENTE 1919–1923

Adolf Behne

Die Pflicht zur Wahrhaftigkeit

Sozialistische Monatshefte, 17/18, 1919, S. 720–724

[...] Ob sich auch die anderen so hart den Kopf zerbrechen, um die letzten Tiefen ihres Nationalcharakters zu ergründen, wie die Deutschen? Ich weiß es nicht. [...]

Was ist deutsch?

1914, als *das Volk aufstand*, war deutsch identisch mit Heldentum, und der deutsche Held eine Mischung von Brutalität und Heiligenschein. Auf der Höhe der Erfolge war deutsch alles, was hell oder wenigstens helldunkel, was erfolgreich, allgemein geschätzt und irgendwie siegfriedhaft war. Und was ist jetzt deutsch, nachdem das, was es bisher war, ein wenig nach dem schmeckt, was der Deutsche doch gerade glaubte seit 1914 überwunden zu haben: nach der Schlaf- und Zipfelmütze? Sie sind denn wieder eifrig an der Arbeit uns ein neues Ideal des *deutschen Wesens* zusammenzureden. Und es ist nicht eben schwer zu erraten, auf welchen Zug sie jetzt verfallen werden, um der bitterbösen, aber nicht mehr abzuleugnenden Tatsache der erlittenen Niederlage Rechnung zu tragen, ohne doch die Weltmission des Deutschen zu streichen. Karl Scheffler hat sich an Goethe und Schiller orientiert (man weiß manchmal wirklich nicht, wo Goethe aufhört und Scheffler anfängt)[1]: Der Deutsche ist der Problematiker, der Ringende, der Faustische. Leid, Not und Untergang gehören zu seinem Weg. Die anderen – ha, sie haben Glück! Aber sie können die Welt nicht erlösen. Siegen hätte jeder können, dazu gehört nur Glück. Aber der Deutsche hatte so viel faustischen Adel. Er hatte den Sieg in der Tasche. Aber weil er erkannte, daß seine deutsche Sittlichkeit wieder einmal Not litt und ein 1806 nötig hatte, um sich zu vollenden, gab er den Sieg aus den Händen. „Sich selbst besiegen ist der schönste Sieg."
Die deutsche Seele: Schade, daß auch in einer sonst sehr sympathischen Schrift Arthur Wachsbergers, die die Gesellschaft der Künste in Köln herausgab wieder die leidige Phrase von der deutschen Innerlichkeit auftaucht.[2] Mir scheint es aufrichtiger und nützlicher vorerst einmal die

deutschen Tugenden ruhen zu lassen. Wenn wir sie nämlich in dem Maß hätten, brauchten wir sie nicht mit dem Mikroskop zu suchen. Haben wir denn Anlaß, in Selbstzufriedenheit zu verfallen? Sollten wir nicht mehr Anlaß haben unseren Tugenden fürs erste einmal recht gründlich zu mißtrauen und zunächst einmal uns unsere offenbaren Mängel und Fehler vorzuhalten? Das mag unpatriotisch klingen; immerhin, es muß gesagt werden. Wenn wir so große Tugenden besitzen, warum haben wir denn nicht der *frivolen, materialistischen, äußerlichen, oberflächlichen* und *heuchlerischen* Schar der Feinde im Gang des *Gottesurteils* standgehalten? Prüfen wir uns doch einmal selbst, auf Herz und Nieren, erbarmungslos: und wenn hundert heißgeliebte Phrasen zum Teufel gehen, wohin sie überhaupt gehören, können wir irgendeine größere Dummheit überhaupt begehen, als etwa uns einzureden: wir wären ja überhaupt nicht besiegt? Erkennen wir doch endlich einmal die Tatsachen. Wir sind besiegt. Die deutsche Heeresleitung hat in Foch ihren Meister gefunden.
Der Schrei nach Verrätern ist sinnlos. Aber das Allernotwendigste wäre, daß das Volk restlose, bedingungslose Erforschung der Wahrheit verlangte. Nicht um zu strafen (was ändern jetzt Strafen? Feststellung der Wahrheit wirkte hart genug), sondern um zu wissen, zu erkennen, zu handeln, neu zu beginnen. Nichts wirkt so furchtbar deprimierend wie diese innere Teilnahmslosigkeit, mit der das deutsche Volk alles, alles erträgt, hinnimmt, laufen läßt. Es ist kaum vorstellbar, daß ein Volk, das diese 5 Jahre durchgemacht hat: nach scheinbaren Riesenerfolgen die tiefste Niederlage, gestern noch Siegesmeldungen, heute schon Mitteilung der Katastrophe, daß ein solches Volk nicht aus innerstem Verlangen auf Feststellung der Wahrheit dringt. Der Schluß, daß es 4 Jahre lang belogen wurde, ist doch unabwendbar; und über diese grauenhafte Tatsache läßt es sich hinwegschieben – mit neuen Lügen? Die Lüge hat uns in das Unglück gestürzt, und daß wir noch immer tiefer in das Elend sinken, ist nur die Folge unserer fortgesetzten Duldung alter Lügenmanöver. Deshalb gibt es nur eine Rettung: Erkenne dich selbst! Letzte, unerbittliche Wahrhaftigkeit. Wie kommt es nur, daß das Volk diese Forderung der Wahrhaftigkeit immer wieder beiseite schiebt?
Die meisten können nicht erkennen, wollen nicht glauben, daß wir diese Forderung nur um unserer selbst, des Volkes selbst willen, erheben. Sie vermengen diese Sache, die zunächst nur uns allein angeht, mit *Politik* und haben, sooft wir von der Notwendigkeit letzter Wahrhaftigkeit

sprechen, nur immer die eine selbe Antwort: Und die anderen? Aber die anderen gehen uns hierbei gar nichts an. Wird jemand verweigern sich zu waschen, wenn die anderen sich nicht auch waschen? Unerbittliche Wahrhaftigkeit ist für uns selbst notwendig, weil wir ohne sie nicht wieder zum fruchtbaren Arbeiten kommen. Daß die anderen schlechter sind als wir, sollten wir weniger bestimmt und sicher hinstellen. Der Tugendwächter ist niemals eine angenehme Erscheinung. Leider hat der Deutsche dazu eine große Neigung: den anderen gegenüber. Aber wenn die anderen selbst schlechter wären als wir, sollten wir deshalb darauf verzichten gut zu sein? Hören wir doch endlich auf moralische Forderungen an uns selbst überhaupt mit *nationalen Fragen* zu vermengen. Wir sind Menschen, und die anderen sind doch wohl auch Menschen. Und die Wahrheit ist eine Sprache, die überall verstanden wird. Wir sollten uns nicht so leicht darüber hinwegsetzen, daß eine ungeheure Mehrzahl der Menschen uns seit Jahren als unaufrichtig bezeichnet. Sie haben (hoffentlich) unrecht. Aber wollen wir uns denn auf dieses (hoffentlich ungerechte) Urteil hin nicht wenigstens doch einmal prüfen? Wollen wir uns nicht wenigstens unterrichten, was denn eigentlich während der 5 Kriegsjahre in aller Welt von deutschen Diplomaten, deutschen Offizieren, deutschen Befehlshabern verordnet und veranlaßt worden ist? Ist es nicht ein sonderbarer und unseres Volkes doch eigentlich recht unwürdiger Zustand, daß das Ausland (auch das neutrale) darüber offenbar sehr viel mehr weiß als wir selbst? Haben wir nicht die Pflicht uns darüber zu unterrichten, was hieran wahr und was falsch ist? Nichts ist dümmer, als diese Forderungen mit der Phrase beiseite zu schieben: Es war Krieg, und die anderen haben auch... Als die Engländer gegen die Buren zu Felde zogen, da war in Deutschland, und gewiß mit Recht, die Aufmerksamkeit groß, daß die Engländer das Völkerrecht nicht im geringsten verletzten; und dasselbe war der Fall, als die Italiener gegen die Türken in Tripolis vorgingen. Da waren die Deutschen mit absolutem, gutem Recht nicht geneigt, alles, was in einem Krieg geschieht, einfach anzuerkennen, mit der Konstatierung: es sei eben Krieg. Und deshalb dürfen sie es auch heute nicht. Und selbst wenn es feststünde, daß die anderen hundertmal grausamer Krieg führen, wir hätten die Pflicht uns zu erkennen, weil wir sonst nichts Neues schaffen können.
Ich weiß, daß solche Parallelen unbeliebt sind. Und doch sind gerade diese Parallelen wertvoll. Mit Recht hat der Leipziger Privatdozent

Eduard Erkes in Parallele gestellt, was Deutschland im Jahr 1900 nach der Niederwerfung des Boxeraufstands von China verlangte: Auslieferung der Schuldigen und Stellung vor einen internationalen Gerichtshof, und was es jetzt als größte nur erdenkbare, völlig neue Ungeheuerlichkeit der Entente bezeichnet.[3] Erkes gibt diese Reminiszenz nicht, um der Entente recht zu geben, sondern einmal, um zu beweisen, daß die deutsche Politik der Entente erst vorgemacht hatte, was diese jetzt gegen Deutschland anwendet, und, was die Hauptsache ist, um daran zu erinnern, daß China selbst damals die Schuldigen streng bestrafte, nachdem durch Amerikas Widerspruch die deutsche Forderung auf Auslieferung gefallen war. Ich erwähne diesen Aufsatz, um zu zeigen, wie verboten in Deutschland noch immer die Feststellung einfacher historischer Tatsachen ist, wenn diese den *Patrioten* unangenehm in den Ohren klingen. Denn dieser Aufsatz hatte zur Folge, daß der Berliner Museumsleiter und sehr tüchtige Ostasienkenner Otto Kümmel unter der Androhung seine eigene Mitarbeit sofort der Zeitschrift zu entziehen von der Ostasiatischen Zeitschrift die ausdrückliche Ausschaltung Erkes von jeder weiteren Mitarbeit verlangte. Der Brief, den Kümmel aus diesem Anlaß an Erkes richtete und den die Rheinische Zeitung am 28. April 1919 wiedergab, ist in seiner naiven europäischen Befangenheit klassisch. Er nennt Erkes einen Geschichtsfälscher, weil er eine „berechtigte Strafexpedition" einen „Krieg" genannt hätte, so gut wie unsern heiligen deutschen Krieg von 1914 (dessen Abwehr unsere Gegner bekanntlich auch als Strafexpedition bezeichnet haben). Ja, wenn man Weltgeschichte mit Worten machte! Widerspricht es wirklich irgendwie dem *wahren Deutschtum*, die Wahrheit zu sagen, wenn kein Nutzen damit verbunden ist? Dostojewskij sagt im Krokodil: „Der Deutsche sagt die Wahrheit nicht, wenn er nicht von der Polizei gezwungen wird." Gäben wir ihm nicht recht, wenn uns diesmal erst die Polizei, der Ententegerichtshof, zwingen sollte, die Wahrheit zu sagen?

Vielleicht ist es irgendwie faustisch oder problematisch, die Wahrheit im eigenen Busen zu verschließen. Ich weiß es nicht genau: Es kommt so etwas aber in Sudermannschen Romanen vor und gilt dort als heroisch. Der wahre Grund aber, daß der Deutsche lieber alle begangenen Sünden seiner einstigen Machthaber auf die Schulter nimmt, ehe er eine reine, klare, saubere Atmosphäre schafft, ist wohl nur der, daß er leider eine so furchtbare Angst davor hat, etwas Dummes zu tun. Die Furcht dumm zu

I DOKUMENTE 1919-1923

scheinen beherrscht ihn. Ein anderes, ein neues Leben beginnen? Nein, und tausendmal nein! Denn die anderen haben das von uns verlangt, und wenn wir jetzt wirklich ein neues Leben beginnen, so sind wir lächerlich. Und ehe wir uns vor der Welt lächerlich machen, wollen wir lieber das alte, schwere, häßliche Leben weiter schleppen, wie die anderen. „Der Vorwärts", schreibt ein deutschnationales Blatt, „kennzeichnet die Situation sehr richtig, wenn er darauf hinweist, daß diese Gegenvorschläge gemacht worden sind im Gefühl rücksichtsloser Gerechtigkeit, während auf der Gegenseite gleiche Gefühle nicht vorhanden sind. So etwas sei ehrenhaft für die deutsche Regierung, aber, meint der Vorwärts, politisch gefährlich; er hätte besser sagen sollen: dumm." Darüber kann man schreiben: Du deutsches Kind, sei treu und wahr und rein.
Nur eines kann uns weiterhelfen: absolute Wahrhaftigkeit gegen uns selbst. Lassen wir alle Phrasen von deutscher Tugend, handeln wir aufrichtig, ohne Versteckspielen, mutig, frei und offen. Die Welt wird dann sehr bald anders aussehen; nicht, weil sie am deutschen Wesen wird genesen sein, sondern weil der, der wahrhaftig, das heißt menschlich handelt, sehr bald verstanden werden wird. Mißtrauen ist immer ein Zeichen kleiner Seelen. Die anderen sind, wie wir, Menschen. Sprechen wir nicht immer als Deutsche zu ihnen, so werden sie uns auch nicht als Franzosen usw. antworten. Und selbst wenn sie es täten, es liegt an uns die Welt neu zu gestalten, nicht *deutsch*, sondern menschlich. Aber um gestalten zu können, müssen wir frei sein und leicht, keine Problematiker, keine Tragiker, keine Fäuste, sondern Hirne, Hände und Sinne. [...]
Nur unerbittliche Wahrhaftigkeit macht uns leicht und frei. Die Lüge klebt uns am Boden fest. Nicht Deutschland, Deutschland, sondern Freiheit, Freiheit über alles!

---

1 Siehe Scheffler, Deutsche Größe, in der Vossischen Zeitung vom 13. Juni 1919.
2 Siehe Wachsberger, Mensch und Gemeinschaft, Köln 1919.
3 Siehe Erkes, Eine Lehre aus dem Osten, in der Rheinischen Zeitung vom 24. März 1919.

Hans Poelzig

Rede vor dem Deutschen Werkbund

Stuttgart 1919. Mitteilungen des Deutschen Werkbundes 1919, Nr. 4. Selbstverlag des D.W.B., Berlin. S. 109–124

Die Erkenntnis über die Architektur ist so unsagbar wichtig, da sie das Bild unserer Heimat bestimmt, das durch die Bauerei vergangener Jahrzehnte so verzerrt worden ist. Die Architektur ist das Produkt der seelischen Grundstimmung eines Volkes, und die durchschnittlich jämmerliche Architektur der Deutschen war das Resultat der seelischen Zerrissenheit eines Volkes, das fast alle Triebe auf den materiellen Erwerb einstellte, den seelischen Zusammenhang mit der Heimat verloren hatte und dadurch im eigentlichen Sinne heimatlos geworden war. Diesen Zusammenhang wieder zu erreichen, muß unsere Sorge sein. Er kann aber nur bewirkt werden durch die Änderung der seelischen Grundstimmung, durch die Erweckung der Freude am Werk und an der Arbeit.
Alle äußerlichen Palliativmittel, die lediglich auf das Formale gingen, haben versagt und mußten versagen. Sie blieben am Äußerlichen, dem Dekorativen, hängen, und wo außerdem geschäftliche Erwägungen tyrannisch vorherrschen, wo der Händlergeist dominiert, wird der künstlerischen Haltung, die auf Innerlichkeit und Beseelung sich gründet, von vornherein das Genick gebrochen.
Aber eine Architektur als ars magna können wir nicht aus dem Boden stampfen, sie entsteht nur da, wo eine einheitliche große Revolutionierung der Seelen stattgefunden hat, wo die Überzeugung durchgedrungen ist, daß wir für die Ewigkeit zu schaffen haben.
Wir müssen wieder begreifen, daß eine große Kunst auch begeisternden Inhalt braucht und mit der Volksseele in enger Fühlung stehen muß, wenn sie nicht artistisch entarten soll. Uns müssen die Händlerwerte, die Kunstwerken aufgeprägt werden, gleichgültig sein, wir müssen der Kunst wieder mit Ehrfurcht dienen, wie es in entsagungsvollem Ringen die wenigen Großen unserer Zeit taten, während die Mehrzahl der Künstler im Sumpfe geschäftlicher Interessen versank. Wir müssen den Zusammenhang mit unserem Volkstum wieder herzustellen versuchen, den L'art pour l'art-Standpunkt verdammen und willens sein, in gemeinsamer

Arbeit hinter dem Werk zurückzutreten. Das sind die weiten Ziele, die wir aufstecken müssen, und zu denen wir die Mitarbeit aller brauchen, die es ernst meinen.
Deshalb dürfen wir freilich nicht darauf verzichten zu untersuchen, wo unmittelbar ein Hebel zur Besserung angesetzt werden kann, und nicht über dem fernen Ziel das Nächstliegende vernachlässigen.
Es ist selbstverständlich, daß wir zu untersuchen haben, ob und inwieweit verfehlte Einrichtungen einen Teil der Schuld daran tragen, daß das architektonische Schaffen der letzten Jahrzehnte zumeist so unbefriedigend gewesen ist, und daß wir da vor keiner wenn auch noch so eingewurzelten Institution Halt machen müssen, falls sie eine Verbesserung grundsätzlich verhindert. Ohne jede Voreingenommenheit werden wir prüfen müssen, ob die Art, wie man bürokratische Organisationen von Architektur-Beamten schuf, denen ein großer Teil aller öffentlichen Bauten überlassen war, einem künstlerischen Schaffen gerecht werden konnte, oder ob eine Zentralisation des baulichen Kunstschaffens nach bürokratischem Muster nicht jedem wirklich frischen künstlerischen Schaffen entgegenstehen mußte. Und wir müssen weiter untersuchen, warum die bedingungslose Freiheit, die jedem die Ausführung seiner Planung fast ohne Einspruchsmöglichkeit gestattete, das Bild unserer Städte und Dörfer zum Teil so schwer geschädigt hat. Wir werden festzustellen haben, welcher Art die Bedingungen und Sicherungen sein müssen, die sich gegen das hemmungslose Wüten des Unfähigen wenden sollen.
Eine grundlegende Besserung ist nur zu erzielen durch die Erziehung des Architekten zum künstlerischen Bauen, und jede Bindung, die dem starken, seiner Zeit vorauseilenden Künstler unerträgliche Hemmungen schaffen würde, müßte verworfen werden. Das Problem ist schwierig und auch nicht mit Anschauungen, die im gewöhnlichen Sinne heimatschützlerisch, also retrospektiv gerichtet sind, zu lösen. [...]
So liebenswürdig die Wirkung von Bauten sein kann, die an irgendwelche lokale Eigentümlichkeiten, an sozusagen Dialekt-Überlieferungen eng anschließen und hieraus einen Reiz holen, so kann man darauf doch nicht die Fundamente einer zukunftsfrohen Baukunst gründen. Die sentimentalen Anlehnungen an lokale Traditionen entspringen der Scheu vor dem Bekennen zu einer reinen, neuen Form, der Angst vor der Härte und Herbheit, die mit jedem zunächst tastenden Versuch naturgemäß verbunden ist, der den Problemen seiner Zeit durchaus gerecht werden will.

Jeder von uns wird aus der heimischen Erde Kraft saugen müssen. Seine Schöpfungen werden aber von selbst in die Haltung hineinwachsen müssen, die als Gemeinsames den besten Bauten der Vergangenheit anhaftet.

Walter Müller-Wulckow

Aufbau-Architektur!

3. Auflage. Berlin 1919, S. 70–75

Wir besitzen einige wenige Werke aus dem ersten Jahrzehnt des Umschwungs, deren Zeitlosigkeit mehr und mehr offenbar wird: Messels Berliner Warenhäuser und van de Veldes Villen, Olbrichs Hochzeitsturm, Endells Festsaal und Tessenows Hellerauer Schule für Musik und Körperkultur, Billings Mannheimer Kunsthalle, die geniale Kurvatur der Pfeilerphalanx in Ludwig Bernoullys Frankfurter Generalanzeiger, die Turbinenhalle von Behrens und Poelzigs monumentale Industriebauten in ihrer bezwingenden Selbstverständlichkeit. Schließlich noch der kurz vor dem Krieg begonnene Stuttgarter Bahnhof von Bonatz. Sämtlich Beispiele ohne die gemeinsame geistige Front.

Wohl haben wir außerdem eine stattliche Anzahl von Werken, die in Ansehung der ihnen gestellten Bedingungen als zeitgemäße Lösungen gelten können: die Wohnkultur in den Villen von Riemerschmid und Muthesius, Niemeyer und Troost, und die Siedelungen, in denen neuerdings Schmitthenner und Salvisberg Hervorragendes geleistet haben. Die übrigen Anlagen von Behrens für die Allgemeine Elektrizitätsgesellschaft, Industriebauten von Stoffregen, Gropius, Taut und Alfred Fischer, das Dortmunder Warenhaus Althoff von Kreis, Schumachers Hamburger Backsteinbauweise, die Pfullinger Hallen von Theodor Fischer, hoffnungsvolle Ansätze da und dort, die sich in mühsam in die seitherige Gedankenlosigkeit gebrochene Breschen einschieben und vorläufig noch erdrückt werden von dem Wust der ungereimten Nachbarschaft.

I DOKUMENTE 1919-1923

Als Zukunftshoffnungen bleiben uns schließlich eine Reihe von überragenden Architekten: An vorderster Stelle Poelzig, dessen neue, auf dem fruchtbaren Boden alter Dresdner Baukultur entstandene Projekte wohl das Genialste bedeuten, was sich assyrisch-babylonischen Bauten an die Seite stellt. Durch einige ringförmige Anlagen, im Nahen vom Zwinger, im Fernsten von Ostasien inspiriert, und vor allem durch den Stufenbau des Dresdner Stadthauses mit seiner grandiosen Kurvatur hat dieser Architekt künstlerischen Geblüts, der als Zielsetzer wie Verwirklicher Hemmungen nicht kennt, seine erste derartige Konzeption, das Haus der Freundschaft für Konstantinopel, selbst übertroffen. In diesen Werken gliedern und türmen sich die Baumassen mit der Kühnheit eines Babelgedankens.

Tessenows Häuser klingen wie Volkslieder von innerer, in sich selbst befriedigter Harmonie und schwingen nach mit einprägsamer rhythmischer Melodik.

Die in sich geschlossene Konsonanz des Innenraums weiß Bonatz am ausgewogensten zu fassen in der auf dem Grundriß des gleicharmigen Kreuzes errichteten Halle von feierlicher Ausgeglichenheit der den Raum umschließenden und ihn öffnenden Elemente.

Durch die Rechtwinkligkeit an Leib und Seele dürfte Ludwig Bernoullys dienende, verantwortungsbewußte Kraft berufen sein, in einem Volkshaus mitzuwirken an der Versöhnung der Kulturdissonanzen, weil diese in sich ruhende Persönlichkeit es so bauen wird, daß es schlicht und reich, mannigfach und einheitlich zugleich ist.

Das Gefühl für Plastik des Baublocks, bei Stadtbauplänen meist vernachlässigt, wird Hoetger durch den an ihn ergangenen Auftrag Bahlsens, die Tetstadt zu bauen, in vorbildlicher Weise zu betätigen Gelegenheit haben.

Aber all dies zu großen Hoffnungen Berechtigende ist doch nur Ausgeburt schweifender Sehnsucht. Ihre Verwirklichung ist durch innere Widerstände und äußere Schwierigkeiten aufs schmerzlichste in Frage gestellt. Das hat sich bisher schon mannigfach erwiesen.

Künstler von einer Ausdrucksbereitschaft wie Obrist, Billing, Endell, deren innere Problematik ihnen schon genug Hemmungen bereitet, haben an ihrer kleinen Gemeinde nicht Rückhalt und Hilfe genug, um sich durcharbeiten, befreien und entfalten zu können. Und den anderen, die trotz subtiler Individualität eigene, robuste Lebenskraft genug besitzen, um mit einer zähen, schwerbeweglichen Menge fertig zu werden, denen staut sich eine solche Summe kleinlicher, außersachlicher, persönlicher Anfeindung entgegen, daß sie wirtschaftlich und in nicht seltenen Fällen menschlich lahmgelegt werden. Nur dem Zugeständnisse machenden Halbkünstler ist die eigensinnige Menge hold. Auch in Kunstfragen verlangt die öffentliche Meinung das Opfer der Überzeugung statt den unbeirrten Dienst am Werk. Sie beugt den Charakter der Aufrechten. Sie ist unliberal durch und durch.

Van de Velde mußte in Weimar scheitern: Der Fall ist für deutsche Kulturpolitik kennzeichnend. Aus völlig unsachlichen Rücksichten schaltet man einen im höchsten Maße uneigennützigen Vorkämpfer für Kunsterziehung nicht nur von der Leitung seiner in zwölfjähriger Arbeit aufgerichteten, für das Land auch wirtschaftlich außerordentlich ertragreichen Schule aus, sondern zerstört auch diese Anstalt selbst. Man beweist damit, daß der Boden nicht tragfähig ist für Zukunftsträchtiges. Die politischen Parallelen zu ziehen wäre nicht schwer. Beschränkte Rechthaberei versäumt jede Gelegenheit, Sympathien und Freundschaft zu erwerben oder hält solche Imponderabilien für überflüssige Sentimentalität.

Peter Behrens

Das Ethos
und die Umlagerung der künstlerischen Probleme

Die Leuchter, Zeitschrift für Wissenschaft...,
Hrsg. Hermann Graf von Keyserling, Darmstadt 1920, S. 315–338

Von der Größe und Tragweite der Begebenheiten unserer Zeit können wir uns als Miterlebende kaum eine rechte Vorstellung machen, wir stehen zu sehr unter dem subjektiven Eindruck vom augenblicklichen Geschehen, ein objektiver Überblick ist uns versagt. Was wir aus allem empfinden, ist die Möglichkeit des Zusammenbruchs einer hohen technischen und wirt-

I DOKUMENTE 1919-1923

schaftlichen Zivilisation. Es will uns scheinen, als ob wir einem unabwendbaren Chaos entgegentrieben. [...] Die Erkenntnis hat ihren Sinn nicht verloren: alles Gesetzmäßige liegt nur innerhalb der einzelnen Epochen. [...] Die Verneinung des bisher Gültigen ist Revolution mit unvermeidlichem Kämpfen, ist Abbruch. Der Änderungswille schafft den Versuch mit neuen Mitteln, das Experiment, das Reden in vielen Zungen. Schließlich: das erkannte neue Gesetz, der Glaube an das Werden, das inbrünstige Bekenntnis zur neuen Form. [...] wenn wir der Meinung sind, daß diese Wanderung schon seit einem Jahrhundert stattfindet, wenn auch in ganz anderer Art als früher, bedungen und begünstigt durch die Verkehrsmittel, wenn wir dieses heutige Wandern erkennen als ein Austauschen und Vermischen der Volksstämme untereinander, das sich immer weiter vollziehen muß, so werden wir nicht an eine völkerpolitische Neuordnung der Welt, sondern an einen geistigen Wandlungsprozeß glauben. [...]
Der Kampf, in dem wir leben, der mit dem Weltkriege begann, der heute andere Formen angenommen hat und dessen Ende noch nicht abzusehen ist, ist nicht ein Streit um Land und Gut der Nationen, der Kampf geht um Weltanschauungen. [...] Das fühlt ein jeder, denn niemand kann sich heute mehr der Teilnahme am sozialistischen Problem entziehen. [...] Aber die marxistische Lehre einer kommunistischen Gesellschaftsordnung ist eine Theorie aus der Mitte des vorigen Jahrhunderts und, wie viele andere Theorien dieser Zeit, als ein Dogma materialistischer Weltanschauung anzusehen. [...] Was unsere Zeit bewegt, liegt tiefer in der Seele der Menschheit und zugleich in höheren geistigen Regionen: Neue ethische Werte sind es, um die es sich handelt. Notwendigkeiten, damit ein Neues entstehen kann. Eine Umwandlung muß aus dieser Not hervorgehen: wieder eine Revolution, nicht im Sinne des marxistischen Materialismus, sondern der sozialen Idee im Geistigen. Das glühende Bekenntnis, durch Gerechtigkeit, Offenheit und Echtheit zu einer neuen altruistischen Lebensanschauung zu gelangen, ist ein Ziel, das Begeisterung entfacht und den Glauben an den Wert des Lebens wieder erweckt. [...]
Heute sehen wir es deutlicher, wie Dichtung, Malerei, Plastik, auch die Musik den starken entschlossenen, ekstatischen Ausdruck gefunden haben, alle Konvention, alle bisher gültigen Schönheitsregeln zu sprengen, ihre Gesetze auszutilgen. Es gilt nicht mehr, was bisher Harmonie hieß

und Proportion, weder der Form, des Aufbaus noch der Farbe. An ihre Stelle treten amorphe Gebilde, die Deformation der natürlichen Dinge, Disharmonie und Dissonanz. So scheint es, als ob für das Schöne das Häßliche auftrete. Wer aber will sagen, was Schönheit sei? [...] Alles Verzichten auf Form und Gebundenheit, alles Zerschmettern des Raumes, Zerstäuben der Flächen, Zerblenden der Farben wäre Irrsinn, ein Nichts, wenn nicht über Qual und Schmerz die Sehnsucht läge. Eine tiefe Sehnsucht nach dem anderen, das nicht auf dieser platten Erde ist. [...]
Die heutige Bezeichnung aller fortschrittlichen Kunst mit Expressionismus deutet die Richtung dieser Wandlung an, trifft aber nicht ihr Wesentliches. [...] Das grundsätzlich Neue der kommenden Kunst liegt nicht in der Ausdrucksart und nicht im Sujet des Dargestellten, sei dieses ein Gegenstand der Natur oder ein inneres Erlebnis. Alle Ausdrucksmittel werden Erfahrungen unseres irdischen Lebens aus der Materie dieser Welt sein, denn eine andere kennen wir nicht. Das unterscheidend Neue liegt in der Gesinnung: die letzte Kunst, die höchste Stufe eines langen Entwicklungsganges, war Analyse der schönen Außenwelt, sie war ästhetisch, die kommende wird von innerer Erkenntnis geleitet ethisch gerichtet sein. [...] Die Gesetzmäßigkeit dieser Kunst ist nicht das monarchische Prinzip der Unterordnung der Glieder im Verhältnis zu ihren Beziehungen untereinander und zu ihren Aufgaben unter einer dominierenden Hauptform, sondern sie ist struktives Ornament, geometrische Spekulation, mystische Zahl.
Das Wesen der jungen Kunst ist ähnlich der primitiven, symbolisch. Sie gibt Abkürzungen, Deutungen von dem, was ein Gegenstand allgemein, nicht in besonderer Beleuchtung oder Umständen ist. Sie zeichnet ihn so, wie man ihn auswendig, aus der Erinnerung wiedergeben würde. Die Vereinfachung zum Wesentlichen geht zurück bis auf Urformen, Kugel, Kubus, Zylinder, woraus die Gestalten und Dinge aufgebaut werden. Dazu treten dann Zeichen, die Formen erklären, die Begriffe hinzufügen. Die groß konturierte Fläche eines Mantels zum Beispiel erhält Linien, die Falten mitteilen, in einer Anordnung aussprechen, wie sie nicht der Willkürlichkeit der Natur abgelauscht ist oder als Träger von Reflexen oder Schatten dienen würde, sondern so, daß sie ihre Aufgabe eindeutig erfüllt. [...] So ist diese Kunst eine Begriffskunst und darum nicht malerisch, sondern formalistisch. Aber die Formen sind nicht die Formen

der Konvention, sondern des Bewußtseins einer großen Zusammengehörigkeit von allem Sein mit dem Weltganzen.
In dieser Auffassung liegt wiederum ihre ethische Bestimmung. [...] Es ist nötig, alle Zweige der künstlerischen Betätigung pädagogisch zusammenzufassen und von einer gemeinsamen Anfangsstufe an die Ausbildung aller in innigem Zusammenhange zu halten. Zur Zeit ist viel die Rede vom kunsterzieherischen Wert des Handwerks. [...]
Die Maschine hat das Seelische des Werkes ganz zerstört, eine Hoffnung kann nur aus der Wiederbelebung des Handwerks entstehen. Mit unserer Erkenntnis wäre es heute zwar nicht in Einklang zu bringen, die Werte, die die Industrie erzeugt, zu verleugnen und etwa Theorien, wie die Ruskins, aufzunehmen, der seine Bücher auf der Handpresse druckte, selbst einband und sie dann mit Pferden beförderte, um die geringste Mitwirkung einer Maschine zu vermeiden. Aber es mag sein, daß ein Ahnen uns heute sagt, unsere technische und materielle Zivilisation sei ihrem Höhepunkt nahe und ein Umwenden zu seelischen und kulturellen Werten würde nicht in allzu ferner Zukunft liegen, als ob eine Erleuchtung über uns gekommen sei, daß wir mit Hilfe des Motors wohl Tausende von Metern in die Lüfte hochsteigen, aber nicht in den Himmel fliegen können. Gewiß benötigen wir heute Massenerzeugnisse der Industrie mehr denn je. Aber die Linderung unserer Notlage allein kann uns nicht befriedigen. [...]
Die Leistungen des Ingenieurs sind die imposantesten Merkmale unseres heutigen öffentlichen Lebens. Durch ihn ist die Zivilisation mechanistischen Geistes entstanden. Diese aus einseitig mathematisch gerichtetem Denken entstandenen Werte haben nichts mit Kultur zu tun, die ihr Wesen durch die Kunst auswirkt. Darum ist es ein Problem unserer kulturellen Entwicklung, ob es gelingen wird, die großen technischen Errungenschaften unserer Zeit selbst zum Ausdruck einer reifen und hohen Kunst werden zu lassen. [...] Ein durch Kunst und Technik bedingter Dualismus war bei den großen Architekten der vergangenen Kulturepochen nicht vorhanden. Erinnern wir uns an Alberti, den ästhetischen Philosophen und konstruktiven Mathematiker, an Leonardo, den Maler und Ingenieur, an Michelangelo, den bildenden Künstler und Festungsbaumeister, an die großen Ingenieur-Architekten des 18. Jahrhunderts, wie Neumann und andere, und schließlich an Schinkel, das Universalgenie seiner Zeit. Wenn es uns heute fast unmöglich erscheinen

will, daß von einzelnen Personen zugleich Werke der Architektur, des Ingenieurwesens, der freien Künste und des Kunstgewerbes geschaffen werden, so liegt es nicht daran, daß die Befähigung der heutigen Menschen gegenüber den früheren geringer oder daß die Einzelgebiete zu umfangreich und das gesamte Gebiet der Kunst zu unübersichtlich geworden sei, sondern an dem unserer Zeit eigenen Spezialistentum und -dünkel. [...]

Adolf Behne

Der moderne Zweckbau

Manuskript 1923, erschienen München 1926. Nachdruck Berlin, Frankfurt am Main, Wien 1964. Aus dem Vorwort, S. 11–13

Wir finden aber bei einem Studium der Anfänge der menschlichen Kultur, daß unzertrennlich vom Praktischen die Lust des Spieltriebes ist. Der primitive Mensch ist kein strenger Utilitarist. Er beweist seinen Spieltrieb auch an seinen Werkzeugen, die er über das streng Notwendige hinaus ebenmäßig und schön formt, die er bemalt oder mit Ornamenten schmückt.
Das Werkzeug „Haus" macht davon keine Ausnahme.
Von Anfang an ist das Haus ebensosehr Spielzeug wie Werkzeug. Schwer zu sagen, wie lange es zwischen beiden Polen im Gleichgewicht blieb. Im Verlauf der Geschichte finden wir es nur noch selten im Gleichgewicht.
Der Spieltrieb war es, der das Interesse an der Form schuf. Ohne ihn wäre gar nicht zu verstehen, warum das Werkzeug „Haus" ein gutes Aussehen, eine bestimmte Gestalt haben sollte. Der Spieltrieb war es, der gewisse, von Zeit zu Zeit allerdings wechselnde Formgesetze aufstellte.
Die Formgesetze wechselten von Zeit zu Zeit. Dennoch sind sie – in der Entstehung alles Bauens doch fraglos das sekundäre Element – in der Entwicklungsgeschichte des menschlichen Bauens das härtere, festere, starrere Prinzip geworden – härter, fester, starrer als die reine Erfüllung

der werkzeughaften Funktion. Die Rücksicht auf die Form überwältigte die Rücksicht auf den Zweck.
Das Zurückgehen auf den Zweck wirkt also immer wieder revolutionierend, wirft tyrannisch gewordene Formen ab, um aus der Besinnung auf die ursprüngliche Funktion aus einem möglichst neutralen Zustand eine verjüngte, lebendige, atmende Form zu schaffen.
Der Charakter als Werkzeug macht den Bau zu einem Relativum. Der Charakter als Spielzeug macht ihn zu einem Absolutum. Zwischen beiden Spannungen muß sich der Bau im Gleichgewicht halten.
Von einem Gleichgewicht kann man für die letzten Jahrhunderte europäischer Baugeschichte nicht sprechen. Im Übergewicht war die Form, und es war dem Zweck auch Genüge geschehen, wenn das Haus trotz der Form funktionierte, wenn also die Form den Zweck nicht geradezu aufhob.
Der Bau, der irgendwie menschliches Interesse erregen konnte, der mehr war als ein Zaun oder ein Schuppen, das war der Bau als Form: die Arbeit eines Künstlers. Seine Zweckerfüllung war ganz untergeordnet. Daneben gab es freilich auch den Zweckbau – Zaun, Schuppen, Blockhaus, Stall: die Arbeit eines x-beliebigen.
Formbau und Zweckbau lagen weit auseinander, da Form und Zweck sich getrennt hielten. Schinkel: „Es sind zwei Teile genau zu unterscheiden: derjenige, welcher für das praktische Bedürfnis arbeitet, und der, der unmittelbar nur die reine Idee aussprechen soll. Der erste Teil steigert sich langsam durch Jahrtausende zum Ideal, der zweite hat dasselbe unmittelbar ganz vor Augen."
Nun zeigte sich in der Praxis, daß der Zweckbau ästhetisch gar nicht so schlimm war, wie man bei seiner Formfremdheit hätte annehmen können, und daß der Formbau längst nicht so hinreißend war, wie man bei seiner Überlegenheit vor allem niedrig Zweckhaften hätte erwarten dürfen. Es bestätigte sich immer wieder die Erfahrung, daß moderne Menschen mit gesunden Sinnen die Formbauten ihrer Zeit anzusehen verschmähten und die Zweckbauten: eiserne Brücken, Krane, Maschinenhallen, mit Vorliebe aufsuchten.
Wie war das möglich?
Das ästhetische Gefühl hatte eine Revolution durchgemacht. Hatte man noch in den neunziger Jahren jeden dicken Formenballast pflichtschuldigst bewundert und Kunst nahezu mit Putz gleichgesetzt, so brach um

AUSBLICKE, RÜCKBLICKE 5

die Wende des Jahrhunderts Freude am Hellen, Knappen, Klaren siegreich durch und öffnete die Augen für die Schönheit – des Zweckmäßigen. Das Gefühl begann sich zu weigern, wenn man ihm zumutete, Überflüssiges schön zu finden, und wurde willig, der Logik des Funktionalen zu folgen.
Es ist keine Frage, daß der Jugendstil zum Teil unter dieser Einstellung beurteilt werden muß. Wir sind heute dieser so optimistisch am Grundproblem vorbei erfindenden Zeit weit abgerückt. Aber daß der Jugendstil eine Formenerleichterung und in den besten Arbeiten der frühen van de Velde und Endell und Olbrich Dinge gebracht hat, die zur Straffheit, Energie und Spannung technischer Funktionen hinstrebten, kann nicht übersehen werden.
Die Einstellung hatte sich wirklich von Grund auf geändert. Man sah in der architektonischen Form eine Gefahr und in der Erfüllung des Zweckes fast schon eine Garantie für das Entstehen eines guten Baues. Hatte man früher geglaubt, daß der Künstler sehr geschickt vorgehen müsse, um trotz des Zweckes einen guten Bau zu schaffen, so glaubte man jetzt, daß die Aussicht für das Entstehen eines guten Baues um so größer sei, je freier von Formvorstellungen sich der Architekt der Erfüllung des Zweckes hingebe – d. h. man sah den Bau wieder mehr als ein Werkzeug an.
Anstelle einer formalen Auffassung von Baukunst trat eine funktionale. Zweckbauten – das war früher eine bestimmte, inhaltlich determinierte Gruppe von Gebäuden, eine Verbindungsgruppe zwischen den freien architektonischen Schöpfungen der Baukünstler und den nackten Nutzbauten der Ingenieure und Techniker. Jetzt ist jeder Bau ein Zweckbau – d. h. er wird von seiner Bestimmung, von seiner Funktion aus angegriffen. Zweckerfüllung ist eines der Mittel architektonischer Gestaltung, ist es, seit Otto Wagner 1895 in der „Baukunst unserer Zeit" schrieb: „Etwas Unpraktisches kann nicht schön sein."
Im vorliegenden Buch halten wir uns in der Hauptsache an den alten Begriff Zweckbau, wie er sich zur Umschreibung einer bestimmten Gruppe von Bauten eingebürgert hat, werden aber zugleich zeigen, wie die neue Auffassung von Baukunst, die sich in diesem stärker als in anderen Aufgabenkreisen durchsetzte, allgemein das Bauen neu bestimmt.

I DOKUMENTE 1919-1923

Erich Mendelsohn

Probleme einer neuen Baukunst

*Aus einem Vortrag 1919. Wasmuths Monatshefte für Baukunst,
8. Jg. 1924, S. 3-4*

Was seit der autonomen Leistung der mittelalterlichen Baukunst selbst in der schöpferischen Periode des Barock bis zu der künstlerischen Erschlaffung unserer Tage an Architekturform geschaffen ist, beruht im Grunde auf dem überkommenen Formschema des antiken Konstruktionsprinzips. Wie zwischen dem Prinzip der Antike: mit Stütze und Last und dem gotischen Prinzip: mit Pfeiler und Wölbung kein Zusammenhang mehr besteht – sowohl in der Technik des Baues wie im architektonischen Ausdruck –, so muß klar erkannt werden, daß der erste Eisenbinder nichts Geringeres bedeutet, als das begeisterte Gefühl der Erlösung, mit dem z. B. im Mittelalter die erste Wölbung die Bauform der Antike überwindet.

Erst von hier aus wird verstanden werden, weshalb die entscheidenden Merkmale des neuen konstruktiven Prinzips immer wieder aufgedeckt werden müssen. Die Einstellung unseres statischen Gefühls auf die Eisenbetonspannung anstatt wie bisher auf das Prinzip von Stütze und Last bedarf einer langen Reihe allmählicher Näherung. Um so mehr muß es darauf ankommen, diesen Gegensatz aufzuspüren, um überhaupt zur Sichtbarkeit des Umsturzes zu gelangen. – Aus Säule und Marmorbalken des griechischen Tempels, aus Pfeiler und Steingewölbe des gotischen Doms, wird die Binderschwingung eiserner Hallen. Nach dem *Lastausgleich* der Antike, nach der *Lastaufhebung* des Mittelalters, entsteht die *dynamische Spannung* der Eisenbetonkonstruktion.

Vorerst aber belegt die aufkommende Industrie, wie sie naturgemäß alle Gewinnmöglichkeiten aufgreift und sich nutzbar macht, auch das neue Material, wertet es für Technik und Wirtschaft aus und schafft in Werkzeug und Maschine unbewußt Energiezentren der kommenden Form, in den technischen Helfern des Verkehrs die ersten gebauten Dokumente. Hier fällt die stoffliche Entscheidung. Von ihr kann die Verbindung zur architektonischen Form nur noch ein Schritt sein. Denn es scheint undenkbar, daß die gedrängte Eisenenergie von Maschine und Verkehrsmittel auf die Gestaltung des gleichen, nunmehr tektonisch gebundenen Materials ohne Einfluß bleiben sollte. – Kein Wunder also, daß heute die entscheidenden Bauaufgaben von der Industrie ihren Ausgang nehmen. Dieses Vorherrschen der industriellen Bauzwecke beruht auf der Eindeutigkeit ihrer Vaterschaft. Sie kann für die Architektur nur Ausgang sein, nicht Ziel der Entwicklung.

Erich Mendelsohn

Dynamik und Funktion

Manuskript 1923. Wasmuths Monatshefte für Baukunst, 8.Jg. 1924, S. 4

Spricht man von „Dynamik", so kann darunter niemals Bewegung verstanden werden im Sinne eines mechanischen Bewegungsvorganges; denn dieser ist einzig und allein der Maschine vorbehalten.
Auch erscheint es zum mindesten zweideutig, Dynamik mit „Lebensgefühl", „Vitalität", „Emotion" zu übersetzen.
Derlei unkontrollierbare Blutdinge sind durchaus kein Privileg unserer Zeit. Lebensgefühl ist bei jeder produktiven Leistung Antrieb und Maßstab. Lebensgefühl bedeutet im Prinzip nichts Anderes als die Begriffspaare: Begabung und Persönlichkeit oder: Genie und Wille. Es ist direkt proportional der produktiven Kraft wie der künstlerischen Leistung. Es ist unabhängig von Ort und Zeit und erzeugt, um große Beispiele zu nennen, im alten Ägypten z. B. den Tempel zu Karnak ebenso wie im gotischen Norden z. B. Danzigs Marienkirche.
Wollen wir aber Dynamik nur fassen als den logischen Bewegungsausdruck der den Baustoffen innewohnenden Kräfte, den Bau also als nichts Anderes als den Ausdruck der realen Bedürfnisse und dieser Kräfte, so ergibt sich für „Bewegung" – im Gegensatz zur Maschine – ein völlig eindeutiges und ins Absolute geweitetes Bild, eben das gleiche Bild für alle originalen Konstruktionsepochen.
So gesehen, ist das Konstruktionsprinzip des griechischen Tempels mit

Stütze und Last, das gotische Prinzip mit Pfeiler und Wölbung nichts Anderes als die Bewegung und Gegenbewegung dieser immanenten Kräfte. Wohl ist die Einzelkraft stets statisch, aber das Kräftespiel ist stets dynamisch.
Im Baustoff unserer Zeit, dem Eisen, löst das revolutionäre Spiel der Zug- und Druckkräfte für die Eingeweihten immer von Neuem erstaunliche, für die Laien noch völlig unverständliche Bewegungen aus.
Unsere Aufgabe ist es, für diese Bewegungskräfte den architektonischen Ausdruck zu finden, durch die architektonische Gestaltung für diese Spannungen den Ausgleich zu finden, die innerlich drängende, zur tatsächlichen Bewegung drängende Vitalität der Kräfte zu meistern. – Ebenso wie bei der Dynamik haben wir auch bei der Begriffsdeutung der „Funktion" mehrere Ausgangspunkte. Die Zurückführung aller Erscheinungsformen auf die einfachsten geometrischen Grundlagen ist an und für sich die erste Forderung eines originalen Beginns. Die Kenntnis der Elemente ist von jeher die Voraussetzung des Schaffens.
Wird aber diese zweidimensionale Erkenntnis in den Raum übertragen, ohne lebendige Beziehung zur dritten Dimension der Tiefe, die aus den elementaren Raumgebilden von Kubus, Kugel und Cylinder erst einen räumlichen Organismus schafft, so entsteht sofort die Gefahr einer intellektuellen Konstruktion. Der Gefahr des unbeherrschten Temperaments bei der Dynamik entspricht hier die gleich große Gefahr der allzu bewußten Abstraktion. Blutfülle und Blutleere sind beides Gefahrzonen für das lebendige Schaffen. Wird das Prinzip zum Selbstzweck erhoben, so meint „die Form an sich" gar nicht die Architektur. Das ist Gesetz für jede Zeit, nicht nur für Expressionismus und Konstruktivismus.
Im Gegensatz zur theoretischen Form ist z.B. ein Zangenkran, also ein eindeutiges Greiforgan, das typische Beispiel der reinen maschinellen Funktion.
In die Baukonstruktion übertragen erweitert sich dieser reguläre Begriff des Funktionierens zur Funktion in mathematischem Sinne der zwangsläufigen Abhängigkeit. Während also die Tätigkeit der Maschine – ihr Greifen, Ziehen, Reißen – eine reine Zweckfunktion darstellt, während also die Funktion in der Baukonstruktion nur die mathematische Zwangsläufigkeit darstellt, kann die Funktion in der Architektur nur die räumliche und formale Abhängigkeit bedeuten von den Voraussetzungen des Zwecks, des Materials und der Konstruktion. Deshalb erscheint es

unmöglich, die Zweckfunktion der Maschine irgendwie auf den Raum übertragen zu wollen oder ihre Organisation auf den Organismus der Architektur. Wir Architekten haben von vornherein die stofflichen Erfordernisse und konstruktiven Zusammenhänge als selbstverständlich unserer Planung zu unterlegen. Wir haben sie einfach als Voraussetzungen der gesamten Organisation eines Baues anzusehen. Aber wir müssen wissen, daß sie nur der *eine* Komponent des produktiven Prozesses sind. Der andere Komponent beruht in der Befähigung, für die elementaren Voraussetzungen den architektonischen Ausdruck zu schaffen; d. h., die technischen Bedingungen in den Raum zu übertragen, sie bis ins letzte Detail hinein in gegenseitige Abhängigkeit zu bringen, d. h., jene Übereinstimmung zu schaffen, die bei den besten Bauten aller Zeiten die erstaunlichsten Messungswunder ergibt, jene wunderbare Zurückführung der gefühlsmäßigen Vorgänge auf mathematische Größen und geometrische Zusammenhänge.

Somit sind also für das architektonische Schaffen zwei Komponenten notwendig. Die erste, die des Intellekts, des Gehirns, der Organisationsmaschine, – wobei im Unterbewußtsein die räumlichen Ausdrucksmöglichkeiten oft schon blitzartig, visionshaft einstrahlen, – die zweite, auf der Basis der vorgenommenen Organisierung, die des schaffenden Impulses, des Bluts, des Temperaments, der Sinne, des organischen Gefühls. Erst die Vereinigung beider Komponenten führt zur Herrschaft über die Raumelemente: die sinnlich greifbare Masse und die übersinnliche des Lichts. Erst ihre Vereinigung führt zur Massensteigerung oder zum Ausgleich der Massen.

Dabei bleibt es sich gleich, ob diese in harmonischer Führung angestrebt werden, d. h. in der Nebeneinander- oder Hintereinanderreihung der einzelnen Massen, oder ob sie angestrebt werden in kontrapunktischer Führung, in der Steigerung oder der Gegenbewegung der Massenteile. Aber erst aus den Wechselbeziehungen zwischen *Funktion und Dynamik*, zwischen Realität und Irrealität, Bewußtsein und Unbewußtheit, zwischen Vernunft und Gefühl, Zahl und Gedanke, zwischen Begrenztheit und Unendlichkeit ergibt sich die lebendige Schöpferlust, die Raumlust des Architekten. Erst ihre Vereinigung führt zur Herrschaft über die Raumelemente, d. h. zum klaren architektonischen Organismus.

I DOKUMENTE 1919-1923

Ludwig Mies van der Rohe

Gelöste Aufgaben

Vortrag auf der öffentlichen Tagung des B.D.A. am 12. Dezember 1923 in Berlin. Die Bauwelt, 14. Jg., 27. Dezember 1923, S. 719

Auf dem Lande ist es ein selbstverständlicher Brauch, einen mit Unkraut überwucherten Acker umzupflügen ohne Rücksicht auf die paar Halme, die noch die Kraft fanden, sich zu entwickeln.
Uns bleibt auch keine andere Wahl, *erstreben wir wirklich eine neue Baugesinnung.*
Ihnen allen ist zwar der Zustand unserer Bauten bekannt, und doch möchte ich Sie noch an den Kurfürstendamm und Dahlem erinnern, um Ihnen den ganzen steingewordenen Irrsinn vor Augen zu halten.
Ich habe mich vergeblich bemüht, den Sinn dieser Bauten zu erkennen. Sie sind weder wohnlich, wirtschaftlich, noch zweckmäßig, und doch sollten sie Heimstätten sein für Menschen unserer Zeit.
Man hat uns nicht sehr hoch eingeschätzt, wenn man wirklich glaubte, daß diese Kästen unsere Lebensbedingungen erfüllen könnten.
Man hat nicht versucht, die ganz anders gearteten Bedürfnisse elementar zu erfassen und zu gestalten.
Die inneren Notwendigkeiten wurden übersehen, und man glaubt, mit einem gewandten Jonglieren historischer Mittel auszukommen.
Der Zustand dieser Bauten ist verlogen, dumm und verletzend.
Wir fordern im Gegensatz hierzu für Bauten unserer Tage:
unbedingte Wahrhaftigkeit und Verzicht auf allen formalen Schwindel.
Wir fordern weiter:
daß bei der Planung von Wohnhausbauten ausschließlich von der *Organisation des Wohnens* ausgegangen wird.
Ein rationeller Wirtschaftsbetrieb ist anzustreben, und die Anwendung neuer technischer Mittel ist eine selbstverständliche Voraussetzung.
Erfüllen wir diese Forderungen, dann ist das Wohnhaus unserer Zeit gestaltet.
Da das Miethaus nur eine Vielheit von Einzelwohnungen ist, so bildet sich auch hier aus der Art und Anzahl derselben der Hausorganismus. Dieser bestimmt die Wohnblockgestaltung.

Ich kann Ihnen keine Abbildungen neuer Bauten zeigen, die diesen Forderungen entsprechen.
Denn auch die neuen Versuche sind über formale Dinge nicht hinausgegangen.
Um Ihre Blicke über die historischen und ästhetischen Schutthaufen Europas hinweg auf das Elementare und Zweckvolle des Wohnhausbaues zu lenken, habe ich Abbildungen von Bauten zusammengestellt, die außerhalb des griechisch-römischen Kulturkreises liegen.
Ich habe dies mit Absicht getan, weil mir ein Axthieb in Hildesheim *näher* liegt als ein Meißelschlag in Athen.
Ich zeige Ihnen nun Wohnhausbauten, die eindeutig aus Zweck und Material gestaltet sind.

Bild 1 (ein Indianerzelt).
Das ist die typische Wohnung eines Nomaden.
Leicht und transportabel.

Bild 2 (Blatthütte).
Das ist die Blatthütte eines Indianers.
Haben Sie schon etwas Vollkommeneres gesehen an Zweckerfüllung und Materialbehandlung?
Ist das nicht eine Potenzierung des Urwaldschattens?

Bild 3 (ein Eskimohaus).
Jetzt führe ich Sie in Nacht und Eis.
Moos und Seehundfelle sind hier Baumaterial geworden. Walroßrippen bilden die Dachkonstruktion.

Bild 4 (Schneehütte).
Wir gehen noch weiter nördlich.
Die Wohnung eines Zentraleskimos.
Hier ist nur Schnee und Eis.
Und doch baut der Mensch.

Bild 5 (Sommerzelt eines Eskimos).
Dieser Bursche hat auch eine Sommervilla.
Das Baumaterial ist Haut und Knochen.

Aus der Stille und Einsamkeit des Nordens führe ich Sie in das kriegerische mittelaterliche Flandern.

Bild 6 (Schloß der Grafen von Flandern in Gent).
Hier ist das Wohnhaus zur Festung geworden.

Bild 7 (Bauernhof).
In der niederdeutschen Tiefebene steht das Haus des deutschen Bauern. Auch seine Lebensbedingungen mit Wohnung, Stall und Scheune erfüllen sich in diesem Bau.

Was ich an Bildern zeigte, entsprach in allen Teilen dem Bedürfnis ihrer Bewohner.
Nichts anderes fordern wir für uns.
Nur zeitgemäße Mittel.
Da es keine Bauten gibt, die so restlos den Bedürfnissen des heutigen Menschen entsprechen, kann ich Ihnen nur aus einem verwandten Gebiet einen Bau zeigen, der neuzeitlich empfunden und die Bedingungen erfüllt, die ich auch für unsere Wohnhausbauten ersehne und erstrebe.

Bild 8 (Imperator).
Hier sehen Sie eine schwimmende Massenwohnung aus den Bedürfnissen und den Mitteln unserer Zeit gestaltet.
Hier frage ich wieder:
Haben Sie schon etwas Vollkommeneres gesehen an Zweckerfüllung und Materialgerechtigkeit?

Zu beneiden wären wir, hätten wir Bauten, die unseren festländischen Bedingungen in gleicher Weise gerecht würden.
Erst wenn wir so elementar die Bedürfnisse und Mittel unserer Zeit erleben, haben wir eine neue Baugesinnung.
Den Sinn für diese Dinge zu wecken, ist der Zweck meiner kurzen Rede.

Plakat für ein
Pariser Avantgarde-Theater,
Anfang der 20er Jahre

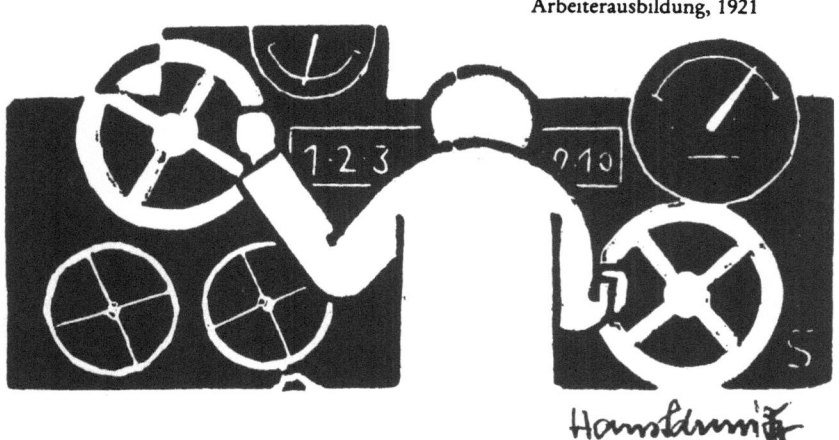

Hans Schmitz:
Arbeiterausbildung, 1921

2 Expressionismus

[1] Kurt Pinthus
Menschheitsdämmerung

[2] Ludwig Hilberseimer
Von der Wirkung des Krieges auf die Kunst

[3] Bruno Taut
Ex Oriente Lux. Ein Aufruf an die Architekten

[4] Ludwig Hilberseimer
Afrikanische Kunst

[5] Ludwig Hilberseimer
Expressionismus

[6] Adolf Behne
Die Zukunft unserer Architektur

[7] Wilhelm Worringer
Künstlerische Zeitfragen

Die tiefgreifende moralische Erschütterung des Ersten Weltkrieges stellte den Glauben an den industriellen Fortschritt, an die Technik, an die Organisationsformen der modernen Welt grundlegend in Frage.
Der Expressionismus, seit 1910/1911 ein künstlerischer Suchstil von Malern, Dichtern und Kunstkritikern, beflügelte nach 1919 auch die Architekturdebatten. Das Bauen mußte endlich von den wilhelminischen Fesseln gelöst werden. Adolf Behne, der das Befreiungs-Thema „expressionistische Architektur" schon vor 1914 aufgegriffen hatte, wußte: „Wir haben ein Versprechen: die Dichtung Paul Scheerbarts, und wir haben die Gewißheit einer fernen Heimat."
Vorerst öffnete *Kurt Pinthus* (1886–1975) mit einer umfangreichen und bedeutenden Anthologie der expressionistischen Lyrik, genannt *Menschheitsdämmerung*, (1919), die Sicht auf die chaotisch berstende Totalität und das verschüttete Leben, aber auch die sehnsüchtige Hoffnung auf Glück und neues, beginnendes Leben (Expressionismus 1). Die Anthologie erlebte bis 1922 vier Neuauflagen mit insgesamt 20 000 Exemplaren. Pinthus gehörte, einen Tag nach dem Sturz des Kaisers am 9. November 1918, zu dem unter dem Vorsitz von Kurt Hiller gegründeten „Politischen Rat geistiger Arbeiter" (RGA). Unter den 60 Unterzeichnern sind u. a. die Dichter Robert Musil und Heinrich Mann, der Sexualforscher Magnus Hirschfeld, der Pädagoge Gustav Wyneken und der Architekt Bruno Taut zu finden (vgl. oben Anm. 80).
Ludwig Hilberseimer (1885–1967), vorerst Mitglied des „Arbeitsrates für Kunst" und der „Novembergruppe" in Berlin, später ein rationalistischer Städtebauer, Lehrer am Bauhaus in Dessau und nach seiner Emigration 1938 im IIT Chicago, schrieb seit 1920 als regelmäßiger Mitarbeiter der *Sozialistischen Monatshefte* diverse Kritiken. Hilberseimer beobachtete die schreiende Sprache der Dichtung: „Von der Wirkung des Krieges auf die Kunst" (Expressionismus 2, 3). Er kritisierte zwar die Weltflucht des

Expressionismus, meinte aber, damit hätte mindestens eine Gruppe gezeigt, daß das Land der Richter und Henker abgewirtschaftet habe und nun wieder zum Land der Dichter und Denker aufgebaut werden müsse. Die gegenständlichen Visionen von Käthe Kollwitz, nach Hilberseimer „das einzige wahrhaftige Zeugnis einer direkten Wirkung des Krieges auf die Kunst in Deutschland", wurden dabei besonders hervorgehoben. Nicht nur die Dichter und Denker, auch die Architekten drängten voller Abscheu gegen Krieg und Gewalt in das „expressionistische Gespinst". Adolf Behne fürchtete zwar in *Die Zukunft unserer Architektur* (Expressionismus 4), die die Inseln, Gebirge und Sterne um- und überbauenden Phantasten könnten zu sehr ins Weite schweifen, legte aber trotzdem diese Zweifel, selbst expressionistische Sprache verwendend, umgehend wieder zur Seite. Nicht Praktiker seien jetzt gefragt, viel wichtiger sei Stillsein, geistige Konzentration, Vorbereiten, Weg Bahnen. Behne ahnte dabei: „Wir haben nur ganz wenige Architekten, die wirklich Sinnlichkeit haben."
Einer dieser Architekten war sicherlich *Bruno Taut* (1880–1938), der mit dem Glashaus auf der Werkbundausstellung in Köln 1914, Paul Scheerbart gewidmet, den architektonischen „Frühexpressionismus" eingeleitet hatte. Mit einer Beschimpfung der Europäer „Ex oriente lux" (Expressionismus 5), im O-Ton seines Denk-Vaters Scheerbart „Murx den Europäer..." versuchte Taut, die Lumpen der Bildung vom Leibe reißend, sich aus dem europäischen Sumpfchaos zu retten. „Architekten! [...] tretet in diese Dichterglanzwelt ein und lacht, fern von allem, was Gedankenqual und nicht Bauen ist [...] kommt in das Wunderreich der Phantasie." Taut bewunderte dabei die indischen, kambodschanischen, siamesischen Pagoden und Grottentempel.
Auch der schon genannte Ludwig Hilberseimer unternahm in *Afrikanische Kunst* (Expressionismus 6) Denk-Reisen zur ursprünglichen, einheitlichen, religiösen Kunst der Exoten, des Orients, der Volks-, Kinder- und Irrenkunst. Allerdings warnte Hilberseimer, der seelische Rausch, die Ekstase könnten zu einer unschönen Exoterie, zu einem neuen Subjektivismus führen. Der Psychiater Hans Prinzhorn, ein Bewunderer und Freund der Tänzerin Mary Wigman, wies fast gleichzeitig und zum ersten Mal auf die „Bildnerei der Geisteskranken" (Berlin 1922) hin (vgl. Anm. 87).
Adolf Behne gab in einem Brief an Hans Poelzig im Juni 1921 in selbstkritischer Einsicht zu bedenken: „Geirrt haben wir uns, als wir, in Überschätzung des allgemeinen Willens zur Erneuerung, glaubten, es sei

eine künstlerische Zusammenarbeit schon heute möglich." In der Tat: Die „Flucht nach vorne" endete am 30. Mai 1921: der „Arbeitsrat für Kunst", eine politisch orientierte und kulturell agierende Gruppe in Berlin, löste sich auf. Die pathetische Spuk und Unsinn „verexpressionisselnden" Nachläufer wurden von Behne angezweifelt (Expressionismus 7).
Der Kunsthistoriker *Wilhelm Worringer* (1881–1965), Autor des vielgelesenen Werkes *Abstraktion und Einfühlung* (1908), stellte in seinem Vortrag *Künstlerische Zeitfragen* die kurze Lebenszeit des politisch verankerten Expressionismus schon 1920 heraus (Expressionismus 8). Die Legitimation für den Expressionismus sieht Worringer im Vitalen, nicht im Rationalen. Gerade diese Vitalität könne von Mitläufern, die das expressionistische Ornament durch einen sublimierten Spieltrieb herunterwirtschaften, in einen unerhörten Überspannungsprozeß getrieben werden. „In einer Phiole voll letzter Essenzen will man das ganze Weltgefühl einströmen lassen." Georg Lukács berichtete 1934 über Worringers Gedanken: „Im Oktober 1920 hält Wilhelm Worringer, einer der theoretischen Vorläufer und Begründer des Expressionismus, [...] eine tieferschütternde Grabrede [...]." (Internationale Literatur, Jg. 4, 1934, Nr. 1, S. 15, 3)

Lyonel Feininger: Holzschnitt.
Staatl. Bauhaus Weimar, 1919

I DOKUMENTE 1919–1923

Kurt Pinthus

Menschheitsdämmerung

Vorwort zu der von Pinthus herausgegebenen gleichnamigen „Symphonie jüngster Dichtung". Berlin 1919, S. V–XIII

[...] Dies Buch nennt sich nicht nur „eine Sammlung". Es *ist* Sammlung!: Sammlung der Erschütterungen und Leidenschaften, Sammlung von Sehnsucht, Glück und Qual einer Epoche – unserer Epoche. Es ist gesammelte Projektion menschlicher Bewegung aus der Zeit in die Zeit. Es soll nicht Skelette von Dichtern zeigen, sondern die schäumende, chaotische, berstende Totalität unserer Zeit.
Stets war die Lyrik das Barometer seelischer Zustände, der Bewegung und Bewegtheit der Menschheit. Voranzeigend kündete sie kommendes Geschehen..., die Schwingungen der Gemeinschaftsgefühle..., das Auf, Ab und Empor des Denkens und Sehnens. Dies empfand man in Deutschland so deutlich, daß man die Kultur ganzer Epochen nach der Art ihrer Dichtung charakterisierte: Empfindsamkeit, Sturm und Drang, Romantik, junges Deutschland, Butzenscheibenpoesie. [...]
Die Geisteswissenschaften des ersterbenden 19. Jahrhunderts – verantwortungslos die Gesetze der Naturwissenschaften auf geistiges Geschehen übertragend – begnügten sich, in der Kunst nach entwicklungsgeschichtlichen Prinzipien und Beeinflussungen nur das Nacheinander, das Aufeinander schematisch zu konstatieren; man sah kausal, vertikal.
Dieses Buch will auf andere Weise zur Sammlung kommen: Man horche in die Dichtung unserer Zeit..., man horche quer durch, man blicke rund herum, ... nicht vertikal, nicht nacheinander, sondern horizontal; man scheide nicht das Aufeinanderfolgende auseinander, sondern man höre zusammen, zugleich, simultan. Man höre den Zusammenklang dichtender Stimmen: man höre symphonisch. Es ertönt die Musik unserer Zeit, das dröhnende Unisono der Herzen und Gehirne. [...]
Die Dichter dieses Buches wissen wie ich: es birgt unsere Jugend; freudig beginnendes, früh verschüttetes, zerstörtes Leben. Was in den letzten Jahren der Menschheit gar nicht oder nur dumpf bewußt war, was nicht in Zeitungen und Abhandlungen zu lesen stand: das ward in dieser Generation mit unbewußter Sicherheit Wort und Form. Das wissen-

schaftlich nicht Feststellbare im Menschen – hier trat es prophetisch wahr und klar ans Licht. Deshalb ist dies Buch keine angenehme und bequeme Lektüre, und der Einwand läßt sich leicht erheben, daß im letzten Jahrzehnt manche reiferen, vollkommeneren, qualitativ besseren Gedichte entstanden sind. Aber kann eine Dichtung, die Leid und Leidenschaft, Willen und Sehnsucht dieser Jahre zu Gestalt werden läßt, und die aus einer ideenlosen, ideallosen Menschheit, aus Gleichgültigkeit, Verkommenheit, Mord und Ansturm hervorbrach, – kann diese Dichtung ein reines und klares Antlitz haben? Muß sie nicht chaotisch sein wie die Zeit, aus deren zerrissenem, blutigem Boden sie erwuchs? [...]
Aber man fühlt immer deutlicher die Unmöglichkeit einer Menschheit, die sich ganz und gar abhängig gemacht hatte von ihrer eigenen Schöpfung, von ihrer Wissenschaft, von Technik, Statistik, Handel und Industrie, von einer erstarrten Gemeinschaftsordnung, bourgeoisen und konventionellen Bräuchen. Diese Erkenntnis bedeutet zugleich den Beginn des Kampfes gegen die Zeit und gegen ihre Realität. [...]
Immer deutlicher wußte man: der Mensch kann nur gerettet werden durch den Menschen, nicht durch die Umwelt. Nicht Einrichtungen, Erfindungen, abgeleitete Gesetze sind das Wesentliche und Bestimmende, sondern der Mensch. [...] Die Kunst einer Zeit ist nicht Verursacher des Geschehens (wie man das z. B. allzusehr von der revolutionären Lyrik aller Zeiten annahm), sondern sie ist formzeigendes Symptom, geistige Blüte aus demselben Humanismus wie das spätere reale Geschehen, und sie ist bereits selbst Zeit-Ereignis, Zusammenbruch, Revolution, Neuaufrichtung und nicht von der Dichtung dieser Generation verursacht; aber sie ahnte, wußte, forderte das Geschehen. Das Chaotische der Zeit, das Zerbrechen der alten Gemeinschaftsformen, Verzweiflung und Sehnsucht, gierig fanatisches Suchen nach neuen Möglichkeiten des Menschheitslebens offenbart sich in der Dichtung dieser Generation mit gleichem Getöse und gleicher Wildheit wie in der Realität..., aber wohlgemerkt: nicht als Folge des Weltkriegs, sondern bereits vor seinem Beginn, und immer heftiger während seines Verlaufs. [...] Aber – und nur so kann politische Dichtung zugleich Kunst sein – die besten und leidenschaftlichsten dieser Dichter kämpfen nicht gegen die äußeren Zustände der Menschheit an, sondern gegen den Zustand des entstellten, gepeinigten, irregeleiteten Menschen selbst. Die politische Kunst unserer Zeit darf

nicht versifizierter Leitartikel sein, sondern sie will der Menschheit helfen, die Idee ihrer selbst zur Vervollkommnung, zur Verwirklichung zu bringen. Daß die Dichtung zugleich dabei mitwirkte, gegen realpolitischen Irrsinn und eine entartete Gesellschaftsordnung anzurennen, war nur ein selbstverständliches und kleines Verdienst. Ihre größere überpolitische Bedeutung ist, daß sie mit glühendem Finger, mit weckender Stimme immer wieder auf den Menschen selbst wies, daß sie die verloren gegangene Bindung der Menschen untereinander, miteinander, das Verknüpftsein des Einzelnen mit dem Unendlichen – zur Verwirklichung anfeuernd – in der Sphäre des Geistes wiederschuf. [...]

Ludwig Hilberseimer

Von der Wirkung des Krieges auf die Kunst

Sozialistische Monatshefte, 12/1923, S. 730–732

Der Einfluß des Krieges auf die Kunst ist für Deutschland zunächst als negativ zu bezeichnen. Der deutsche Expressionismus, wie er sich während des Krieges ausbreitete, ist ein typisches Beispiel vollkommener Weltflucht, bedeutet eine radikale Abkehr von der Wirklichkeit, der man hoffnungslos gegenüberstand. „Die Furcht" schrieb Richard Huelsenbeck über diese Zeit „saß den Menschen in den Gliedern, sie ahnten, daß die große Sache, die von Hindenburg & Co. geführt wurde, sehr schief gehen würde. Man hatte eine exaltierte und romantische Einstellung zur Kunst und zu allen Kulturwerten. Es zeigte sich das alte Phänomen der deutschen Geschichte, daß Deutschland das Land der Dichter und Denker wird, wenn es einzusehen beginnt, daß es als Land der Richter und Henker abgewirtschaftet hat. Die Deutschen begannen sich im Jahr 1917 schon stark auf ihre Seele zu besinnen. Eine natürliche Abwehraktion einer bis zum äußersten getriebenen, abgehetzten und ausgesogenen Gesellschaft. Das war die Zeit, in der Expressionismus anfing Modesache zu werden, da er seiner ganzen Einstellung nach dem Rückzug und

der Müdigkeit des deutschen Geistes Vorschub leistete... Der Expressionismus, der den Deutschen so viele willkommene Wahrheiten brachte, war demnach durchaus eine ‚nationale Tat'. In der Kunst wollte er Abkehr von jeder Gegenständlichkeit, Verinnerlichung, Abstraktion."
Frei von solchen Tendenzen ist das Werk der Käthe Kollwitz. Reine Menschlichkeit wurde in ihr aktiv. Es ist erstaunlich, mit welcher Kraft sie ihre Mittel beherrscht. Das Gegenständliche wird durch die Stärke ihrer Vision in eine geistige Sphäre gerückt. In einer Holzschnittfolge Krieg berichtet sie über die Weltkatastrophe. Sie objektiviert darin ihr persönliches Erleben und gibt es dann in markanten Blättern von kaum je erschauter Eindringlichkeit wieder.
Die Blätter der Käthe Kollwitz sind das einzige wahrhaftige Zeugnis einer direkten Wirkung des Krieges auf die Kunst in Deutschland. Allerdings ein Zeugnis, das noch nach Generationen in die Seelen der Menschen dringen wird. Daß bei den anderen die Aufnahmeorgane nicht ausreichten, um die Gewalt des äußeren Ereignisses innerlich zu fassen und sich selbst so als Teil der Gemeinschaft zu empfinden, daß deren Geschick, wie bei Käthe Kollwitz, als das eigene erlebt wird: dieses Nichtsein soll nur festgestellt, nicht beurteilt werden. Wir müssen annehmen, daß die Generation unserer Zeit es als ihre Pflicht empfindet, die Dinge selber zu gestalten, und nur darum es verabsäumt, sie darzustellen. Aber eine Darstellung wie die Kollwitzsche schließt eine Neugestaltung schon in sich.

Bruno Taut

Ex Oriente Lux. Ein Aufruf an die Architekten

Das hohe Ufer I, 1920, S. 15–18

Die deutsche Baukunst! – gibt es das?
Erst alle Stile, Renaissance, Gotik, Barock, Biedermeier, Empire, Schinkelei – aber nirgends Ruhe, alles durchgehetzt. Dann Jugendstil und ein Sumpfchaos. Schwere klebrige Wogen des Stilbreis, und wer nicht darin

ersticken wollte, klammerte sich an die harten Klippen der Begriffe. Verzweifelte Rufe ertönten von da, scharfe, trockene Worte durchdrangen die Luft. Sie konnten aber die trüben Fluten nicht klären und legten sich über sie wie ein giftiger Schwaden. Er würgte die nach Luft Ringenden. Die Worte hießen: „Zweck" – „Material" – „Zweck" – „Konstruktion" – „Zweck" – „Organismus" – „Zweck" – „Heimat" – „Zweck" – „Zweck". Und „Raum Raum" tönte es durch den Raum. Höchste Weisheit: Baut den Raum! – nicht Wände, Decke, Fußboden, nein, den „negativen" und „positiven" Raum. Also eigentlich: baut mit Luft! [...]
Architekten! hier ist eure Welt. Tretet in diese Dichterglanzwelt ein und lacht, fern von allem, was Gedankenqual und nicht Bauen ist. Paul Scheerbart nimmt euch die Binde von den Augen und ihr werdet sehend. Was ihr nicht glaubtet – wie drückte die Dunkelheit! – ihr seht es: das Wunderreich der Phantasie.

INDIEN!

Europäer! werft die schmutzigen Lumpen der Bildung von euch, die klebrigen stinkenden Hüllen über eurem Menschen, seid nackt und kniet in Demut vor der strahlenden Sonne der Kunst!
Wie konnten wir uns den Blick nur so trüben lassen! – daß wir das Licht nicht schon längst sahen! Klassische Säulenwälder hatte man davor errichtet, eine griechisch-römisch-italienische Mauer von Marmorpuppen und Tempelfassaden. Aber sie reißt und soll stürzen.
Tuba mirum spargens sonum – per sepulcra regionum – – Posaune des jüngsten Gerichts! Auferstehung der Kunst! Wir reiben uns die Augen, wir wieder Sehenden: Ja es ist Wirklichkeit, wir träumen nicht – das haben einmal Menschen gebaut. Der Inder sagt, das haben Götter gebaut. Und es waren wirklich Götter – wenn Bauen Indien ist und wenn Bauen Antike, Romanisch, Gotik, Renaissance, Barock ist. Wo bleibt die gesamte europäische Kultur! „Murx den Europäer, murx ihn, murx ihn, murx ihn ab!" – singt St. Paulus.
Übertreiben wir? Seht nur einmal auf beliebigen Photographien die großen Pagoden von Madura, Udêpur, den Schiwa-Teich von Tschillambaram, die Grottentempel von Elefanta, den unglaublichen Tempel Angkor-Vat in Kambodscha, die herrliche große Choay-Dagone-Pagode in Rangûn – wie Gestalt gewordene Meeresdüne –, den großen Tempel

Chamukte in Palitana oder die große Pagode von Bangkok oder den Architekturberg Borobudur auf Java! Jedes kleinste Stück der großen Kultur vom 4.–16. Jahrhundert auf Vorderindien, Ceylon, Kambodscha, Annam, Siam und auf Insulinde – welcher Schmelz der Form, welche fruchtvolle Reife, welche Gebundenheit und Strenge und welche unfaßbare Verschmolzenheit mit der Plastik! Der Schmuck sprudelt über, er überschreitet alle Grenzen, ist zart von innigster Hingabe und stark und klangvoll bis zum Äußersten. Kantige straffe Lagerung, schwere starkweiche Massigkeit, ungeheures Himmelauftürmen und allerzarteste Feinheit – *Rausch!*
Versenkt in diese Zauberwelt, vollgesogen von ihrem Honig – wo bleibt dann Europa! Dagegen ist Florenz mager, Assyrien roh, Ägypten mathematisch, das Barock unausgeglichen, St. Gereon ein Steinbaukasten und selbst die Gotik nur konstruierte Transzendenz. Wie weniges bleibt! – Ja, Straßburg und die gotische Glaskunst und der Dresdener Zwinger – doch vor Indien? Beugt euch in Demut nieder, ihr Europäer!

Unser Schutzgeist, Paul Scheerbart, soll uns führen:

„Wo du auch hinüberfliehst,
Niemals kommst du an das letzte Ziel.
Preise jede Welt und auch die Sterne!
Alles, was du hier so siehst,
Ist ja nur ein feines Lichterspiel,
Eine große Wunderweltlaterne."

Ludwig Hilberseimer

Afrikanische Kunst

Sozialistische Monatshefte, 12–13/1920, S. 520–523

[...] Der Europäer glaubt, er vertrete den einzig möglichen, vollkommenen Menschentyp, er hält seine Rasse für die Krone der Schöpfung,

I DOKUMENTE 1919-1923

glaubt daher auf alle *farbigen* Rassen geringschätzig herabblicken zu können. [...]
Einige Maler erkannten den hohen ästhetischen Wert der exotischen Kunstwerke, sowohl der Fetische und Ahnenbilder wie der Waffen und Geräte. Ihre plastische und ornamentale Gestaltung wurde vorbildlich für die neue europäische Kunst. Besonders die afrikanische Plastik wurde hoch geschätzt. Ihre Herbheit, gepaart mit ihrer Formengröße, war Ursache ihres umfassenden Einflusses. [...]
Sehnsucht nach Ursprünglichkeit und Einheit, die die Kunst der Exoten in grandioser Weise verwirklicht, ist wohl die Hauptursache der Schätzung dieser vollkommenen Werke. Denn die neue europäische Kunst strebt wieder nach Erreichung solchen Ziels, sie will über einengenden Formalismus hinaus, vom Urquell des Schaffens ausgehend, zu geschlossener Einheit kommen. Die Intellektuellen Europas berauschten sich an der Schönheit der exotischen Werke. Ihre Fremdheit war ihnen noch ein Reizmittel mehr. Nach und nach hat sich eine förmliche Exoterie entwickelt, nicht unähnlich der Chinoiserie des 18. Jahrhunderts, freilich mit geringerer Intensität. [...]
So ist diese Exoterie nichts als die dekorative Ausnutzung eines neuentdeckten Formenschatzes. Abgelöst von ihrem Ursprung und von den sie hervorbringenden Menschen entzückten diese Formen alle Snobs. Den *Menschen* verachtete man weiter. [...]
Die Kunst der Afrikaner geht wie die Kunst aller Exoten aus ihrer Religiosität hervor. Sie ist hieratisch bestimmt. Dem Fetischismus, Ahnenkult und Geheimbundwesen verdanken wir die zahlreichen holzgeschnitzten Skulpturen, deren überraschende Prägnanz unsere Bewunderung erzwingt. Die Kunst entspringt dem Bedürfnis religiösen Vorstellungen und Ideen bildlichen Ausdruck zu verleihen, diese anschaulich zu machen. Daher führt der Weg zum Verstehen der afrikanischen Kunst über die Mythologie, deren Vorstellungen das Kunstwerk manifestiert. Die religiösen Ideen beleben die Form, geben der Vorstellung Ausdruck; sie sind dem Gläubigen Anhaltspunkt, Symbol der Verehrung. [...]
Die afrikanische Kunst beruht auf einer Handwerkstradition. Es wird nicht nach der Natur gearbeitet sondern nach traditionellen Vorbildern. Hier ist auch der afrikanischen Ornamentik zu gedenken, deren Abstraktheit jeden Vergleich mit der Natur verbietet. Ursprünglich sind es magische Zeichen. Ihre Aufgabe ist abzugrenzen. [...]

Europäische Gewöhnung erschrickt vor dieser restlosen Klarheit der Gestaltung. Kein Spiel mit Willkürlichkeiten, kein vergewaltigender Formalismus. Schöpfung aus reinsten Empfindungen heraus, aus dem Urbewußtsein. Es ist das Wesen aller im Religiösen wurzelnden Kunst, daß sie stark expressiv ist. Die religiöse Vorstellung, die zur Gestaltung drängt, verlangt einen restlosen Ausdruck. [...]
Kraft und Monumentalität sind nicht vom Maßstab abhängig. Der Europäer sucht solchen Eigenschaften durch anatomische Übertreibung der Muskeln und materielle Größe Ausdruck zu verleihen. Die afrikanische Plastik ist monumental, weil sie einfach bleibt und nicht in subjektive Komplikationen ausartet. Bei aller Phantastik, bei allem Formenreichtum ist der Aufbau architektonisch gesetzmäßig bestimmt, so plastische Gestaltung schlechthin. [...]

Ludwig Hilberseimer

Expressionismus

Sozialistische Monatshefte, 24–24/1922, S. 955–957

Wie alle Epochen, die etwas Großes schaffen wollten, griff auch der Expressionismus weit ins Reservoir der Vergangenheit zurück. Er begann mit Elementarstem, Ursprünglichstem. Aber statt diese Absicht wirklich zu realisieren, versenkte er sich in die Vergangenheit, er entdeckte die Primitiven und stellte sich unter deren Einfluß. So waren bald Exotik, Mittelalter und Orient oder Volks-, Kinder- und Irrenkunst für ihn vorbildlich. Seine Ziellosigkeit machte ihn haltlos. Bis er sich wieder ins Subjekt zurückzog. Daher hat der Expressionismus den Subjektivismus nicht überwunden sondern eigentlich erst voll zur Entfaltung gebracht. Wie der Symbolismus, der in der Literatur auf den Naturalismus folgte, wollte sich auch der Expressionismus der Auseinandersetzung mit den Tatsachen des gesellschaftlichen Leben entziehen. Der Wille zur Lebensgestaltung fehlte ihm völlig. Er versuchte auch nie ein logisches Werk zu

schaffen, worum sich zuerst der Kubismus und heute der Konstruktionismus so sehr bemühen. Er begnügte sich mit wirksamen Zeichen, Farben und Formen gewisse Stimmungen mitzuteilen. [...]
Der Expressionismus machte gewissermaßen die Ekstase, die Ursache zur Kunst, zu ihrem Thema. Er ist Ausdruck einer seelischen Berauschtheit. Die nüchterne Objektivation fehlt ihm. Das eigentliche Kunstwerk aber entsteht unter dem Zugleich des Rausches und der Nüchternheit, läßt sinnfällig das Pathos der Nüchternheit Form werden. [...]

Adolf Behne

Die Zukunft unserer Architektur

Sozialistische Monatshefte, 2/1921, S. 90–94

Was geschieht heute in unserer Architektur Neues? Das Wesentliche scheint mir zu sein, daß unsere Architekten (ich meine jetzt die sogenannten Phantasten) den Keim suchen, aus dem eine Architektur wachsen könnte. Diese Künstler, die so sehr in das Weite zu schweifen scheinen, und die, wenn sie Inseln und Gebirge und selbst Sterne umbauen, noch den allermonumentalsten Bruno Schmitz übertreffen zu wollen scheinen, ziehen in Wirklichkeit den Ring des Schaffens eng auf seinen Mittelpunkt zurück.
Diese Besinnung auf die Wurzel ist gerade für uns wichtig. Unser Schaffen muß aus einer Urzelle naturorganisch wachsen. Wir werden unsicher im Schaffen, wenn wir, statt zu lauschen und zu pflegen, zwingen wollen. Besinnen wir uns daher allüberall auf den geistigen Kern, aus dem unsere Kunst wächst. Es ist unverkennbar, daß die Besinnung begonnen hat: die Liebe zur Kinderzeichnung, zur primitiven Kunst, das Schaffen eines Paul Klee, eines Paul Goesch und das Schaffen der jüngeren Architekten, der Bruno Taut, Wenzel Hablik, Hans Luckhardt, Max Taut, Hans Scharoun, Wassilij Luckhardt, Hermann Finsterlin, Wilhelm Brückmann, Carl Krayl, Hans Hansen [...]

Es ist nicht Architektur in dem Sinn des Machens, Herstellens und Ausführens. Es ist vielmehr ein Stillsein, ein Auspendeln des Ruhepunkts. Es ist eine Sphäre geistiger Konzentration im ersten Anfang. Ich nenne nur Finsterlin (der übrigens jetzt am Starnberger See zum Bauen kommt). Die Auseinandersetzungen gehen gerade ihm gegenüber immer an der Sache vorbei. Herrlich sprüht das Geisteslicht aus seinen Worten und Plänen, und das sollen wir erkennen. Herrlich, wie ein Fließen kommt in alles Starre und Gewohntsein. Ein neuer Mut, ein neuer Ruf.
Die ästhetische, die sogenannte künstlerische Kritik geht fehl. Es handelt sich nicht um Kunstwerke im üblichen Sinn. Es ist eine Vorbereitung, ein Wegebahnen, und was allein gilt, ist, daß, die uns Bahnen zeigen wollen, mit geistiger Intensität erfüllt sind. Es wird sich zeigen, wie weit das der Fall ist, wie weit nicht. Keiner der Arbeitenden überschätzt seine Leistungen. Nur der Widerstand von seiten des *Fachs* führt leicht zu einseitigem Betonen. Niemand bedauert das mehr als die Arbeitenden. Wenn man ihnen sagt: Es ist noch nichts, was ihr bringt, sie nehmen es willig an. Sie wissen selbst, wie sie stehen. Aber nur der hat ein Recht zur Kritik, der wenigstens eingesehen hat, wo sie stehen. Gemessen an dem Ziel, das ihnen vorschwebt, ist das freilich nichts. Gemessen an dem, was ihre Kritiker ihnen zumeist vorhalten, ist es ein Wert.
Ein Mißverständnis ist besonders abzuweisen. Es handelt sich nicht um Expressionismus in der Architektur. Wenn man nicht Expressionismus in seiner ursprünglichen, reinsten Bedeutung meint: als Besinnung auf das Schöpferische. [...]
Der Bau ist (und das ist ja der Grund, daß wir ihn wollen) nicht Material in den Händen eines Gefühlssymbolisten. Schweigend wird er Gestalt, wie der Kristall. Und das ist wiederum der Grund, weshalb die waschechten Expressionisten die Baukunst nicht als Kunst anerkennen. Uns aber ist sie höchste Kunst, eben weil sie mehr ist als Ausdruck persönlicher Empfindung.
Nun ergibt sich wohl eine Frage: Wird die hier geleistete Arbeit nicht abermals vergeblich sein, wie in den letzten Jahrzehnten jede Arbeit zur Erneuerung unserer Baukunst vergeblich war? Zugegeben einmal, daß hier ein Keim gefunden ist; wie soll dieser zarte, kleine Keim sich halten? [...] Die deutsche Kunst hat nicht, wie die westliche, eine Tradition, die ihr ein bestimmtes Maß von Arbeit abnimmt. Das ist die Verschiedenheit zwischen Deutschland und Holland, die uns verhindert einfach in den

holländischen Hafen einzulaufen: Holland ist eine physische Einheit. Deutschland ist es nicht. Seine Einheit kann nur eine geistige sein. Die ersten, schüchternen Anfänge einer solchen sind mehr gefühlsmäßig als intellektuell erkennbar. Ganz deutlich ist auch, weshalb sich Deutschland, und gerade mit dem Ausgang der Gotik, aus der größern Einheit Europas zu lösen begann. Deutschland stand fest in dieser Einheit, solange sie ein Band des Glaubens zusammenschloß. Es war der Riß des Glaubens, der Europa trennte. Mehr als andere Völker bedarf das deutsche, das keine physische Einheit ist, des geistigen Bandes. Alle unsere entsetzliche Kulturlosigkeit mit dem Tiefpunkt nach 1870 ist Folge des fehlenden geistigen Bandes. Europa sank nicht so tief. Es wurde noch immer mit der Wirklichkeit fertig, was uns so ungeheuer schwer wird. Wir haben nur ganz wenige Architekten, die wirklich Sinnlichkeit haben. Gerade diese wenigen haben jetzt eine Aufgabe. Es ist die Zeit gekommen, wo die Utopie ihre Schuldigkeit getan hat. Jetzt steht vor uns die schwierige Aufgabe die Wirklichkeit anzupacken, ohne ihr zu erliegen, sie zu zwingen, sie geistig zu beherrschen, zu formen. Hier können wir viel von Europa lernen. Und wir hoffen die Brücke bald schlagen zu können. Der erste Anfang dazu wird durch eine Ausstellung holländischer Architektur in Deutschland gemacht, für deren Zustandekommen sich Berlage eingesetzt hat. [...]
Arbeiten wir, bewußt des gewaltigen Ziels, an unserm neuen Bau: Mythos, Architektur, Glaube, ohne in Betriebsamkeit zu fallen. Wir wissen, daß man Glauben nicht machen kann, und daß ein Grundstück zu dem ersten konfessionslosen Tempel in Berlin nichts als ein Erfolg des Fleißes ist. Aber hüten wir die Flamme unseres Glaubens in allem, was wir tun. Dann wird unsere Arbeit eines Tages eine Notwendigkeit für Europa sein, und ein neuer Abschnitt unseres Tuns beginnen. Denn es handelt sich hier nicht um einen Gegensatz sondern nur um eine natürliche Ergänzung. Die kosmische, göttliche Harmonie regiert auch das Schaffen des Westens, der infolge der Stärke seiner Tradition mehr vor Zweifeln bewahrt ist. Das wahre Europa müssen wir schaffen. Die planetarische Gesinnung tut uns bitter not. Nichts wäre jetzt verkehrter als Deutschtümelei; sie wäre der Anfang vom Ende.
Wir müssen den Keim in die Erde senken, in ein frisches, fruchtbares, unerschöpftes Erdreich. Wo finden wir es? Im Volk, in der Masse, im Proletariat. Nicht, wie sie heute sind. Wir wollen uns keinen Illusionen

hingeben. Wir müssen auch diesen Boden erst pflügen. Aber wir dürfen ihn nicht brach liegen lassen. Wenige wissen, welcher Reichtum in ihm steckt. Wir müssen die Erde lieben, als Ganzheit, uns an sie schmiegen, mit ihr leben, müssen das Fundament erkennen, auf dem wir bauen. Wir wollen nicht auf Parzellen bauen sondern auf der Erde, für deren Leben in der Großstadt die Empfindung erlischt. Was gibt den Arbeiten eines Finsterlin ihre schöne Reinheit, ihren Stolz, ihre Unberührtheit? Nicht zuletzt das völlige Fehlen der Großstadtatmosphäre. Großstadtarchitektur ist Gips, statt Stein, statt Holz. Selbstverständlich wird es noch gute Weile auch in den Großstädten für Architekten zu tun geben. Die Zulassung von Wolkenkratzern kann willkommene Anregung geben, aber es wäre bedauerlich, wenn mit ihnen eine sakrale Monumentalität hingestellt würde.
Das Fundament ist die Erde. Wir müssen die Erde öffnen, um unsere Bauten in sie zu säen, aber wir wollen nicht vergessen, daß die Erde auch wir selbst sind. Wir sind die Erde, und öffnen müssen wir auch uns selbst, uns offen halten aller Kreatur. Nichts anderes bedeutet es, wenn wir die Bauten Indiens mit stets neuer Ergriffenheit vor uns hinstellen. Nachdem man freilich eine indische Mode gemacht hat, hoffen wir auf keine reine Wirkung mehr. Es waren nicht die Formen, die wir suchten, so herrlich sie sind. Wir wissen wohl, daß wir auf anderem Boden stehen, und daß die Nachahmung Indiens schlimmer wäre als jede andere Nachahmung. Es war die menschliche Einstellung der Bauenden, die uns ergriff, ihre Hingabe ohne Panzer, ihre Liebe ohne Ummauerung, ihr beispielloses Offensein. „Die Schönheit ist vor uns aufgerichtet und erhebt in göttlicher Ruhe, aber unerbittlich ihre ideale Forderung an uns. Nur wenige hören sie; aber diejenigen, die sie getroffen hat, haben keine Wahl mehr. Ungeheures an Verzicht, an Überwindung, an Reinheit, an Einfachheit verlangt das Vorbild von ihnen. Es verlangt ein ursprüngliches, elementar-kristallenes Menschentum; ein Menschentum, das sich vor keinem Begriff beugt, keine Konvention über sich ergehen läßt, keinen Zwang von außen unbesehen hinnimmt, nur weil er von einer Macht ausgeübt wird; ein Menschentum, das alle Ableitungen und Brechungen unserer Kultur enthüllend durchstrahlt, das den brennenden Trieb zur Nacktheit hat."
Schon sind Inseln des Menschentums in der Jugend unseres Volkes, schon findet sich von Insel zu Insel hier und da die Brücke. Auf solchen

Fundamenten ruht der Bau. Er wird uns mit Ost und West zusammenführen, und dann wird Europa, heute ein Begriff, kompromittiert bis auf die Knochen, wieder zu einer Wirklichkeit werden, in Wechselwirkung alles Planetarischen. Wir haben eine große Aufgabe in der Welt: Dichter, Musiker, Bauende, Malende, und ohne Ausnahme alle. Sie verlangt nicht Geschäftigkeit und Betriebsamkeit, aber sie duldet keinen Müßiggang, auch wenn die Arbeit stockt. Wir müssen selbst die Fundamente für den neuen Bau sein. Und das erfordert: Wir müssen zuverlässig sein. Es soll niemandem gelingen aus unserm Streben eine Sache der Mode zu machen. Es hat ja schon sehr phantastische Moden gegeben. Aber die Phantasie selbst ist den Modenarren doch nicht greifbar.

Wilhelm Worringer

Künstlerische Zeitfragen

München 1921, S. 7–14

Krise und Ende des Expressionismus. Wie kam das alles und kam so schnell? Nur mit leiser Stimme möchte man davon sprechen. Wie am Bette eines Kranken. Wohl wissend um seine Unheilbarkeit und in dem Augenblick des Scheidens doppelt spürend, was einem der Gesunde und Lebendige war. Nicht mit dem Tonfall der bitteren Enttäuschung soll hier von dieser Sterbenskrankheit gesprochen werden, sondern glückliche Bejahung soll durchklingen: auch zu dem Irrtum dieses zu Ende gehenden Lebens und zu seinem nur sichtbar werdenden Aufwand an Vergeblichkeiten. [...]
Wie sollten wir auch vor unserem Zeitirrtum – wenn wir die Episode des Expressionismus einmal der Einfachheit halber so naiv bezeichnen wollen – bestehen und gar in diesem Irrtum glücklich sein können, wenn wir eben nicht fühlten, daß wir dabei dieses heilige Recht der Gründe hatten, das höher ist denn alle schadenfrohe Vernunft. In den rationalen Gründen mögen jene recht haben: wir haben es in den vitalen. Und wie

über jede andere Sache des Lebens so kann man auch über den Expressionismus nur mit denen streiten, mit denen man letzten Endes gleicher Meinung ist, d. h. in diesem Falle nur mit denen, für die es ebenso außer aller Diskussion steht, daß dieser vielberedete Expressionismus ein vitales Muß unserer Entwicklung war, an dem es kein Vorbei gab. Kein Wort der Verständigung ist dagegen mit denen möglich, die ernsthaft glauben, ein europäisches Ereignis – und das war der Expressionismus – sei mit logischen Gründen und Argumenten in seiner Existenzberechtigung zu erschüttern.

Aber gerade, weil die Legitimation des Expressionismus nicht im Rationalen liegt, sondern im Vitalen, stehen wir heute vor seiner Krise: nicht seine Ratio ist erschüttert (seine Manifeste bleiben logisch heute so wahr oder falsch wie sie es waren im Augenblick, als sie zuerst ausgesprochen wurden), sondern seine Vitalität ist erschüttert. [...] Immer mehr wurde die Gestikulation des Expressionismus zu einem gespenstischen Spiel mit leeren Gesten; immer drohender tat sich darunter der Hohlraum des Vergeblichkeitsbewußtseins auf und immer deutlicher klang aus der gewaltsamen Sicherheit die betäubte Angst heraus und der Kampf gegen eine schon halbbewußte Leere. Da brauchte nur in die Zeitstimmung ein so unheimliches Wort wie das vom Untergang des Abendlandes zu fallen und die Katastrophe der veränderten Blickrichtung war da: man sah den Expressionismus auf einmal von hinten, sah ihm auf den Rücken – und da sah er auf einmal wie eine große Torschlußpanik der an sich selbst verzweifelnden Kunst aus. [...] Wir wissen alle, wie sehr der heutige Expressionismus auf Ahnensuche aus war. [...] Gotik, Barock, primitive und asiatische Kunst: sie alle gaben sich auf einmal zu erkennen, wie sie sich – das darf man wohl sagen – nie einer Generation vorher zu erkennen gegeben haben. [...] Aus der äußeren Deckung ihrer Formen mit unseren stilistischen Experimenten lasen wir frohlockend zuerst nur die große Bestätigung für uns heraus und merkten nicht, daß gerade in dieser Gegenüberstellung die Bloßstellung für uns lag. Denn die Täuschung der formalen Ähnlichkeit konnte auf die Dauer nicht aufrechterhalten bleiben: je mehr in uns die Kraft des Schauens für diesen echten metaphysisch legitimierten Expressionismus der Vergangenheit wuchs, um so mehr schrumpfte unser bißchen Atelierexpressionismus zu jenem Miniaturformat zusammen, über das hinaus uns zivilisierte Europäer kein noch so starker und inniger Wunsch mehr trägt. Solange wir den alten Expressio-

I DOKUMENTE 1919-1923

nismus nur formal sahen, konnten wir uns über den welttiefen Abstand täuschen, aber wie wir allmählich ahnend erschauten, welcher Inhalt hinter diesen alten Formen stand, mit welchen Energien und Spannungen sie geladen waren, kurz, als wir ihr magisches Geheimnis erkannten und auf Sekundenlänge die Kraft der metaphysischen Bindungen erschauten, die diesen Formen die große expressionistische Elementarität gab, da überfiel uns unausweichbar die lähmende Tragik der Selbsterkenntnis und wir wußten auf einmal mit aller unzweideutigen Gewißheit, daß all unser expressionistisches Bemühen nur eine traurige Philosophie Als Ob sei. Mit jedem tieferen Eindringen in die Welt jener vergangenen Phänomene spitzte sich in uns die Erkenntnis zu, daß die moderne Wiederholung des expressionistischen Schauspiels doch nur innerhalb des Ateliers vor sich ginge und nur möglich war auf Grund einer mehr oder weniger eingestandenen Fiktion. Was aber war es, das uns den Mut zu dieser letzten kühnsten Fiktion der Kunstgeschichte gab? Zögernd, aber unausweichbar kam die Antwort: die Furcht vor der Leere. Die Kühnheit des Expressionisten war eine Flucht nach vorn. [...]
Betrachten wir die Kunst einmal nicht, wie wir es allein gewohnt sind, von den Künstlern her, sondern von ihrer soziologischen Verankerung her, so ist unverkennbar, daß schon mit dem Ende des Barock das Schicksal der bildenden Kunst als soziologische und kulturelle Selbstverständlichkeit besiegelt war. Damals schon hörte ihre eigentliche Reichsunmittelbarkeit auf; damals schon war ihre Säkularisation beschlossene Tatsache. Die moderne Kunst im engeren Sinne steht eben schon unter ganz anderen soziologischen Voraussetzungen und ist als soziologische Funktion etwas ganz anderes. Was vorher ohne Anführungszeichen lebte, ist nun ganz diesen Anführungszeichen überantwortet und ist damit soziologisch in eine andere Dimension verlegt. Es ist schwer, diese neue Dimension zu bestimmen, aber in etwa trifft man ihren geometrischen Ort, wenn man sagt, daß die nachbarocke Kunst begann, nur äußerlich aufgesetztes Ornament am Körper unserer Kultur zu werden. Die Tatsache, daß eine kleine Auswahl Menschen dieses Ornament mit ihrer ganzen inneren Kultur speiste, ändert nichts an der Tatsache, daß es, soziologisch bewertet, nur Ornament blieb. Kulturornament oder, was noch schlimmer war, nur Bildungsornament. Und zwar soll hier der Begriff Ornament nicht in seinem höheren Sinne gemeint sein – von dieser mythischen und magischen Funktion des ursprünglichen Orna-

ments weiß die Allgemeinheit nichts mehr – sondern hier soll der Begriff so verstanden werden, wie er heute allein geläufig ist: Ornament als Produkt eines sublimierten Spieltriebs, also einer Luxusfunktion der künstlerischen Phantasie. Ungemein bezeichnend in diesem Sinne ist, daß in diesem neunzehnten Jahrhundert ästhetische Theorien aufkamen, die wirklich alle Kunst, auch die große elementare der Vergangenheit, aus einem solchen Spieltriebe der Phantasie ableiten wollten. Die bloße Tatsache, daß eine solche Theorie aufkommen konnte, läßt die dünne Luft fühlbar werden, in der der Begriff Kunst nun zu leben begann, nachdem er einmal seinem soziologischen Mutterboden und dem damit zusammenhängenden großenteils metaphysisch legierten Bindungsverhältnis zwischen Künstlern und Publikum entrissen war. [...]
Und in diesem Sinne ist die Architektur heute nicht mehr lebendig. Wenn wir unseren Instinkt ernstlich fragen, bestätigt er uns das. Bestätigt uns, daß die Architektur heute die Angelegenheit eines sehr hochwertigen Eklektizismus ist und daß sie – ihren höheren soziologischen Bestimmungen entfremdet – in der dünnen Luft eines tragischen Formalismus nur noch ein soziologisches Scheinleben führt. Auch unsere besten Bauten heute bleiben in der Kategorie von Ausstellungsbauten stecken, denen die Anführungszeichen ins Gesicht geschrieben sind.
Und nun begibt sich jenes tragische Zwischenspiel, das wir Expressionismus nennen und das in Wirklichkeit der Verzweiflungskampf gegen diesen Verdunstungsprozeß ist und die letzte Revolte gegen die wachsende soziologische Wesenlosigkeit der bildenden Kunst. Was geschieht? Man stellt an diesen subtilen Restbestand künstlerischen Ausdrucksvermögens wie er im Impressionismus vorliegt, Forderungen der Elementarität, setzt gewaltsam vor diese Kunst der letzten Schwingungen und schwebenden Intimitäten die herrischen Vorzeichen äußerster Extensität. Eine Kunst der feinen Nerven soll aufgepeitscht werden zu Ewigkeitsaspekten; mit den zitternden Schwingungen des hoffnungslos Bedingten will man das Reich des Unbedingten erstürmen. In eine Phiole voll letzter Essenzen will man das ganze Weltmeer, nein, das ganze Weltgefühl einströmen lassen. Glaubt, daß man des Absoluten habhaft würde, wenn man das Relative ad absurdum führe. [...]
Ein unerhörter Überspannungsprozeß setzt in der bildenden Kunst ein. [...]

3 Zusammenschlüsse

[1] Deutsche Architekten

[2] Arbeitsrat für Kunst
Ein neues künstlerisches Programm

[3] Adolf Behne
Unbekannte Architekten

[4] Bruno Taut
Der Sozialismus des Künstlers

[5] Gertrud Alexander
Ausstellungskunst

[6] Gertrud Alexander
DADA. Ausstellung am Lützowufer 13 (Berlin)

„Zukunft" mußte im neuen republikanischen Deutschland organisiert werden, Zusammenschlüsse von Künstlern waren notwendig, dies wurde erkannt.
Architekten suchten schon im 19. Jahrhundert die Unabhängigkeit vom Staat, d. h. die Eigenverantwortlichkeit gegenüber der staatlichen Macht. Die überregionale Standesorganisation der freischaffenden deutschen Architekten war der 1903 gegründete „Bund Deutscher Architekten" (BDA). Gerade diese gesamtdeutsche Organisation machte nach 1919 vorerst die Schotten für die „Bewegung" der Moderne dicht. Zwei Darmstädter Architekten, Margold und Soeder, riefen 1919 zur Gründung einer westdeutschen Bausezession auf (Bau-Rundschau, H. 1/2 1920). Am 14. April 1924 wurde in Berlin gegen die Mauer der BDA-Herren, vor allem auch gegen die Engstirnigkeit des Berliner Stadtbaurates Ludwig Hoffmann der „Zehnerring", später nur „Ring" genannt, gegründet. Das „Ring"-Mitglied Mies van der Rohe trat 1924 in den Deutschen Werkbund ein und schied 1926 aus dem BDA aus. Das träge Moment des „Wir wissen-doch-was-richtig-ist", die reale Machtbasis des BDA in bezug auf das Wettbewerbswesen, vor allem in den Reihen der Honoratioren des Berufsstandes, die sich bis 1928 zahlreiche Wettbewerbserfolge und damit auch reale Bauaufträge zuschieben konnten, kann hier nur skizziert werden. Noch 1927, nachdem Hans Poelzig den jungen Kollegen Walter Gropius dem BDA als Vorstandsmitglied vorgeschlagen hatte, hüllte sich die „Mehrheit der BDA-Mitglieder" in „eisernes Schweigen", so nachzulesen in der Frankfurter Zeitung 38/1927.
In der revolutionären Stimmung 1918/1919 hatte sich das breite, nicht miteinander korrespondierende Feld der Meinungen in unterschiedlichen beruflichen Zusammenschlüssen aufgefächert.
„Wir wollen die Säumigen und Stumpfen aufrütteln, die Zweifler zum Glauben an die unzerstörbaren Kräfte unseres Volkes und unserer Kunst

bekehren [...]." In diesem Tenor riefen Behrens und Bestelmeyer, Möhring, Gutkind, Salvisberg u. a., also die Architekten der rechten Mitte des Denkspektrums, zu einem „ersten deutschen Architektentag" am 27. Juni 1919 auf (Zusammenschlüsse 1).
Aktiver waren die politisch Bewußteren, Radikaleren, die im Aufbau einer Republik Chancen der wirklichen Beteiligung an einem Neubeginn sahen. Nach dem Vorbild des „Politischen Rates geistiger Arbeiter" (RGA, geführt von Kurt Hiller) und in naher personeller Verbindung zu Herwarth Waldens *Der Sturm*, in dem der Frühbeginn der expressionistischen Architektur schon 1914 diskutiert worden war, formierte sich im November 1918 als radikale Alternative zum „Werkbund" der „Arbeitsrat für Kunst" (Zusammenschlüsse 2: „Ein neues künstlerisches Programm"). Die Zielvorstellung dieser Vereinigung radikaler Künstler und Kunstschriftsteller war: „Die Kunst soll nicht mehr Genuß Weniger, sondern Glück und Leben der Masse sein. Zusammenschluß der Künste unter den Flügeln einer großen Baukunst ist das Ziel." Der AfK versandte Flugschriften („1. Architekturprogramm von Bruno Taut", Unterschriften: Brüder Taut, Gropius, Käthe Kollwitz, Wilhelm Worringer, aber auch Hoetger, Schmitthenner, Tessenow und viele andere), führte Fragebogen-Aktionen zum Thema Siedlungen, Volkshäuser, Architekturausbildung etc. durch („Ja, Stimmen des Arbeitsrates für Kunst in Berlin", Aktion: Frühjahr 1919, Druck der Antworten: November 1919). An die Öffentlichkeit trat der AfK 1919 mit der „Ausstellung für unbekannte Architekten" (Behne: Unbekannte Arch.: Zusammenschlüsse 3). Bevor es im Frühjahr 1921 zur Auflösung kam, spielte der AfK für die 1922 in der Galerie Diemen veranstaltete „Erste russische Kunstausstellung" eine vorbereitende Rolle. Schon Ende 1918 wurden zwischen der sowjetischen Abteilung für Bildende Kunst (IZO) beim Kommissariat für Volksaufklärung (NARKOMPROS) und dem AfK, vertreten durch Adolf Behne, Kontakte mit dem Ziel einer Ausstellung aufgenommen (vgl. dazu Roters, Eberhard (Hrsg.), Stationen der Moderne. Kataloge epochaler Kunstausstellungen in Deutschland 1910–1962, Kommentarband, Köln 1988). Die Internationalität suchte der AfK auch mit dem Projekt „Wiederaufbau des zerstörten Frankreich", schließlich mit der Gründung einer gegen den Krieg gerichteten Sektion der „Internationale de la Pensée". Auch hier übernahm Behne den organisatorischen Part (Bruno Taut: „Der Sozialismus des Künstlers", Zusammenschlüsse 4).
In der Hochflut von Flugblättern und Manifesten wurde Ende 1918, wieder in Berlin, von Max Pechstein, Cesar Klein, Moritz Melzer und

Georg Tappert eine Diskussions- und Ausstellungsvereinigung, die *Novembergruppe* gegründet. Ihren utopischen Ideen lagen indes oft noch die Verhältnisse des Kaiserreichs zugrunde. Die Berliner Novembergruppe (erste Sitzung: 3. Dezember 1918) korrespondierte mit ihrem Traum von Verbrüderung in einer klassenlosen Gesellschaft mit zahlreichen auswärtigen Gruppen, so z. B. mit dem „Jungen Rheinland" in Düsseldorf, der „Gruppe Rih" in Karlsruhe, der „Kugel" in Magdeburg, der „Hallischen Künstlergruppe", der Gruppe „Kräfte" in Hamburg. Mit Pechsteins Austritt aus der Novembergruppe 1919 verlor die Vereinigung einen entscheidenden politischen Motor. 1923–1925 war Ludwig Mies van der Rohe (Eintritt 1922) Vorsitzender der inzwischen sehr pragmatisch arbeitenden Novembergruppe.

Über den Arbeitsrat für Kunst, über die Novembergruppe und über „Die Zwanzigerjahre des Deutschen Werkbundes" liegen monographische Darstellungen vor. Die vorliegende Anthologie begnügt sich mit einigen wenigen ausgewählten Schriftstücken. Die „Stimmung", die Sprache, das utopische Hoffen sollen zum Ausdruck kommen. Interessant und aufschlußreich erschien darüber hinaus, mit zwei Artikeln auf die Kritik von „links", geschrieben von der Leiterin des Feuilletons von *Rote Fahne*, Gertrud Alexander (1882–1967) (G. G. L.), hinzuweisen (Zusammenschlüsse 5 und 6).

Elaine Hochmann:
Holzschnitt für das erste Flugblatt
des Arbeitsrats für Kunst, April 1919

I DOKUMENTE 1919–1923

Deutsche Architekten!

Aufruf zum ersten deutschen Architektentag.
Die Bauwelt, Jg. 10, Heft 23, 1919, S. 5–6

Deutsche Architekten!

Ein mehr als vierjähriger verheerender, unglücklicher Krieg und die Stürme der Zeit mit den ihr gefolgten zerfleischenden Volkskämpfen haben die deutsche Macht vernichtet und Reich und Volk an den Rand des Abgrundes gebracht. Gleich zahlreichen andern Berufen ist durch das Unglück des Vaterlandes auch unser Stand in seinen wirtschaftlichen und künstlerischen Lebensmöglichkeiten auf das äußerste bedroht. Durch die unmenschlichen Bedingungen des Friedens ist uns das Schwerste zugefügt worden, was einem freien, einst glücklich schaffenden Volk beschieden werden konnte. Ausgestoßen aus der Gemeinschaft der Völker, der nationalen Ideale beraubt, der freien Bewegung entkleidet, sollen wir zu Sklaven der menschlichen Arbeit erniedrigt werden. Hierzu treten Bewegungen, die das Wenige, das an Arbeits- und Entwicklungsmöglichkeit dem einzelnen noch geblieben ist, vollends zu vernichten drohen. *Kapitalismus und Vergesellschaftung ziehen als eine vernichtende Gefahr für den Individualismus des Baukünstlers bedrohlich gegen uns herauf.* Gegen die Übermacht des Gegners ist der einzelne Stand machtlos; nicht aber auch gegen die schädlichen Triebe in den eigenen Kreisen. *In dieser schweren Schicksalsstunde gilt es daher, sich zur Abwehr zu einer starken Gemeinschaft zusammen zu schließen, Treue um Treue zu halten und den geistigen Kampf aufzunehmen zur Verteidigung unserer hohen Kultur und der leuchtenden Ideale unserer Kunst als machtvoller Faktoren unsers nationalen Besitzstandes.* Was auch Trennendes unter uns sein mag, wir fragen nicht danach in dieser ernsten Stunde.
Uns alle, die wir unser Leben dem Bauen weihen, eint das gleiche Ziel: wir wollen die *Sehnsucht nach Schönheit* gestalten, wollen, daß der Herzschlag des Volkes in der höchsten Kunst, der Baukunst, sichtbar wird. Der Architekt soll wieder, wie einst in großen Zeiten, Führer und Herr der Bildenden Künstler sein nach der inneren Bedeutung des Wortes „Architekt". Die Sehnsucht nach Erfüllung dieses Wunsches trägt jeder von uns im Herzen, der in seinem Beruf mehr sieht als bloßen Lebensunterhalt.

Brüder! Mögen wir durch noch so große Abstände unterschieden sein: *ein Ziel beherrsche uns alle.* Achtet jede Verschiedenartigkeit der Anschauung, aber findet euch da in Eintracht zusammen, wo euch nichts trennt, wo alle Verschiedenheiten nur bereichernden Wert haben: *auf dem Weg zur großen Baukunst.*
Daher wollen wir uns, Meister und Schüler, Führer und Geführte, ohne Ansehen der Person und Stellung zusammenschließen und den drohenden Mächten der Vernichtung eine starke Macht der Erhaltung und Neuentwicklung entgegensetzen. Wir rufen alle, denen der Glaube an eine bessere Zukunft noch nicht verloren gegangen ist.
Deutsche Architekten! Strömt alle, die ihr solche Gedanken im Herzen traget und noch an eine glückliche Zukunft glauben könnt, zusammen und vereinigt euch am
27. Juni 1919 in Berlin im Künstlerhause zu einem großen
ersten deutschen Architektentag,
der seinen Ruf weithin erschallen läßt über alle deutschen Lande als einen Weckruf zu *gemeinsamer Arbeit in höchster Not.* Auf den anliegenden Blättern werdet ihr verzeichnet finden, was uns frommt und was eurer Beratung und Beschließung harrt.
Kommt alle, kommt mit freudigem Wollen.
Ahrends, Peter Behrens, Bestelmeyer, Ebhardt, Gentzen, Gutkind, Albert Hofmann, Klose, Kuckuck, Lotz, Michaelsen, Möhring, Bruno Paul, Paulsen, Rensch, Salvisberg, Schilbach, Straumer.

Ein neues künstlerisches Programm

Programm des Arbeitsrats für Kunst. Bauwelt, Jg. 9. Heft 52, 1918, S. 5

Der Arbeitsrat für Kunst schreibt:
In der Überzeugung, daß die politische Umwälzung benutzt werden muß zur Befreiung der Kunst von jahrzehntelanger Bevormundung, hat sich in Berlin ein Kreis einheitlich gesinnter Künstler und Kunstfreunde zusammengefunden. Er erstrebt die Sammlung aller verstreuten und darum sich

zersplitternden Kräfte, die über die Wahrung einseitiger Berufsinteressen hinaus am Neuaufbau unseres gesamten Kunstlebens entschlossen mitwirken wollen. In engster Fühlung mit den Regierungsgewalten und Vereinigungen ähnlicher Tendenz, wie der Kunstkammer in München, Dresden u. a., hofft der Arbeitsrat für Kunst, seine nächsten Ziele, die in folgendem Programmauszug angedeutet sind; in nicht zu ferner Zeit durchsetzen zu können.
An der Spitze steht der Leitsatz:

Kunst und Volk müssen eine Einheit bilden. Die Kunst soll nicht mehr Genuß weniger, sondern Glück und Leben der Masse sein. Zusammenschluß der Künste unter den Flügeln einer großen Baukunst ist das Ziel. Fortan ist der Künstler allein als Gestalter des Volksempfindens verantwortlich für das sichtbare Gewand des neuen Staates. Er muß die Formgebung bestimmen vom Stadtbild bis hinunter zur Münze und Briefmarke.

Auf dieser Basis werden zunächst sechs Forderungen gestellt:

1. Anerkennung des öffentlichen Charakters aller Bautätigkeit, der staatlichen und privaten. Aufhebung alle Beamtenprivilegien. Einheitliche Leitung ganzer Stadtteile, Straßenzüge und Siedlungen, ohne daß die Freiheit im einzelnen beeinträchtigt wird. Neue Aufgaben: Volkshäuser als Vermittlungsstätten aller Künste an das Volk. Ständige Experimentiergelände zur Erprobung und Vervollkommnung baulicher Wirkungen.

2. Auflösung der Kgl. Akademie der Künste, der Kgl. Akademie für das Bauwesen und der Kgl. Preußischen Landeskunstkommission in ihrer bisherigen Gestalt. Ersatz dieser Körperschaften bei neuer Abgrenzung ihres Arbeitsfeldes durch solche, die aus der produktiven Künstlerschaft selbst ohne staatliche Beeinflussung geschaffen werden. Umwandlung der privilegierten Kunstausstellungen in freie.

3. Befreiung des gesamten Unterrichts für Architektur, Plastik, Malerei und Handwerk von staatlicher Bevormundung, Umwandlung des künstlerischen und handwerklichen Unterrichts von Grund auf. Bereitstellung staatlicher Mittel dafür und für Meistererziehung in Lehrwerkstätten.

4. Belebung der Museen als Bildungsstätten für das Volk. Einrichtung ständig wechselnder, durch Vorträge und Führungen dem ganzen Volke dienstbar gemachter Ausstellungen. Ausscheidung des wissenschaftlichen Materials in Zweckbauten. Absonderung technisch geordneter Studiensammlungen für Kunsthandwerker. Gerechte Verteilung der staatlichen Mittel zum Erwerb alter und neuer Werke.

5. Beseitigung der künstlerisch wertlosen Denkmäler sowie aller Bauten, deren Kunstwert im Mißverhältnis zu dem Wert ihres anders brauchbaren Materials steht. Verhinderung voreilig geplanter Kriegsdenkmale und unverzügliche Einstellung der Arbeiten für die in Berlin und im Reich vorgesehenen Kriegsmuseen.

6. Bildung einer Reichsstelle zur Sicherung der Kunstpflege im Rahmen der künftigen Gesetzgebung.

Otto Bartning. Rudolf Bauer. W. C. Behrent. Max Berg. Joseph Bloch. Theo v. Brockhusen, Präsident der Freien Sezession. Albert Brinckmann. A. E. Brinckmann. Heinz Braune. v. Debschitz. Werner Dücker. Ewald Dülberg. Martin Elsaesser. Herbert Eulenberg. Hedda Eulenberg. Alfred Flechtheim. Philipp Franck. Hans Friedeberger. August Grisebach. Walter Gropius. Otto Grautoff. Erwin Gutkind. Hannoversche Sezession. Wilhelm Hausenstein. Franz Heckendorf. Carl Georg Heise. Fritz Hellwag. Ernst Herzfeld. Werner Heuser. Willy Jaeckel. Walter Kaesbach. Kestner-Gesellschaft, Hannover. Paul Kersten. César Klein. Hans Koch. Kaethe Kollwitz. Leo v. König, 2. Vorsitzender der Berliner Sezession. Bruno Krauskopf. Mechtilde Lichnowsky. Paul Mebes. Hans Meid. Herbert Mueller. Julius Meier-Graefe. Heinrich Nauen. Wilhelm Niemeyer. Rudolf Odenbourg. Ernst Osthaus. Friedrich Paulsen. Max Pechstein. Friedrich Perzynski. Hans Poelzig. E. Pottner. Otto Sohn Rethel. Heinrich Richter. Christian Rohlfs. O. R. Salvisberg. John Schikowski. E. E. Schlieper. Paul Schmitthenner. Hermann Schmitz. E. E. Schmohl. Paul Schubring. Rich. L. F. Schulz. Erik-Ernst Schwabach. Preußischer Finanzminister Hugo Simon. Carli Sohn. Milly Steger. Max Stern. Georg Swarzenski. Georg Tappert. Bruno Taut. Max Taut. Hermann Voß. Fritz Westendorp. Ludwig Wolde. Wilhelm Worringer. Heinrich Tessenow. Arnold Topp. Wilhelm R. Valentiner. Paul Zucker.

I DOKUMENTE 1919–1923

Adolf Behne

Unbekannte Architekten

Sozialistische Monatshefte, 9–10/1919, S. 422–424

Ein Arbeitsrat für Kunst hat sich, wie hier bereits gemeldet, im November aus Berliner Künstlern und Kunstschriftstellern gebildet. Er hat ein Programm aufgestellt, das in Kürze wieder von der Zentrale, Kaiserdamm 78 in Charlottenburg, zu beziehen ist. Der Arbeitsrat ist keine Clique, noch ist es sein Ziel durch Kompromisseln mit den Behörden kleine, für den Tag berechnete *Reformen* durchzusetzen, sondern der Arbeitsrat will durch intensive künstlerisch-geistige Arbeit, nicht durch Reden und Debattieren, das Gute erzwingen. Eine *Utopie* ist für den Arbeitsrat nichts Lächerliches. *Utopisch* mag man Bruno Tauts Architekturprogramm nennen, das gleichfalls bald wieder erscheint; *utopisch* das in Vorbereitung befindliche Lehrprogramm Otto Bartnings; *utopisch* die Idee in gemeinsamer Arbeit von Architekten, Bildhauern und Malern große, in die Zukunft weisende Modelle auszuführen, um so in faktischer Arbeit die verderblichen Grenzen der zu ihrem Schaden isolierten Künste zu überwinden.

Utopisch ist auch ein Teil der Ausstellung unbekannter Architekten (im Graphischen Kabinett Neumann), die die erste öffentliche Veranstaltung des Arbeitsrats für Kunst ist. Es schien dem Arbeitsrat wichtig die Probe zu machen, ob wirklich die Zahl unserer guten Architekten so beschämend klein ist, wie es, an Bekanntem gemessen, den Anschein hat. Er erließ daher im Januar den auch hier mitgeteilten Aufruf an unbekannte Architekten ihre Arbeiten einzusenden. Aus dem eingegangenen Material haben die Vertrauensmänner des Arbeitsrats Walter Gropius, Max Taut und Otto Rudolf Salvisberg die nunmehr ausgestellten Arbeiten gewählt. [...]
Es ist ein Zeichen für die schreckliche Ernsthaftigkeit unserer Zeit, daß unsere *Gebildeten* diesen oft köstlichen Blättern allgemein so wenig Freude abgewinnen wollen. Mit der Erkenntnis der Tatsache, daß diese Häuser nicht auszuführen sind (ein großer Teil dieser Betonbauten ist es aber doch), glaubt man Grund genug zu haben zu nörgeln, statt sich zu

freuen, daß ein so origineller und frischer Geist aus der völligen Nichtbeachtung befreit wurde. [...]
Praktische Architekten gibt es genug zu sehen, und von ihnen manches Bemerkenswerte, nichts freilich, was an Kaldenbach heranreichte. Ich nenne die Namen Hablik, Hans und Wassilij Luckhardt, Biel, Krayl und Walter Schultze. Die Entwürfe von Peucker für Backsteinhäuser und von Brückmann für einen Turm der Lebensfreude sind wertvoll.
Die Haltung der Fach- und Tagespresse war im Durchschnitt ablehnend. Finsterlin empörte sie, Kaldenbach ließ sie gleichgültig. Jener war zu originell, dieser nicht originell genug. Schwer es den Herren recht zu machen.

Bruno Taut

Der Sozialismus des Künstlers

Sozialistische Monatshefte, 6–7/1919, S. 259–262

Zentralsonne ist das Sein des Künstlers. Planeten mit Trabanten umkreisen sie. Bei der Abkühlung der Kruste beharrt der Mittelstern nie. Er wirft sie zu einem weiten Kreis von sich und läßt einen neuen Planeten daraus werden. Je mehr Entwickelungen bei ihm, um so mehr Planeten, um so differenzierter und verfeinerter sein System, das sein Licht, seine Wärme, sein Leben von ihm hat.
Jedes Menschen Sein ist eine Zentralsonne, sollte es sein; denn dann wäre alles gut auf der Welt. Des Künstlers Sein muß aber unbedingt eine Sonne sein, wenn sein Schaffen echt und rein ist. Sein Ich ist explosiv-quellendes und gestalt-werdendes Gefühl. Das Gefühl des Menschen, der Menschheit. So steht es ganz auf sich angewiesen da, im Weltenrausch sich um sich selber drehend. Einsam, einsiedlerhaft und in der Sphäre des gemeinen Lebens landstreicherhaft erscheinend, wie der Ewige Jude. Nie Ruhe, da niemand sie ihm von außen her geben kann, nur er sich selbst, dann, wenn er, hingegeben seinem eigenen Sein, Schöpfer ist.

I DOKUMENTE 1919-1923

Was geht den Künstler die Umwelt an, wie sie sich regiert und beherrscht? Ihn kann sie ja doch nicht beherrschen. Sie kann nur sein Körperliches in Ketten legen, ihn verstümmeln, töten – nein, töten kann sie ihn nicht. Er ist ja schon vor dem Tod ein Toter. Was geht den Künstler Machtpolitik an? Mögen sie doch regieren, in welcher Form sie wollen. *Regieren* hat für ihn nur komischen Wert. Seine Welt ist nicht diese Welt. Und glücklich ist er immer da, wo er ungestört Künstler sein kann, sagt Scheerbart. Ungestört! Ja, er will nichts, er hat ja alles, er ist ja immer in seiner Heimat, wenn er schafft, und ist doch nie zu Hause. Sein Schaffen ist ja immer nur Dienst dem Ganzen, seinem Volk, der Menschheit. Wie können da von ihm aus Konflikte mit der Umwelt entstehen? Er nimmt alles hin, wie und in welcher Form es sich bietet, wie ein Kaleidoskop, und seine Schöpferkraft bildet die Formen. Kommen sie aus einem reinen Künstlertum, dann sind sie treuer und unbarmherzig wahrer Spiegel seines Gefühls. Sein Gefühl ist das zugespitzte und in seinem Ich gesammelte Gefühl der Menschheit, das in ihm unparteiisch und absolut lebt. [...]
Und er richtet alle Kräfte darauf seine Umwelt von den tausendfachen Schlacken zu befreien, die sie daran hindern frei in den Spiegel zu sehen und davon glücklich und ganz frei zu werden. Herrschsucht, Machtsucht ist die Hölle der Menschen auf Erden. Ihr gilt der Haß des Künstlers (wenn er überhaupt hassen kann). Jedenfalls hofft sein Herz, wenn er einen bösen Moloch stürzen sieht, der die Menschen zu Knechten machte, die Herren der Knechte zu schlimmeren Knechten ihres Wahns, der die Menschen zerspaltete und ihre Trennung in Stände weit aufriß zu blutenden Wunden, damit die Blutsauger ungehemmt darin wühlen konnten. *Zivilisierte* Völker! Verdient ihr denn dieses matte Beiwort? Zivil – Gegensatz: Militär; zivilisiert – Gegensatz: militarisiert. Nicht einmal zivilisiert wart ihr und wolltet (welche Anmaßung!) kultiviert sein. Entwaffnet euch! Wie muß jeder Künstler von diesem Ruf berührt sein. Wie muß er hoffen, wenn er die Fahne des Sozialismus hoch erhoben sieht, die Lehre von der Brüderlichkeit der Menschen. Seine Hoffnung, Freude und Hingabe beschwingt sich, er sieht seine Brüder selber zu Künstlern ihres Lebens, ihrer Einheit werden, wenn die Massen dieses Ideal bewegt.
Revolutionär, Umstürzler nannte man jeden neuen Künstler. Was sich Neues in ihm gestaltete und für ihn selbst folgerichtig und ohne Absicht

des Kampfes gegen anderes in ihm entstand, das sah er mit Verwunderung als umstürzlerisch verschrien. Er wollte ja niemandes Ruhe stören, und nun sah er, wie sein Werk selbst gar nicht gesehen wurde sondern nur sein vermeintlicher Schatten, den es in den Augen seiner Brüder auf das Alte warf. Nur *eine* Erklärung konnte er für diese seltsame Art des Sehens finden: die Gewöhnung an die Gewalt. Sie kannten in allen Beziehungen unter einander nur Herrschen und Beherrschtsein und übertrugen dies auch auf das Kunstwerk, das ohne Absicht gegen Bestehendes, ohne Ziel und ohne Wollen geschaffen wurde und lebt. [...]
Aufhebung der Gewalt: das sieht er in der revolutionären Idee, der Gewalt in Form des Militärs und dessen, was das Militär schützen soll, des Geldes und jeder Macht, also auch des Staates. Was den Bürger (um hier das Kampfwort Bourgeois zu vermeiden) entsetzt: kein Staat, kein Geld, kein Militär, das ist ihm ja von vornherein seiner Natur nach eine Selbstverständlichkeit, nach der er innerlich schon immer lebte. Und nur um dieses einen Zieles willen kann er der heutigen Bewegung seine Teilnahme leihen, weil er nach seiner Verwirklichung keine Störung seines Schaffens mehr erwartet. Welcher Weg dazu führt, das zu entscheiden ist die Aufgabe des politischen Denkers. Der Künstler aber wird mit seinem Temperament die Konsequenz des Gedankens intuitiv aufnehmen und keine Biegungen, keinen Opportunismus verstehen und gelten lassen. Er ist seiner Natur nach dem Absoluten, Restlosen hingegeben.
Man mag ihm Schwärmerei vorwerfen. Im Auge des Bürgers ist ja der Künstler, der es zu nichts, das heißt nicht zu Geld bringt, ein *bedauernswerter Idealist.* [...]
Kunst ist Leben. Deshalb muß der Künstler in allen menschlichen Zuständen und Beziehungen immer das andere, das Neue wünschen; ob Vollkommenere, ist vielleicht fraglich. Wenn aber die Gewalt einmal verschwunden ist, dann ist die Kluft zwischen dem Künstler und seinen Mitmenschen beseitigt, dann ist für ihn ein Schritt zur Vollkommenheit getan. Mag man seine Gläubigkeit belächeln. Schreibt die Masse dies Ziel auf ihre Fahne und nennt es Sozialismus, Kommunismus, so bleibt ihm nichts übrig als freudig und beglückt mitzuempfinden, voll innigsten Wunsches, daß dieses große Werk gelingen möchte.
Entsetzt wird man den Künstler fragen, wie er sich gerade von dieser *Gleichmacherei* etwas versprechen kann, er, der doch ein völlig exklusives Leben führt. Er antwortet:

I DOKUMENTE 1919–1923

Ich brauche keinen Zwang zum Arbeiten, weil es mich in mir dazu treibt, weil ich muß.
Ich kann nicht Gewalt üben und meinen Bruder, der mir nichts getan hat, morden.
Ich will keine Bezahlung, weil ihr mich gar nicht bezahlen könnt. Euer Geld, das ich heute nehmen muß, um nicht zu verhungern, beschmutzt mich; ihr kauft mich, wie eine Dirne, mich, der ich in Hingabe zum Höchsten euch den Glanz des Höchsten bringe. Und wenn ich euch mein Allerstärkstes, euch den schönsten Glanz bringe, dann laßt ihr mich hungern und befleckt mein Werk nach meinem Hingang mit eurer Gier.
Gebt mir nur Kleidung, Nahrung, Wohnung wie jedem von euch, und ich will arbeiten wie jeder von euch.
Wir, ich und meine Brüder am Bau der kommenden Kultur, wir werden euch Aufgaben zeigen, die es lohnt zu erfüllen. Wenn ihr dieses neue Licht seht, dann werdet ihr uns verstehen. Ihr werdet ein Stück eures Selbst, euer bestes Streben in uns ehren, die Schwere unseres Berufs empfinden und uns helfen.
Es werden um die Bauten des neuen Glaubens Werkstätten und Kolonien für Künstler sein. Alle, Architekten, Maler, Bildhauer, Musiker, Dichter, alle wohnen dort, so wie sie wohnen müssen, um ungestört Künstler sein zu können, unbekümmert um Nahrungssorgen und Familie, im einfachen und ungezwungenen Allein- und Zusammensein, nur im Werk vereinigt.
Eure Gaben werden wir mit unseren Werken ehren: beschenkt werden wir Schenkende sein, hingerissen vom Werk, das aus unserer Phantasie erblüht. [...]

Bruno Taut, 1919 „Die Stadtkrone"

Gertrud Alexander

Ausstellungskunst

Die Rote Fahne, Hefte, Hefte 14 und 15 1921 (Nr. 266–268)

„Dada ist Gott und John Heartfield ist sein Prophet."
„Dada ist kein Bluff."
„Dada sieht."

Mit solchen Plakaten preist Dada sich selber an.
Und wahrlich, er hat es nötig, zu versichern, daß Dada kein „Bluff" sei.
Die Dada-Ausstellung gibt tatsächlich als ersten Eindruck den eines großen Bluffs. „Ulk", wie der Kritiker der „Vossischen Zeitung" sich bescheiden und gutmütig ausdrückt, ist zu wenig. Als Ulk ist die Sache zu geistlos, zu wenig zum Lachen, zu seriös und pretensiös. Der Bürger kann freilich nichts besseres tun, als darüber lachen. Der blasse Dadajüngling, der mit herablassend mitleidiger Miene dem geringeren Sterblichen gegenüber Dada vertritt, ohne freilich selbst in der Lage zu sein, alle Kuriosa erklären zu können, die da hängen und stehen, würde die Auffassung Max *Osborns*, der Recht hat, die Sache spaßig zu nehmen, entrüstet zurückweisen.
Auf den ersten Blick sieht diese Ausstellung aus wie ein Reklamerummel für eine Kinogesellschaft oder für Militäreffekten oder sonstige Marterinstrumente.
Indem nämlich Dada solche Gegenstände bürgerlicher Herkunft mosaikähnlich nebeneinander klebt mit Zeitungsausschnitten, Straßenbahnbillets, Ansichtskarten, Spielzeugteilchen als „Bild" gerahmt und signiert, neben wahnsinnig geschmacklose neue barbarische „Gemälde" hängt und dazu ausgestopfte Soldatenröcke mit dem Aufdruck „Plastik" aufstellt oder an die Decke hängt, neben bunte Dadapuppen und Hampelmänner – indem er all solchen Allotria an Wänden und im Raume verteilt, glaubt er, „die bürgerliche Gesellschaft zu zerschmettern", der „bürgerlichen Kunst auf den Leib zu rücken".
Die einzige Berechtigung hätten solche „Plastiken" aber in einem antimilitaristischen Panoptikum, wogegen niemand etwas einzuwenden hätte.

I DOKUMENTE 1919-1923

Aber eine Sammlung von Perversitäten als Kultur- oder gar Kunstleistung auszustellen, ist schon kein Ulk mehr, sondern eine Frechheit. Oder ist es keine Frechheit, wenn eine Reproduktion der „Mona Lisa" *Leonardos* und der „Flora" des *Botticelli* mit unflätigen Worten überschmiert neben Dadaproduktionen hängen als „bürgerliche Kunst, die bis ins Mittelalter und weiter zurück zerstampft werden muß".
Bilden sich diese Herrschaften wirklich ein, der Bourgeoisie damit etwas anzuhaben? Die Bourgeoisie lacht darüber. Die „Voß" nennt es „Ulk", die „Post" „*höheren Blödsinn*" und beide würdigen Dada damit noch als künstlerische Qualität; denn sie riechen eben in ihm noch Fleisch von ihrem Fleisch: bürgerliche Dekadenz. (Es ist wirklich sehr viel Entgegenkommen, bei den Darbietungen dieser Ausstellung noch Vergleiche mit *Rabelais, Fischart* und *Morgenstern!* zu finden wie die „Post".)
Man könnte Dada abtun mit Größenwahn und ihn ins Pathologische versetzen, wenn diese Dinge nicht so lächerlich klein, winzig und armselig belanglos wären neben dem gewaltigen Befreiungskampf des Proletariats, in dem allein es ernst ist mit der Vernichtung der bürgerlichen Gesellschaft. Das Proletariat wird diesen Kampf führen und gewinnen auch ohne den Extrafeldzug gegen Kunst und Kultur, den eine bürgerliche Literatenklique unternimmt. Es hat kein Verständnis für derartige Perversitäten, für die der sensationslüsterne Bürger des Westens noch 3,30 Mark ausgeben mag, und es kann nicht weit genug abrücken von dieser bürgerlichen Angelegenheit, in der das Bürgertum sich selbst an den Pranger stellen mag, so viel es will.
Nur sollen diese Herren, die ihre ausgeschnittenen Photographien auf die Figuren alter Modezeichnungen kleben – wohlgelungene Karikaturen – sich nicht Kommunisten nennen.
Unverständlich ist es, wie A. *Behne,* der Kritiker der „Freiheit", solchem revolutionären Unfug noch wohlwollend gegenüberstehen, wenn er Panoptikumfiguren und Kinozauber für Kunst nehmen und Arbeitern „erklären", von „Werten" sprechen kann. „Alle schönen Formen und Farben sind heute Schwindel", „nur ein Narr kann heute ,Gefilde der Seligen' malen". Jawohl! Für die verkrachte Bourgeoisie gibt es nur Schwindel und Chaos, wie die moderne bürgerliche Kunst zum größten Teil Kitsch ist. (Man sehe die großen Berliner Kunstausstellungen.)
Aber was geht das alles das Proletariat an? Soll es etwa nicht die Berechtigung und Hoffnung haben, es selbst besser zu machen – in

absehbarer Zeit vielleicht schon? Der bürgerliche Bankrott braucht es nicht zu stören – und es mag sich ruhig derweil, ohne Schaden an seiner proletarischen Seele, an Klassenbewußtsein und Kampfbereitschaft zu nehmen, aus vergangenen besseren Tagen der Bourgeoisie das Schöne suchen, das Menschen hervorgebracht, nicht minder revolutionär vielleicht als der Arbeiter-Revolutionär von heute.

Er hat, *bewußter* Kämpfer, nicht nötig, wie Dada Kunstwerke zu vernichten, um von der „Bürgerlichkeit" loszukommen; denn er ist nicht bürgerlich.

Wer aber selber nichts kann als blöden Kitsch zu kleben wie Dada, soll die Hände lassen von der Kunst.

Aber „eine starke Bereicherung unserer Malerei", „eine Fülle von Anregung" hier, bei Dada zu suchen und zu sehen, wie A. Behne, dazu gehört schon eine gewisse Armseligkeit des Geistes oder Perversität und Sensationslust.

Die Arbeiter sind gewarnt.

Gertrud Alexander

DADA. Ausstellung am Lützowufer 13 (Berlin)

Kunstsalon Burchard. Die Rote Fahne, 25.7.1920

Der Glaspalast am Lehrter Bahnhof samt seinem Inhalt gilt schon seit Jahrzehnten als Kitsch, als Kunst 2. und 3. Ranges, seit die Sezession sich vollzogen und konstituiert hat als Avantgarde der Künstler von Genie und Geist. In diesem Glaskasten („Kunstpalast") und seinem Kitsch haben sich nun die Künstler der Sezession und sogar der Novembergruppe, die extremen Expressionisten, vereinigt; aus Sparsamkeitsgründen wahrscheinlich und damit das Chaos der modernen Kunst recht handgreiflich in Erscheinung treten. Zahlenmäßig ist dies Durcheinander im Katalog ausgedrückt, der nicht weniger als 1334 Nummern verzeichnet. Quantität muß Qualität ersetzen, und man muß diese Räume, die einst für wilhelminische Apotheosen in Riesenformat berechnet waren,

doch füllen. Der alte Kunstkitsch in den Nebensälen macht sich nun sehr grau und überlebt neben den starken Farben der sezessionistischen und expressionistischen Künstler, wird aber noch immer vom Durchschnittsbürger bewundert, während die Exzentrizitäten der Sezession mehr für den fortgeschrittenen Elitebürger sind, für den es Ehrensache ist, modern zu sein, selbst wenn ihm dabei übel wird. Gewiß tragen die starken Farben und Gesten der Modernen den Charakter dieser Zeit ungeheurer Affekte, aber das Gesamtbild ihrer Kunst trägt ebenso den Auflösungscharakter in sich wie diese Zeit selbst. November-Gruppe: Untergang in Farbenorgien, in der reinsten Materialität, im hellsten Licht, Auflösung im Kosmos, Streben nach Entmaterialisation. Es ist gewissermaßen sublimierter Untergang, sublimierte Auflösung.
Raoul Hausmann hat sich des Besuchers erbarmt und für die Künstler der Novembergruppe ein eigenes Erläuterungsheftchen geschrieben mit der gleichen Einführung, die er in der „Aktion" mit der Klammerbemerkung („Für Arbeiter") veröffentlicht. Nur bringt er da, eben „für Arbeiter", was für harmlose Bourgeoisbesucher nicht nötig ist, eine revolutionär sein sollende Einleitung, mit der er seiner selbst spottet. Denn hat er wohl das Recht, mit wegwerfender Gebärde von dem „Glaskasten" und seinem Kitsch zu sprechen, da er selbst mit seiner Novembergruppe eben in diesen Tempel eingezogen ist, gewissermaßen sich solidarisierend mit jenen, die mit diesem Einzug doch nur ihre Bürgerlichkeit dokumentieren, oder wollen sie protestieren, indem sie dabei sind? Vielleicht denkt er, es genügt, um seine Teilnahme am „Klassenkampf", am Wohl und Wehe der Arbeiter zu beweisen, wenn er nur recht über „Eberts fluchtartiges Durchschreiten der Säle" sich lustig macht, um nachher die Kunst dieser sich auflösenden Ebertrepublik zu erläutern, die nur ihr getreues Spiegelbild, und zwar, wie hier in diesem Glaskasten so glänzend veranschaulicht wird, in allen ihren Schichten mit ihren mehr oder weniger materiellen, vergeistigten und verstiegenen, oder kleinbürgerlich banalen Gelüsten und Strömungen – auch die Novembergruppe wurde anerkannt offiziell durch Eberts wenn auch „fluchtartiges Erscheinen". Man kann nicht genug dagegen protestieren, daß ein Geist wie Hausmann sich zum Anwalt der Arbeiter-Kunst-Interessen macht, was ihm nur durch ideologische Phrasen möglich ist. Denn zu einem tieferen Begreifen der Interessen und Möglichkeiten proletarischer Kunst ist er nicht fähig.
Raoul Hausmann, vor einem Jahre noch Vorkämpfer des Dadaismus,

scheint dieser jüngsten Kunstsekte, wohl weil sie sich allzu lächerlich gemacht hat, nun endgültig abgeschworen zu haben: wenigstens gibt er zu, daß das gewollt Primitive und Kindhafte in der Kunst doch nichts sei. Nun verrenkt er sich das Gehirn, um vom Expressionismus der revolutionären Kunst wenigstens noch zu retten, was zu retten ist. Er sagt mit präzisen Worten Selbstverständlichkeiten, wie z. B. die, daß die Kunst „in frühen Zeiten der Menschheit" (er hütet sich, Bestimmteres auszusagen) gar nicht ein natürliches Abbild der Dinge hätte geben wollen, sondern daß ihre Formen Zeichen und Gleichnis gewesen seien, um seelisches, inneres, religiöses Erleben auszudrücken. Das aber, was für uns vom Standpunkt des Klassencharakters der Kunst wichtig und ausschlaggebend ist, beachtet er gar nicht, nämlich daß diese Zeichen das Erleben von *Gemeinschaften,* der Gesellschaftsform entsprechend, meist im Kult verbundener Menschen ausdrückten, somit allen verständlich waren, die zu dieser Gemeinschaft gehörten.

Wenn er nun die Berechtigung der expressionistischen Formen und Darstellungen aus dem gleichen Grunde herleiten will, daß sie nämlich Zeichen seien für etwas so Erlebtes und Gleichnis für innerlich Geschautes, so hilft ihm das alles nichts. Denn das *Wesentliche,* daß die modernen Künstler eben nicht wie jene alten, Kollektiverlebnis, sondern jeder nur seine eigene Stimmung, sein individuelles Erleben und Fühlen zum Ausdruck bringen kann, bleibt bestehen als die Tatsache, die den Expressionismus als bürgerliche Erscheinung charakterisiert. Wenn der Künstler unter sein Bild nicht mit Worten schreibt, was es bedeutet, so weiß es keiner, außer daß bei warmen, ins Rot und Gelb gehenden Farben warm bei Blau, Lila kalt empfunden werden könnte, oder bei gewissen Kurven, Linien und Formen in der Plastik Angst, Freude und Entsetzen. Alle diese Möglichkeiten des Empfindens sind aber an die Individuen gebunden. Mit all seinem ideologischen Gerede wird Hausmann keinen Arbeiter überzeugen können, daß diese Kunst von heute schon revolutionär und gar der Anfang proletarischer Kunst sei. In der bildenden Kunst, wie in der Literatur, kann es sich nur um den Aufstand, den Protest des Individualisten-Bürgers, des „Geistig-Befreiten" gegen den Spieß- und Herdenbürger handeln. Schließlich sind buddhistische und gnostische Expressionen nichts Revolutionäres im Gegenteil: möglich werden sie heute nur durch den heißen Wunsch, heraus aus dieser Wirklichkeit!
[...]

I DOKUMENTE 1919–1923

Während alle diese expressionistischen Künstler die Wirklichkeit der gesellschaftlichen Zustände fliehen, ihr Verlangen nur noch im Kosmischen, in letzten Auflösungen sichtbar wird, sind es die Karikaturen und Grotesken, die positiv gegen diese Wirklichkeit protestieren, indem sie sie in ihrer nackten Schamlosigkeit enthüllen. Da ist ein Gemälde „Die Industriebauern": heilige Familie! Vater, Mutter, Kind. Vaters Hände umkrampfen das Gesangbuch, Mutter hält ein Schweinchen in den ihren, aus Vaters Stirnfalt wachsen Reichskassenscheine, in Mutters Schädel hat sich eine Schraube gebohrt, des Söhnchens Schädeldecke ist abgedeckt; es steht darin zu lesen: direkte Kraftstrohzufuhr; aus dem Mund speit er eine Kröte. Auf dem Schrank Büste Wilhelms und Soldatenbild. Durchs Fenster zu sehen eine landwirtschaftliche Maschine, ein fetter Pfaffe neben ihr. Die Sprache ist deutlich und verständlich. In ähnlicher Deutlichkeit das Bild eines Schiebers. Weiter von Otto Dix-Dresden zwei Dirnen „Alma" und „Suleika" in der abstoßenden Schamlosigkeit und der brutalen Gemeinheit ihrer Umgebung, in der Menschenunwürdigkeit ihrer Situation, eine furchtbare Anklage für die Gesellschaft, in der solche Bilder Wahrheit sind. Sittenbilder von noch nicht dagewesener Roheit, beschämend und drohend.

Dieser Otto Dix hat auch in der Berliner „Sezession", die noch – als kleines Häuflein von Pessimisten – in den alten Räumen ausgestellt hat, ein Gemälde „Die Barrikade". Gesichtsausdruck und Gesten dieser aus den Mordwaffen des Militarismus schießenden, hinter dem Plunder einer zertrümmerten Bourgeois-Wohnung sich deckenden „Revolutionäre" – als die ihre Proletarierkleidung sie kennzeichnet – tragen nicht den Charakter des revolutionären Arbeiters, sie haben das Antlitz der Noskegardisten, brutalster Blutknechte, das hier furchtbar zeugt von der Möglichkeit bestialischer Arbeitermörder in einer Gesellschaft, die solche Physiognomien hat. Warum aber wagt Otto Dix nicht, solchen Gestalten ihr wahres Kleid anzuziehen? Jeder weiß, daß es nicht des Arbeiters, des ausgebeuteten Lohnsklaven Antlitz ist, das hier grinst, sondern die durch Jahrhunderte anerzogene Brutalität des Militarismus, in der alle rohen Instinkte gezüchtet wurden.

In der Berliner „Sezession" haben zum Teil die gleichen Künstler, wie in der November-Gruppe, ausgestellt; auffallend ist, daß hier die Gebärde des Schmerzes vorherrscht, den düsteren Märtyrerbildern der altchristlich byzantinischen Kunst und der spanischen Inquisitionszeit ähnlich,

aber ohne ihre Größe. In gleicher Sprache eine Plastik „Verzweiflung" von Oswald Herzog, unter deren Signatur diese ganze Ausstellung steht, deren düstere Note wohl nicht in die hellen Räume des Glaskastens paßte.
Hier zeigt sich wieder der Fluch, der auf dem Kunstschaffen der Kapitalisten-Gesellschaft lastet. Jene schmerzlich düsteren Bilder des Mittelalters und der Renaissance waren für Kirchen oder Klosterräume geschaffen. Passion und Martyrium, Ekstase des Schmerzes gehörten zu den Elementen des christlich-katholischen Glaubens, in dem die ganze Christenheit aller Nationen seelisch vereint war. Aus diesem Kollektiv heraus wuchs seine große Kunst. Heute ist es Schicksal des Kunstwerks, für den Markt, für den Ausstellungspalast produziert zu werden, wo es mit tausend anderen eine Nummer ist, bis es seinen Liebhaber und Käufer findet, der es in Privatbesitz nimmt. Damit ist jede Verbindung mit der Gemeinschaft unmöglich – es ist ja auch nirgends etwas ausgedrückt, was mit einer Gemeinschaft verbinden könnte.
Auch Architektur-Entwürfe werden in dem Glaspalast ausgestellt, von der November-Gruppe und vom Bund Berliner Architekten. Es ist bezeichnend, daß diese Architektur im ganzen die machtbewußte optimistische Fassade der imperialistischen Gesellschaft darstellt, den Zug zur Größe, höchster Dimension der Steigerung zu Riesendimensionen trägt, wie sie der amerikanische Imperialismus schon längst erreicht hat, die aber für das Auge des Europäers neu sind. So Turmhäuser und Hochbauten von Möhring, Kohtz und anderen. Von Poelzig das Große Schauspielhaus und das Salzburger Festspielhaus, das ausgesprochen Barock-Charakter (also Auflösungscharakter) trägt und in der Art der Anlage großzügig und dem Terrain angepaßt ist, an die Dresdener Zwinger-Architektur sich anlehnend. Dagegen nehmen Entwürfe für Museen in Dresden von Jürgensen den Charakter der Dresdener Architektur, die weich und lyrisch ist, nicht auf und wirken kalt gegenüber dem freudigen Gepräge dieser mit hohem Architekturgefühl gebauten Stadt. Der einzige Künstler, der hier neue Formen und Konstruktionen bringt, ist Hans Luckhardt. Man kann ihre Wirkung nicht an den kleinen Modellen voll ermessen. Er beschränkt sich auf wenige einfache, aber charaktervolle Linien, allerdings von geringer Phantasie. Einige seiner Entwürfe, besonders die farbigen, wirken wie Dekorationen zur „Zauberflöte".
14. (Nr. 266) und 15. (Nr. 268) 6. 1921

I DOKUMENTE 1919–1923

Sasha Stone: Umschlagmontage für Walter Benjamins „Einbahnstraße", 1928

II Dokumente 1924–1928

**1 Die Protagonisten
  oder
  Sieg des neuen Baustils**

2 Zweifel, Kritik

1 Die Protagonisten oder Sieg des neuen Baustils

[1] Adolf Behne
Funktion und Form

[2] Ludwig Mies van der Rohe
Baukunst und Zeitwille

[3] Walter Curt Behrendt
Zum Bauproblem der Zeit

[4] Walter Curt Behrendt
Der Sieg des neuen Baustils

[5] Walter Curt Behrendt
Vom Neuen Bauen

[6] Hannes Meyer
Die Neue Welt

[7] Walter Gropius
Geistige und technische Voraussetzungen der neuen Baukunst

[8] Bruno Taut
Ästhetik der Architektur

Die Fesseln der Inflation wurden im November 1923 gebrochen. Die Deutschland zufließenden US-amerikanischen Auslandsanleihen, der am 16. August 1924 abgeschlossene Dawes-Plan entspannten die durch Reparationszahlungen angeheizte wirtschaftliche Lage, dämpften gleichzeitig die damit verbundene katastrophale Unruhe, die Streikbewegungen, Morddrohungen und -taten. Die Deutsch-Nationale Volkspartei (DNV) und die NSDAP verloren an Stimmen, während SPD und KPD Gewinne verzeichnen konnten. 1928 war schließlich ein Höhepunkt der Konjunktur erreicht. Die Denk- und Diskussionszirkel übersetzten ihr theoretisches Konzept der „neuen Welt" in einen „neuen Stil".
Endlich konnte man wieder bauen! Die sich formierende „Moderne" veranstaltete zur Fixierung ihrer Ziele Tagungen und Informationsveranstaltungen. Die Presse berichtete 1928, die Staatliche Kunstbibliothek in Berlin habe mit ihrer Vortragsreihe „Neues Bauen" einen großen Erfolg erzielt. Der Hörsaal war immer übervoll. Aus allen Kreisen der Kunst und des Lebens erschienen Persönlichkeiten, die an der Klärung der Gegenwartsfragen interessiert waren. Besonders teilnehmend zeigte sich die studierende Jugend. Van Eesteren aus Holland, Giedion aus der Schweiz, van de Velde aus Belgien, Mendelsohn, Mies van der Rohe, Mächler gehörten zu den Referenten.
Adolf Behne begleitete seine Zeitgenossen mit wacher Beobachtungsgabe (*Funktion und Form*, Protagonisten 1). Immer wieder erinnerte er an die historisch sich abwechselnden, sich ergänzenden Wechselbeziehungen von Spielzeug und Werkzeug. Behne beschrieb die Wende von der politisch in Szene gesetzten expressionistischen neuen Zeit in eine wirtschaftlich greifende, zweckmäßige Moderne. Auch das ästhetische Gefühl, so Behne, hat eine Revolution durchgemacht. Die starren Prinzipien der Formgesetz gebenden Tyrannis sei revolutionär in eine neue, verjüngte, lebendige, atmende Zweckform – in eine Schönheit des Zweck-

mäßigen – hinübergetragen worden. (1924 fand in Stuttgart die Werkbund-Ausstellung „Die Form ohne Ornament" statt.)
Ludwig Mies van der Rohe fand, dank seiner Lebensphilosophie „Less is more", weit weniger Worte. Er, ein früher vernunftmäßiger „Elementarist" (Hilberseimer), warnte (in *Baukunst und Zeitwille*, Protagonisten 2) davor, frühere Baukunst in mystischem Eifer wieder nutzbar zu machen. Mies bewunderte die schnittige Leichtigkeit neuer Eisenbetonbauten. Vorwärtsschreiten, das Wesentliche Suchen sei gefragt. Die unpathetische Gegenwart arbeite mit Vernunft, suche das Profane und Reale, aber auch Sachlichkeit und Zweckmäßigkeit. Mies van der Rohe forderte seine Kollegen auf, dabei anonym zu bleiben.
Walter Curt Behrendt (1885–1945), promovierter Architekt, arbeitete seit 1912 als Baubeamter und war dabei 1919–1926 für Wohnungs- und Städtebau zuständig. 1919 gab er die Zeitschrift *Die Volkswohnung* heraus, und 1927–1933 konnte er sein Wissen in die Finanzverwaltung einbringen, ehe er 1934 emigrieren mußte. Behrendt bemühte sich in taktisch kluger Weise, dem Neuen Bauen auch staatliche Anerkennung zu verschaffen (*Zum Bauproblem der Zeit*, Protagonisten 3). Behrendts Taktierfreude kommt in jedem Artikel zum Ausdruck. Der weltgeschichtliche Umwandlungsprozeß beauftrage die Raum- und Formmacher, so Behrendt, nicht nur die Errungenschaften des Fortschritts zu bejahen, sondern vor allem die metaphysischen Bedürfnisse und die Bedeutung des Neuen für die Menschen zu berücksichtigen. Die unsichere Situation, in der der Lebensneubau begrifflich nur vage geklärt werden könne, belaste auch die Architekten. Obwohl die neuen Baustoffe, die neuen Baumaterialien, die neuen Konstruktionsverfahren im Anzug seien, halte sich die Bauindustrie bedauerlicherweise fast gleichgültig zurück. Die Mehrzahl der Bauten ließe das gewandelte Lebensgefühl kaum erkennen.
Allerdings fand Behrendt offensichtlich auch wenig Gehör bei den Rationalisten selbst. In seinem Buch *Der Sieg des neuen Baustils* (Protagonisten 4) warnte er die Moderne, das Stimmungsvolle unberücksichtigt zu lassen. 1928 – der Streit um die Stuttgarter Weißenhof-Siedlung war in vollem Gange – breitete Behrendt seine Gedankenspiele noch einmal aus (*Vom Neuen Bauen*, Protagonisten 5). Er unterschied zwischen der „Akademischen Schule" und der „Stilbewegung". Präzise beschrieb er die Kulturkämpfe der norddeutschen, wie vor allem auch der süddeutschen Bewegung für einen „regenerierten Eklektizismus". Die wohltuend vereinfachten Formen, die beschränkten Mittel, die subtile Behandlung von Proportionen, die virtuose Beherrschung der Ausdrucksmittel des Lehrers

Theodor Fischer wurden herausgestellt. Trotz aller Bewunderung warnte Behrendt jedoch, hier anzuschließen wäre eine Fortsetzung posthumer Ideen. Er stellte die robusten, aktiven Söhne der neuen Zeit dagegen, die nicht resignierende Enkel der Vergangenheit sein wollen, sondern mit ihrer neuen „Denksinnlichkeit" vom Leben, nicht von der Kunst ihre Gestaltungsaufgaben übernehmen wollen.
Zugleich gab der Taktierer Behrendt zu bedenken, daß wichtige Repräsentanten der Moderne – Bruno Taut, Hugo Häring, Erich Mendelsohn – „Fischer-Schüler" waren. Zwischen den Zeilen wollte er die longue-durée-Chance in die Waagschale der Entscheidung werfen. (Behrendt lehrte während seiner Emigrationszeit 1934/1935 durch die Vermittlung von Lewis Mumford und Clarence S. Stein in den Vereinigten Staaten. Seine Vorträge sind veröffentlicht in Behrendt, Modern Building, Rahway New Jersey 1937.)
Hannes Meyer (1889–1954), ein Basler Architekt mit ungewöhnlicher Schulausbildung (Gewerbe- und Kunstgewerbeschule, Maurerlehre, Bauzeichner und Bauführer), beteiligte sich keineswegs am Taktieren. Zwei Jahre bevor er 1926 als Nachfolger von Gropius die Leitung des Dessauer Bauhauses übernehmen sollte, verkündete er in „DIE NEUE WELT" (Protagonisten 6) kurz, knapp und klar: „Ein Wohnhaus ist eine Wohnmaschinerie [...] Und die Persönlichkeit? Das Gemüt?? Die Seele??? Wir plädieren für die reine Scheidung [...]." Selbst Paluccas Tänze verjagen, so Meyer, die ästhetische Erotik der Bilder.
Walter Gropius (1883–1969) hatte 1923 seine expressionistische Phase des Weimarer Bauhauses – nicht ohne De-Stijl-Nachhilfe-Unterricht – „überwunden". 1927, im Jahre seiner Aufnahme in den BDA-Vorstand, aber auch seiner Veröffentlichung „geistige und technische voraussetzungen der neuen baukunst" (Protagonisten 7) plädierte er für eine kleingeschriebene Typisierung. Im „gestalten von lebensvorgängen" sah Gropius kaum Probleme, da die „mehrzahl der menschen" gleichartige Bedürfnisse hätte. Die Einfachheit im Vielfachen, die Sicherung der notwendigen Verbilligung erreiche man nach Gropius durch eine Zentralisierung der entstprechenden Ideen, wobei nicht ganze Häuser, sondern nur Bauteile typisiert werden sollten.
Bruno Taut hatte seine Kräfte schon in den bauauftragslosen Jahren für eine „neue Zeit" eingesetzt. Nach 1924 bearbeitete er in Berlin vor allem im Auftrage der GEHAG Projekte des Sozialen Wohnungsbaus. In *Die Ästhetik der Architektur* (Protagonisten 8) warnte Taut, rein utilitaristisches Verhalten würde geistige Verödung nach sich ziehen. Verstand

und Gefühl müßten mithelfen, die „Schönheit des Gebrauchs" zu finden. Der Architekt dürfe sich dabei nicht mit Pathos und Pose in die Brust werfen. „Altertümelei [...] wie Moderntun gehören ins Gebiet der architektonischen Konfektion." „Die Zeit der Manifeste ist vorüber [...]", warnte Taut schon ein Jahr zuvor, 1927 (*Westdeutsche Bauschau*). Die von Taut geforderte „architektonische Vernunft mit bewußt ethischer Tendenz" muß sich in menschliche Bedürfnisse genauso einfühlen wie in das Klima, in die lokale Situation.

Satirische Zeichnung auf „das neue frankfurt", 1927

Adolf Behne

Funktion und Form

Sozialistische Monatshefte, 12/1924, 767–768

Ursprünglich baut der Mensch, um sich zu schützen, gegen Kälte, gegen Tiere, gegen Feinde. Die Not zwingt ihn, und wären nicht bestimmte, sehr nahe und drängende Zwecke, so würde er nicht bauen. Seine ersten Bauten haben einen rein funktionellen Charakter, sind ihrem Wesen nach Werkzeuge. Wir finden aber bei einem Studium der Anfänge der menschlichen Kultur, daß unzertrennlich vom Praktischen die Lust des Spieltriebs ist. Der primitive Mensch ist kein strenger Utilitarist. Er beweist seinen Spieltrieb auch an seinen Werkzeugen, die er über das streng Notwendige hinaus ebenmäßig und schön formt, die er bemalt oder mit Ornamenten schmückt. Das Werkzeug Haus macht davon keine Ausnahme.

Von Anfang an ist das Haus ebenso sehr Spielzeug wie Werkzeug. Schwer zu sagen, wie lange es zwischen beiden Polen im Gleichgewicht war. Im Verlauf der Geschichte finden wir es nur noch selten im Gleichgewicht. Der Spieltrieb war es, der das Interesse an der Form schuf. Ohne ihn wäre gar nicht zu verstehen, warum das Werkzeug Haus ein gutes Aussehen, eine bestimmte Gestalt haben sollte. Der Spieltrieb war es, der gewisse von Zeit zu Zeit allerdings wechselnde Formgesetze aufstellte.

Die Formgesetze wechselten von Zeit zu Zeit. Dennoch sind sie in der Entstehung alles Bauens doch fraglos das sekundäre Element, in der Entwickelungsgeschichte des menschlichen Bauens das härtere, festere, starrere Prinzip geworden, härter, fester, starrer als die reine Erfüllung der werkzeughaften Funktion. Die Rücksicht auf die Form überwältigte die Rücksicht auf den Zweck. Das Zurückgehen auf den Zweck wirkt also immer wieder revolutionierend, wirft tyrannisch gewordene Formen ab, um aus der Besinnung auf die ursprüngliche Funktion aus einem möglichst neutralen Zustand eine verjüngte, lebendige, atmende Form zu schaffen. Der Charakter als Werkzeug macht den Bau zu einem Relativum. Der Charakter als Spielzeug macht ihn zu einem Absolutum. Zwischen beiden Spannungen muß sich der Bau im Gleichgewicht halten.

Von einem Gleichgewicht kann man für die letzten Jahrhunderte europäischer Baugeschichte nicht sprechen. Im Übergewicht war die Form, und es war dem Zweck durchaus Genüge geschehen, wenn das Haus *trotz* der Form funktionierte, wenn also die Form den Zweck nicht gerade aufhob. Der Bau, der irgendwie menschliches Interesse erregen konnte, der mehr war als ein Zaun oder ein Schuppen, das war der Bau als Form, die Arbeit eines Künstlers. Seine Zweckerfüllung war ganz untergeordnet. Daneben gab es freilich auch den Zweckbau: Zaun, Schuppen, Blockhaus, Stall, die Arbeit eines x-Beliebigen. Formbau und Zweckbau lagen weit auseinander, da Form und Zweck sich getrennt hielten. Schinkel sagt: „Es sind 2 Teile genau zu unterscheiden: derjenige, welcher für das praktische Bedürfnis arbeiten und der, der unmittelbar nur die reine Idee aussprechen soll. Der 1. Teil steigert sich langsam durch Jahrtausende zum Ideal, der 2. hat dasselbe unmittelbar ganz vor Augen."
Nun zeigte sich in der Praxis, daß der Zweckbau ästhetisch gar nicht so schlimm war wie man bei seiner Formfremdheit hätte annehmen können, und daß der Formbau längst nicht so hinreißend war wie man bei seiner Überlegenheit vor allem niedrig Zweckhaften hätte erwarten dürfen. Es bestätigte sich immer wieder die Erfahrung, daß moderne Menschen mit gesunden Sinnen die Formbauten ihrer Zeit anzusehen verschmähten und die Zweckbauten: eiserne Brücken, Krahne, Maschinenhallen und dergleichen, mit Vorliebe aufsuchten. Wie war das möglich?
Das ästhetische Gefühl hatte eine Revolution durchgemacht. Hatte man noch in den neunziger Jahren jeden dicken Formballast pflichtschuldigst bewundert und Kunst nahezu mit Putz gleichgesetzt, so brach um die Wende des Jahrhunderts Freude am Hellen, Knappen, Klaren siegreich durch und öffnete die Augen für die Schönheit des Zweckmäßigen. Das Gefühl begann sich zu weigern, wenn man ihm zumutete Überflüssiges schön zu finden, und wurde willig der Logik des Funktionalen zu folgen. Es ist keine Frage, daß der sogenannte Jugendstil zum Teil unter dieser Einstellung beurteilt werden muß. Wir sind heute dieser so optimistisch am Grundproblem vorbei erfindenden Zeit weit abgerückt. Aber daß der Jugendstil eine Formenerleichterung und in den besten Arbeiten der frühen van de Velde, Endell, Olbrich (die die Initiatoren jenes Stils waren, der freilich bald verwahrloste) Dinge gebracht hat, die zur Straffheit, Energie und Spannung technischer Funktionen hinstrebten, kann nicht übersehen werden.

Die Einstellung hatte sich wirklich von Grund auf geändert. Man sah in der architektonischen Form eine Gefahr und in der Erfüllung des Zwecks fast schon eine Garantie für das Entstehen eines guten Baues. Hatte man früher geglaubt, daß der Künstler sehr geschickt vorgehen müsse, um trotz dem Zweck einen guten Bau zu schaffen, so glaubte man jetzt, daß die Aussicht für das Entstehen eines guten Baus um so größer sei, je freier von Formvorstellungen sich der Architekt der Erfüllung des Zwecks hingebe; das heißt, man sah den Bau wieder mehr als ein Werkzeug an. An Stelle einer formalen Auffassung von Baukunst trat eine funktionale. Zweckbauten, das war früher eine bestimmte inhaltlich determinierte Gruppe von Häusern, Gebäuden, eine Verbindung zwischen den freien architektonischen Schöpfungen der Baukünstler und den nackten Nutzbauten der Ingenieure und Techniker. Jetzt ist jeder Bau ein Zweckbau; das heißt, er wird von seiner Bestimmung, Funktion aus angegriffen. Zweckerfüllung ist eines der Mittel architektonischer Gestaltung, ist es, seit Otto Wagner 1895 in der Baukunst unserer Zeit schrieb: „Etwas Unpraktisches kann nicht schön sein."

Ludwig Mies van der Rohe

Baukunst und Zeitwille

Der Querschnitt, 4. Band, 1924, S. 31–32

Nicht die baukünstlerischen Leistungen lassen uns die Bauten früherer Zeiten so bedeutungsvoll erscheinen, sondern der Umstand, daß antike Tempel, römische Basiliken und auch die Kathedralen des Mittelalters nicht Werke einzelner Persönlichkeiten, sondern Schöpfungen ganzer Epochen sind. Wer fragt angesichts solcher Bauten nach Namen und was bedeutet die zufällige Persönlichkeit ihrer Erbauer? Diese Bauten sind ihrem Wesen nach ganz unpersönlich. Sie sind reine Träger eines Zeitwillens. Hierin liegt ihre tiefste Bedeutung. Nur so konnten sie Symbole ihrer Zeit werden.

II DOKUMENTE 1924-1928

Baukunst ist immer raumgefaßter Zeitwille, nichts anderes. Ehe diese einfache Wahrheit nicht klar erkannt wird, kann der Kampf um die Grundlagen einer neuen Baukunst nicht zielsicher und mit wirksamer Stoßkraft geführt werden; bis dahin muß er ein Chaos durcheinander wirkender Kräfte bleiben. Deshalb ist die Frage nach dem Wesen der Baukunst von entscheidender Bedeutung. Man wird begreifen müssen, daß jede Baukunst an ihre Zeit gebunden ist und sich nur an lebendigen Aufgaben und durch die Mittel ihrer Zeit manifestieren läßt. In keiner Zeit ist es anders gewesen.

Deshalb ist es ein aussichtsloses Bemühen, Inhalt und Formen früherer Bauepochen unserer Zeit nutzbar zu machen. Selbst die stärkste künstlerische Begabung muß hier scheitern. Wir erleben immer wieder, daß hervorragende Baumeister nicht zu wirken vermögen, weil ihre Arbeit nicht dem Zeitwillen dient. Sie sind letzten Endes trotz ihrer großen Begabung Dilettanten, denn es ist bedeutungslos, mit welchem Elan das Falsche getan wird. Auf das Wesentliche kommt es an. Man kann nicht mit zurückgewandtem Blick vorwärts schreiten und nicht Träger eines Zeitwillens sein, wenn man in der Vergangenheit lebt. Es ist ein alter Trugschluß fernstehender Betrachter, für die Tragik solcher Fälle die Zeit verantwortlich zu machen.

Das ganze Streben unserer Zeit ist auf das Profane gerichtet. Die Bemühungen der Mystiker werden Episode bleiben. Trotz einer Vertiefung unserer Lebensbegriffe werden wir keine Kathedralen bauen. Auch die große Geste der Romantiker bedeutet uns nichts, denn wir spüren dahinter die Leere der Form. Unsere Zeit ist unpathetisch, wir schätzen nicht den großen Schwung, sondern die Vernunft und das Reale.

Die Forderungen der Zeit nach Sachlichkeit und Zweckmäßigkeit sind zu erfüllen. Geschieht das großen Sinnes, dann werden die Bauten unserer Tage die Größe tragen, deren die Zeit fähig ist, und nur ein Narr kann behaupten, daß sie ohne Größe sei.

Fragen allgemeiner Natur stehen im Mittelpunkt des Interesses. Der Einzelne verliert immer mehr an Bedeutung; sein Schicksal interessiert uns nicht mehr. Die entscheidenden Leistungen auf allen Gebieten tragen einen objektiven Charakter und ihre Urheber sind meist unbekannt. Hier wird der große anonyme Zug unserer Zeit sichtbar. Unsere Ingenieurbauten sind hierfür typische Beispiele. Riesige Wehre, große industrielle Anlagen und wichtige Brücken entstehen mit der größten Selbstverständ-

lichkeit, ohne daß ihre Schöpfer bekannt werden. Diese Bauten zeigen auch die technischen Mittel, deren wir uns in Zukunft zu bedienen haben.
Vergleicht man die mammuthafte Schwere römischer Aquadukte mit den spinnewebdünnen Kraftsystemen neuzeitlicher Eisenkrane, die massigen Gewölbekonstruktionen mit der schnittigen Leichtigkeit neuer Eisenbetonbauten, so ahnt man, wie sehr sich Form und Ausdruck unserer Bauten von denen früherer Zeit unterscheiden werden. Auch die industriellen Herstellungsmethoden werden hierauf nicht ohne Einfluß bleiben. Der Einwand, daß es sich hier nur um Zweckbauten handle, bleibt ohne Bedeutung.
Verzichtet man auf jede romantische Betrachtungsweise, so wird man auch in den Steinbauten der Antike, den Ziegel- und Betonkonstruktionen der Römer sowie in den mittelalterlichen Kathedralen unerhört kühne Ingenieurleistungen erkennen, und es ist mit Bestimmtheit anzunehmen, daß die ersten gotischen Bauten in ihrer romanischen Umgebung als Fremdkörper empfunden wurden.
Erst dann werden unsere Nutzbauten ins Baukünstlerische hineinwachsen, wenn sie bei ihrer Zweckerfüllung Träger des Zeitwillens sind.

Walter Curt Behrendt

Zum Bauproblem der Zeit

Der Neubau, Jg. 7, Heft 1, 1925, S. 1–18

Der große weltgeschichtliche Umwandlungsprozeß, der sich im Zeichen der Industrialisierung vollzogen hat, beginnt in ein neues Stadium zu treten: das Gewonnene muß nun angewendet, es muß geistig erobert und verarbeitet werden.
Es ist das entscheidende Merkmal dieser Epoche, daß im Mittelpunkt des jetzt beginnenden Ordnungsprozesses der Mensch steht. Die neuen Gewinne werden nicht mehr schlechthin als Errungenschaften des Fort-

schritts gepriesen, sondern sie werden kritisch betrachtet und gewertet in ihrer Beziehung und Bedeutung für den Menschen. [...] Die neuen Lebensformen, die sich aus dieser Neuordnung ergeben müssen, sind kaum in Ansätzen schon zu erkennen, und die neue Weltanschauung, die dem jetzt wieder verstärkt hervortretenden metaphysischen Bedürfnis Genüge leisten könnte, ist erst zu begründen.
Für den Architekten besonders, dessen Arbeit in jedem einzelnen Falle dem Zweck verbunden bleibt, ist dieser Zustand nahezu verzweifelt. Zu ruhiger fruchtbarer Arbeit fehlen alle notwendigen Voraussetzungen. Die Unrast des sozialen und wirtschaftlichen Lebens bringt es mit sich, daß es an klaren und eindeutigen Bauprogrammen fehlt, auf die sich seine gestaltende Arbeit gründen und aufbauen könnte. [...] Das Problem der Architektur ist ein Gestaltungsproblem, ein Formproblem. Wie aber soll die Architektur in dieser Zeit zu eigenen Formen – und damit zu einem Stil – gelangen, solange das, was geformt werden soll, nicht einmal begrifflich geklärt ist, solange sich feste Arbeits- und Lebensformen noch nirgends wieder gebildet haben! [...]
Gegeben sind eine Reihe neuer Werkzeuge, Arbeits- und Baumaschinen. Ihr Dasein zu leugnen, wäre Selbstbetrug, ihre Anwendung abzulehnen, wäre Kraftvergeudung. Die Nutzbarmachung maschineller Produktionsverfahren für das Bauwesen ist eine ökonomische Notwendigkeit, und die Industrialisierung des Bauens wird sich darum mit unaufhaltsamer Gewalt durchsetzen.
Gegeben sind ferner eine Reihe neuer Bau- und Konstruktionsverfahren, sowie eine Anzahl neuer oder bisher nicht in gleichem Maße und in gleicher Art verwendeter Baustoffe, wie Eisen, Beton und Glas. Mit der Einbürgerung dieser neuen Materialien sind die Grundbegriffe des Bauens, die Raumvorstellungen wie die statischen Begriffe, vollständig umgestoßen worden, und diese Wandlung ist nicht weniger durchgreifend, als es etwa der Wandel der Anschauungen war, der sich im Mittelalter mit der Erfindung der Gewölbekonstruktion vollzogen hat.
Mit diesen Gegebenheiten ist die Richtung angedeutet, in der die gegenwärtigen Probleme des Bauens liegen. Es sind in erster Linie konstruktive Probleme, vor die die Baukunst heute durch die technische, ökonomische und soziale Entwicklung gestellt wird.
Die Beschäftigung mit diesen konstruktiven Problemen erfordert eine rückhaltlose Absage an allen Formalismus und ein strenges Bekenntnis zu

organischer Gestaltung. Nicht mit zeichnerischer Fertigkeit und formaler Gewandtheit, sondern nur mit exakt sachlicher, sozusagen ingenieurmäßiger Denkungsart ist diesen Problemen beizukommen. [...]
Der Funktionsbegriff spielt in der gesamten industriellen Produktion unserer Zeit eine bestimmende Rolle. Das Bestreben dieser Produktion ist planmäßig darauf gerichtet, ihre sämtlichen Erzeugnisse im Sinne organischen Gestaltens jeweils der ihnen eigenen Funktion anzupassen. Deutlich läßt sich verfolgen, wie diese Erzeugnisse, die Mehrzahl unserer Gebrauchsgegenstände, Werkzeuge, Fahrzeuge usw., je mehr sie sich, unter Abstoßung aller rein dekorativen Elemente und unter Überwindung aller aus früheren Produktionsverfahren übernommenen Formen, der ihnen eigenen Funktion anpassen, allmählich eine Form gewinnen, die durch ihre Knappheit, Prägnanz und Richtigkeit überzeugt. [...]
Die Auseinandersetzung mit den neuen Gegebenheiten der Zeit hat gezeigt, daß auf Grund der neuen Konstruktionsverfahren die Funktion der Bauformen völlig neu gefaßt werden muß und daß die neuen Baustoffe, gemäß dem Gesetze ihrer Statik und gemäß den Methoden der neuen industriellen Technik, eine neue plastische Ausformung verlangen. Um einige Beispiele namhaft zu machen: Seit der Einführung der Eisen- und Betonkonstruktion ist nicht nur das gewohnte Verhältnis von Stütze und Last vollständig verschoben worden, es ist die Baukunst auch um eine neue Funktion, die des Schwebens, bereichert worden, durch die ihr Ausdrucksvermögen beträchtlich erweitert worden ist. In der Fortbildung dieser Konstruktionsmöglichkeiten hat sich schließlich auch die Funktion der Wand vollständig verändert. Ohne selbst zu tragen, spannt sie sich zwischen die stützenden Pfeiler, innen als trennende, außen als schützende Haut. Und als Haut, ohne eigene tragende Funktion zeigt sie die Tendenz, immer dünner und leichter zu werden. Eine letzte Etappe dieser Entwicklung ist die Anwendung des Glases, das an die Stelle der tragenden Mauer die entlastete Öffnung setzt, eine Erscheinung, die den Funktionswandel in seiner ganzen Schärfe zeigt. [...]
Diese Methode organischer Baugestaltung, die nicht von der Form, sondern von der Funktion ausgeht, die den Begriff der Funktion gewissenhaft prüft und das Bauwerk als lebendigen Ausdruck dieser Funktion erstehen läßt, weist den Weg zu einer neuen Architektur, zu einem neuen Stil. Dieser Weg folgt der heutigen Methode technischer Produktion: die Baukunst allein hat sich ihr bisher verschlossen.

II DOKUMENTE 1924-1928

Eine kleine Gruppe von Architekten bemüht sich seit Jahren ernst und leidenschaftlich um diese Probleme, die in Deutschland vor drei Jahrzehnten bereits der Belgier Henry van de Velde aufgezeigt, formuliert und in seiner Arbeit praktisch verfolgt hat. Von dieser vielfach mißverstandenen und lebhaft angefeindeten Arbeit schrieb Karl Scheffler im Jahre 1906, daß ewige Bedeutung in ihr liege, wenn sie in der Tat einen neuen, allgemein gültigen Stil ankündige; sie müsse aber als episodisch betrachtet werden, wenn die Entwicklung zu anderen Zielen führt. Und er fügte hinzu, daß in diesem Sinne erst die Zeit endgültig richten könne. Die Zeit hat inzwischen gerichtet. Die junge Generation fußt mit ihrer Arbeit ganz auf der Gedankenwelt van de Veldes, dessen Werk, als das eines genialen Vorläufers, damit historisch geworden ist, und er selbst empfindet die Werke der jungen Generation durchaus als Bestätigung und Fortsetzung seiner Ideen.

Die kleine Architektengruppe, die diese Ideen jetzt weiterführt, steht in ihren Bestrebungen allein und abseits der Lebenskreise, die berufen wären, ihre Arbeit zu tragen, zu stützen und zu fördern. Das Bauunternehmertum, das wirtschaftlich unendlich gewinnen könnte, wenn es ihren Anregungen folgte, hält sich vorsichtig zurück: das alte, weil es von einer Änderung der Betriebsverfahren einen Verlust investierter Kapitalien fürchtet; das junge, weil ihm zur Durchführung langfristiger Versuche weniger vielleicht Mut und Interesse, als die notwendigen Mittel fehlen.

Das Publikum, und vor allem die Bauherren, verharren in hergebrachten Kunstanschauungen und ziehen es vor, obwohl sie in ihrer sonstigen Lebensführung von jedem technischen Fortschritt dankbar Gebrauch machen, in Häusern zu leben, die in Form und Anlage keine Spur des gewandelten Lebensgefühls erkennen lassen. Die Mehrzahl der Bauten, die heute entstehen, sind ohne Beziehung zu ihrer Zeit, sind innerlich kein lebendiger Bestandteil der Gegenwart. Daraus erklärt sich die unverhohlene Gleichgültigkeit, der sie allenthalben begegnen.

Die Baukunst wird diesen unwürdigen Zustand, der sie heute, unbeachtet von der Menge, ein kümmerliches Dasein im Schatten der Ingenieurkunst führen läßt, nur enden, wenn sie die Bürde überkommener Anschauungen abwirft, wenn sie sich frei macht von den hemmenden Fesseln überlieferter Kunstbegriffe und sich entschlossen zu den Grundsätzen organischen Gestaltens bekennt, denen die Zeit auf allen übrigen Gebieten technischer Arbeit folgt. Geht sie, gestützt auf diese Grundsätze, ans Werk, mit treuer Liebe zur Sache, so wird ihr ungebeten der Segen der Kunst zuteil werden, den sie bisher, all ihrer artistischen Mittel zum Trotz, nicht hat erlangen können.

Walter Curt Behrendt

Der Sieg des neuen Baustils

Stuttgart 1927

Die neue Bauform

[...] Das Fehlen jeglichen Ornaments ist äußerlich das auffallendste und am meisten in die Augen springende Kennzeichen der neuen Architektur. Und diese besonders hervorstechende Eigenschaft ist es denn auch, bei der gewöhnlich die Kritik zuerst einsetzt. Diese Kritik ist durchaus begreiflich. Auf vielen Gebieten unseres Lebens stehen wir heute unter dem lähmenden Druck überlieferter Anschauungen, die unser Urteil trüben. Auch das Kunsturteil ist heute stark befangen durch den allgemein verbreiteten Aberglauben, daß Kunst gleichbedeutend mit Verzierung sei. Dieser tief eingewurzelte Aberglaube bringt es mit sich, daß die ornamentlosen und dadurch so ungewöhnlichen Werke der neuen Baukunst in der Meinung nicht allein der Laienwelt, sondern auch weiter Fachkreise als kalt und nüchtern, als roh und unfertig, ja schlechthin als kunstlos gelten. Man vermißt an diesen Bauten den gewohnten Reiz der Verzierungen. Man stößt sich an ihrer Gradlinigkeit, an der Härte und Eckigkeit ihrer Formen. Und man wird zugeben müssen, daß in solchem einschränkenden Urteil eine gewisse Berechtigung liegt, daß den Bauten des neuen Stils die Wirkung des Gefälligen, des Artistischen, des Stimmungsvollen abgeht, die bei den Werken der Stilarchitektur durch den sinnlichen Reiz des Details hervorgerufen wird.

II DOKUMENTE 1924-1928

Die Gegner

Um danach von den Gegnern der neuen Baukunst zu sprechen: sie lassen sich in drei Gruppen scheiden, deren gefährlichste die Gruppe ihrer *Mitläufer* ist. Mit dem Geschick aller Profiteure machen sich diese Mitläufer die Äußerlichkeiten der neuen Kunst zu eigen und verstehen es mit der ihnen eigenen Gewandtheit, sich auch *damit* auszudrücken. Sie diskreditieren die neue Bewegung durch ihre vom bloßen Gleichlaut eingegebene Parole von der „Form ohne Ornament" und beschwören mit ihrem gehässigen Schlagwort wieder einen neuen Formalismus herauf, der auch durch sein verändertes Vorzeichen nicht besser ist als jeder andere.

Was die beiden anderen Gruppen betrifft, so sind da einmal die prinzipiellen Gegner, die Gegner aus Überzeugung, die sich als Hüter und Verfechter geheiligter Überlieferungen empfinden und aus dieser Empfindung heraus sich dem werdenden Neuen entgegenstemmen. Sie sehen die überkommenen Regeln ihrer akademischen Lehre und die Gesetze ihrer Fachvernunft durch die Werke des neuen Baustils über den Haufen geworfen und rufen daher zur Abwehr gegen die Ausbreitung eines so umstürzlerischen Radikalismus. Mit diesen Gegnern ist nicht zu streiten. Ihr Fall ist hoffnungslos: sie verkennen den Begriff der Tradition, sie sehen nicht, daß dieser Begriff, wenn er Bewahrung des vererbten Besitzes bedeutet, auch die Masse der überlieferten und noch ungelösten Probleme in sich schließt, die es gilt weiterzuführen und, wenn möglich, einer Lösung näher zu bringen. Diese Traditionsgläubigen ahnen nichts vom Wandel der Gestalt, sie kennen nicht den tiefen Sinn des „Stirb und Werde", sie begreifen nicht, daß jeder Aufbau mit einer Zertrümmerung verbunden ist, daß „beide, der Mann, der zerstört, und der Mann, der aufbaut, Erscheinungen des Willens sind: der eine bereitet das Werk vor, der andere vollbringt es".

Die andere Gruppe ist gutartiger und versteift sich nicht auf Grundsätze. Sie hält die Werke der neuen Baukunst für harmlose Künstlertorheiten und sieht in ihr nur eine der vielen neuen Kunstmoden, die in den letzten Jahren in raschem Wechsel einander gefolgt sind. [...]

Was die neue Bewegung treibt und trägt, ist nicht Neuerungssucht oder irgendein billiges Sensationsbedürfnis, etwa die Absicht, aufzufallen oder es auf jeden Fall anders zu machen, sondern eher das Gegenteil: ist der

Wille, zurückzukehren zu den Grundlagen und Elementarregeln alles Bauens und es wieder genau so zu machen wie die Alten, ist das Begehren, sich auseinanderzusetzen mit den neuen Gegebenheiten der Zeit und ihren neuen Lebensinhalten, ist das Bemühen, diese neuen Gegebenheiten geistig zu verarbeiten und sie *gestaltend durch Gestaltung* zu meistern, ist das Streben, sich freizumachen von der hemmenden Bürde sinnlos gewordener Überlieferungen und erstarrter Formbegriffe und in gleichem Sinne unbefangen, vorurteilslos, ursprünglich zu arbeiten, wie es heute ringsum auf jenen Gebieten gestaltender Arbeit geschieht, deren Massenerzeugnisse das Gesicht unserer Zeit bestimmen, ist die Sehnsucht, die Baukunst zu befruchten mit dieser schöpferischen Gestaltungsweise, die die Welt unserer technischen und individuellen Arbeit beherrscht, und auch sie damit endlich wieder zu einem produktiven und lebendigen Bestandteil unserer Zeit zu machen. [...]

Walter Curt Behrendt

Vom Neuen Bauen

Zentralblatt der Bauverwaltung, Jg. 48, Nr. 41, 1928, S. 657–662

Die Akademische Schule

Der jungen Stilbewegung in der Baukunst und ihren aktivistischen Bestrebungen steht gegenwärtig als gewichtigster Gegenspieler die konservative Macht der akademischen Schule gegenüber, die sich den gewagten Experimenten der Neuerer gegenüber als Hüterin der Fachvernunft und als Siegelbewahrerin der beruflichen Ueberlieferung fühlt.
Die akademische Architektur befand sich in Deutschland zur Zeit des Kriegsausbruchs in einem neu gefestigten und glücklich regenerierten Zustand. Alfred Messel und, neben ihm, Ludwig Hoffmann hatten ihr in Norddeutschland, Gabriel von Seidl und, nach ihm, Theodor Fischer in Süddeutschland ein neues, festgegründetes Fundament bereitet. Diese

bedeutenden, an den größten Bauaufgaben ihrer Zeit beteiligten Architekten haben an die Stelle einer in Pomp und Prunk erstarrten Stilarchitektur, die ihre Armut im Geiste durch die bombastische Häufung von Formen und Dekorationsmitteln zu ersetzen suchte, einen sehr gebildeten und geistig beweglichen Eklektizismus gesetzt, der im Anschluß an die klassizistische Ueberlieferung die letzten Reste einer abgestorbenen Bautradition zu erneuern und lebendig zu machen versuchte.

Diese Erneuerungs- und Wiederbelebungsversuche haben sich als außerordentlich fruchtbar und erfolgreich erwiesen. Die Beschränkung der Mittel durch Auswahl hat zu einer wohltuenden Vereinfachung, die Vertiefung der Baugesinnung zu strengerer Sachlichkeit und erhöhter Zweckerfüllung in der Entwurfsarbeit geführt. Dieser regenerierte Eklektizismus ersetzt, was ihm an ursprünglichen und schöpferischen Eigenschaften fehlt, durch Bildung, Geschmack und kritische Urteilskraft. Darüber hinaus aber bietet die freie Wahl und Behandlung der fertig übernommenen Formen immer auch genügend Spielraum zur Entfaltung persönlicher Gefühlskräfte, so daß sich ein Weg erschließt, die Form im einzelnen auf eigene Art zu durchgeistigen und zu beseelen und das Werk im ganzen mit dem mannigfachen Reichtum individueller Sonderzüge auszustatten. In den besten und reifsten Werken dieser Bildungskunst ist die sinnliche Empfindung so stark, der kritisch-intellektuelle Einschlag so weit zurückgedrängt, daß sie ganz ursprünglich wirken, wie herausgewachsen aus dem Geiste echter, bodenständiger Ueberlieferung.

Dieser Reorganisationsprozeß bestätigt die Bemerkung Theodor Däublers, wonach eine Zeit der Stilwirrnis, der Geschmacksverwirrung und künstlerischen Unsicherheit nur durch einen intellektuellen Stil gesunden kann. Der intellektuellen Lehre dieses kunsterfahrenen Eklektizismus hat es die akademische Schule zu verdanken, daß sie, nach einer Periode hoffnungslosen Verfalls, noch einmal einen rühmlichen Aufschwung genommen hat. Unter ihrem reinigenden und erzieherischen Einfluß hat sich der Durchschnitt der architektonischen Leistung beträchtlich gehoben. Die regenerierende Wirkung dieser Lehre hat sich als nachhaltig genug erwiesen, um auch einen zeitweiligen Rückschlag während der Inflationsperiode, wo die parvenühaften Ansprüche der Neureichen eine vorübergehende Verwilderung des Geschmacks herbeiführten, glücklich zu überwinden.

Die akademische Schule hält danach in Deutschland heute ein durchaus

DIE PROTAGONISTEN ODER SIEG DES NEUEN BAUSTILS

achtbares Niveau. Der Schwerpunkt in der Führung hat sich vom Norden inzwischen nach dem Süden verlagert. Messel starb zu früh, um nachhaltigen Einfluß zu gewinnen und eine lebenskräftige Schule zu bilden, und Ludwig Hoffmann ist als Persönlichkeit zu unsinnlich, zu kühl und temperamentlos, um pädagogische Wirkung zu üben. Dagegen hat Theodor Fischer, der in München und Stuttgart als Lehrer wirkte, durch seine erzieherische Arbeit fast größere Bedeutung gewonnen als durch seine eigene ausgedehnte Bautätigkeit. Es charakterisiert übrigens seine Stellung als Lehrer, daß zu seinen Schülern neben Paul Bonatz, der heute unbestritten als führender Meister der akademischen Schule in Deutschland gilt, auch eine Reihe der Architekten zählt, die in der jungen Bewegung eine entscheidende Rolle spielen, wie Bruno Taut, Hugo Häring, Erich Mendelsohn und Alfred Fischer-Essen. Bonatz hat als Architekt eine ausgebreitete Tätigkeit entfaltet, er hat eine Reihe der bedeutendsten Bauten des neuen Deutschland geschaffen – unter denen sich u. a. auch ein so populäres Bauwerk wie der Stuttgarter Bahnhof befindet, der die mannigfachen Möglichkeiten, aber auch die Grenzen der akademischen Architektur anschaulich aufzeigt – und er hat seine gewandte und vielseitige Begabung überdies an zahlreichen Wettbewerbsaufgaben der letzten Jahre erfolgreich betätigt. Alle seine Bauten haben die große Linie, die die organisatorische Kraft und sichere Hand eines geborenen Architekten zeigt, und sie verbinden mit der letzten Vereinfachung und sublimierten Verfeinerung der übernommenen Form die sinnliche Fülle, die ihnen eine unmittelbare und höchst lebendige Wirkung sichern. Durch das anschauliche Beispiel dieser praktischen Leistung und durch den breiten Wirkungskreis der pädagogischen Tätigkeit, die er als Lehrer an der Technischen Hochschule in Stuttgart entfaltet, übt dieser befähigte Architekt heute einen bedeutenden Einfluß aus, dessen Sphäre sich über ganz Deutschland erstreckt. Nicht zuletzt durch den weitreichenden Einfluß dieses Meisters und durch die ansehnlichen Leistungen seiner Schüler und Gesinnungsgenossen (unter denen Paul Schmitthenner, der mit ihm in Stuttgart als Lehrer wirkt, einer der feinsten ist) hat sich die Stellung der akademischen Lehre neu befestigt, so daß sie zur Zeit noch das architektonische Schaffen in Deutschland in breitem Umfang beherrscht. Zu ihr bekennen sich heute fast alle die Architekten, in deren Händen die großen offiziellen Aufgaben liegen, deren Obhut die Erziehung des Nachwuchses anvertraut ist, die bei jedem größeren Wettbewerb als Fachautoritäten zu Gericht sitzen und deren Stimme auch sonst bei allen entscheidenden Gelegenheiten den Ausschlag gibt. Der kritisch-intellektuellen Natur dieser akademischen Bildungskunst entspricht ihre hohe und nahezu unbegrenzte Anpassungsfähigkeit. Sie hat für jede Aufgabe eine treffende, nicht selten sogar geistreiche Lösung bereit, sie findet für jeden ihrer Verse einen klangvollen, bisweilen sogar musikalischen Reim. Die subtile Behandlung der Proportionen, die variierenden Gefühls- und Stimmungswerte des Details sichern überdies jedem ihrer Werke die unfehlbare Wirkung artistischer Reize. Die Anpassungsfähigkeit der akademischen Schule, ihre geistige Beweglichkeit und die virtuose Beherrschung ihrer Ausdrucksmittel bringt es mit sich, daß der Eklektizismus von heute sich in mancherlei Gestalt gibt. Seine Spielarten wechseln, sie reichen von den gleichgültigen, streng traditionell gebundenen Werken klassizistischer Observanz über die breite Masse kuranten Mittelguts bis zu den interessanten und geistvollen Spitzenleistungen, zu denen zum Beispiel auch eine so freie und großzügige Schöpfung wie Högers Chilehaus in Hamburg zählt, das man fälschlich immer wieder als gelungenes und charakteristisches Werk modernen Baugeistes rühmen hörte, das aber seiner Herkunft nach durchaus ein Werk akademischen Geistes ist – trotz seiner scheinbar modernen Formgebung, trotz der breit geschwungenen, nach Art eines Schiffsschnabels in spitzem Winkel zusammengeführten Wandungen seines mächtigen Baukörpers.

In der großartigen Universalität dieser Bildungskunst liegt ihr unschätzbarer Wert für die praktische Berufsarbeit, und diese nützliche Eigenschaft wird dem Eklektizismus auch weiterhin neue Freunde und Anhänger werben. Gleichwohl wird man sich darüber klar sein müssen, daß dieser universale Eklektizismus, der als ein Produkt der akademischen Lehre das architektonische Schaffen der Zeit beherrscht, nicht der Beginn einer Entwicklung ist, sondern ein Ende. So wohltätig er in erzieherischer Hinsicht gewirkt hat, so wenig seine geschichtliche Bedeutung in der Gesamtentwicklung zu verkennen ist, weil er das Verständnis für Sinn und Wesen der architektonischen Form erneuert hat (und diese Reformarbeit ist in vollem Umfang auch der jungen Stilbewegung zugute gekommen): er stellt im Grunde doch nur eine Fortsetzung posthumer Ideen dar. Wandlungsfähig und mannigfaltig in der formalen Erscheinung, täuscht er gelegentlich darüber hinweg, daß er seiner Herkunft nach in den Kunstanschauungen des Klassizismus wurzelt. Er ist wie dieser eine abgeleitete Kunst, die mit fertig übernommenen Formen ein wechselvolles, aber doch immer nur ästhetisches Spiel treibt. Diese akademische Architektur ist und bleibt l'art pour l'art: eine Kunst, die durch das Mittel der Kunst, nicht durch das unbefangene Erlebnis der Wirklichkeit zu ihrem Werk gelangt. Der Eklektizismus denkt die Aufgabe nicht vom Objekt und dem in ihm liegenden Gesetz aus, sondern von der subjektiven, an traditionellen Formvorstellungen gebildeten Einsicht aus. Auf diesem Wege gelingen ihm originelle Gebilde individueller Sonderformen, in denen freilich für die unbedingten, rationellen Wahrheiten der Zeit, unserer Zeit, wenig Platz ist. In dieser subjektiven Tendenz, in der individuellen Auswahl und Mischung der überlieferten Stilformen, in der vom persönlichen Geschmack und Temperament bedingten Anwendung einer stimmungsmäßigen Variierung dieser Formen entspricht der moderne Eklektizismus dem Geist des unsere Zeit beherrschenden Individualismus, und insofern und in solcher Begrenzung wird man darin auch einen adäquaten Ausdruck des Zeitgeistes sehen können. [...]

Die Stilbewegung

[...] Ein Stil läßt sich nicht erfinden, und das Stilproblem ist nicht – wofür es lange genug gerade von den Architekten unter dem Einfluß des überlieferten Bildungsideals gehalten wurde – ein einseitig-ästhetisches Problem. Es ist vielmehr ein integrierender Bestandteil jenes größeren und umfassenderen Problems, das mit der Industrialisierung in die Welt gekommen ist: jenes Problems, das die Bildung neuer Wirtschafts-, Lebens- und Gesellschaftsformen betrifft, darum kann es auch immer nur in unmittelbarem Zusammenhang damit betrieben und gefördert werden. Die Stilbildung setzt eine straffe soziologische Bindung der Kunst voraus; die aber vollzieht sich nur unter klar geordneten und beruhigten sozialen Verhältnissen.
Diese Zusammenhänge sind von der Stilbewegung selbst oft genug verkannt worden. Sie hat im Laufe ihrer Geschichte der allgemeinen Entwicklung immer wieder vorgegriffen (und tut es gelegentlich auch heute noch), mit dem Ergebnis, daß sie in allen diesen Fällen schwere und hartnäckige Rückschläge zu erleiden hat. Ein solcher Rückschlag hat zuletzt die sogenannte kunstgewerbliche Bewegung betroffen, die vor

drei Jahrzehnten bereits mit interessanten praktischen Versuchen auch in der Baukunst für die Idee eines neuen Stils warb. Das Problem als solches war damals, zumindest theoretisch, von einzelnen führenden Köpfen richtig gesehen, wofür die Schriften Henry van de Veldes ein eindeutiges und denkwürdiges Zeugnis bilden. Aber die Bewegung geriet alsbald in eine Sackgasse, weil der Weg, der allein zu einer endgültigen Lösung des Problems hätte führen können, noch nicht offen stand. Die Gegner, die heute ihr Mißtrauen gegen die Stilbewegung mit der Berufung auf die rasche Vergänglichkeit des sogenannten „Jugendstils" begründen, irren. Die kunstgewerbliche Bewegung mußte ein vorzeitiges Ende finden, nicht weil sie einer flüchtigen Modeidee diente, sondern weil die Zeit, weil das Leben für die Idee der Bewegung noch nicht reif war, weil in der allgemeinen geistigen Entwicklung die Stufe noch nicht erreicht war, die der Verwirklichung dieser Idee vorangehen muß. Das war der Grund, warum die Führer der Bewegung – abgesehen von einigen wenigen Ausnahmen, die hartnäckig an ihrer Idee festhielten und sie mit mutiger Selbstverleugnung auf eigenem Wege weiter verfolgten –, überzeugt von der Aussichtslosigkeit der Bewegung reumütig zu den Fahnen des Akademismus zurückflüchteten, warum die akademische Lehre, die mit Hilfe der „Tradition" auf dem Wege der Bildungskunst eine ästhetisch-formale Kultur zu realisieren sucht, erneut zur Geltung und Macht gelangen konnte.
Inzwischen ist während und nach dem Kriege eine neue Etappe erreicht worden. Und heute sehen wir die Stilbewegung in nahezu allen Kulturländern auf breiter Front in vollem Vormarsch. Das Stilproblem in der Architektur ist heute ein internationales Problem geworden. Und mehr noch: es ist – und das ist das Entscheidende – zu einem Generationsproblem geworden, an dem sich deutlich und eindeutig die Geister zu scheiden beginnen. Die Führer und Träger der jungen Stilbewegung gehören in der Mehrzahl der Generation an, deren Geburtsjahr in das Jahrzehnt zwischen 1880 und 1890 fällt. Es ist die Generation, deren entscheidende Entwicklungsjahre in die Zeit des Weltkriegs fallen, in eine Zeit, die mit ihren erschütternden Erlebnissen und geistigen Revolutionen den Umschwung des Lebensgefühls wesentlich gefördert und beschleunigt hat.
Prüft man das Lebensgefühl dieser führenden Generation, so ist festzustellen, daß es von einer betont wirklichkeitsbejahenden und lebensge-

genwärtigen Art ist. Man ist unter allen Umständen bereit, die Wirklichkeit, in die man hineingeboren ist, als das Ergebnis einer schicksalhaften Entwicklung anzuerkennen. Diese Grundstimmung paart sich mit einem bewußt und robust aktivistischen Geiste. Man ist bemüht, den geistigen Energien nachzuspüren, die diese Wirklichkeit geschaffen haben, und geleitet von dem Wunsche, diese neuen geistigen Energien hineinzuleiten in die eigene schöpferische Arbeit. Dieser entschlossene Wille zu eigener, ursprünglicher, vom unbefangenen Erlebnis der Wirklichkeit befruchteter, von den Säften des Lebens durchbluteter Produktion ist der hervorstechendste Zug, der die Träger der modernen Stilbewegung geistig von dem Epigonen- und Ästhetentum der akademischen Schule unterscheidet. Aktive Söhne der neuen Zeit, nicht resignierende Enkel der Vergangenheit wollen sie sein. Zu eigener Produktion aber gelangt man nur, wenn man die geistigen Grundlagen kennt und beherrscht, auf denen die Zeit ruht, und wenn man bereit und entschlossen ist, aus solcher Erkenntnis die unabweisbaren Folgerungen für die eigene Arbeit zu ziehen. Dieser Einstellung entspricht die Bereitschaft zu Untersuchung und Prüfung, zu Kritik, Stellungnahme und Propaganda. Die moderne Stilbewegung ist rationalistisch und aufklärerisch, und es entspricht durchaus der modernen Geistesverfassung, wenn sie vor ihren Problemen mehr der Vernunft als dem Gefühl vertraut. In diesem Sinne ist es kaum zufällig, daß die meisten der modernen Architekten gern und gut schreiben, daß einige von ihnen, so scheint es, sogar stärkere Wirkung mit dem Wort als durch die Tat üben. Die junge Stilbewegung sieht mit Recht auch darin eine ihrer Aufgaben, eine neue geistige Atmosphäre zu schaffen, in der das Verständnis für die neuen Berufsprobleme sich ausbreiten kann, und durch Bildung neuer allgemeingültiger Begriffe eine gemeinsame Grundlage für die Berufsarbeit anzubahnen, auf der allein erst die schöpferische Persönlichkeit sich zur vollen Höhe ihrer geistigen Freiheit aufzuschwingen vermag.

Die Kunst wird von der Stilbewegung als eine organische Funktion des Lebens aufgefaßt. Und vom Leben, nicht von der Kunst, sucht sie, im Gegensatz zur akademischen Schule, ihre Gestaltungsaufgaben zu empfangen. Im Gegensatz und in einer natürlichen Reaktion gegen den einseitigen l'art pour l'art-Standpunkt der akademischen Bildungskunst, deren innere Schwäche im ersten Abschnitt ausführlich dargelegt und begründet worden ist, treten darum bei ihr, zunächst wenigstens, die rein

ästhetischen Probleme stark in den Hintergrund. Es ist übrigens bezeichnend, daß diese bewußte Abkehr von dem einseitigen Aesthetentum nicht nur in der Architektur, sondern auch in anderen Gebieten künstlerischen Schaffens zu bemerken ist. Für die Literatur hat Thomas Mann diese Wendung des Kunstgeistes vor kurzem mit dem Ausspruch bestätigt, daß das Aesthetische in jeder Form endgültig vorüber sei, und derselbe Thomas Mann, der markanteste Vertreter des literarischen Aesthetentums, hat bei anderer Gelegenheit die allgemeine Lage der Kunst dahin gekennzeichnet, daß „das Künstlerische", einst ein Gegenbegriff des Bürgerlichen, heute zu einem bürgerlichen, einem konservativen Begriff geworden sei, welcher das geistige Gewissen gegen sich hat und für den Augenblick kaum noch moralische Lebensmöglichkeiten besitzt. Und Frank Thieß stellt in einem Aufsatz, der den bezeichnenden Titel „Das Ende der Aestheten" trägt, fest, daß es heute nicht mehr möglich ist, wieder zu einer Kunst ästhetischer Formschönheit zurückzukehren, und fügt dieser Feststellung die Bemerkung an, daß manche feinsinnigen Künstler in dieser Zeit untergehen werden, „nur weil sie nicht die Kraft haben, sichtbar in die Zeit einzugreifen, erkennend, erklärend und fordernd in ihr zu stehen" – eine Bemerkung, die die Führer der akademischen Schule nachdenklich stimmen sollte. Für die Baukunst hat J. J. P. Oud, der Führer der Stilbewegung in Holland, den neuen Standpunkt im positiven Sinne begründet, wenn er sagt: „Jedes Feststellen irgendeines Formschemas von vornherein, ... jedes Voraussetzen einer der Funktion nicht entsprechenden, einseitig-ästhetischen Formauffassung ist schon deshalb verwerflich, weil es die unumgänglichen Notwendigkeiten des Seins gewalttätig unterdrückt und den Zwiespalt inneren und äußeren Lebens vergrößert. Nicht aus einer Verneinung der Wirklichkeit, nur aus ihrer Bejahung kann sich eine Beseitigung dieses Zwiespalts ergeben."
Solche Sätze erhellen schlaglichtartig die geistige Atmosphäre, in der die moderne Stilbewegung lebt und wächst. Es ist bezeichnend, daß in diesem Kreise der Begriff „Kunst" beinahe ängstlich vermieden wird. Man spricht nicht von Baukunst, ein Begriff, dem das Odium des Formalistischen anhaftet, sondern von Bauen und Gestalten. Unter Bauen wird der ganze Komplex der technischen, wirtschaftlichen und auch gesellschaftlichen Probleme verstanden, den dieser Begriff umspannt. Und was die Gestaltung angeht, so wird darunter auch die Ordnung dieser Probleme verstanden. Hingegeben der Totalität des

DIE PROTAGONISTEN ODER SIEG DES NEUEN BAUSTILS 5

Lebens, erkennt man jetzt die Unteilbarkeit und innere Zusammengehörigkeit aller dieser Probleme, ihren bestimmenden Einfluß auf die ästhetischen Fragen, und deshalb strebt man danach, die Einheit dieses Problemkomplexes zu lösen, mit dem bedeutsamen Endziel einer neuen Kultursynthese.
Einige dieser Probleme zeichnen sich, sozusagen als Generationsprobleme, deutlich ab. Der Mechanisierungsprozeß kann vor dem Baugewerbe nicht haltmachen. Seine Ueberführung in die industrialisierten Arbeits- und Betriebsverfahren hat auf der ganzen Linie eingesetzt. Die Ingenieure wiesen den Weg zum Montagebau, zum Serienbau. Der Wohnungsbau vor allem, der ein Massenbedürfnis zu befriedigen hat, erheischt seine Anwendung im großen. Die moderne Bautechnik hat überdies durch ihre neuen Konstruktionen aus Eisen, Beton und Glas dem Bauen eine Reihe neuer Ausdrucksmittel geschaffen (und damit zum Beispiel die Möglichkeiten in der Beherrschung des Raumes nahezu ins ungemessene gesteigert). Die neuen Mittel der Technik, längst schon in ihrer breiten Fülle verwendet, werden jetzt zum erstenmal zum Rohstoff auch der künstlerischen, der geistigen Gestaltung. Die große Frage der Zeit, die Zeitfrage der Generation, „wie Technik in Menschheit und Welt sich einfügt", hat jetzt die Baukunst ergriffen und stellt sie allenthalben vor neue Gestaltungsprobleme. [...]
Die entscheidende Rolle, die die Ingenieure für die Entstehung des modernen Baugeistes spielen, ist bekannt. Sie haben einen heilsamen erzieherischen Einfluß ausgeübt, indem sie die Aufmerksamkeit der Architekten wieder auf die technischen und konstruktiven Aufgaben des Bauens und damit auf die Grundlagen ihrer Kunst zurückgelenkt haben. [...]

W. Komardjenkoff: „Herren"-Mode, 1925

145

II DOKUMENTE 1924-1928

Hannes Meyer

Die Neue Welt

Das Werk, Heft 7, 1926, S. 205-224

[...] „Ford" und „Rolls-Royce" sprengen den Stadtkern und verwischen Entfernung und Grenze von Stadt und Land. Im Luftraum gleiten Flugzeuge: „Fokker" und „Farman" vergrössern unsere Bewegungsmöglichkeit und die Distanz zur Erde; sie missachten die Landesgrenzen und verringern den Abstand von Volk zu Volk. [...] Die Gleichzeitigkeit der Ereignisse erweitert masslos unsern Begriff von „Zeit und Raum", sie bereichert unser Leben. Wir leben schneller und daher länger. [...] Mit Schwimmbad, Sanatorium und Bedürfnisanstalt bricht die Hygiene ins Ortsbild und schafft durch Watercloset, Fayencewaschtisch und -badewanne die neue Gattung der sanitären Töpferei. [...] Radio, Marconigramm und Telephoto erlösen uns aus völkischer Abgeschiedenheit zur Weltgemeinschaft. Grammophon, Mikrophon, Orchestrion und Pianola gewöhnen unser Ohr an das Geräusch unpersönlich-mechanisierter Rhythmen: „His Masters Voice", „Vox" und „Brunswick" regulieren den Musikbedarf von Millionen Volksgenossen. Die Psychoanalyse sprengt das allzu enge Gebäude der Seele, und die Graphologie legt das Wesen des Einzelwesens bloß. „Mazdaznan", „Coué", „Die Schönheit" sind Anzeichen des überall ausbrechenden Erneuerungswillens. Die Tracht weicht der Mode, und die äußerliche Vermännlichung der Frau zeigt die innere Gleichberechtigung der Geschlechter. [...] Unsere Wohnung wird mobiler denn je: Massenmiethaus, Sleeping-car, Wohnjacht und Transatlantique untergraben den Lokalbegriff der „Heimat". Das Vaterland verfällt. Wir lernen Esperanto. Wir *werden Weltbürger.*
G. Paluccas Tänze, von Labans Bewegungschöre und D. Mensendiecks funktionelles Turnen verjagen die ästhetische Erotik der Bilderakte. Das Stadion besiegt das Kunstmuseum und an die Stelle schöner Illusion tritt körperliche Wirklichkeit. Sport eint den Einzelnen mit der Masse. Sport wird zur hohen Schule des Kollektivgefühls: Hunderttausende enttäuscht die Absage Suzanne Lenglens. [...] Die Vereinheitlichung unsrer Bedürfnisse erweisen: Der Melonehut, der Bubikopf, der Tango, der Jazz, das Co-op-Produkt, das Din-Format und Liebigs Fleischextrakt. Die Typi-

sierung geistiger Kost veranschaulicht der Andrang zu Harold Lloyd, Douglas Fairbanks und Jackie Coogan. Charlot, Grogg und die drei Fratellini schmieden – hinweg über Unterschiede des Standes und der Rasse – die Massen zur Schicksalsgemeinschaft. Gewerkschaft, Genossenschaft, A. G., G.m.b.H., Kartell, Trust und Völkerbund sind die Ausdrucksformen heutiger gesellschaftlicher Ballungen, Rundfunk und Rotationsdruck deren Mitteilungsmöglichkeiten. Cooperation beherrscht alle Welt. *Die Gemeinschaft beherrscht das Einzelwesen.*
Jedes Zeitalter verlangt seine eigene Form. Unsre Aufgabe ist es, unsre neue Welt mit unsren heutigen Mitteln neu zu gestalten. [...]

Die Neue Welt

[...] unbelastet von klassischen Allüren, künstlerischer Begriffsverwirrung oder kunstgewerblichem Einschlag erstehen an deren Stelle die Zeugen einer neuen Zeit: Muster-Messe, Getreide-Silo, Music-Hall, Flug-Platz, Bureau-Stuhl, Standard-Ware. Alle diese Dinge sind ein Produkt der Formel: Funktion mal Oekonomie.. Sie sind keine Kunstwerke. Kunst ist Komposition, Zweck ist Funktion. [...] Bauen ist ein technischer, kein ästhetischer Prozeß, und der zweckmäßigen Funktion eines Hauses widerspricht je und je die künstlerische Komposition. Idealerweise und elementar gestaltet wird *unser Wohnhaus eine Wohnmaschinerie*. Wärmehaltung, Besonnung, natürliche und künstliche Beleuchtung, Hygiene, Wetterschutz, Autowartung, Kochbetrieb, Radiodienst, grösstmögliche Entlastung der Hausfrau, Geschlechts- und Familienleben etc. sind die wegleitenden Kraftlinien. Das Haus ist deren Komponente. [...] Die Neuzeit stellt unserm neuen Hausbau neue Baustoffe zur Verfügung: Aluminium und Duraluminium als Platte, Stab und Sprosse, Euböolith, Ruberoid, Torfoleum, Eternit, Rollglas, Triplexplatten, Stahlbeton, Glasbausteine, Fayence, Stahlgerippe, Betonrahmenplatten, -säulen, Trolith, Galalith, Cellon, Goudron, Ripolin, Indanthrenfarben. [...] *Reine Konstruktion ist das Kennzeichen der neuen Formenwelt.* Die konstruktive Form kennt kein Vaterland; sie ist zwischenstaatlich und Ausdruck internationaler Baugesinnung. Internationalität ist ein Vorzug unsrer Epoche. [...]
Das Gestern ist tot: Tot die Bohème. Tot Stimmung, Valeur, Grat und Schmelz und die Pinselstriche des Zufalls. Tot der Roman: es fehlen uns

Glaube und Lesezeit. [...] Tot das Kunstwerk als „Ding an sich", als „L'art pour l'art": Unser Gemeinschaftsbewußtsein erträgt keine individualistischen Ausschreitungen. [...]
Das neue Kunstwerk ist ein kollektives Werk und für Alle bestimmt, kein Sammelobjekt oder Privilegium Einzelner. [...]
Und die Persönlichkeit? Das Gemüt?? Die Seele??? Wir plädieren für die reine Scheidung. Diese Drei seien in ihre ureigensten Reservate verwiesen: Liebestrieb, Naturgenuss, Umgang mit Menschen.

Walter Gropius

Geistige und technische Voraussetzungen der neuen Baukunst

Die Umschau, Frankfurt am Main 1927, Heft 45, S. 909–910

[...] ganz *langsam* bilden sich erst die *elemente zum neuen aufbau;* denn die entwicklung der baugestalt – gebunden an den ungeheuren aufwand technischer und stofflicher mittel, ebenso wie an das eingehen neuer geistigkeiten über lange erkenntnisreihen hinweg in das bewußtsein der schaffenden – folgt nur langsam der vorauseilenden idee. da *bauen kollektive arbeit* ist, hängt sein gedeihen auch nicht vom einzelnen, sondern vom interesse der gesamtheit ab.
der bauende mensch muß über technisches können hinaus die besondere *gestaltungsfrage des raumes* beherrschen. deren mittel entspringen den natürlichen, physiologischen tatsachen des genius mensch; sie sind den sekundären forderungen der rasse, der nation, des individuums übergeordnet.
bauen bedeutet gestalten von lebensvorgängen. der organismus eines hauses ergibt sich aus dem ablauf der vorgänge, die sich an ihm abspielen. in einem *wohnhaus* sind es die funktionen des wohnens, schlafens, badens, kochens, essens, die dem gesamten hausgebilde zwangsläufig die gestalt verleihen. in *bahnhöfen, fabriken, kirchen* sind die vorgänge

DIE PROTAGONISTEN ODER SIEG DES NEUEN BAUSTILS 7

andere, aber aus ihnen allein resultiert die wahrhaftige form. die baugestalt ist nicht um ihrer selbst willen da, sie entspringt allein aus dem wesen des baues, aus seiner funktion, die er erfüllen soll. die wesensforschung zur bestimmung der gestalt eines bauwerkes ist an die grenzen der technischen gesetzmäßigkeiten gebunden, ebenso wie an die gesetze der proportion. die *proportion* ist eine angelegenheit der geistigen welt, stoff und konstruktion sind ihre träger. sie ist an die funktion des baues gebunden, sagt in ihrer besonderen sprache über sein wesen aus und gibt ihm das eigene geistige leben über seinen nützlichkeitswert hinaus. die chaotische *uneinheitlichkeit unserer wohnungen* beweist die verschwommenheit unserer vorstellungen von der richtigen, dem modernen menschen angemessenen behausung. die mehrzahl der bürger zivilisierter völker hat gleichartige wohn- und lebensbedürfnisse. die menschliche behausung ist also eine angelegenheit des *massenbedarfs;* genau so, wie es aber heute 90 % der bevölkerung nicht mehr einfällt, sich ihre beschuhung nach maß anfertigen zu lassen, sondern vorratsprodukte bezieht, die infolge verfeinerter fabrikationsmethoden die meisten individuellen bedürfnisse befriedigen, so wird sich in zukunft der einzelne auch die ihm gemäße *behausung vom lager bestellen* können. grundlegende umgestaltung der gesamten bauwirtschaft nach der industriellen seite hin ist wichtigste forderung für eine zeitgemäße lösung des problems. diese muß gleichzeitig von drei verschiedenen gebieten aus, vom volkswirtschaftlich-organisatorischen, vom technischen und vom gestalterischen angefaßt werden. alle drei gebiete sind unmittelbar voneinander abhängig. nur gleichzeitiges vorgehen von allen drei gebieten aus wird zum erfolg führen.

trotz zahlreicher anerkennenswerter einzelbestrebungen fehlt es bisher an einer unabhängigen, zentralen stelle, die das umfangreiche gebiet des wohnungsbaues einheitlich behandeln kann, ohne durch sekundäre, wirtschaftliche und taktische fragen behindert zu werden. zu einer erschöpfenden lösung dieser frage ist die private hand nicht imstande, nur die öffentliche hand vermag versuche auf diesem bedeutenden gebiete in so ausreichendem maße vorzunehmen, daß endgültige ergebnisse der allgemeinheit zugeführt werden können. die vergabe öffentlicher mittel für den wohnungsbau erfolgt fast regelmäßig nur für den augenblicklich nötigen bedarf, ohne die möglichkeit für versuche zu lassen, die die voraussetzung für eine zukünftige verbilligung und verbesserung der

wohnungsbauten darstellen. es bedeutet verschwendung an arbeitskraft und zeit, wenn die umfangreichen versuche auf dem gebiete des hausbaues einzelnen, die wirtschaftlich nicht dazu in der lage und von sekundären ursachen abhängig sind, überlassen bleiben. sie müssen vielmehr an wenigen punkten *zentralisiert*, den schwierigkeiten des alltags entzogen und von diesen unabhängigen, zentralen stellen aus der allgemeinheit zugänglich gemacht werden. das ziel dieser arbeit liegt in der durchführung der forderung nach größtmöglicher *typisierung* und größtmöglicher *variabilität* der wohngebäude. diese aufgabe liegt auf dem wege der künstlerischen wie der technischen entwicklung der zeit. genau so wie ein gegenstand, den die industrie vervielfältigen will, in seiner gestalt zahllosen versuchen systematischer vorarbeit entspringt, ehe sein formtypus gefunden wird, kann die umfassende aufgabe, die *herstellung typischer bauteile* zu industrialisieren, nur in großzügigem zusammenschluß der künstlerischen, technischen und wirtschaftlichen welt zur durchführung gelangen.
die gebundenheit solcher bauorganismen an industrie und wirtschaft, an ihre exaktheit und knappe ausnützung von raum und materie wird schließlich auch die gestalt der größten baueinheit, der *stadt*, bestimmen. jeder bauende muß ihren sinn begreifen, um an ihrer werdung mitzuwirken und muß die bestimmenden faktoren für ihre gesichtsbildung erkennen:
einfachheit im vielfachen, beschränkung auf typische grundformen und ihre reihung und wiederholung, gliederung aller baueinheiten nach den funktionen der baukörper, der straßen und der verkehrsmittel.
zwar hat das individuum immer recht! nicht geld und maschine sind selbstzweck, denen der mensch zu gehorchen hat, sondern alles hat sich dem menschlichen unterzuordnen. es mag paradox klingen, aber gerade deshalb ist die entwicklung des typus und seines werkzeuges, der maschine, notwendig. die mehrzahl der menschen hat im wesentlichen gleichartige bedürfnisse; infolgedessen haben alle kulturstarken zeiten die dinge ihrer umwelt typisch gestaltet. kleidung, haus und hausrat zeigen, je stärker und eigenartiger die einzelnen entwicklungsepochen waren, desto prägnanter – fortdauernd sich wiederholender charakter. es gehörte immer zur selbstverständlichen gesellschaftlichen übereinkunft, die dinge des täglichen gebrauchs zu typisieren, während sich die zeiten des verfalls aus mangel an eigner schöpferischer kraft in epigonenhafter imitation

verschiedener vergangenheiten gefallen. solch eine zeit liegt hinter uns; *unsere häuser weisen alle stile der welt auf, nur nicht den unsrigen.* wir tragen zwar das gewand des modernen menschen von 1927 und würden es als unanständig und lächerlich empfinden, wenn jemand im kostüm der rokokozeit im auto führe; aber diese natürliche logik verläßt uns schon einen schritt von unserem leibe weg.
der typ an sich ist nicht ein hemmnis kultureller entwicklung, sondern geradezu eine ihrer voraussetzungen. er birgt die auslese des besten in sich und scheidet vom persönlichen das wesenhafte und unpersönliche ab.
[...]
schon die kommende Generation wird in *häusern* wohnen, die fix und fertig *wie der schuh vom lager bezogen* werden können, und zwar wird man, um die schablone zu vermeiden, nicht die ganzen häuser typisieren, sondern nur ihre bau*teile,* aus denen sich dann verschiedene bauorganismen wie aus einem baukasten im großen erbauen lassen. [...]

Bruno Taut

Ästhetik der Architektur

Vortrag auf dem 53. Deutschen Architekten- und Ingenieurtag in Ludwigshafen am 21. 9. 1928. Deutsches Bauwesen, Heft 10, 1928

Der Kampf um die Baukunst als solcher ist vorüber, um die Baukunst, die nicht mehr von der Nachahmung vergangener Zeiten lebt. Man kann die Hoffnung haben, auf dem Weg zu einer Einheit zu sein, die alle technischen Betätigungen des Menschen, sozusagen alle technischen Künste in einer widerspruchslosen und harmonischen Anschauung umfaßt. Worum sich der deutsche Werkbund z. B. vor dem Kriege noch vergeblich zu bemühen schien, nämlich um die zweckvoll schöne Durchbildung alles Geräts, das scheint heute erfüllt zu sein. [...]
In diesem Augenblick hat der Architekt die besondere Verpflichtung, die Grundzüge seines Schaffens zu einer gewissen Klarheit zu führen. Es

muß eine geistige Grundlage für die ruhige Weiterentwicklung geschaffen werden und eine so unwiderlegliche Erkenntnis, daß an ihr alle Gefahren des nächsten Verlaufs zunichte werden. Die Gefahren sind schlimmer, als es die Gegnerschaft der Widersacher war, solange die junge Erkenntnis um ihr Dasein zu ringen hatte; sie liegen in der Tatsache der Anerkennung und sind schlimmer insofern, als der ständige Antrieb zur Selbstkontrolle abgeschwächt ist, vor allem aber insofern, als nun mit einemmal alles so sehr leicht und einfach geworden zu sein scheint. Man glaubt, den *Stil* endlich gefunden zu haben, und merkt nicht, daß schon die Anwendung des Wortes „Stil" auf eine falsche Fährte führt, dorthin, wo die Veräußerlichung und Verflachung droht und alles Erreichte versanden muß; denn man kann mit Fug und Recht nur da von einem Stil sprechen, wo es sich um einen Rückblick auf vergangene Zeiten handelt.

Ich bin mir bewußt, daß alle Formulierungen vorübergehender Natur sein müssen, daß sie bei aller Objektivierung einen subjektiven Ursprung haben. Und trotzdem halte ich es angesichts der eben umrissenen Tatsachen für notwendig, daß wir uns gerade heute darum bemühen, mag man es auch eine Theorie oder eine Ästhetik der Architektur nennen. [...]

Immer wird gebaut, um ein bestimmtes *Bedürfnis* für den Gebrauch zu erfüllen. Es steht also die Bestimmung eines Gebäudes zweifellos an erster Stelle. Diese Einsicht, uralt und selbstverständlich, ist deshalb doch eine immer neue und für uns um so mehr, als wir infolge der uns selbstverständlichen Einheit alles technisch Gebauten eine Schwächung der Gebrauchsbestimmung durch andere Einflüsse nicht mehr dulden und keineswegs zulassen wollen. Also eine Schule darf keine Kaserne, ein Mittelstands- oder Arbeiterwohnhaus kein Fürstenschloß sein. Je konsequenter und klarer der Gebrauch in den Vordergrund gestellt wird, um so sicherer ist die Basis des Architekten. Man könnte fürchten, daß hieraus ein rein utilitaristisches Verhalten und damit eine geistige Verödung eintreten könnte. Doch bedeutet uns die Zweckerfüllung vielleicht etwas mehr, als sie den Architekten anderer Epochen bedeutet hat. Sie ist ja nicht wie im 19. Jahrhundert großenteils eine kümmerliche Nebenerscheinung oder ein unangenehmer Zwang, mit dem man sich mit Hilfe der „Fassade" schließlich abfand, sie ist vielmehr der eigentliche bestimmende Inhalt unserer Arbeit und deshalb – ich wage das Wort – unser wichtigster ästhetischer Faktor.

Wenn schon die Gebrauchserfüllung allein einen ästhetischen Faktor bilden soll, so muß sie durch die Art und Weise ihrer Lösung schönheitliche Wirkungen auf das Gebäude selbst, also die Architektur, auslösen können. Das ist allerdings meine Ueberzeugung. Als ästhetische Werte wären etwa solche anzusehen, deren Ursprung nicht in irgendwelchen Berechnungen liegt, sondern vielmehr in einer Arbeit des Verstandes und Gefühls, die sich solchen Berechnungen entzieht, die, obgleich sie an sich nicht weniger objektiv ist, doch das Gegenstück einer mathematischen Formel darstellt. Das Schönheitliche wird hier also als eine Kristallisation der nicht durchweg, z. T. sogar gar nicht kontrollierbaren Einflüsse und Strömungen aufgefaßt, die auf seine Entstehung einwirken. Und so kann man denn in der Tat von einer *Schönheit des Gebrauchs* sprechen, die zu erzeugen die wichtigste und erste Aufgabe des Architekten ist. Während der Ingenieur einfache mathematische Begriffsbestimmungen in sichtbare und materielle Erscheinungen umzusetzen hat, muß der Architekt sich zunächst mit dem Zweck seiner Aufgabe auseinandersetzen. Gewiß wird er von den gegebenen Einheitsgrößen des Programms ausgehen und sie in eine Ordnung und Beziehung zueinander bringen. Er wird nicht anders anfangen wie der Ingenieur; doch sobald er die Beziehungen der Räume und Raumgruppen mit ihren Einzelheiten in eine Ordnung bringen will, beginnt für ihn eine andere Aufgabe als die des Ingenieurs, nämlich, das Leben, die Gewohnheiten und selbst das Benehmen der Menschen in seinen Gebäuden derart zu beeinflussen, daß die kulturelle Stufe dieser Vorgänge soweit wie möglich gehoben wird.

Man kennt die Ganglinien der Grundrisse, die Gliederung nach den Funktionen und muß trotz aller Versuche zur Abstraktion dieser Dinge doch zugeben, daß ihre Lösung nicht mathematisch faßbar ist. Es ist schon in der Wohnung nicht allein das Betriebstechnische, was zur Lösung nötig ist, sondern mehr als das die Einfühlung in die menschlichen Bedürfnisse, das Verständnis für die betreffenden Bevölkerungsschichten und überhaupt das soziologische Verständnis, das für die Schaffung des schönen Gebrauchs notwendigste Voraussetzung ist, wozu auch die Rücksicht auf das Klima gehört. Schon in einem einzelnen Zimmer können die alltäglichen Vorgänge durch seine richtige Anordnung, durch richtige Anlage der Türen und Fenster und damit durchdachte Einführung des Tageslichts sowie Lösung der Temperaturfrage so weit beeinflußt werden, daß die Vorgänge auf einer wesentlich anderen Stufe als sonst stehen. Wie anders noch bei dem komplizierten Organis-

mus einer Wohnung, weiterhin bei großen Wohnungsanlagen, und wie anders noch bei einem vielseitigeren Organismus, wie ihn z. B. eine große Schule darstellt. Der Bauherr kann allerdings durch ein sehr durchdachtes Programm schon viel auf diesem Wege tun. Der Architekt kann aber auf dem soziologischen Gebiet der Gebrauchsbestimmung je nach seiner Veranlagung entweder durch mangelndes Verständnis hinter dem Verlangten zurückbleiben und damit die Förderung eines Lebensgebietes verhindern, er kann bei einiger Tüchtigkeit das Verlangte erfüllen, also den Bauherrn zufriedenstellen, er kann aber auch weit mehr als das tun, nämlich das Programm zur eigentlichen Gestaltung führen, d. h. durch die Raumanlage und ihre Konsequenzen das Programm so erfüllen, daß das Leben im Gebäude nicht bloß zweckmäßig funktioniert, sondern auch in einer schönen Ordnung vor sich geht, d. h. also von ihm noch besonders gefördert wird. Gelingt ihm dies, so muß der Bau selbst innen und außen schön sein; denn keine Befangenheit innerhalb einer formalistischen Anschauung kann zu einer solchen Leistung führen. Erst die Freiheit davon und die bewußte Richtung zur Gestaltung des menschlichen Lebens kann ihm die Grundlage dafür bieten.
Deshalb bedeutet Schönheit des Gebrauchs die grundlegende architektonische These. Sie umfaßt für den Anfang der Arbeit das Mathematisch-Abstrakte, für den weiteren Verlauf, also für die Komposition, das Ethisch-Soziale und für den Schluß, also die Ausführung das Konstruktive, womit sie sich wieder dem Ingenieur nähert. Denn: erfüllt der Grundriß und Querschnitt jene Forderung des schönen Gebrauchs, so muß alles weitere [...] sozusagen von selbst daraus erwachsen. Jene ethisch-sozialen Fähigkeiten bedeuten allein so viel, daß die Wahl der richtigen Fenstergröße und -form in Übereinstimmung mit der Raumform und dem Klima zu einer leichten Aufgabe wird, da sie nur eine Konsequenz der Grundauffassung, eine Abwandlung des Grundgedankens darstellt. Dasselbe gilt für alle Einzelheiten, und deshalb muß notwendig eine Ordnung zwischen diesen Einzelheiten selbst eintreten, eine Beziehung, die sich nicht bloß gefühlsmäßig in den Raummaßen niederschlägt, sondern bei der Ausführung sich auch durch die Korrektur des Verstandes ergibt. Es handelt sich um eine Vernunft mit bewußt ethischer Tendenz. Diese Ratio wird das Rationelle nicht verabscheuen, sie wird das, was gleich ist, auch gleich machen, die Serie lieben und die Verschiedenheit kompositionell verwerten. [...]

DIE PROTAGONISTEN ODER SIEG DES NEUEN BAUSTILS 8

Wenn man heute die Arbeit des Architekten umreißen will, so liegt sie nicht mehr im sogenannten „Entwerfen", ein Ausdruck, der in seiner Gedankenverbindung mit etwas genial Hingeworfenem wohl schon ein wenig überlebt ist. Was man unter Phantasie, Intuition, Vision und dergl. verstand, sinkt zurück und verschwindet hinter einer unsichtbaren Wand, nämlich dort, wo der *technisch-konstruktive Organisator* ins Leben getreten ist, das heutige Wunschbild des vollkommenen Architekten. Das Pathetische steigt ins Grab; Pathos, Pose, Sich-in-die-Brust werfen, bloße Geste, Altertümelei ebenso wie Moderntun gehören ins Gebiet der architektonischen Konfektion, mit der wir uns nicht abzugeben haben, da sie so schnell verschwindet, wie sie auftaucht. Sollten wir nicht froh sein, daß es schon eine Reihe von Architekten gibt, die sich ihrer Kohleperspektiven und ihrer gemalten Stimmungsbilder schämen, weil das Geschäft (nicht bloß im privatwirtschaftlichen, sondern auch im behördlichen und beamtlichen Sinne) sie dazu zwingt? Sollten wir nicht alles tun, um solche Dinge, die deutlichsten Kennzeichen einer architektonischen Prostitution, endlich ganz aus der Welt zu schaffen und sie vor Laien als das hinzustellen, was sie sind, nämlich bloße Augenblendungen, hingewischte Fingerfertigkeiten, die über das Wesen des späteren Baues nichts besagen, sondern eher seine Schwächen zu verdecken suchen? Denken wir auch hier an Schinkel, der zwar Figürchen in antiker Pose und Haltung daneben zeichnete, dafür aber seine Bauten selbst so darstellte wie Bauzeichnungen, die mit derselben Genauigkeit in die perspektivische Konstruktion übertragen worden sind. [...]
Die Architektur ist von der Staffelei endlich abgewandert: Staffeleiarchitektur ist Konfektion, Architektur dagegen eine räumlich-konstruktive Disziplin, die ihre eigenen Gesetze, wie die Plastik und Malerei, hat, und sich deswegen von diesen beiden Künsten entsprechend unterscheidet. So gilt dasselbe wie für das Architekturbild auch für das Architekturmodell, da mit der Veränderung des Maßstabes alles Grundlegende des architektonischen Wertes beseitigt und aus dem Bauen eine Puppenspielerei gemacht wird. [...]
Die Architektur hat ihre Grundelemente wiedergefunden, sie hat ihr Instrument, um anfangen zu können, vereinfacht und ist wohl im Augenblick dabei, es zu stimmen. Auf wenigen, aber klar gestimmten Saiten kann sie bald spielen und die Anfänge zu einer Musik aufbauen. Das Zurückgehen auf das Element ist wohl ihr wichtigster Wesenszug: um

den möglichst vollendeten Gebrauch komplizierter Raumanlagen zu erreichen, muß sie die einzelnen Stücke des Raumes, die Türen, Fenster usw., auf die elementare Grundform zurückführen, damit schon im kleinen die bestmögliche Funktion ihren Anfang nimmt. Die formale Folge davon ist die Liebe für die saubere Glätte, die Sperrholztür, das sprossenlose Fenster, die Sauberkeit und Glätte des ganzen Hauskörpers, die so nicht mehr als Willkür, sondern als eine einfache Folge des Ausgangsprinzips in Erscheinung tritt. Die Uebereinstimmung dieser Richtung mit allen anderen technischen Disziplinen ist zur Genüge behandelt worden. Aber auch die Uebereinstimmung mit der heutigen Tendenz der Körperentwicklung und -pflege, der Hygiene und der Nacktkultur ist zu betonen. Und aus diesen Gesichtspunkten ergibt sich eine andere und, wie mir scheint, fruchtbare Stellung zur Natur. Machte man bis vor kurzem noch alles künstlich alt, ließ man es schon im eben erbauten Zustande so auftreten, als hätten Wetter und Sturm von Jahrhunderten es verwittert, spielt man auch heute noch mit Klinkern Jörn Uhl und „verwurzelt" die Bauten knorrig in den Erdboden – nun, so mögen die Bauten der geschilderten Auffassung lieber ruhig wie junge Stecklinge in dem Boden stehen. Wir wollen aber überhaupt nicht Natur spielen: die Menschen haben das nicht nötig, da sie selbst ein Stück Natur sind. Und so ist unser Werk um so natürlicher, je mehr es Menschenwerk ist und je mehr es unseren rein menschlichen Beziehungen dient. Dann wird es in der klaren Luft einer schönen Landschaft zu dieser Klarheit passen, ja dazu gehören, nicht anders wie ein Fischerboot im Haff, ein Kutter auf dem Binnensee oder ein Dampfer auf dem Ozean.
Mit diesen letzten Worten möchte ich andeuten, daß die Architektur aus der fachlich-beruflichen Deduktion heraus, die ich durchzuführen versuchte, von selbst zu einer Disziplin von höchstem ethischem Wert wird, und daß sie ihre Grundlage im sozialen Charakter der Gesellschaft findet, der sie dient. Aber nicht bloß das; sie tritt damit wieder an Stelle einer ateliermäßigen Dekorationsfrage mitten hinein in den Produktionsprozeß der Gesellschaft, und sie kann, wie ich glaube nachgewiesen zu haben, so zu einem bestimmenden Faktor der Gesellschaft werden, und zwar von einer Tragweite, die sich gar nicht übersehen läßt.

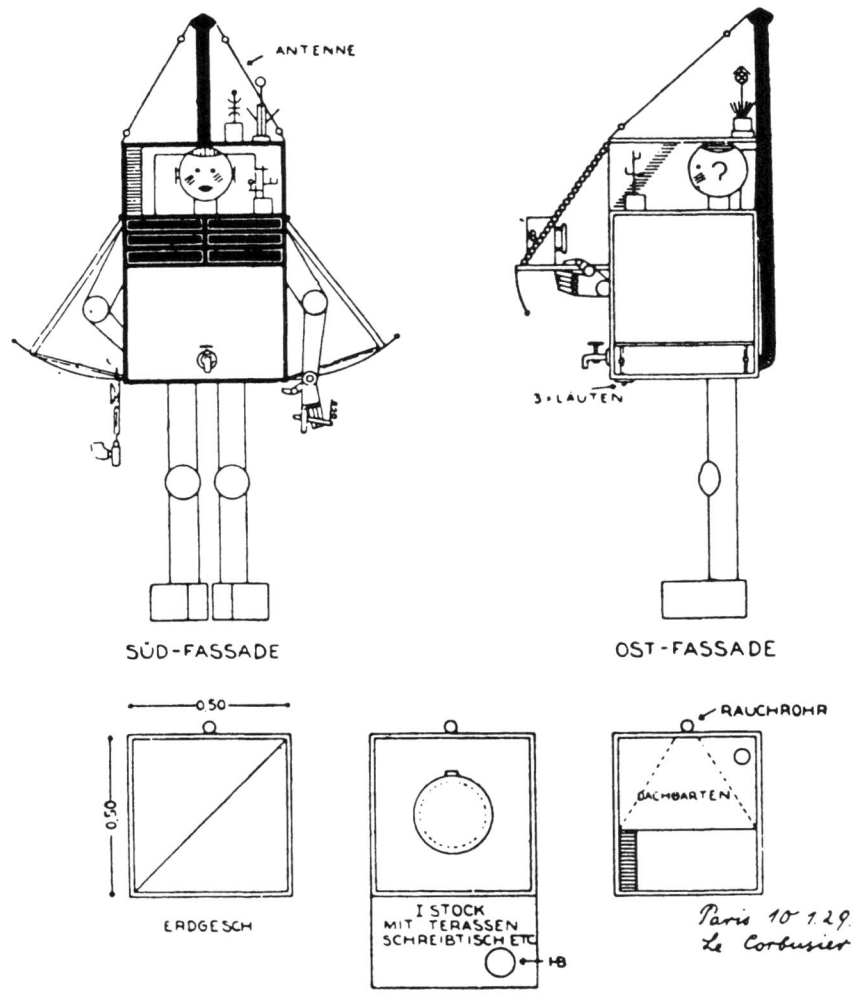

Aus „Neues München", 1929

2 Zweifel, Kritik

[1] Paul Schultze-Naumburg und Walter Gropius
Wer hat Recht?
Traditionelle Baukunst oder Bauen in neuen Formen

[2] Josef Frank
Vom Neuen Stil

[3] Peter Meyer
Moderne Architektur und Tradition

[4] Werner Hegemann und Leo Adler
Warnung vor „Akademismus" und „Klassizismus"

[5] Hugo Häring
Wege zur Form

[6] Hermann Muthesius
Kunst und Modeströmungen

[7] Hildegard Schwab-Felisch
Formen und Form

In der frühen Phase der Moderne, 1926, ließ die Zeitschrift *Uhu* zwei Architekten – Walter Gropius und Paul Schultze-Naumburg – streiten: Wer hat recht bei der Diskussion um traditionelle Baukunst und das Bauen in neuen Formen? (Kritik 1)
Walter Gropius wußte, die neue, immer kühner werdende moderne Architektur sei ein gegenwartsbejahendes Manifest. Die Moderne befürworte Tempo, fabrikmäßige Herstellung und die Typisierung. Gropius bedauerte dabei nur die „trägheit des menschlichen herzens", die eine „schnelle umstellung" verhindere.
Sein Gesprächspartner, *Paul Schultze-Naumburg* (1869–1949), übernahm den Gegenpart. Er stellte „Bauten aus alter Zeit" als prachtvolle riesige Charakterköpfe kerniger Bauern, männlicher Handwerker, den „Bauten aus der neuen Zeit" gegenüber. Die modernen Werke hätten, so der verärgerte Schultze-Naumburg, nichts mit dem deutschen Gesicht, mit der deutschen Landschaft, mit dem nordischen Kulturkreis zu tun. Gerade das häusliche Leben müsse, so Schultze-Naumburg, in einen bewußten Gegensatz zum unruhigen öffentlichen Leben gebracht werden.
Schultze-Naumburg war Mitbegründer der 1928 gegen die Weißenhofsiedlung in Stuttgart, gegen diese internationale Vorzeigeschau der Moderne, gegründeten Vereinigung „Block" (andere Mitbegründer: Bestelmeyer, Blunck, Bonatz, Geßner, Schmitthenner, Seeck, Stoffregen). Der berühmte Moderne-Gegner wurde geehrt: 1929 erhielt er von der TH Stuttgart den Titel eines Dr. Ing e. h. Er versteckte auch seine politische Haltung nicht: Schon 1930 war Schultze-Naumburg Reichstagsabgeordneter der NSDAP.
Die Zeitschrift *Die Baukunst* („Vom neuen Stil", Kritik 2) interviewte 1927 den Österreicher *Josef Frank* (1885–1967), der mit einer Dissertation über den Renaissance-Architekten und Architekturtheoretiker Leon

Battista Alberti sein Architekturstudium an der TH Wien abgeschlossen hatte. Zusammen mit Oskar Strnad und Oskar Wlach baute Frank seit 1912 frühmoderne Einfamilienhäuser. Schon als Vierunddreißigjähriger übernahm Frank die Verantwortung für Baukonstruktion an der architektonischen Meisterklasse der Kunstgewerbeschule in Wien, bevor er 1925 zusammen mit Wlach eine der englischen Arts and Crafts-Bewegung nahestehende Firma „Haus und Garten" gründete. Ausgerechnet dieser zurückhaltende „Moderne" war es, mit dem zusammen Mies van der Rohe das internationale Architektengespann für die Werkbundsiedlung in Stuttgart diskutiert und bestimmt hat.

„Was haben wir schon davon, wenn man die historische Phrase nur durch die revolutionäre Phrase ersetzt?" fragte *Peter Meyer* (1894–1984), ein Theodor-Fischer-Schüler und schweizerischer Architekturkritiker (*Schweizerische Bauzeitung* und ab 1930 *Das Werk*). „Von Mode zu Mode" zu rennen war für Meyer genauso gefährlich wie aus ästhetisch „ästhetenhaft" zu machen (Kritik 3). Immer wieder versuchte Meyer, die Avantgarde warnend und korrigierend anzusprechen. Nicht selten wurde er mißverstanden und beschimpft. Er warnte vor der doktrinären Schiffs-Kommandobrücken-Mimikry. Das Gleichgewicht müsse gefunden, die funktionale Zweckform mit dem Lebensstil der Bewohner, ihrem Gefühlsbedürfnis, Wärmebedürfnis, Speisenbedürfnis verbunden werden. Bei aller Liebe zur Moderne dürfe die Auseinandersetzung mit der Landschaft, mit der örtlichen Bautradition nicht vergessen werden.

Das deutsche Pendant zu Peter Meyer war *Werner Hegemann* (1881–1936), ein breitgebildeter, weltreisender Universalist. Hegemann promovierte 1908 in Politik und Ökonomie in München und war 1910 verantwortlich für die Berliner Bauausstellung. Vor allem durch seine Anklageschrift *Das steinerne Berlin* (1930, Bauwelt Fundamente Bd. 3, Berlin 1963) machte sich Hegemann einen unvergeßlichen Namen. Seit 1922 war er Herausgeber der Zeitschrift *Wasmuths Monatshefte für Baukunst*. Als kritischer, gleichzeitig traditionsbewußter Beobachter der Moderne schrieb er über Bestelmeyer und Poelzig, über Bonatz und Fahrenkamp. „Wer alles Alte für gut hält, scheint [...] ebenso auf dem Holzwege wie der, welcher alles Alte für schlecht hält." So versuchte Hegemann (in: „Warnung vor ‚Akademismus' und ‚Klassizismus'", Kritik 4), den steinernen Pfad in die Moderne zu pflastern. Erich Mendelsohn schrieb Werner Hegemann zu dessen 50. Geburtstag, 1931: „Wünsche alles Gute, aber vor allem weiter die geschliffene Zunge. Für Schleifstein werden wir sorgen." („W. M. f. B." 1931, S. 336)

Hugo Häring (1882–1958) hatte bei Fischer in Stuttgart und bei Wallot, Schumacher und Gurlitt in Dresden studiert. Er war seit 1920 mit der Schauspielerin Emilia Unda verheiratet, seit 1921 in der *Novembergruppe* tätig und von 1926 an Sekretär der Berliner Gruppe *Der Ring*. Mit Mies van der Rohe, in dessen Büro ihm ein Raum zur Verfügung stand, führte er längere architektonische Dispute. Den Kult der Geometrie und das Rückgrat der Architektur Mies van der Rohes, die regelrechte Konstruktion, lehnte Häring ab. Ein Haus, ein Wohnhaus müsse „Organ für den Bewohner" sein. „Sichwohlfühlen" ist die zentrale Aufgabe, mit der sich der Baumeister auseinanderzusetzen haben (Kritik 5). (1950 erhielt Häring in einer weitreichenden Wiedergutmachungsaktion den Ehrendoktor der TH Stuttgart.)
Hermann Muthesius (1861–1927), ein ins internationale Ausland gesandter Beobachter zur Stützung der nationalen Kräfte (*Das englische Haus*, 1904ff.), ein früher Kämpfer für die Typisierung (Werkbundstreit 1914), meldete sich kurz vor seinem Tode zu Wort. „Nicht der Wille zur ‚neuen Sachlichkeit', sondern der durch keine Sachlichkeit gezügelte Wille zur ‚neuen Form' trenne die [...] Jünglinge [...] von ernstzunehmenden Baumeistern." Dies zitierte Werner Hegemann zur Einführung Muthesius' *Kunst- und Modeströmungen*, in dem dieser seine Beobachtungen der Weißenhofsiedlung in Stuttgart preisgab (*Kritik* 6).
Schließlich soll bei der Suche nach Kritikpunkten *Hildegard Schwab-Felisch* (gestorben 1934) zu Wort kommen. Seit 1914 verheiratet mit Alexander Schwab (*Das Buch vom Bauen*, 1930, Bauwelt Fundamente, Bd. 42, 1973), veröffentlichte sie in der Werkbund-Zeitschrift *Die Form* 1928 interessante soziologische Randbemerkungen zum Thema „Formen und Form" (Kritik 7). Man kann, schrieb sie, gute Formen haben, ohne in Form zu sein. Die Soziologin warnte vor den „Suggestivformeln des Führerkreises", die mit dem Motto „Form", „in Form sein", die ständige Bereitschaft zur Kontrollierbarkeit herausfordern.

Aus „Der Querschnitt", September 1925

**KAFFEE SPÄTABENDS?
WARUM NICHT, ABER-
NUR KAFFEE HAG**

II DOKUMENTE 1924–1928

Paul Schultze-Naumburg und Walter Gropius

Wer hat Recht?
Traditionelle Baukunst oder Bauen in neuen Formen

Zwei sich widersprechende Ansichten. Uhu, April-Heft 1925, S. 30–103

Walter Gropius sagt:

die lust am bauen, am gestalten unserer häuser und städte wächst in allen schichten der bevölkerung, die gewaltigen entdeckungen, die völlig veränderten mittel der technik, die in 2 generationen umwälzungen mit sich brachten, die vielleicht ein ganzes jahrtausend zuvor überflügeln, haben die bauende welt vor eine solche fülle neuer probleme gestellt, daß die praxis noch nicht den kleinsten teil der möglichkeiten erfüllen kann.
technische probleme, die noch vor kurzer zeit träumerische utopien waren, sind mit hilfe der neu entdeckten kräfte – dampf und elektrizität – gelöst worden und haben die mittel für unsere bisherige lebensführung als veraltete methoden weit zurückgelassen. die natürliche trägheit des menschlichen herzens verhindert die schnelle umstellung auf die neuen errungenschaften. erst ein kleiner teil unserer bedürfnisse wird mit hilfe dieser neu eingefangenen naturkräfte und ihrem werkzeug, der maschine, befriedigt. aber gerade das bauen. [...]
die führer der modernen baubewegung ziehen gegen das matte und sterbende epigonentum einer dekorierenden architektenschaft entschlossen zu felde. es muß sinnlos erscheinen, daß der mensch dieser technischen zeit sich mit imitationen vergangener, in ihrer struktur so gänzlich anderer zeiten, wie gotik, rokoko, renaissance, barock, umgibt. diese zeiten dachten nicht daran, die vergangenen zu imitieren, sie waren stolz auf den eigenen ausdruck ihres lebens. die imitation dieser vergangenen stile im äußeren und inneren unserer häuser wirkt genau so albern, als wenn wir auf unseren straßen im kostüm und kopfputz dieser zeiten herumwandelten. der moderne mensch von 1926 braucht städte, häuser, wohnungen und geräte aus *seiner* zeit, nach form und technik klare ergebnisse der mittel und methoden, die uns die errungenschaften *unseres* geistes an die hand geben. [...]
so entwickelt die neue architektur ihr gegenwartbejahendes manifest:

„organische gestaltung der dinge aus ihrem eigenen gegenwartgebundenen gesetz heraus, ohne romantische beschönigungen und verspieltheiten. beschränkung auf typische, jedem verständliche grundformen und grundfarben. einfachheit im vielfachen, knappe ausnutzung von raum, stoff, zeit und geld. bejahung der lebendigen umwelt der maschinen und fahrzeuge, ihres tempos und ihres rhythmus. beherrschung immer kühnerer gestaltungsmittel, um die erden-trägheit im bau in wirkung und erscheinung schwebend zu überwinden." [...]
wie können wir *billige*, gute, unserer zeit entsprechende wohnungen schaffen? allgemein brauchbare lösungen, die dieser zeit entsprechen, sind noch nicht entstanden, weil das problem des wohnungsbaues an sich noch nirgends in seinem ganzen soziologischen, wirtschaftlichen, technischen und formalen gefüge erfaßt und danach planmäßig und im großen von grund auf gelöst wurde. [...]
eine so tiefgreifende veränderung der bauwirtschaft wird sich freilich nur allmählich vollziehen. aber allen einwänden zum trotz wird sie unaufhaltsam kommen. ein hauptprodukt der industrie der zukunft wird sein: das *fix und fertig eingerichtete massive wohnhaus auf vorrat*. sind erst die umfassenden ziele moderner baukunst erreicht, so wird unsere zeit mit ihnen ihren eigenen stil gefunden haben!

*

die gedanken dieses aufsatzes sind ausführlich behandelt in den „bauhausbüchern", verlag albert langen, münchen (8 bändchen).

Professor Dr. Schultze-Naumburg sagt:

Wer das Bild unseres Landes und seiner Bauten aufmerksam und mit offenen Augen für ihre Physiognomie in sich aufgenommen hat, wird unschwer darin etwa folgende Gruppierung erkennen:
Zuerst einen Bestand, den man wohl am besten mit dem Begriff „aus der alten Zeit" zusammenfassen kann, wenn sich sein Entstehen auch über viele Jahrhunderte erstreckt und etwa bis an die Freiheitskriege oder die Kongreßzeit heranreicht.
Dann ein immer rapideres Anwachsen von Bauten aller Art, die sich als

solche aus der „neuen Zeit" erweisen. Im schroffen Gegensatz zu jenem früheren Bestand, der klare, äußerst einprägsame Formen zeigt, so daß uns die Häuser wie eine Ansammlung von prachtvoll rassigen Charakterköpfen kerniger Bauern, männlicher Handwerker, feinsinniger Gelehrter und ritterlicher Edelleute anmuten, stehen wir jetzt plötzlich vor einem Chaos von Formen, oder richtiger gesagt Formlosigkeit, daß wir uns auf einem mit der Hefe eines Volkes gefüllten Marktplatz zu befinden glauben. [...]
Das neue Haus soll sich deutlich als der Sproß unseres nordischen Kulturkreises bekennen und die Tradition genau da fortsetzen, bis wohin sie sich folgerichtig und gesund entwickelt hatte, um dann aus Gründen, die hier nicht untersucht werden können, auf ein totes Geleise zu laufen. Das Interregnum der großen Stil-Maskerade sollte eingekapselt und der Verödung überlassen werden. [...]
Seit einiger Zeit tauchen Bestrebungen auf, die ganz radikal mit unserer gesamten Vergangenheit brechen wollen und uns Häuser empfehlen, die in nichts mehr mit deutschem Gesicht und deutscher Landschaft etwas gemein haben sollen.
Ganz offensichtlich handelt es sich hier um eine deutliche Trennung der Geister: auf der einen Seite die, die sich bewußt um den für sie unentbehrlichen nordischen Kulturkreis versammeln, und solche, die absichtlich das vermeiden, was dem Deutschen ans Herz gewachsen ist, da sie behaupten, daß ihr Denken und Fühlen sie nicht dahin ziehe. [...]
Essen, Trinken, Schlafen, gesellig Empfangen und wohlig Zusammensitzen sind äußerst konservative Dinge, und wenn auch bei ihnen Nation, Rasse, Kulturkreis und Entwicklungsstufe eine gewichtige Rolle spielen, so zeigen sie doch eine weit größere Stetigkeit, was sofort klar wird, wenn man sie mit der Entwicklung vergleicht, die etwa unser Verkehrswesen oder andere technische Sonderentwicklungen darbieten. Beispielsweise wird zwischen dem Vorgang beim Speisen der Menschen einer gleichen gesellschaftlichen Schicht von 1825 und 1925 kein umwälzender Unterschied sein, wohl aber in der Methode, wie er von Leipzig nach Berlin fährt. Oder die Art, wie eine Dame von Welt in jener Zeit in ihrem Salon empfing, wird von dem gleichen Vorgang von heute zwar durch allerlei Abtönungen, aber nicht durch eine Welt getrennt sein.
Ja, es besteht sogar eine allgemeine Neigung, das häusliche Leben in einen *bewußten* Gegensatz zu der Unruhe des öffentlichen Lebens und der

Umwelt zu bringen, in die Beruf und Gewohnheit so viele Menschen tagsüber zwingt. Der Industrielle empfindet es als eine Wohltat, wenn ihn abends nichts mehr an seine Fabrik erinnert, und sogar der Wissenschaftler, auch wenn er in der Technik nicht nur einen Broterwerb, sondern ein heiß umworbenes Mysterium sieht, wird deutlich eine Grenze zwischen seinem Laboratorium und seinem Wohnzimmer zu wahren wünschen. Selbst da, wo die Technik mit unserem häuslichen Leben in nahe Beziehung tritt, also in den Einrichtungen der Heizung, Versorgung mit Wasser und elektrischer Energie, Telephon und dergleichen, wird überall das deutliche Bestreben fühlbar, diese Dinge möglichst *unsichtbar* zu machen. Man will bedient sein, aber der Diener soll uns nicht mit seiner Gegenwart unbequem werden.

Es ist eine dem Deutschen ganz besonders anhaftende Eigenschaft, sich von fremdartigen Eindrücken derartig beeinflussen zu lassen, daß er nicht nur verstehend tief in andere Kulturen einzudringen vermag, sondern sich auch zu Versuchen hinreißen läßt, in solchem fremden Geiste gestalten zu wollen. [...]

Besonders viel wird davon geredet, daß der Eisenbeton auf das moderne Wohnhaus eine umgestaltende Wirkung ausüben müsse. Nun gibt es gar kein Baumaterial, das für die Mauern des Wohnhauses so ungeeignet wäre wie der dazu nötige Zementbeton. Er ist im hohen Grade wärme- und kälteleitend, sehr hellhörig, teuer und von einer Festigkeit, die beim Wohnhaus nicht nötig, ja sogar vom Übel ist. In einer Zementbetonwand können weder Nägel eingeschlagen werden, noch können sonstwelche sich oft sehr erwünscht erweisende kleine Veränderungen, wie Türendurchbrüche, Stemmarbeit usw., gemacht werden, was beim Ziegelbau ohne weiteres geht. Dem Schlackenbeton wiederum kommt weder die Festigkeit noch die lange Lebensdauer des Zementbodens zu. [...]

Ludwig Mies van der Rohe: Landhaus in Backstein, 1923

Josef Frank

Vom Neuen Stil

Ein Interview. Die Baukunst, September 1927, S. 233–250

1. Stil

F: Wir haben sehr viele Stile, die wir sämtlich anwenden können; wozu brauchen wir noch einen neuen?
A: Die Sprache des alten Stils ist nicht mehr imstande die Begriffe unserer Zeit auszudrücken.
F: Sie sprechen vom alten Stil; es ist doch nicht bloß einer, sondern wir sind heute in der Lage sämtliche Stile aller Zeiten und Völker verwenden zu können.
A: Doch, es ist nur einer, da man einem jeden Haus sofort ansehn kann, in welchem Jahr es erbaut worden ist.
F: Ein Stil wird aber nicht erfunden, sondern entsteht von selbst. Es ist deshalb ein unfruchtbares Beginnen, einen erfinden zu wollen.
A: Stile werden erfunden und der moderne stammt aus dem Jahr 1420. Das war meines Wissens das erste Mal, daß ein Architekt erklärte: „Von heute an baue ich im modernen Stil."
F: Aber er hatte die ganze Tradition für sich und konnte deshalb ruhig weiterarbeiten.
A: Er hatte nicht mehr Tradition als wir und schrieb: „Die Alten hatten es leichter, groß zu werden, weil sie eine Schultradition hatten. Wieviel größer muß aber unser Namen werden, da wir ohne Vorbild Künste finden, von denen man nichts gesehn oder gehört hat."
F: Was ist Tradition?
A: Die unbewußte Notwendigkeit, Überkommenes anzuerkennen.
F: Was ist Stil?
A: Das Symbol einer Weltanschauung.

2. Symbole

F: Wir leben im Zeitalter des Rationalismus; wozu brauchen wir noch Symbole?

A: Die Tradition hat gezeigt, daß wir sie noch brauchen, wenn es auch nicht immer dieselben sind. Sie sind ein Beweis für die Überwindung des Materialismus.
F: Der neue Stil verlangt, wie mir gesagt wurde, nackte Sachlichkeit; der alte war doch immerhin ein Schmuck und zeigte eine Freude am Praktisch-Unnötigen. Deshalb war er vom Materialismus viel weniger durchdrungen als der neue.
A: Das ist ein Trugschluß. Rationelles Bauen hat nichts mit Materialismus zu tun. Aber dem in ihm Befangenen ist eine jede Form recht, wenn sie ihm nur den Zweck, wie er ihn erkennt, richtig erfüllt. Tatsächlich war niemals eine praktische Notwendigkeit zu Stil- und Formwechsel vorhanden, man hätte jederzeit in der gleichen Art und in den gleichen Formen weiterbauen können, die durch neue Notwendigkeiten erweitert worden wären. Unsere Zeit hat dies bewiesen, denn wir sind imstande, gotische Kirchen im antiken Stil und moderne Fabriken im ägyptischen zu bauen.
F: Bringt nicht die neue Konstruktion die neue Form?
A: Sie macht neue Formen möglich. Neue Konstruktionen werden erfunden, wenn man sie braucht, aber der Wille zur neuen Form ist davon unabhängig. Die Freude an der Betonung einer jeden Konstruktion in unserer Zeit beruht darauf, daß ein jeder glücklich ist, sie zeigen zu können, um einen festen Anhaltspunkt für seine hin und her schwankende Persönlichkeit zu haben.
F: Wessen Symbol ist der neue Stil?
A: Des Glaubens, daß der praktisch-materielle Gehalt nicht mehr versteckt werden muß, eine Abkehr von der Kunst zur Natur.

3. Das Bauideal

F: Jedes Zeitalter hat sein besonderes Bauideal gehabt, das in ihm vollendet werden sollte, zum Beispiel den Tempel oder den Dom; welches ist das unserer Zeit?
A: Das Bauideal jeder Zeit war, soweit sich dies heute beurteilen läßt, immer der Bau, bei dem am wenigsten Hindernisse zur Formvollendung vorhanden waren, wo also der praktische Zweck ganz in den Hintergrund trat, eine Vorbedingung für ein Kunstwerk. Dergleichen kennt unsere Zeit kaum, da alles mittelbar dem Gelderwerb dient.

II DOKUMENTE 1924–1928

F: Die Fabrik und das Büro wurden als Tempel der Arbeit bezeichnet, da Arbeit das Ziel unserer Zeit ist.
A: Das war ein Irrtum, der schwere Folgen hatte; denn dies sind Gebäude, die man möglichst spät betritt und möglichst bald verläßt, also gewiß nichts von Wert. Der Monumentalbau ist leer geworden, und niemand hat mehr Interesse dafür. Das Hausideal unserer Zeit ist das Wohnhaus.
F: Hat das keinen praktischen Zweck?
A: Den geringsten von allen. Weil es über ihn hinaus der Ruhe und Erbauung dient und allein genossen werden kann.
F: Wird die künftige Zeit wieder ein zentrales Ideal haben?
A: Das ist zu erwarten, aber das weiß ich nicht. Es hat keinen Zweck, für die Zukunft zu arbeiten.

4. Architektur

F: Was ist Architektur?
A: Ein Kampf um die Erweiterung von Raum und Zeit, die uns eingeschränkt worden sind. Der Mensch im Urwald brauchte keine Architektur, denn er hatte genügend Zeit und Raum, sich ungehindert bewegen zu können, und mußte sich nichts vortäuschen lassen. Wir, durch die Zivilisation eingesperrt, machen uns künstliche Wege und Plätze im Haus und dem kleinen Stück Erde, das wir Garten nennen um uns Abwechslung auf dem möglichst kleinen Raum zu verschaffen.
F: Architektur war aber ursprünglich ein Ausgleich zwischen Tragen und Lasten und dessen Verdeutlichung.
A: Ursprünglich nicht. Das waren Symbole einer bestimmten Zeit, die wir heute nicht mehr brauchen, weil wir wissen, daß das, was hält, auch wirklich hält. Wir malen auch unseren Schiffen keine Augen mehr auf den Vordersteven. Wir brauchen auch keine Buchillustrationen mehr, was eine Angelegenheit der Analphabeten ist, unsere Phantasie aber behindern würde. Wir sind wieder auf den Urgrund der Architektur gekommen und können von neuem beginnen.
F: Es gibt aber immer noch Formarchitektur und Buchillustrationen.
A: Es gibt auch immer noch Analphabeten, aber sie zu fördern ist kein Ideal.

F: Architektur wurde auch als gefrorene Musik und als Kristallisation erklärt; was ist davon zu halten?
A: Das sind Phrasen.

5. Formensprache

F: Jede Zeit hat ihre besondere Formensprache. Es gibt aber auch Formen, die schon zweitausend Jahre alt sind, und die wir noch ohne weitere Erklärung verstehn.
A: Wir verstehn sie wohl, aber sie sagen uns nichts mehr. Das Wort gleichsam deckt hier Begriffe, die sich inzwischen verwandelt haben. Ohne diese zu kennen, verstehn wir nicht, was damit gemeint ist. Die Musik eines jeden Volkes und einer jeden Zeit hat auch ihre verschiedenen Ausdrucksmittel. Ohne mit deren Bedeutung und Konvention vertraut zu sein, klingt sie für uns leer und unverständlich. Die Formen der Antike sind von Menschen erfunden worden, die ebenso dachten wie wir und die die gleiche europäische Gesinnung hatten; deshalb können sie von Zeit zu Zeit wiederkommen und werden dies auch wieder tun, während alle andern Formen für ewig verschwunden sind. Die Antike bedeutete aber bei jeder Wiedergeburt etwas anderes.
F: Welche Formen hat unsere Zeit?
A: Gar keine, es ist unser Bestreben zunächst jede Form, die nichts mehr bedeutet, zu zerstören, damit sich später einmal vielleicht wieder eine neue entwickeln kann. Aber ein jeder irrt, der glaubt, heute schon neue Regeln aufstellen zu können, und diese alle werden wieder verschwinden.

6. Die Puritaner

F: Das Ideal des neuen Stils scheint der Puritanismus zu sein.
A: Wenn zwei moderne Architekten zusammenkommen, so suchen sie sich gegenseitig in Anspruchslosigkeit herunterzulizitieren. Der eine braucht kein Dach mehr, der andere braucht kein Gesimse mehr; der eine braucht keine Sessel mehr, der andere braucht keine Lampen mehr; der eine braucht keine Stoffe mehr, der andere braucht keine Farben mehr, da sie den Raum mit ihrem Ich erfüllen. Nur darin sind

sie sich einig, daß ihnen zur Befriedigung ihrer körperlichen und geistigen Bildung die einzig modernen Institutionen des Dancing und der Revue genügen. Savonarola hätte kaum Freude an ihnen gehabt.
F: Ist dies nicht ein Ausdruck des Kollektivgeistes?
A: Er kann es werden, ist es aber nicht. Es ist der Ausdruck höchster Eitelkeit und größten Egoismus, der seinem Nächsten nicht vergönnt, was er selbst nicht braucht, wohl aber darauf achtet, daß man ihm nichts nimmt. Denn der Puritaner hält sich für Diogenes, gleicht aber dem Cato, der auf seine Tugend der Sparsamkeit stolz ist, weil er seine alten, unbrauchbar gewordenen Sklaven als Fischfutter verkauft.
F: Ich sehe aber nur die Möglichkeit des Puritanertums, da wir doch keine Formen mehr haben.
A: Wir haben aber vieles andere. Man kann nicht immer pathetisch leben, und Konsequenz führt zu pathetischer Eindeutigkeit, die unbrauchbar ist, wenn sie der Stätte unseres täglichen Lebens den Charakter geben soll. Man lasse jedem Menschen seine Sentimentalität, die zum Leben gehört und die sich heute meist in persönlichen Erinnerungen ausdrückt.
F: Auch dann, wenn diese häßlich oder geschmacklos sind?
A: Auch dann, denn sie sind zum mindesten menschlich. Der nur von schönen Dingen umgebene Mensch macht den Eindruck der Äußerlichkeit. Ich sehne mich nach Geschmacklosigkeiten.

7. Das Wohnhaus unserer Zeit

F: Wie sieht das Wohnhaus unserer Zeit aus?
A: Was wir das Wohnhaus unserer Zeit nennen, ist das Wohnhaus des begüterten Amerikaners. Tatsächlich wohnen aber die Menschen unserer Zeit noch in sämtlichen Zwischenstufen von Häusern seit der Steinzeit, also in Höhlen und Zelten.
F: Worin besteht die Entwicklung?
A: Sie besteht darin, daß heute alle Menschen die möglichst gute Wohnung bekommen sollen, damit sie, heute in Zeit und Raum eingeschränkt, ein menschenwürdiges Dasein führen können. Daß also die Wohnform der vornehmen Klasse Allgemeingut werde, da wir nicht mehr im Urwald leben können.
F: Der Mensch hat sich eben samt seiner Umgebung sehr verändert.

ZWEIFEL, KRITIK 2

A: Der Mensch hat sich seit hunderttausend Jahren nicht verändert, er ist nicht besser und nicht schlechter geworden, nicht höherentwickelt und nicht degeneriert. Auch die Geräte des täglichen Lebens in seiner Umgebung sind deshalb die gleichen geblieben.
F: Und das Automobil und das elektrische Licht?
A: Das Automobil ist noch immer nichts anderes als der Sitz mit den vier Rädern darunter, und das elektrische Licht ist der leuchtende Punkt. Wie sie erzeugt werden und mit welcher Geschwindigkeit sie funktionieren, ist nebensächlich. Das Haus aber ist das primitive Gerät geblieben, das es war, weil sich sein Zweck nie geändert hat. Alle Neuerungen technischer Art können leicht hinzugefügt werden. Die Wohnart gleichgearteter Menschen war immer die gleiche, sie können in alten Häusern gleicher Art ebensogut wohnen wie in neuen, wenn sich die Lebensbedingungen nicht geändert haben. Das ist aber selten der Fall, weshalb wir zu unseren raum- und zeitsparenden Erfindungen greifen. Das elektrische Licht erspart wohl die Arbeit des Lichtanzündens, aber der Sklave, der mit der Lampe hereinkäme, würde noch weniger Arbeit bedeuten als das Umdrehen des Schalters. Nur ist er nicht mehr da.
F: Was will also die neue Wohnung?
A: Ich habe es bereits gesagt; Ersatz bieten für Raum und Zeit und das für alle, die heute endlich das Bewußtsein dafür erlangt haben, was sie verloren haben.
F: Die alte Hausform existiert nicht mehr. Es haben sich aber industriell einige Wohnformen von höchster Brauchbarkeit entwickelt. Soll nun unser Haus so aussehen wie ein Schlafwagen oder ein Schiff?
A: Nein.
F: Wie denn?
A: Wie ein Haus.

8. Das flache Dach

F: Das flache Dach ist das Merkmal des neuen Stils wie ehedem der Spitzbogen und die Säule für ihre Zeit. Warum ist es wesentlich?
A: Das flache Dach schließt das Haus nach oben eindeutig ab und schaltet Räume aus, die unklar zwischen Deckenbalken und Trämen liegen. Es macht das Haus klar und durchsichtig.

F: Hat es auch Vorteile praktischer Art und ist billiger?
A: Das auch, aber das ist nicht das Wesentliche. Es gibt vieles andere praktischer Art, um das nicht leidenschaftlich gestritten wird. Der Kampf geht um das Symbol.
F: Ist es ein Symbol des neuen Stils?
A: Es ist dazu geworden. Und deshalb mag man es dafür nehmen.

9. Internationale Architektur

F: Gehn wir einer internationalen Architektur entgegen?
A: Internationale Architektur hat es immer gegeben. Sie war die Architektur des Volkes höchster Kultur, das imstande war, diese auch den übrigen Völkern zu übermitteln. Nationale Kunst ist ein barbarischer Überrest. Die Kunst der italienischen Renaissance war zunächst rein nationaler Art, entsprach aber einem Geist, der die Kraft hatte, diesen international zu machen, dem Humanismus und der Reformation. Seit alle Völker die antike Kultur übernommen haben, ist die antike Architektur international.
F: Heute hat aber noch jedes Volk seine nationale Kunst.
A: Dem liegt die trügerische Hoffnung zugrunde, daß diese einmal die allgemeine werden könne. Das Deutschland der Vorkriegszeit hat in diesem Wahn gelebt, ist aber jäh aus seinem Traum gerissen worden und internationalisiert sich nun mächtig. England und Amerika, denen wir unsere gesamte Wohnkultur verdanken, haben kein Interesse am neuen Stil, weil sie mit vielem Recht der Ansicht sind, den ihren als international behaupten zu können, der der höchste Ausdruck bewußter materialistischer Weltanschauung ist. Wer zufrieden ist, der braucht nichts Neues.

10. Ausblick

F: Wird sich der neue Stil in der nächsten Zeit durchsetzen?
A: Solang der Materialismus nicht überwunden ist, gewiß nicht. Wir hoffen darauf, denn sonst wäre es zwecklos, zu arbeiten.
F: Wir sehn aber auch, daß er vielfach rein materialistisch umgedeutet und verwertet wird.
A: Gewiß, eine jede Idee, die etwas Neues bringt und die Menschen

aufregt, wird zunächst versucht, in ihr Gegenteil verwandelt zu werden, um sie und ihre Anhänger von ihrem eigentlichen Sinn zu entfernen. Das darf uns aber nicht abschrecken. Es gibt sehr viele, die ihren Sinn nicht verstehn und ihn ehrlich als sein Gegenteil verteidigen, da jeder dazu neigt, seinem Nächsten eigennützige Gründe unterzuschieben.

F: Unsere ganze Gesellschaftsordnung ist eben auf Egoismus aufgebaut. Wie kann da der neue Stil ihr Ausdruck werden?
A: Die Antwort ist in der Frage enthalten. Niemals, nachdem er eben nicht ihr Ausdruck ist.

Peter Meyer

Moderne Architektur und Tradition

Zürich 1928

[...] Heimatschutz

Ein besonders heikles Grenzgebiet zwischen moderner Architektur und Tradition bilden die Heimatschutzfragen. [...] Immerhin sollte man bedenken, daß es älteste und beste Tradition ist, ehrlich im Stil seiner Zeit zu bauen: in jedem Museum läßt sich feststellen, daß tüchtige Leistungen der verschiedensten Zeiten sich gut miteinander vertragen, unerträglich wirkt einzig die Nachahmung eines antiken Stückes zwischen echten Antiquitäten. Gerade das aber pflegt das Ideal der Heimatschutzbegeisterten zu sein. Der Vergangenheit erweist man durch Nachäfferei jedoch einen üblen Dienst: man verdirbt das Niveau. [...] Es liegt eine tiefe Schamlosigkeit, ein Nicht-Ernstnehmen des Alten in der Meinung, es ließe sich ohne weiteres nachmachen; je mehr man sich in historische Stile vertieft, desto deutlicher wird man ihre Abhängigkeit mit den Lebensformen vergangener Zeiten und damit ihre Einmaligkeit und Unnachahmlichkeit empfinden. Historische Formen nachahmen ist nicht Pietät,

sondern Mangel an Verständnis und Ehrfurcht vor der Vergangenheit. Der Begriff der Bodenständigkeit, des Nationalen, ist überhaupt ein Sammelbegriff und kein Programm. Er blickt nach rückwärts, er faßt zusammen was war, das was aus dem lebendigen Fluß des Werdens auskristallisiert ist, das Formgewordene, Vollendete, das eben darum erledigt und unter den noch zu lösenden Aufgaben nicht mehr enthalten ist. [...]
Allzuoft verbirgt sich unter dem Ruf der Bodenständigkeit die Unsicherheit der Geschmacklosen: denn mit der Lobpreisung längst bewährter Formen kann man sich nicht mehr stark blamieren, man kann als Kenner auftreten, ohne ein Verstehender zu sein, und im Grunde ist das nur eine andere Äußerung der Unsicherheit, die manchen „Modernen" von Mode zu Mode hetzt, weil er „Neuheit" für einen Wert an sich hält. Damit, daß man sich ein trügerisches Ideal aus ferner Vergangenheit vorspiegelt, will man sich dispensieren, die Form der eigenen Gegenwart zu suchen. [...]

Funktionelle Form

[...] Schönheit und Funktion sind nicht mehr zwei getrennte Potenzen, Gegensätze, die man von Fall zu Fall mehr oder weniger versöhnt, der Begriff des Schönen hat sich vielmehr mit dem des funktionell Richtigen, technisch Zweckmäßigen in einer durchaus neuen Art verbunden. Es ist ein naiver Irrtum, zu glauben, das bedeute eine Abdankung des Schönheitsbedürfnisses vor platter Nützlichkeit, und diese Behauptung wird um nichts richtiger, wenn sie von selbstkritiklosen konstruktivistischen Architekten und Maschinenaposteln proklamiert wird, die jede Rücksicht auf ästhetische, das heißt gefühlsmäßige Forderungen in Acht und Bann erklären, weil sie „ästhetisch" mit „ästhetenhaft" verwechseln. Das Ästhetenhafte ist freilich die Wurzel alles Übels, die leere Konvention, die rückwärts gerichtete Sentimentalität, das unfruchtbare Geschmacksdogma, oder die ebenso unfruchtbare individuelle Willkür. Das Ästhetische aber ist eine Kategorie wie jede andere, unter der jedes Gebilde zu betrachten ist, sobald es irgendwie die Sinne anspricht, also hörbar, greifbar, sichtbar ist, und an sich so wenig auszuschalten oder gut und böse zu nennen, wie das Statische, Finanzielle etc. Desgleichen verwechselt man andauernd Unsentimentalität mit Gefühlsrohheit, besonders in Bauhauskreisen leistet man sich an klotziger Barbarei das Menschenmög-

lichste und hat dabei noch das stolze Gefühl, das wäre etwas Positives, während es auf eine kühle, unsentimentale, aber um so reinere Menschlichkeit ankäme. Die ästhetischen, also menschlich gefühlsmäßigen Komponenten sind so wichtig und wirksam wie je, nur stehen sie nicht mehr isoliert neben Funktion und Zweck. [...]
Selbst in der Mathematik und allen andern Wissenschaften sind letzte Erkenntnisse nie auf Grund fleißiger Tabellen, Versuchsreihen, Formeln gefunden worden, sondern durch gefühlsmäßige Versenkung und plötzliche Erleuchtung, und so erwächst auch die technische Form aus einer lebendigen Intuition, die im Sinn der Maschine klarer sieht, als die blinde Maschine selber. Der Ingenieur wird vielleicht entrüstet bestreiten, jemals ästhetischen Erwägungen gefolgt zu sein; er hat den Ehrgeiz, nur auf die klaren Schlüsse seines Verstandes abzustellen. Dabei besitzt er aber einen scharfen Blick für die „rassige", „elegante", „moderne" Lösung seiner technischen Aufgaben: das sind lauter ästhetische Urteile, wenn auch in etwas primitiver Fassung, und selbst der Mathematiker, der sich im völlig Unanschaulichen bewegt, hat sein besonderes Vergnügen an jener „Eleganz des Denkens", die ein Problem zuerst mit einem Mindestaufwand an Worten aufstellt, um es dann mit einem Mindestaufwand von Denkoperationen zu lösen.
Der Künstler seinerseits hat zur Verwirklichung des innerlich Geschauten von jeher seinen Verstand gebraucht, so gut wie der konstruierende Ingenieur. Die Qualitäten von Farben und Kompositionselementen lassen sich freilich nicht ohne weiteres in Worten oder gar in Formeln ausdrükken, sie müssen aber ebenso präzise gemessen, gegen einander verrechnet und abgewogen werden; sie sind Begriffe so gut wie die der Sprache und gehören wie sie in die Sphäre des Verstandes. Zu jeder ganzen Arbeit gehört ein ganzer Mann, [...], und so erweist sich denn der Unterschied zwischen Künstler und Ingenieur mehr als ein Unterschied des Arbeitsgebietes als der Arbeits-Art.
Dieses Arbeitsgebiet des Ingenieurs war aber in zweifacher Hinsicht bevorzugt. Erstens war hier der Atemraum nicht von beengenden Vorbildern und Vorurteilen verstellt. Der Ingenieur ist auf ästhetischem Gebiet naiv, er besitzt keinerlei kunsttheoretische Erziehung, sondern nur die kurze, aber intensive Tradition seines besonderen Faches, in der jedes Detail wichtig ist. Sein bewußter Verstand ist auf die technischen und wirtschaftlichen Probleme so sehr eingestellt, daß er nicht mehr Zeit hat,

II DOKUMENTE 1924–1928

sich nebenher mit den ästhetischen Fragen zu beschäftigen und so bleiben diese dem unbewußten Gefühl überlassen – wo sie auch hingehören. Zweitens ist das Arbeitsgebiet des Ingenieurs einfacher als das des Architekten. Denn mögen die zu lösenden statischen, kinematischen oder sonst physikalischen Aufgaben in sich noch so kompliziert gebaut sein: als Ganzes liegen sie schließlich doch in der gleichen geistigen Ebene materieller Gegebenheiten, der auch die wirtschaftlichen Fragen angehören, und alles läßt sich letzten Endes auf den gemeinsamen Nenner der Kosten bringen. Demgegenüber ist der Komplex der Forderungen, die bei einem Bauwerke vom Architekten zur Einheit zu verschmelzen und als solche zu gestalten sind, bei weitem vielfältiger zusammengesetzt. Denn zu den materiellen Gegebenheiten des Baustoffs, des Zweckes, des Aufwandes, die auch hier auftreten, kommt noch eine ganze Reihe von Forderungen höherer Art. Ein Bauwerk muß dem Lebensstil des Bewohners entsprechen, es muß sich mit der Landschaft und der Bautradition auseinandersetzen – sei es durch Fortsetzung oder bewußten Verzicht auf Tradition –, endlich muß es den Architekten, also einen Menschen von ganz bestimmter Persönlichkeit, formal befriedigen: lauter unter sich ganz inkommensurable Forderungen, die mit den materiellen Voraussetzungen gar nichts zu tun haben, und doch mit ihnen verrechnet und ins Gleichgewicht gebracht werden müssen. Begreiflich, daß man auf diesem Gebiete möglichst lange an ehemals guten und lebendigen Formen festhält und ihr Absterben nicht wahrhaben will; und kein Wunder, daß hier die neue Form langsamer zur Reife kommt als auf dem von Traditionen unbeschwerten Neuland der Technik. Und so entstanden denn gerade da, wo von Kunst am allerwenigsten die Rede war, die ästhetisch vollkommensten Gebilde der neuen Zeit. [...]

Wohnmaschine, Russen, Konstruktivisten

[...] Unbesehen hat man die ganze technische Terminologie auf die Architektur übertragen und Le Corbusier hat den Begriff der „Wohnmaschine" geprägt, ein reklametechnisch vorzügliches Schlagwort, das auf Französisch – machine à habiter – allerdings eine Nuance weniger revolutionär klingt. Eine Maschine ist ein Werkzeug, das die Arbeit, für die es bestimmt ist, vollkommen leisten muß: nicht mehr und nicht weniger. Im Fall der Wohnmaschine liegt der Akzent auf dem „nicht mehr". Obwohl

es die Maschinenbegeisterten wohl nicht wahrhaben wollen: das ist ein ästhetenhafter Standpunkt, denn dem Ingenieur ist die Hauptsache: „nicht weniger". [...] Das Gebot der Sachlichkeit ist nämlich sehr leicht zu umgehen, wenn man alle jene Gegebenheiten, die nicht in die konstruktivistische Theorie passen, einfach als nicht existierend erklärt. Nun sind aber die ästhetischen Bedürfnisse des Menschen genau solche Realitäten, wie sein Wärmebedürfnis und Speisebedürfnis, und der Konstruktivist, der mehr an die Schönheit der Maschine als an den Menschen denkt, für den er zu bauen hat, handelt nicht sachlicher als irgend ein Jugendstilarchitekt. Bereits tauchen denn auch schon Wohn- und andere Bauten auf, die mit Schiffskommandobrücken Mimikry treiben und es ist nicht zu leugnen, daß der modernen Architektur von dieser Seite ernstlich Gefahr droht, daß man nicht die Sachlichkeit des Denkens von der Maschine übernimmt, sondern fertige Einzelformen, die in einem ganz anderen Zusammenhang als dem des Wohnens „Zweckformen" sind: damit ist man wieder im Bereich des Dekorativen gelandet, das man überwunden glaubte. [...] Was haben wir schon davon, wenn man die historische Phrase nur durch die revolutionäre Phrase ersetzt? Revolutionen sind nachgerade vieux jeu geworden, und so braucht sich denn niemand altmodisch vorzukommen, wenn er von seinem Haus sogar die Befriedigung von Gefühlsbedürfnissen verlangt, und nicht nur, daß es den Regen abhält und die Mindesttemperatur von 15° garantiert. Nimmt man ästhetische Momente ins Pflichtenheft seiner „Wohnmaschine" auf, so verstößt das noch lange nicht gegen das Gebot der „Sachlichkeit". [...]
Sachlich sein heißt, die Maschine bis ins letzte ausnutzen, sie gebrauchen, nicht aber das Menschliche der Maschine dienend unterordnen und aus dem Werkzeug einen Gott machen. Auf das aber laufen die mit so ungeheurem Kulturgetöse in Szene gesetzten bolschewistischen und sonst konstruktivistischen Experimente hinaus: statt die Materie zu beherrschen, betet man sie an. [...] Auch ein funktioneller Doktrinarismus ist ein Vorurteil, eine Unfreiheit, und damit ein unmoderner Krampf; man verliert noch allzuoft das Gefühl dafür, daß alle Funktion doch nur Sinn hat in Bezug auf ein Ziel, und daß dieses überlogische Ziel den Rahmen für alles andere abgibt, und daß dieses andere, subaltern Technische zum Unsinn wird, wenn es ihn überschreitet und Selbstzweck sein will. Unsachliche Übertreibung der Sachlichkeit ist noch eine Stufe übler als

das übelste Kunstgewerbe, nämlich Kunstgewerbe, das vorgibt, sein Gegenteil zu sein. Und das Gleiche gilt von den begeisterten Konstruktivisten-Manifesten, die Sachlichkeit predigen und Maschinenlyrik und -rhetorik sind. Wenn Le Corbusier schulbildend wirkt, obwohl er vielleicht keine besonders schöpferische Persönlichkeit ist, so hat er das nicht zuletzt seiner französischen Sprache und also Denkform zu verdanken, die in ihrer kühlen Sauberkeit das wagnerianische Pathos nicht kennt, von dem beispielsweise nur schon das eine, deutsche Wort „Gestaltung" umwittert ist. Man versuche einmal die Texte der Bauhausbücher ins Französische zu übersetzen: diese schon fast zu technischer Präzision abgeklärte Sprache sträubt sich mit Händen und Füßen gegen das verworrene Pathos, das ihr da zugemutet wird.
Nicht umsonst wird diese Maschinenseligkeit besonders im bolschewistischen Rußland gepredigt, wo man den westlichen Materialismus in möglichster Eile nachholt. [...]
Es ist das große Paradoxon des russischen Materialismus, daß er aus der Vernunft eine neue Religion macht, eine neue Orthodoxie; statt der goldenen Ikone küßt er die Schalttafel. [...]
In seiner Auflösung der Fassade liegt ja zweifellos ein modernes Element, seine Gebilde wenden sich aber nicht weniger nach außen, sind also in ihrer Art auch wieder auf die Fassade, auf das Reklame-Manifest gestellt, und Tatlins Museumsentwurf mit den sich drehenden Glas-Zylinderräumen bleibt eine Kuriosität, die mit moderner Architektur nichts zu tun hat. Überhaupt dürfte bei den Bewunderern des russischen Konstruktivismus eine gute Dosis elegischer „Untergang des Abendlandes"-Stimmung mitsprechen: ist doch der gute Europäer so gern bereit zu glauben, die Wilden seien bessere Menschen. [...]
Wenn auf Ausstellungen gelegentlich moderne Wohnräume mit wenigen und einfachen Möbeln gezeigt werden, hört man oft die Meinung: das passe vielleicht für arme Leute. Im Gegenteil, es gehört Erziehung und Kultur dazu, abgestorbene Formen als abgestorben zu empfinden und darauf zu verzichten, und darum liegt die Verantwortung für eine Gesundung ausschließlich bei jenen Kreisen, die Niveau bilden und den andern als Vorbild dienen. Das Ideal des Proletariers und Kleinbürgers ist wohl noch immer der Plüschsalon: und das ist ihm nicht zu verdenken, solang das auch noch das Ideal des vermöglichen Bürgertums ist. Von oben her, von den gebildeten Schichten muß die Selbstbesinnung und Reinigung

ausgehen, wenn sie Erfolg haben soll. Die Gründer der asketischen Mönchsorden sind auch vornehme Herren gewesen, und eben darum war ihre Entsagung beispielhaft: wenn irgend ein Bettler Einfachheit predigt, so macht das niemandem Eindruck. [...]

Typisierung und Normung

Der wichtigste Schritt zur Vereinfachung und damit Verbilligung im Baugewerbe ist die möglichst weitgehende Typisierung und Normung der einzelnen Bauteile. Typisieren heißt, sich für Türen, Fenster, Baubeschläge, Raumgrößen, Installationen, Grundrißanordnungen und endlich ganze Häuser auf bestimmte Formen einigen, Normen, diese Typen zahlenmäßig festlegen. Beides ist die selbstverständliche Folge der Maschinenarbeit: die Maschine liefert prinzipiell gleiche Produkte, jede Umstellung erfordert Zeit und Arbeit, verteuert also das Ergebnis. Müßten also schon wirtschaftliche Gründe zu einer solchen Vereinfachung im Baugewerbe führen, so wäre sie auch von der ästhetischen Seite her nur zu begrüssen. Denn Türen und Fenster sind wahrhaftig nicht der Ort für den Bauherrn oder Architekten, seine Persönlichkeit zu manifestieren; sogut die Kleidung typisiert ist, ohne daß man das als Einschränkung der persönlichen Freiheit empfinden würde, so ließen sich auch am Bauwerk alle subalternen Dinge typisieren, und schon damit wäre viel erreicht. Aber gerade hier wirken die verschiedenartigsten Gründe zusammen, um den Erfolg dieser Bestrebungen zu verzögern. Kein Gewerbe ist in seinen Methoden so rückständig geblieben, wie das Baugewerbe. Ein Bauunternehmer ist der Konkurrenz nur in sehr beschränktem Maße ausgesetzt, er ist also nicht daran interessiert, durch rationelle Methoden den Bauvorgang zu beschleunigen und zu verbilligen. Die städtischen Bauarbeiter sind meist durch besondere Lohnabkommen privilegiert, ziehen also auch ihrerseits Nutzen aus umständlichen Methoden, und weigern sich womöglich, fertig von auswärtigen Fabriken bezogene Bauteile zu versetzen. Der Bauherr endlich und noch mehr sein Architekt ist kraß individualistisch erzogen und befürchtet Verödung und Gleichmacherei von allen Typisierungsbestrebungen. Daß diese Gefahr besteht, ist nicht zu leugnen, aber sie ist gering, denn auch die Auswahl genormter Formen kann ja noch beliebig groß sein. Auch mit maschinenmäßig gleich hergestellten Häusern lassen sich

II DOKUMENTE 1924-1928

außerdem durch Komposition im Großen abwechslungsreiche Siedlungen errichten, und durch verschiedenartige farbige Behandlung ganzer Schauseiten oder einzelner Teile kann man jede beliebige Differenzierung durchführen; gerade wo die allgemeinen Grundlagen gleich sind, wird die Aufmerksamkeit frei für die feineren Verschiedenheiten, für die Schönheiten des Raumes, der Verhältnisse, der persönlichen Nuance. Jede historische Periode hat ihre größten Leistungen auf dem Boden einiger weniger typisierter Grundformen erreicht; nicht nur die Schönheit alter Dorf- und Stadtbilder beruht auf der Wiederholung gleichartiger Häuser (also Typisierung), Verwendung einheitlich durchgebildeter Fenster, gleichen Baumaterials; selbst in der hohen Kunst wird gerade in den Blütezeiten ein und dasselbe Motiv immer wieder abgewandelt, also ein Typus beibehalten, und damit der Sinn für die Nuance erzogen. Schon aus wirtschaftlichen Gründen werden sich die Normalisierungen durchsetzen: es wäre wichtig, daß man sich nicht auf Grund ästhetischer Vorurteile dagegen sträubt, sondern erkennt, daß eine großzügige Vereinfachung des Lebensinventars eine Beruhigung und Erleichterung des Daseins bedeutet, eine Erlösung aus kleinlich-engstirnigem Individualismus.

In dieser Hinsicht kann Europa von Asien lernen, wo seit Alters her die Normung der Raumgrößen streng durchgeführt ist: Die Grundeinheit ist die geflochtene Matte von 1 × 2 Meter, die den Bodenbelag bildet. Man kauft sie fertig, und selbst das vornehmste japanische Haus rechnet von vornherein mit dieser festen Größe und ihrem Vielfachen. Daraus ergibt sich automatisch die Normung der wichtigsten Konstruktionshölzer, sie können auf Vorrat gearbeitet werden, und wenn eine Stadt vom Erdbeben oder einer Feuersbrunst heimgesucht wird, liegen auf den Stapelplätzen der Zimmerleute in der Nachbarschaft die Hölzer bereit, mit denen der Aufbau in kürzester Zeit durchgeführt werden kann. (Persönliche Mitteilung von Prof. Ernst Grosse.)

Aus dem Dänischen Handbuch der Bauindustrie 1931

 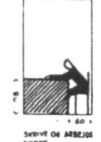  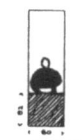  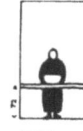 

Werner Hegemann und Leo Adler

Warnung vor „Akademismus" und „Klassizismus"

Wasmuths Monatshefte für Baukunst, Jg. 11, Heft 1, 1928, S. 1–11

Unseren „Monatsheften" ist verschiedentlich der Vorwurf gemacht worden, ihr Kampf für Einfachheit, strenge Wirtschaftlichkeit, baukünstlerische Ordnung, Ruhe und Klarheit sei eine gefährliche Förderung des „Akademismus" und des „Klassizismus" im schlechten Sinne dieser Worte. Nachdem die preußische „Akademie des Bauwesens" kürzlich unter oberhofbaurätlicher Leitung mit fast beispielloser Schärfe in einem besonderen Gutachten gegen unsere „Monatshefte" Stellung genommen und ausdrücklich unsere Ablehnung Bruno Schmitzscher Denkmalskunst „urteilslos" genannt hat, dürften wir wohl von dem Vorwurfe der Freundschaft für den Akademismus gereinigt dastehen und könnten uns ausschließlich gegen den Vorwurf des „Klassizismus" wenden, wenn nicht auch der Begriff des „Akademischen" in der Baukunst so schwankend wäre. [...]
Wir warnen auch vor jenem „Klassizismus", von dem Peter Behrens in seinem Berliner Vortrag vom 8. März 1926 warnend sagte, dieser Klassizismus sei „ganz dasselbe wie die materialistische Geistesarmut der Konstruktivisten". Andererseits konnten und können wir uns Peter Behrens nicht anschließen (vgl. W. M. B. 1926, Heft 4), wenn er in J. J. P. Oud den modernen Vertreter *dieser* verwerflichen klassischen Richtung erkennen zu müssen glaubt und hinzufügt, in Ouds Arbeiten „lebe zuviel puritanische Strenge, trotz allen Talentes, das aus ihnen spricht". Wir sind im Gegenteil stolz darauf, wieder die neuesten Arbeiten von so baumeisterlichen Vertretern verständnisvollen Konstruktivismus' wie Oud und Perret veröffentlichen zu dürfen, denn wir sehen in der Strenge Ouds und Perrets die Sicherung gegen die Willkür und Zuchtlosigkeit jener baukünstlerischen Richtung, die wir nach Kräften als „Amsterdamer Schreckenskammer" bekämpft haben. [...]
Es ist uns nicht möglich zuzugestehen, daß ein Baumeister einfach deshalb Gutes leistet, weil er von einer bewährten Form abweicht, auf ältere, weniger zeitgemäße Formen zurückgreift oder der vielverbreiteten Sucht nach dem Absonderlichen frönt. Die nach oben dicker werdenden

II DOKUMENTE 1924-1928

Säulen z. B., die ein auch von uns hochgeschätzter Baumeister neulich in der Mülheimer Stadthalle schuf, erscheinen uns nicht „modern", obgleich sie aus dem Jahre 1926 stammen, und sie erscheinen uns auch dann nicht als gute Überlieferung (sondern höchstens als schlechter „Klassizismus", vor dem wir warnen), wenn man uns darauf aufmerksam macht, daß ähnliche Säulen im alten Mykenae verwendet wurden. Wir können in diesen Mülheimer Säulen nur unerfreulichen Exotismus sehen, der einer Modelaune zuliebe an Stelle der einfacheren und deshalb moderneren Säulen, wie sie sich in unsere Baukunst eingeführt haben, willkürlich auf etwas Fremdartiges verfällt. Ob er diese Fremdartigkeiten neu erfindet oder alten Mustern nachbildet, ist uns gleichgültig. Wer alles Alte für gut hält, scheint uns ebenso auf dem Holzwege wie der, welcher alles Alte für schlecht hält. [...]
Uns ist Klassizismus nicht eine geschichtliche Stilbezeichnung, sondern die Erscheinungsform der Baukunst, die in aller Vergangenheit, Gegenwart und Zukunft Ruhe, Klarheit und Maßhalten am vollendetsten zur Anschauung bringt. Diese Art von Klassizismus schließt Überschwänglichkeit in der Baugesinnung und Zügellosigkeiten der Gestaltung aus.
Der Vergleich zwischen den Formen der Baukunst und der gesprochenen oder geschriebenen Sprache drängt sich immer wieder auf. Unsere Sprache wird fortlaufend durch neue Begriffe bereichert. An Rundfunk und Flugzeug hat zu Luthers oder Goethes Zeit niemand gedacht. Wer uns deshalb aber glauben machen will, daß nicht sehr vieles (längst nicht alles!) in der Sprache Luthers und Goethes auch heute und in hundert Jahren noch vorbildlich sein muß für jeden, der wie Nietzsche oder Stefan George herrliches und neuartiges Deutsch sprechen will, hat das Wesen der Sprache nicht erfaßt. Wir glauben, daß durch die Erfindung von Rundfunk, Luftschiff, Kraftwagen und Eisenbeton große, wesentliche Neuerungen in unser Leben getreten sind, die sich in den entwicklungsfähigen Formen unserer Baukunst ebenso auswirken werden, wie sich die großen neuen Gedanken Nietzsches und Stefan Georges in der entwicklungsfähigen Sprache Luthers und Goethes ausgewirkt haben. Wir glauben aber nicht, daß Meister, die sich mit den Genannten messen dürfen, plötzlich anfangen werden, Volapük oder Esperanto zu sprechen, und wir wissen, daß auch Esperanto nichts als einen mühsamen Versuch darstellt, aus den überlieferten Sprachen eine neue zusammenzustoppeln. Ebensowenig werden in der Baukunst alle früheren Errungenschaften

plötzlich einigen beachtenswerten Neuerungen zuliebe über Bord geworfen werden.
Wir glauben, daß in der Baukunst unser Verlangen und unsere Pflicht zu unerbittlicher „Modernität" uns zu ganz neuen Werturteilen über alles Vergangene zwingt. Wir lehnen alles Verschnörkelte, Barocke, Unklare und Unwirtschaftliche, kurz alles, was von unserem neuartigen Standpunkte aus heute als unsachlich erscheint, entschlossen ab, aber es betrübt uns nicht, daß wir unter manchen Leistungen berühmter oder unberühmter Meister der Vergangenheit Dinge finden, die uns wie eine großartige Vorwegnahme dessen erscheinen, was uns heute als wesentlich, sachlich, klar, einfach und wirtschaftlich vorkommt. [...]
Auch unsere Gegner werden uns zugestehen müssen, daß unsere kritischen Bemühungen niemals von Parteilichkeit oder Rechthaberei eingegeben sind, und daß wir auch den Arbeiten von Männern, die uns als Gegner behandeln, dankbare und rückhaltlose Anerkennung zuteil werden lassen, wenn sie den hier verfochtenen Forderungen der Baukunst entsprechen. Diese Forderungen, denen wir dienen, weil sie stärker sind als wir, heißen – um es nochmals zu wiederholen: Wirtschaftlichkeit und Einfachheit, Ruhe, Klarheit und Maßhalten. Daß diese Forderungen bisher am vollendetsten in manchen Schöpfungen der „klassizistischen" Kunst erfüllt wurden, darf uns nicht abhalten, nach höherer, unserer Zeit und ihren Baustoffen gemäßerer Vollendung mit aller Kraft zu streben.

Hugo Häring

Wege zur Form

Die Form, 1925, S. 3–41

Die Dinge, die wir Menschen schaffen, sind das Ergebnis unserer Anstrengungen nach zweierlei Richtungen hin; einerseits stellen wir Ansprüche an eine Zweckerfüllung, andererseits Ansprüche an einen Ausdruck. Es kämpfen also Ansprüche sachlicher und dinglicher Art mit

Ansprüchen geistiger Art um die Gestalt der Dinge, während die Materie die Mittel zu diesem Kampfe liefert. Nun ist die Verteilung und Betonung dieser beiden Ansprüche auf die Dinge durchaus verschieden in Hinsicht auf das einzelne Objekt, verschieden auch zu verschiedenen Zeiten, in verschiedenen Landschaften, in verschiedenen Völkerschaften, verschieden aber auch durch die Materie. Die sachlichen Ansprüche an die Zweckerfüllung werden die Ansprüche an einen Ausdruck verdrängen, wenn diese Zweckerfüllung von großer Wichtigkeit für das Leben ist, während andererseits die Ansprüche an den Ausdruck die Führung übernehmen, wenn die Ansprüche an die Zweckerfüllung gering sind. Bei Geräten des täglichen Gebrauchs, bei Wohnbauten, bei Schiffsbauten, bei Festungswerken, bei Brücken, bei Kanalbauten usw. haben zu allen Zeiten die Ansprüche an die Zweckerfüllung dominiert, während die Bauten für die Götter und die Bauten für die Toten nahezu ganz den Ansprüchen rein geistiger Art, den Ansprüchen an Ausdruck überlassen werden konnten. Diese Abstammung der Dinge aber aus zwei Arten von Ansprüchen erklärt die ganze Konfliktsmasse, die in ihrer Gestaltwerdung liegt. Denn es ist offenbar, daß die Formen der geeignetsten Zweckerfüllung und die Formen um eines Ausdrucks willen sich nicht immer decken.

Nun sind die Formen der sachlichen Ansprüche, als vom Leben gestaltet, von elementarer Art und von einer naturhaften, nicht dem Menschen entstammenden Ursprünglichkeit, während die Formen, die um eines Ausdrucks willen den Dingen gegeben werden, von einer abgeleiteten Gesetzhaftigkeit sind, von einer Gesetzhaftigkeit, die sich als eine Erkenntnis bei den Menschen einfand. So sind also die ersteren Formen, obwohl dauernden Modifikationen durch äußere Umstände unterworfen, doch in Wahrheit ewige und unzerstörbare, weil vom Leben ewig neugeborene Gestaltungen, während die Formen, die um ihres Ausdrucks willen entstanden, der Vergänglichkeit, dem Wandel der menschlichen Erkenntnis ausgesetzt sind. Dies bedeutet andererseits, daß die Formen der Zweckerfüllung auch auf eine naturhafte Weise und sozusagen auf anonymem Wege entstehen, während die Formen, die um eines Ausdrucks willen geschaffen wurden, einer psychischen Konstitution entstammen und deshalb im höchsten Maße subjektiv und unbestimmbar sind. Mit anderen Worten: die Formen bestimmter Zweckerfüllung sind in der ganzen Welt und ewig dieselben, die Formen des Ausdrucks sind an

Blut und Erkenntnis, und damit auch an Zeit und Ort gebunden. Die Geschichte der Gestaltwerdung der Dinge ist also in Wirklichkeit nur eine Geschichte der Ansprüche an den Ausdruck der Dinge.
In diesem Anspruch an den Ausdruck der Dinge ist in den letzten Jahrzehnten eine grundsätzliche Wandlung eingetreten. Unter und in der Herrschaft der geometrischen Kulturen hatten wir diese geistigen Ansprüche an einen Ausdruck abgeleitet aus einer Gesetzhaftigkeit, die gegen das Lebendige, gegen das Werden, gegen die Bewegung, gegen die Natur gerichtet war, nämlich aus der Gesetzhaftigkeit, die wir in den geometrischen Figuren erkannten, an ihnen errichteten und aus ihnen ableiteten. Wir haben nunmehr die Entdeckung gemacht, daß viele Dinge einer reinen Zweckerfüllung bereits eine Gestalt besitzen, die unseren Ansprüchen an einen Ausdruck vollkommen genügt, und daß viele Dinge, die einer reinen Zweckerfüllung wegen gestaltet waren, unseren Ansprüchen an Ausdruck um so besser entsprachen, je besser sie denen an einer reinen Zweckerfüllung entsprachen, und daß zudem der Ausdruck dieser Dinge *einer neuen Geistigkeit* entsprach. Wir bekannten uns zu dem Ausdruck, den Maschinen, Schiffe, Autos, Flugzeuge und tausend Geräte und Instrumente haben. Mit dieser Entdeckung beginnt ein neuer Abschnitt in der Geschichte der Gestaltwerdung der Dinge.
Wir suchen nunmehr unsere Ansprüche an den Ausdruck nicht mehr der Zweckerfüllung der Dinge *gegen*gerichtet zu behaupten, sondern suchen sie ihr *gleich*gerichtet auf den Weg zu bringen. Wir suchen unsere Ansprüche an Ausdruck *in* Richtung des Lebendigen, *in* Richtung des Werdens, *in* Richtung des Bewegten, *in* Richtung einer naturhaften Gestaltung geltend zu machen, denn der Gestaltungsweg zur Form der Zweckerfüllung ist auch der Gestaltungsweg der Natur. In der Natur ist die Gestalt das Ergebnis einer Ordnung vieler einzelner Dinge im Raum, in Hinsicht auf eine Lebensentfaltung und Leistungserfüllung sowohl des Einzelnen wie des Ganzen. (In der Welt der geometrischen Kulturen ist die Gestalt der Dinge gegeben durch die Gesetzhaftigkeiten der Geometrie.) Wollen wir also Formfindung nicht Zwangsform, Gestaltfindung nicht Gestaltgebung, so befinden wir uns damit im Einklange mit der Natur, indem wir nicht mehr gegen sie handeln, sondern in ihr.
Damit fordern wir für die Dinge nur dasselbe, was wir auf vielen anderen Gebieten des Lebens bereits seit langem fordern. Diese Wandlung unseres Anspruches an die Dinge ist also nicht eine Besonderheit eines begrenzten

Gebiets, sondern die Wirkung einer ganz allgemeinen Umwälzung in der Planwirtschaft unseres geistigen Lebens überhaupt. Es ist also schließlich richtiger zu sagen, daß wir eine Wandlung in den Planbegriffen und Plansetzungen unseres geistigen Ordnens, Bauens und Schaffens überhaupt durchmachen und daß diese Wandlung, die wir an einzelnen Dingen bereits feststellten, eben ihre Ursache hat in dieser allgemeinen Umwälzung.

Wir entnehmen die Planfiguren, die wir unseren schöpferischen Gestalten zugrunde legen, nicht mehr der Welt der Geometrie, sondern der Welt der organhaften Formungen, weil wir die Einsicht gewonnen haben, daß der Weg des gestaltenden aufbauenden, schöpferischen Lebens nur derselbe sein kann, den die Natur geht, der Weg organhafter Planbildung, nicht der Weg der Geometrie. [...]
Über der Plansetzung eines Kreises läßt sich keine Pflanze errichten, wohl aber finden sich auf dem Wege, auf dem die Gestalten der Natur entstehen, Planfiguren ein, die identisch sind mit dem Kreis. Das heißt: es gibt einen Gestaltungsweg, auf dem alle Dinge, auch die geometrischen Figuren gleichenden und die kristallgleich gebildeten, als Gestalten aus individuellen Planbegriffen werden, während auf jenem anderen Wege den Dingen eine Form von außen gegeben wird, die ihrer inneren Gestaltwerdung entgegensteht. [...] Handelt der anfängliche Mensch ohne Wissen um Planbegriffe in Identität mit der Natur und also naturhaft, handelt somit auch immer schöpferisch, so handelte der Mensch der geometrischen Kulturen mit dem überbetonten Planwillen und den begrenzten Planbegriffen nur so lange fruchtbar, bis seine lebendige Kraft in die Formen der Geometrie nach allen Regeln und Gesetzen gegossen und verpackt und damit abgetötet war, also nur so lange und so weit, als diese Figuren ihrem Drange nach Entfaltung Lebenswärme ließen. Der geometrische Planbegriff wirkte zwar energiefördernd, aber er wirkte auch lebenerschöpfend und tötend. [...]
Wir wollen die Dinge aufsuchen und sie ihre eigene Gestalt entfalten lassen. Es widerspricht uns, ihnen eine Form zu geben, sie von außen her zu bestimmen, irgend welche abgeleiteten Gesetzhaftigkeiten auf sie zu übertragen, ihnen Gewalt anzutun.
Wir handelten falsch, als wir sie zum Schauplatz historischer Demonstrationen machten, wir handelten aber ebenso falsch, als wir sie zum Gegenstand unserer individuellen Launen machten.

Und gleicherweise falsch handeln wir, wenn wir die Dinge auf geometrische oder kristallische Grundfiguren zurückführen, weil wir ihnen damit wiederum Gewalt antun. (Corbusier.) Geometrische Grundfiguren sind keine Urformen, auch keine Urgestalten. Geometrische Grundfiguren sind Abstraktionen, abgeleitete Gesetzhaftigkeiten. Die Einheit, die wir auf Grund der geometrischen Figuren über die *Gestalt* vieler Dinge hinweg errichten, ist nur eine Einheit der Form, nicht eine Einheit im Lebendigen.
Wir aber wollen die Einheit im Lebendigen und mit dem Lebendigen.
Eine polierte Metallkugel ist zwar eine phantastische Angelegenheit für unseren Geist, aber eine Blüte ist ein Erlebnis.
Geometrische Figuren über die Dinge stülpen heißt: diese uniformieren, heißt: diese mechanisieren.
Wir wollen aber nicht die Dinge, sondern nur ihre Herstellung mechanisieren.
Die Dinge mechanisieren heißt: ihr Leben – und das ist unser Leben – mechanisieren, das ist abtöten. Die Herstellung mechanisieren indessen heißt Leben gewinnen.
Die Gestalt der Dinge kann identisch sein mit geometrischen Figuren – wie beim Kristall – doch ist, in der Natur, die geometrische Figur niemals Inhalt und Ursprung der Gestalt. Wir sind also gegen die Prinzipien Corbusiers – (doch nicht gegen Corbusier).
Nicht *unsere* Individualität haben wir zu gestalten, sondern die Individualität der Dinge. Ihr Ausdruck sei identisch mit ihnen selbst.

Hermann Muthesius

Kunst und Modeströmungen

Wasmuths Monatshefte für Baukunst, 1928, S. 496–498

In dieser Welt ist nichts dauernd außer dem Wechsel. Dies findet seine Bestätigung auch in dem Wechsel der Geistesrichtungen. Im Allgemeinen

hält eine Zeit gewisse Dinge für die richtigsten, schönsten, erstrebenswertesten, die die andere für überwunden, irrig, fehlerhaft gehalten hat. Die Einschätzung der Zeitgenossen ist in der Regel derjenigen der vorangegangenen Generation entgegengesetzt. Man ist der Ansicht, daß die Vorwelt geirrt habe und daß man jetzt erst zu dem Wahren und Richtigen durchgedrungen sei.
Blickt man aber auf längere Zeiträume zurück, so gewahrt man bald, daß sich die Richtungen trotzdem gelegentlich wiederholen. Verachtetes wird plötzlich neu gewürdigt, Überlebtes wieder hervorgeholt. Im allgemeinen ist bei den Menschen immer das Gestrige verpönt. Es verharrt dann im Bann der Mißachtung so lange, bis der Eifer, mit dem die gerade Lebenden die Verurteilung betreiben, geschwunden ist. Können wir uns heute vorstellen, daß Rembrandt lange Zeit vergessen, Shakespeare nach anfänglicher Popularität ein Jahrhundert lang unbekannt war?
Das Eigentümlichste ist, daß selbst die Lehren der Wissenschaft, der angeblich strengen, unerbittlichen, solche Modeschwankungen erfahren, ganz zu schweigen natürlich von den religiösen, ethischen, moralischen, sozialen Werten, bei denen sie häufiger sind. Am häufigsten aber sind sie in der Kunst. Ein Blick auf die letzten fünfzig Jahre zeigt uns schroffen Richtungswechsel, nicht nur in der Malerei und Skulptur, sondern auch in der Baukunst, im besonderen in der Haus- und Wohnungskunst und in der Kleidung.
Bei der Kleidermode kann man vielleicht die Vorgänge am besten beobachten, die den Wechsel herbeiführen. Das Bedürfnis nach Abwechslung schreibt sich zum Teil aus dem Bestreben her, die eigene Erscheinung immer von neuem vorteilhaft zur Geltung zu bringen, wobei von dem Neuen erhöhte Wirkung erhofft wird. Zum Teil mag eine Ermüdung und Abstumpfung gegenüber dem täglich Gesehenen mitsprechen, die zur Abwendung von dem Gewohnten drängt. In Wahrnehmung dieser menschlichen Eigentümlichkeit sind nun rein geschäftliche Einrichtungen entstanden, die Mode planmäßig zu organisieren. In führenden Schneiderateliers wird die neue Form geschaffen. Es gehört eine gewisse Gabe dazu, vorauszuahnen, was etwa einschlagen wird. Eine Art von Volksentscheid bestimmt die nun folgende Produktion an Kleidern, Hüten, Schmuck, die von ungeheurer volkswirtschaftlicher Bedeutung ist. Die neue Mode ist gemacht. [...]
Die wechselnden Strömungen in der bildenden Kunst haben mit der

Mode das gemein, daß auch sie das Zeitempfinden darstellen. Abweichend ist jedoch, daß die Erkenntnis hier noch nicht so weit vorgeschritten ist, in den Zeiterscheinungen etwas Ewigwechselndes zu sehen. Im Gegenteil: jede neue Ausdrucksart pflegt als die nun endlich erreichte Lösung des künstlerischen Problems hingestellt zu werden. Mit heiligem Eifer und mit Überzeugungstreue wird jede neue Strömung als das Wahre von den Künstlern verkündet und durch Manifeste erhärtet. Es geht jedes Mal von neuem um das Ganze. Wer nicht mittun will, wird verächtlich behandelt, im mildesten Falle als überholt abgetan. Für die literarische Vertretung der neuen Richtung wird flugs die geeignete Phraseologie erfunden, die nach ganz kurzer Zeit jede Zeitung handhabt. Das ging so in der Malerei beim Futurismus, beim Kubismus, beim Im- und Expressionismus. Heute liegt der aktuelle Fall der „Neuen Sachlichkeit" vor.

Für die „Neue Architektur" liegt bereits ein komplettes Arsenal der literarischen Begründungspunkte vor. Eigentümlich ist nur, daß sich die Verkünder der neuen Architektur fast ausschließlich auf Gründe der Zweckmäßigkeit, Wirtschaftlichkeit, Konstruktionstüchtigkeit, Gesundheitlichkeit, Gebrauchsfähigkeit, kurz auf Nützlichkeitsgründe stützen, während die eigentlichen, der neuen Gestaltung zugrunde liegenden Triebfedern, wie bei jedem Kunstwandel, doch natürlich rein ästhetischer Natur sind. Auch in der Architektur ist stets der Ausgangspunkt die Form gewesen und ist es heute noch. Ganz besonders ist das aber der Fall in der heute propagierten kubischen Bauweise, die die Gebäudemasse auf die einfachste Grundform, auf das Parallelepipedon, zu bringen, und die Einheitskörper zu einer horizontalentwickelten Gebäudegruppe zu ordnen strebt. Niemand wird leugnen, daß sich auf diese Weise klare, logisch entwickelte Baumassen ergeben, daß Strenge und Wucht, daß Klarheit und Schnittigkeit aus solchen Bauten sprechen können. Unter allen Umständen muß die Architektur, wenn sie nicht bloßes Maurermeister-Bauen bleiben will, nach idealen Zielen, dem Irdischenentrücktwerden, streben. Insofern ist durch die neue Bauweise gegenüber manchem, was bisher architektonisch gestaltet wurde, wohl ein Fortschritt erzielt. Ja, es ist dem Zeitempfinden, das auf die glatte, klare, ungeschmückte Form ausgeht, mehr Rechnung getragen als durch einen fünften Aufguß alter Stile.

Aber wozu dies Begründen mit Konstruktionsrichtigkeit, Zweckdienlichkeit, Wirtschaftlichkeit? Wozu namentlich die Verteidigung des für

die neue Architektur als nötig erachteten flachen Daches aus Gründen der Kostenersparnis? Das Wesen der kubischen Bauweise hat mit Realitäten nichts zu tun. Auch die Begründung der neuen Architektur mit gewissen Konstruktionsneuerungen (Eisenbeton) ist abwegig. Daß Konstruktion und Material stilbildend sind, ist, zum mindesten in dem Umfange, in dem es Semper annahm, längst als Irrtum erkannt. Das Material und die Konstruktion müssen dem Formwillen, der im menschlichen Kopfe lebt, als Mittel dienen, nicht umgekehrt. Eisenbeton kann an sich keinen neuen Stil schaffen. Er verleitet nur im Gegenteil zu reinen Äußerlichkeiten, wie überall herausgestreckte, freitragende Platten beweisen. Man kann angesichts dieser Gewaltsamkeiten, dieser stets um die Ecke herumgeführten Fenster, dieser unserem Klima fremden Flachdächer hinter Brüstungsmauern, dieser übertriebenen Anwendung großer Glasflächen nur von einer Konstruktionsromantik reden, die ebenso eine Ausschreitung ist, wie einst der Jugendstil mit seinen phantastischen Verschlungenheiten. Sind hier nicht starke Anklänge an die stets wechselnde Kleidermode bemerkbar? Drängt sich nicht der Vergleich mit ihr unmittelbar auf? In der Kleidung wissen unsere Frauen ganz genau, daß die Nützlichkeit hinter dem Gutaussehen zurücksteht. Der Umstand, daß die einstigen Gesundheits-Reformkleider sehr bald wieder von der Bildfläche verschwunden sind, zeigt am besten, wie wenig Nützlichkeit in der Kleidung zu bedeuten hat. Nehmen doch die Frauen jede Unbequemlichkeit, ja, jede Widersinnigkeit der Mode gern auf sich, wenn sie es nur erreichen, gut auszusehen. Auch bei den Männern treten die Gesichtspunkte der guten Form in die allererste Reihe. Warum will man gerade in der Architektur nicht einsehen, daß es vor allem auf die Schönheit ankommt und die Form das Primäre ist? [...]
Wenn auch die Tendenz gut ist, so muß man sich doch darüber klar sein, daß die letzte, mit soviel Eifer propagierte „Neue Architektur" schließlich nichts anderes ist als eine Zeitform, die dem Wechsel unterworfen sein wird. Die Stilmerkmale, die wir heute an den Werken der Propheten der neuen Architektur feststellen können, erinnern allzu stark an den vor zwanzig Jahren glücklich überwundenen Jugendstil. Die äußerlich arbeitende Art ist dieselbe, nur die Formen haben gewechselt. Und wie damals von den Kunstschriftstellern die Linien van de Veldes als „ingenieurhaft", also als rationalistisch hingestellt wurden, während sie in Wirklichkeit rein formalistisch waren, so behauptet man heute, die „Neue Architek-

tur" habe mit Kunst überhaupt nichts zu tun, da sie rein nützlich sei. In Wahrheit bewegt sie sich vorwiegend in modischen Äußerlichkeiten. [...]

Hildegard Schwab-Felisch

Formen und Form

Soziologische Randbemerkungen. Die Form, 1928, S. 240–244

„Form", eine Bezeichnung aus der Welt der Dinge, hat ihre Bedeutung ebenfalls in der Welt der menschlichen Beziehungen, von der aus sie zurückwirkt in die Welt der Wirtschaft, der Ästhetik und des künstlerischen Schaffens. Nichts ist geeigneter, den Wandel der Bedeutung des Wortes „Form" innerhalb der gesellschaftlichen Sphäre zu klären, als der Wandel des Sprachgebrauchs, der mit verblüffender Präzision die veränderte Lebenshaltung begleitet. Und wahrscheinlich ist es möglich, von einer soziologischen Betrachtung her Streiflichter auf die Form der Dinge zu werfen, die der moderne Mensch in seiner Umgebung wünscht.
Die Sportwelt der jungen Leute hat den Ausdruck „in Form sein" geprägt. Man vergleiche damit die Sprache der älteren Generation, die diese Wendung nicht kannte, dagegen von den Mitmenschen sagte, „er hat gute Formen". Der Unterschied springt in die Augen. „In Form sein" – das Ideal einer Jugend, der die Straffung der Energien zum Kampf, der wachsame, gut trainierte Körper, die selbstbewußte Haltung über alles geht, und die ihre Forderung in diesem knappen Ausdruck zusammenfaßt und ihn verwendet, um den Helden des Tages zu beurteilen, wohlwollend, bewundernd oder abfällig – „In Form sein" bedeutet: Startbereitschaft, Zusammenraffung der Willenskraft.
Dagegen: „Formen haben". Man hat Formen, wenn man gut erzogen ist, liebenswürdige Manieren zeigt, wenn man ein gewisses Etwas in der Geste hat, das nicht von außen her angenommen werden kann, das vielmehr damit ausgedrückt wird, daß man sagt: „dieser Mensch hat eine gute Kinderstube". Man kann gute Formen haben, ohne „in Form" zu

sein. Und man kann „in Form sein", ohne gute Formen zu haben. „In Form sein" kann jeder Boxer, der seine Lehrzeit im Schlachthof zugebracht hat. Der verbummelte Spieler behält seine guten Formen, wenn er sie hatte, auch wenn er den letzten Rest Energie verlor.
Der gleiche Wandel spielt sich in der Welt der Frauen ab. Heute sind die jungen Mädchen in Form, wenn sie, nach der Schablone gleich gekleidet, mit Puder in gleicher Weise hergerichtet, startbereit zum Tennis oder an die Schreibmaschine gehen. Präpariert und sicher für ihr Vorhaben, das ist die Losung. Das andere kümmert weniger: wie das eigene Benehmen auf die Umgebung wirke – die wesentliche Aufgabe der Frau von früher, die Formen hatte.
Es ist unmöglich, daß eine derart veränderte Grundhaltung sich nicht in der Formgebung der Dinge ausdrücke. Man vergleiche unter diesem Gesichtspunkt die Wohnungen von früher und heute: als bestes Beispiel einer Welt, die von Geburts wegen Formen hatte, nehme man die Landaristokratie: hoch kultiviert in der Art, miteinander zu leben, begabt mit jenem Instinkt für die Grenze, der das sichere Kriterium für Stilgefühl abgibt, lebt diese Aristokratie in „Schlössern", deren Konturen Sicherheit und Selbstverständlichkeit des Lebensgefühls wiedergeben, in einer Architektur problemloser Behaglichkeit. Die Inneneinrichtung gibt auch dem Fremden den Eindruck der Geborgenheit; künstlerisch wertvolle Dinge sind in anspruchsloser Art dem Wohnzweck untergeordnet und verraten Vertrautheit mit ästhetischen Forderungen ebenso wie menschliche Kultur, der die menschlichen Bindungen über die Wahrung künstlerischer Formgebung geht. [...]
Wer „Formen" hat, pflegt sich aus der Vielseitigkeit seiner Interessen dadurch zu retten, daß er Sammler irgendwelcher Spezialitäten wird. Kenner eines Sondergebietes sein, heißt gleichzeitig über anerkannten Formensinn verfügen und doch im großen ganzen liebenswürdiger Laie bleiben. Denn nichts läuft guten Lebensformen mehr zuwider als der Fachdünkel der offiziellen Autoritäten. Zu guten Formen gehört vielmehr ein gewisser Dilettantismus, der je nachdem sich mehr oder weniger universell gebärdet, im ganzen aber doch eine Liebhaberei bleibt. Die Folge davon ist, daß auf den alten Schlössern und in mancher Wohnung dieses Menschentyps der jüngsten Vergangenheit ein höchst kurioses Durcheinander anzutreffen ist. Sammlungen fridericianischen Porzellans oder flämischer Spitzen, um die die Museen neidisch sind, sind unter

Bildern von Thuman oder in Schränken „deutscher Renaissance" von 1880. Niemand nimmt Anstoß daran, wenn angesichts einer Unzahl von Geweihen, Säbeln und Trophäen alte Kupferstiche geprüft werden, genau wie die Qualitäten der verschiedenen Rennpferde gegeneinander abgewogen werden. Auf eine vielleicht drastische aber richtige Formel gebracht: dieser Formensinn ist eine Art Pferdeliebhaberei, eine Äußerung der Beziehungen zum Lebendigen auch da, wo es sich bereits um sublimierte Abstraktionen im Reich der Dinge handelt.
Trotz dieses Charakters des Fließenden, der diesem „Formen"-begriff innewohnt, der mehr zwischen den festen Abgrenzungen liegt als in ihnen, ist die Verwandtschaft mit der klaren handlichen „Form" auch hier zu erkennen. Welchen Sinn sollte sonst eine Redensart haben wie diese, daß man sich „in der Form vergreift", wenn man in einer Verhandlung nicht den rechten Ton getroffen hat? Oder wenn jemand die „richtige Form gefunden" hat? Hinter den guten oder schlechten Formen, die das eine gemeinsam haben, daß sie eine Vielheit in Bewegung sind, lauert also die „Form", eine mysteriöse aber zweifellos abgegrenzte, anscheinend immer heimlich vorhandene Sache, die man finden und greifen kann. Man weiß das und richtet sich danach, wenn es eine Erklärung dafür auch nicht gibt. Die „Form" ist da, als unsichtbarer Richtpunkt, sie beeinflußt die „Formen" wie der Magnet die Nadel. Wer sich aber zu viel nach ihr richtet, wird „formell", er verliert die Lebendigkeit, also Reiz und Sinn der „Formen".
Und nun diese junge Generation, die das Wort „In Form sein" im Munde führt! Hat sie etwas mit dieser versteckten „Form" zu tun, die den Hintergrund aller „Formen" bildet? Manchmal ist man versucht, es zu glauben, doch nicht immer ohne ironisches Lächeln: denn wenn es auch scheint, als ob die einem Laien vollständig unbegreifliche Sprache der Sportjugend stark vom Sinn für „Form" beeinflußt sei, so wird man doch bald gewahr, daß in den Lebensformen dieser Jugend meist blanker „Formalismus" herrscht.
In diesem Zusammenhang interessiert die Auswirkung des neuen Lebensideals auf die Gestaltung der Dinge. Vom Sinn der Straffung des Willens, der Berechnung des meist in Geld umzusetzenden persönlichen Erfolgs, einem völlig unaristokratischen fast plebejischen Sinn – ist bereits anfangs gesprochen. (Die Worte „aristokratisch" und „plebejisch" stellen fest, sie bedeuten keine Wertung.) Wie ist die Auswirkung auf die engere und weitere Umgebung dieser Menschen bemerkbar?

Zunächst: wo muß man „In Form sein"? Auf dem Tennisplatz, im Kontor, beim Wettkampf im weitesten Sinn, spiele er sich beim Sport oder bei der Stellungssuche ab. Dieser Wettkampf findet im modernen Leben vor sachlich-technisch begrenztem Hintergrund statt. Unmöglich, hier eine andere Note hineinzutragen! Das Theater, der Zirkus und das Varieté, in anderer Weise der Journalismus und manche nicht städtisch-kaufmännische Berufe, nehmen zwar noch Sonderstellungen ein. Da darf man noch persönliche „Formen" haben, deren Kern im individuellen Charakter des Menschen beschlossen liegt. Im übrigen Leben herrscht, wie am Markt der Dinge die Parole der „vertretbaren Ware", so auch am Markt der Menschen die Ersetzbarkeit des einzelnen durch einen beliebigen anderen. Die Formen dieser unendlich Vielen gleichen sich daher einander an, und alle zusammen erhalten etwas von der nüchternen, geschäftlich-sachlichen Atmosphäre der reichlich unbarmherzigen Umgebung.
Von solchen Erwägungen muß man ausgehen, wenn man beispielsweise die neue Mode verstehen will. Die Frau, die früher dadurch Eindruck machte, daß sie „Formen" hatte, konnte noch den Sinn für die kleine Unordnung pflegen. Ihre Briefe hatten orthographische Fehler; sie waren an den Rändern beschrieben, und aus den Nachschriften konnte nur ein liebender Leser klug werden, und auch das nicht ohne Mühe. Das Zimmer der Dame war reizend, aber irgend etwas lag herum. Die Kleidung bestand aus einer unübersichtlichen Fülle von Volants, Spitzen oder Überröcken, sogenannten Tunicas. Alles flatterte, und eigentlich gehörte es dazu, daß der Rock hochgerafft wurde und der Jupon zu sehen war – wer konnte da entscheiden, wo die Koketterie anfing und die Unordnung aufhörte! Dazu diese Haarfrisuren, die sich gelegentlich auflösten, was niemand übelnahm. Dagegen die jetzige Mode! knapp, kurz, übersichtlich, vom Bubikopf bis zum Seidenbein – alles muß sitzen, die Konturen sind scharf, das geringste Vergehen wird bemerkt. Es ist nicht mehr möglich, einen kleinen Defekt zu kaschieren, die Form ist zu klar. Und wer kann heute noch mit Grazie unorthographische Briefe schreiben? Die Schreibmaschine und das Büro verderben den weiblichen Briefstil bis in die kultiviertesten und in die primitivsten Kreise hinein. Man verlernt die Geste, auch die Frauen verlernen sie. [...]
Die häusliche Umgebung selbst wird zu einer Organisation von Spezialzwecken. Die Einzelkonstruktionen des Haushalts werden berücksichtigt – die verbindende Geste der Hausfrau wird gestört. So entledigt man

sich beispielshalber ältester Vorstellungen von Wohnlichkeit bis zur Verbannung der letzten Photographie aus ihrem Rahmen, um statt dessen den sogenannten Begriff der „Sachlichkeit" zu proklamieren, der im Grunde nichts anderes ist als Anpassung an Spezialwerte wie etwa Übersichtlichkeit, einfache Handhabung usw. Und was sagen die Argumente, mit denen man die Einrichtung von Kleinküchen verteidigt, anderes, als daß man zugunsten des Spezialwertes der Ersparnis von Gängen die universellen hausfraulichen Werte der Raumbeherrschung negiert? Dieser laut ausposaunte Vorzug der neuen Kleinwohnungen ist aber nichts an sich, sondern nur ein Symptom für die veränderte Lebenshaltung, die das alte Ideal der Hausfrau nicht mehr verwirklichen kann, ohne zuzugeben, daß mit der Neugestaltung auch positive alte menschliche Werte verschwinden.

Solche Suggestivformulierungen für die Formgebung der Gegenwart treffen aber den Kern der Sache: Sie erleichtern einen Prozeß, der mit der Ablösung von der alten Breite und Weite des Lebenszuschnittes zugleich die Grundlagen für einen neuen Aufbau bietet: Wer „In Form" sein will, paßt sich nicht nur der äußeren technisch bestimmten Form des Geschäfts- und Verkehrslebens an, sondern will auch darüber hinaus zu seiner eigenen Steigerung in seiner persönlichsten, häuslichen Nähe eine ständige Erinnerung an seine Aufgaben haben, „In Form zu sein". Mag dies Bedürfnis noch zur Zeit von Vielen unerkannt sein, ja aus dem Gesetz der Trägheit und der menschlichen Bindung an Kindheitseindrücke im Bewußtsein abgelehnt werden, so kann doch kein Zweifel daran bestehen, daß es sich – eben mit Hilfe von Suggestivformeln der Führerkreise – durchsetzen wird. Formen, die sich vervielfältigen lassen, Formen der straffen Zusammenfassung, die aus dem Geist der ständigen Bereitschaft und Kontrollierbarkeit geboren sind, Formen, die es der Jugend abnehmen, selber zu urteilen –, das sind die Formen der neuen Gebrauchsgegenstände, die diese auf Geldverdienen erzogene Jugend braucht. Denn sie erfüllen ihr Ideal, das sie von sich selbst hat: sie zeigen, wie es ist, wenn etwas „In Form ist".

II DOKUMENTE 1924–1928

Walter Trier: Der Architekt. Aus dem UHU, April 1930

III Dokumente 1929–1933

1 Appell an die Vernunft
  oder
  Was ist modern?

2 Die Patriarchen kommen zu Wort

3 Front

1 Appell an die Vernunft
oder
Was ist modern?

[1] Thomas Mann
Deutsche Ansprache. Ein Appell an die Vernunft

[2] Josef Frank
Was ist modern?

[3] Adolf Behne
Kann die Kunst im Leben aufgehen?

[4] B.
Kann man im Haus Tugendhat wohnen?

[5] Rudolf Schwarz
Neues Bauen?

[6] Ernst Kallai
bauen und leben

[7] Ludwig Mies van der Rohe
Die neue Zeit

[8] Le Corbusier
Wo beginnt die Architektur?

[9] Walter Gropius
bilanz des neuen bauens

1928 zeigte sich die auseinanderklaffende Welt stellvertretend in Bertolt Brechts *Dreigroschenoper* und Stefan Georges letztem – kultischem – Gedichtband *Das neue Reich*. Die polarisierte Stimmung zeigte sich 1929 im „Blutmai" in Berlin und kulminierte schließlich im „Schwarzen Freitag", dem 25. Oktober 1929, im Börsenkrach von New York. Die Strukturkrise bescherte dem Weimarer Staat 1930 25 Prozent Arbeitslose. Bei der Reichstagswahl vom 14. September 1930 erhöhte die NSDAP ihre Mandatszahl um das Neunfache. „Kleiner Mann was nun?" hieß der 1932 erschienene Roman von Hans Fallada.
„Ich hasse die Politik und die Demokratie", schrieb Thomas Mann (1875–1955) in den 1918 erschienenen *Betrachtungen eines Unpolitischen*. 1930 mußte er einsehen, daß die idealistische Blockade und Absperrung vor der Wirklichkeit selbst für einen weltabgewandten Literaten eine „seelische Unmöglichkeit" ist. Am 17. Oktober 1930, drei Tage nach den Reichstagswahlen, forderte Thomas Mann in einer Ansprache im Beethoven-Saal zu Berlin das deutsche Bürgertum auf, sich gegen die „orgiastische Verleugnung von Vernunft, Menschenwürde, geistiger Haltung" zur Wehr zu setzen (*Ein Appell an die Vernunft*, Appell 1).
In seinem Aufsatz „Was ist modern" (Appell 2) machte Josef Frank auf ein charakteristisches Merkmal des neuen Zeitalters, den „Selbstbetrug" aufmerksam. Der rufe zur Selbstkritik auf. In dem kurzschlüssigen Satz: „Die Fabrik ist aus praktischen Gründen gut eingerichtet, ich werde meine Wohnung und Mussezeit genauso behandeln", sah er die Hauptgefahr. Die Werkbundzeitschrift *Die Form* veröffentlichte Franks Text mit dem Hinweis: „Es ergibt sich immer mehr für den Werkbund die Notwendigkeit, zu den [...] Fragen des modernen Lebens Stellung zu nehmen und eine [...] Wertung vorzunehmen."
Auch Adolf Behne beteiligte sich wieder an der Diskussion über die „deutsche Architekturmoderne". „Kann die Kunst im Leben aufgehen?"

(Appell 3), fragte er 1932. Gerade die Privatheit des Wohnens müsse geschützt werden. Er sah eine Gefahr darin, das Berufsmilieu und das Wohnmilieu mit „ethischer Unbedingtheit" formal in eine autoritäre Übereinstimmung zu bringen. „Soll die Wohnung des Chirurgen dezent nach Aether riechen? [...] Wir denken nicht daran, aus der [Kunst]Front zu desertieren", beruhigte er seine Mitkämpfer; dennoch: „Kunst ist kein Wolkenkuckucksheim."
Auf die Gefahr der Vereinnahmung, des Selbstbetrugs, aber auch des Hochmuts machte Behne schon 1931 aufmerksam: „Kann man im Haus Tugendhat wohnen?" fragte er zweifelnd (Appell 4). Der offene, aber pathetische „Einheitsraum", der Paraderaum des Hauses ließe kein Privatleben, kein Sichzurückziehen zu. Die ausladende Diskussion über diesen Bau (vor allem in der Zeitschrift *Die Form*) kann hier nicht verfolgt werden. Das Haus Tugendhat wurde 1963 in der ehemaligen ČSSR unter Denkmalschutz gestellt und 1983 als restauriertes staatliches Repräsentations- und Gästehaus wiedereröffnet.
Auch *Rudolf Schwarz* (1897–1961), ein Meisterschüler Poelzigs, bis 1934 Direktor der Kunstgewerbeschule in Aachen, ging 1929 kritisch mit einer Überbewertung der Moderne ins Gericht. „Was heißt ‚Neues Bauen'?" fragte er (Appell 5). Ist es vielleicht nur zurechtgemachte, inflationäre Literatur? Er warnte vor der „Nationaleigenschaft der Deutschen, alles zu übertreiben"; gleichzeitig fürchtete er sich vor einer weiteren Eigenschaft, nämlich dem Hochmut auf die sachliche Hypothese. „Kein wirkliches Leben kann ohne große Symbole sein." Nicht ohne noch einmal auf die Gefahr des Hochmuts hinzuweisen, schloß er: „Aber vielleicht erwachsen [...] die [Symbole] nicht aus künstlerischen Bemühungen, sondern viel eher aus den schlichten Dingen [...]."
Der Ungar *Ernst* (Ernö) *Kallai* (1890–1954), Sohn eines deutschen Vaters und einer serbischen Mutter, gehörte seit 1916 zum Avantgardekreis um Lajos Kassak und dessen Zeitschrift *MA* (heute). Nach der Niederschlagung der Räterepublik in Ungarn im August 1919 lebte er zwischen 1920 und 1935 als Kunstschriftsteller in Deutschland. Der Aufsatz *bauen und leben* (Appell 6) erschien 1929 während der Direktorentätigkeit von Hannes Meyer in der vom Dessauer Bauhaus herausgegebenen *Zeitschrift für Gestaltung*. Kallai rezensierte darin das 1927 erschienene Buch des Psychologen Hans Prinzhorn *Leib-Seele-Einheit. Ein Kernproblem der neuen Psychologie*. Ganz im Sinne der zeitgenössischen Überlegungen zum „neuen bauen" vermisse, so Kallai, auch Prinzhorn beim sachlichen bauen, „trotz aller unleugbar herrlichen errungenschaften von geist und

technik" die Chance „auf diesem trocken gelegten schmalen streifen lebens [...] das paradies auf erden einzurichten".
Ludwig Mies van der Rohe hatte für *Die neue Zeit* seit Jahren gearbeitet (Appell 7). 1930 übernahm er die leergeräumte Direktorenstelle des Bauhauses. 1931 leitete er die Berliner Werkbundausstellung „Die Wohnung unserer Zeit". Vom Selbstzweifel bestimmte Diskussionen interessierten Mies van der Rohe schon in den frühen zwanziger Jahren nicht. Er gehörte im Werkbund zu der Vorstandsgruppe, die sich früh für eine Neutralitäts- und Stillhaltepolitik gegenüber dem Nationalsozialismus ausgesprochen hatte. Mies' Aufforderung an die Kollegen des Werkbundes hieß, genauer darauf zu achten, *wie* etwas entworfen, produziert, fabriziert werde. *Die neue Zeit* war auch der Titel einer von Ernst Jäckh für 1932 als *Manifest größten Stils* geplanten Werkbundausstellung mit dem Ziel, das kenternde Boot der Nation wieder verkehrstüchtig zu machen. Die Ausstellung konnte schließlich nicht durchgeführt werden.
Le Corbusier (1887–1965) wehrte sich Ende der zwanziger Jahre gegen die um sich greifende Wohnmaschine, für die er doch, vom Wortsinn her, selbst verantwortlich war. Denn es waren ja seine Wortspiele: „Das Haus ist eine Maschine zum Wohnen [...]. Ein Sessel ist eine Maschine zum Sitzen [...]. Die Waschbecken sind Maschinen zum Waschen." 1929 kämpfte er nun kraftvoll gegen die Vereinnahmung seiner Ideen durch Typisierung, Industrie und Maschine. „Kunst ist untrennbar von menschlichem Tun [...]. Die Lyrik zu unterdrücken, ist nicht menschenmöglich [...]. Wo beginnt die Architektur? Sie beginnt dort, wo die Maschine aufhört." (Appell 8)
Walter Gropius nahm den „Appell an die Vernunft" ernst. Am 5. Februar 1934, nach einem Jahr nationalsozialistischen „Führer"tums, hielt er in Budapest eine beinahe selbstkritische Vorlesung: „bilanz des neuen bauens" (Appell 9). Gropius beklagte, daß die jahrelangen, tiefgreifenden Kämpfe gegen den ästhetischen Motivsalat von etlichen Zeitgenossen mißbraucht worden wären. Modetorheiten, modernistische Marotten hätten ihn kurz vor dem politischen Umschwung in Deutschland fast dazu getrieben, ein Manifest „gegen das bauhaus" zu schreiben. Allerdings sah er in der Verlangsamung des Geschehens auch eine heilsame Wirkung, da eine Läuterung nicht schaden würde.

III DOKUMENTE 1929-1933

Thomas Mann

Deutsche Ansprache. Ein Appell an die Vernunft

Berlin 1930, S. 7ff.

[...] Ich bin kein Anhänger des unerbittlich sozialen Aktivismus, möchte nicht mit diesem in der Kunst, im Nutzlos-Schönen einen individualistischen Müßiggang erblicken, dessen Unzeitgemäßheit ihn fast der Kategorie des Verbrecherischen zuordnet. Auch wenn man wohl weiß, daß die Epoche, da Schiller das „reine Spiel" als den höchsten Zustand des Menschen feiern konnte, die Epoche des ästhetischen Idealismus, eben als Epoche vorüber ist, braucht man der aktivistischen Gleichung von Idealismus und Frivolität nicht zuzustimmen. Form, gebe sie sich noch so spielerisch, ist dem Geiste verwandt, dem Führer des Menschen auch zum gesellschaftlich Besseren; und Kunst die Sphäre, in der der Gegensatz von Idealismus und Sozialismus sich aufhebt. Dennoch gibt es Stunden, Augenblicke des Gemeinschaftslebens, wo solche Rechtfertigung der Kunst praktisch versagt; wo der Künstler von innen her nicht weiter kann, weil unmittelbarere Notgedanken des Lebens den Kunstgedanken zurückdrängen, kristenhafte Bedrängnis der Allgemeinheit auch ihn auf eine Weise erschüttert, daß die spielend leidenschaftliche Vertiefung ins Ewig-Menschliche, die man Kunst nennt, wirklich das zeitliche Gepräge des Luxuriösen und Müßigen gewinnt und zur seelischen Unmöglichkeit wird. So war es vor sechzehn Jahren, als der Krieg ausbrach mit dem für alle Wissenden so viel mehr begann, als ein Feldzug; so war es in den Friedensjahren danach und dann vor zwölfen, als Deutschland nach verbrecherischem Dauermißbrauch aller seiner Kräfte durch die, die sich seine Führer nannten, zusammenbrach und mit Müh und Not von Männern, die sich die Aufgabe nicht erträumt hatten und ihrer gerne überhoben gewesen wären, das Reich, die deutsche Einheit in der Form gerettet wurde, wie wir sie von unseren Vätern ererbt haben. [...] Nun geht eine neue Welle wirtschaftlicher Krisis über uns hin und wühlt die politischen Leidenschaften auf; denn man braucht nicht materialistischer Marxist zu sein, um zu begreifen, daß das politische Fühlen und Denken der Massen weitgehend von ihrem wirtschaftlichen Befinden bestimmt wird, daß sie diese in politische Kritik umsetzen, wie wenn ein kranker Philosoph seine physiologischen Hemmungen ohne ideelle Korrektur in Lebenskritik umsetzte. Es heißt wohl zuviel verlangen, wenn man von einem wirtschaftlich kranken Volk ein gesundes politisches Denken fordert.

Ich bin ein Kind des deutschen Bürgertums, und nie habe ich die seelischen Überlieferungen verleugnet, die mit einer solchen Herkunft gegeben sind; von der Sympathie breiter deutscher bürgerlicher Gesittung war meine Arbeit getragen, von dem sittlichen Vertrauen jenes Deutschland also, das immer noch für die innere Haltung, das geistige Gesamtbild Deutschlands entscheidend ist; und es heißt nur Vertrauen gegen Vertrauen setzen, wenn ich mich mit meinem bedrängten Selbstgespräch an das deutsche Bürgertum wende, nicht als Klassenmensch – das bin ich nicht –, auch nicht als Parteigänger irgendeines politisch-wirtschaftlichen Interessenbundes – ich gehöre keinem an. Sondern auf jener *geistigen* Ebene möchte ich mich mit Ihnen finden, auf welcher selbst der Begriff deutscher Bürgerlichkeit eigentlich angesiedelt ist und die deutsch-bürgerlicher Denkungsart wenigstens bis gestern noch natürlich war. Wie wenig hätte ich mich der Exzentrizität meines Schrittes zu schämen, wenn diese Begegnung im geringsten, mit irgendeinem Wort beitragen könnte zu jener *Besinnung*, die mir noch immer als etwas Deutscheres erscheint als die schrille Parole, die heute zur Rettung und Wiedererhebung des Vaterlandes ausgegeben wird: als die Parole des Fanatismus. –

Der Ausgang der Reichstagswahlen, meine geehrten Zuhörer, kann nicht rein wirtschaftlich erklärt werden. Wenn es nach dem bisher Gesagten den Anschein hatte, als wäre das meine Meinung, so bedarf das Gesagte der Korrektur. [...] Das deutsche Volk ist seiner natürlichen Anlage nach nicht radikalistisch, und wäre das Maß von Radikalisierung, das nun wenigstens für den Augenblick zutage getreten ist, nur eine Folge wirtschaftlicher Depression, so wäre damit allenfalls ein Anwachsen des Kommunismus, aber nicht der Massenzulauf zu einer Partei erklärt, die auf die militanteste und schreiend wirksamste Weise die nationale Idee mit der sozialen zu verbinden scheint. Es ist nicht richtig, das Politische als ein reines Produkt des Wirtschaftlichen hinzustellen; sondern um einen Seelenzustand zu deuten, wie den, den unser Volk jetzt auf eine die Welt verblüffende Weise an den Tag gelegt hat, ist es notwendig, die politische Leidenschaft, zutreffender gesagt, das politische Leiden heran-

zuziehen, und wenn es nicht klug und nicht würdig wäre, auf das Ergebnis vom 14. September stolz zu sein und vor dem Auslande darauf zu trumpfen, so mag man es immerhin schweigend seine Wirkung nach außen tun lassen als eine Warnung, ein Sturmzeichen, eine Mahnung, daß einem Volke, welches zum Selbstgefühl so viel Anlaß hat wie irgendeines, nicht auf beliebige Zeit das zugemutet werden kann, was dem deutschen in der Tat zugemutet worden ist, – ohne aus seinem Seelenzustand eine Weltgefahr zu machen. [...]
Der Nationalismus hätte als Massen-Gefühls-Überzeugung nicht die Macht und den Umfang gewinnen können, die er jetzt erwiesen, wenn ihm nicht, der großen Mehrzahl seiner Träger unbewußt, aus geistigen Quellen ein Sukkurs käme, der, wie alles zeitgeborene Geistige, eine relative Wahrheit, Gesetzlichkeit und logische Notwendigkeit besitzt und davon an die populäre Wirklichkeit der Bewegung abgibt. Mit dem wirtschaftlichen Niedergang der Mittelklasse verband sich eine Empfindung, die ihr als intellektuelle Prophetie und Zeitkritik vorangegangen war: die Empfindung einer Zeitwende, welche das Ende der von der Französischen Revolution datierenden bürgerlichen Epoche und ihrer Ideenwelt ankündigte. Eine neue Seelenlage der Menschheit, die mit der bürgerlichen und ihren Prinzipien: Freiheit, Gerechtigkeit, Bildung, Optimismus, Fortschrittsglaube, nichts mehr zu schaffen haben sollte, wurde proklamiert und drückte sich künstlerisch im expressionistischen Seelenschrei, philosophisch als Abkehr vom Vernunftglauben, von der zugleich mechanistischen und ideologischen Weltanschauung abgelaufener Jahrzehnte aus, als ein irrationalistischer, den Lebensbegriff in den Mittelpunkt des Denkens stellender Rückschlag, der die allein lebenspendenden Kräfte des Unbewußten, Dynamischen, Dunkelschöpferischen auf den Schild hob, den Geist, unter dem man schlechthin das Intellektuelle verstand, als lebensmörderisch verpönte und gegen ihn das Seelendunkel, das Mütterlich-Chthonische, die heilig gebärerische Unterwelt, als Lebenswahrheit feierte. Von dieser Naturreligiosität, die ihrem Wesen nach zum Orgiastischen, zur bacchischen Ausschweifung neigt, ist viel eingegangen in den Neo-Nationalismus unserer Tage, der eine neue Stufe gegen den bürgerlichen, durch stark kosmopolitische und humanitäre Einschläge doch ganz anders ausgewogenen Nationalismus des neunzehnten Jahrhunderts darstellt. Er unterscheidet sich von diesem eben durch seinen orgiastisch naturkultischen, radikal humanitätsfeind-

lichen, rauschhaft dynamistischen unbedingt ausgelassenen Charakter.
[...]
Es findet sich mehr zusammen, um die politische Bewegung, von der wir sprechen, die nationalsozialistische, vom Geistigen her zu stärken. Dazu gehört eine gewisse Philologen-Ideologie, Germanisten-Romantik und Nordgläubigkeit aus akademisch-professoraler Sphäre, die in einem Idiom von mystischem Biedersinn und verstiegener Abgeschmacktheit mit Vokabeln wie rassisch, völkisch, bündisch, heldisch auf die Deutschen von 1930 einredet und der Bewegung ein Ingrediens von verschwärmter Bildungsbarbarei hinzufügt, gefährlicher und weltentfremdender, die Gehirne noch ärger verschwemmend und verklebend als die Weltfremdheit und politische Romantik, die uns in den Krieg geführt haben. [...]
Diese Bewegung (vermischt sich) mit der Riesenwelle exzentrischer Barbarei und primitiv-massendemokratischer Jahrmarktsroheit, die über die Welt geht, als ein Produkt wilder, verwirrender und zugleich nervös stimulierender, berauschender Eindrücke, die auf die Menschheit einstürmen. Die abenteuerliche Entwicklung der Technik mit ihren Triumphen und Katastrophen, Lärm und Sensation des Sportrekordes, Überschätzung und wilde Überzahlung des Massen anziehenden Stars, Box-Meetings mit Millionen-Honoraren vor Schaumengen in Riesenzahl: dies und dergleichen bestimmt das Bild der Zeit zusammen mit dem Niedergang, dem Abhandenkommen von sittigenden und strengen Begriffen, wie Kultur, Geist, Kunst, Idee. Entlaufen scheint die Menschheit wie eine Bande losgelassener Schuljungen aus der humanistisch-idealistischen Schule des neunzehnten Jahrhunderts, gegen dessen Moralität, wenn denn überhaupt von Moral die Rede sein soll, unsere Zeit einen weiten und wilden Rückschlag darstellt. Alles scheint möglich, scheint erlaubt gegen den Menschenanstand, und geht auch die Lehre dahin, daß die Idee der Freiheit zum bourgeoisen Gerümpel geworden sei, als ob eine Idee, die mit allem europäischen Pathos so innig verbunden ist, aus der Europa sich geradezu konstituiert und der es so große Opfer gebracht hat, je wirklich verlorengehen könnte, so erscheint die lehrweise abgeschaffte Freiheit nun wieder in zeitgemäßer Gestalt als Verwilderung, Verhöhnung einer als ausgedient verschrienen humanitären Autorität, als Losbändigkeit der Instinkte, Emanzipation der Roheit, Diktatur der Gewalt.
[...]

III DOKUMENTE 1929-1933

Nun ist freilich der Augenblick schon gekommen, wo der militante Nationalismus sich weniger militant nach außen denn nach innen erweist. [...] Sein Haß richtet sich [...] nicht auf die Fremden, sondern auf alle Deutschen, die nicht an seine Mittel glauben und die er auszutilgen verspricht. [...] Sein Hauptziel, so scheint es immer mehr, ist die innere Reinigung Deutschlands, die Zurückführung des Deutschen auf den Begriff, den der Radikal-Nationalismus davon hegt. Ist nun, frage ich, eine solche Zurückführung, gesetzt, daß sie wünschenswert sei, auch nur möglich? Ist das Wunschbild einer primitiven, blutreinen, herzens- und verstandesschlichten, Hacken zusammenschlagenden, blauäugig gehorsamen und strammen Biederkeit, diese vollkommene nationale Simplizität, auch nach zehntausend Ausweisungen und Reinigungsexekutionen zu verwirklichen in einem alten, reifen, vielerfahrenen und hochbedürftigen Kulturvolk, das geistige und seelische Abenteuer hinter sich hat wie das deutsche, das eine weltbürgerliche und hohe Klassik, die tiefste und raffinierteste Romantik, Goethe, Schopenhauer, Nietzsche, die erhabene Morbidität von Wagners Tristan-Musik erlebt hat und im Blute trägt? [...]
Es ist ein Begriff, ein Wort, das heute, nüchtern und mit Ruhe gesehen, wirklich kaum mehr ist als ein Wort, mit dem aber, den deutschen Bürger damit zu schrecken, ein schlauer und schädlicher Mißbrauch getrieben wird. Ich meine das Wort „*marxistisch*". Nun gibt es in Wirklichkeit keinen schärferen und tieferen politisch-parteimäßigen Gegensatz als den zwischen der deutschen Sozialdemokratie und dem orthodoxen Marxismus moskowitisch-kommunistischer Prägung. Der sogenannte Marxismus der deutschen Sozialdemokratie besteht heute in der Betreuung einer dreifachen Aufgabe: sie bemüht sich erstens, die soziale und wirtschaftliche Lebenshaltung der arbeitenden Klasse zu schützen und zu bessern, sie will zweitens die doppelt bedrohte demokratische Staatsform erhalten, und sie will drittens die aus dem demokratischen Staatsgeist sich ergebende Außenpolitik der Verständigung und des Friedens verteidigen. In diesen Bestrebungen und Willensmeinungen erschöpft sich heute in praxi der Marxismus der deutschen Sozialdemokratie. [...]
Ich bekannte mich vor Ihnen, meine geehrten Zuhörer, zu meiner bürgerlichen Herkunft und den kulturellen Überlieferungen, die sie in sich schließt. Ich kenne die weltanschauliche Abneigung wohl, die deutsche Bürgerlichkeit gegen den Sozialismus, gegen das, was man „marxistische

APPELL AN DIE VERNUNFT ODER WAS IST MODERN? 1

Gedankengänge" nennt, von Instinkt wegen hegt. Die Vorherrschaft des Klassengedankens vor denen des Staates, des Volkes, der Kultur; der ökonomische Materialismus: ich weiß, das ist bürgerlicher Überlieferung nicht geistig genug. Es ist wahr: der bürgerliche Kulturgedanke entstammt geistiger Sphäre, während die gesellschaftliche Klassenidee ihre rein ökonomische Herkunft nicht verleugnen kann. Aber der Augenblick ist längst gekommen, zu erkennen, daß die gesellschaftliche Klassenidee weit freundlichere Beziehungen zum Geist unterhält als die bürgerlich-kulturelle Gegenseite, die nur zu oft zu erkennen gibt, daß sie die Berührung mit dem lebendigen Geist, die Sympathie mit seinen Lebensforderungen verloren und verlernt hat. [...]
Wenn ich der Überzeugung bin – einer Überzeugung, für die es mich drängte nicht nur meine Feder, sondern auch meine Person einzusetzen –, daß der politische Platz des deutschen Bürgertums heute an der Seite der Sozialdemokratie ist, so verstehe ich das Wort „politisch" im Sinn dieser inneren und äußeren Einheit. Marxismus hin, Marxismus her – die geistigen Überlieferungen deutscher Bürgerlichkeit gerade sind es, die ihr diesen Platz anweisen; denn nur der Außenpolitik, die der deutsch-französischen Verständigung gilt, entspricht eine Atmosphäre im Inneren, in der bürgerliche Glücksansprüche wie Freiheit, Geistigkeit, Kultur überhaupt noch Lebensmöglichkeit besitzen. Jede andere schlösse eine nationale Askese und Verkrampfung in sich, die den furchtbarsten Widerstreit zwischen Vaterland und Kultur und damit unser aller Unglück bedeuten würde.
Wir verabscheuen diesen krankhaften und zerstörerischen Widerstreit. Der Friede nach außen ist eins mit dem inneren Frieden. Das letzte Wort des Reichsanwalts in Leipzig, als er die Verurteilung der jungen Offiziere gefordert hatte, lautete: „Ich wollte die Angeklagten nicht kränken." Nein, nicht um Kränkung geht es, auch hier und heute nicht. Der Name voll Sorge und Liebe, der uns bindet, der nach Jahren einer halben Entspannung uns heute wieder wie 1914 und 1918 im Tiefsten ergreift, uns Herz und Zunge löst, ist für uns alle nur einer:
Deutschland.

III DOKUMENTE 1929–1933

Josef Frank

Was ist modern?

*Vortrag auf der öffentlichen Kundgebung
der Tagung des Deutschen Werkbundes in Wien am 25. 6. 1930.
Die Form, 1930, S. 399–406*

[...] Wir haben im Laufe der letzten Zeit – seit etwa vierzig Jahren – ununterbrochen gehört und gelesen, was modern ist und was unmodern ist, was man machen darf und was man nicht machen darf, was im Sinn unserer Zeit gelegen ist und was gegen unsere Zeit gerichtet ist und ähnliches mehr. [...]
Das wesentlichste Merkmal unserer Zeit (ist) nicht das technische Können, denn technisches Können hat jede Zeit gehabt. [...] Unsere Zeit hat außerdem das historische Wissen; das unterscheidet uns wesentlich von den früheren Zeiten. Es wird dies von vielen als unnötig oder gar als Übel angesehen; aber es liegt einmal im Sinn unserer Bestrebungen, alles das, was wir haben können, vollständig auszunutzen, rückhaltlos jede Erkenntnis, die wir haben, zu verwenden und nichts unbeachtet zu lassen. [...] Jeder Kampf gegen das historische Wissen (ist) unnötig und aussichtslos.
Die Menschen unserer Zeit stehen mit der Vergangenheit in viel engerer Beziehung als die früherer Zeiten. Diese, die von dem, was vor ihnen einmal vorhanden war, nichts gewußt haben, hatten es leicht gehabt „modern" zu sein; es blieb ihnen gar nichts anderes übrig. [...]
Wir wissen, daß im 19. Jahrhundert die bürgerliche Kultur sich über die ganze Welt verbreitet hat. [...] Die ganzen Symbole der Macht – die Symbole der Kirche, des Königtums, des Feudalismus – wurden vom Bürgertum als Symbole der eigenen Macht übernommen und damit ihres ursprünglichen Sinnes beraubt. Das hat uns eigentlich erst die Möglichkeit gegeben, wieder von neuem beginnen zu können und das tun wir nun seit vierzig Jahren. [...]
Man sagt immer, daß die frühere Zeit pathetisch war, die heutige aber sachlich ist. Es hat aber kaum jemals eine pathetischere Zeit gegeben als die unsere, nie wurden Forderungen so eindeutiger Art aufgestellt. Jede Einfachheit, die nicht mehr zu überbieten ist, ist pathetisch; es ist

pathetisch, alles gleich machen zu wollen, so daß Varianten nicht mehr möglich sind, alles organisieren zu wollen, um alle Menschen in eine große gleichartige Masse hineinzuzwingen.
Wir verwenden formale Symbole wie je zuvor, nur sind es eben andere. Ein bekanntes Beispiel hierfür aus der modernen Architektur ist das flache Dach. Dieses Dach ist zweifellos modern. Warum? Wenn Sie die Literatur darüber nachlesen, so werden Sie lauter falsche Angaben darüber finden. Man schreibt: es ist praktischer, billiger, gesunder, schneller herstellbar, leichter zu reparieren und ähnliches mehr. Das wären alles keine Gründe, die das flache Dach zu einem derartigen Streitobjekt hätten machen können. Es kann ja unter Umständen vorkommen, daß eine dieser Begründungen zutrifft, aber es muß nicht der Fall sein. Trotzdem werden die meisten von uns (und ich auch) das flache Dach anwenden. Warum? Weil es ein modernes Symbol unserer Zeit ist. Es war von Anfang an gewiß nicht als solches gedacht, ist aber zum Symbol geworden und wird auch heute allgemein von den Gegnern – die Freunde verstehen es noch nicht oder wagen es nicht auszusprechen – als Symbol angesehen. Wodurch ist es ein Symbol in der modernen Architektur geworden? Es ist der deutlichste Ausdruck der Klarheit, die der Betrachter an anderen, vielleicht wesentlicheren Merkmalen nicht so leicht erkennen kann. Das Haus mit dem steilen Giebel birgt Geheimnisse und unbekannte Stellen. Das flache Dach ist ein Ausdruck der nicht metaphysischen Weltanschauung, die überall Klarheit haben will: Das Haus steht da, es ist das und das drin und damit ist es fertig. [...]
Ein zweites Merkmal, das heute als Abkehr von der früheren Zeit oft hervorgehoben wird, ist die Industrialisierung. Man sagt: In früherer Zeit hat das Handwerk gearbeitet, in unserer Zeit arbeitet die Industrie und daraus ergeben sich neue Formen. In Wahrheit verhält sich dies folgendermaßen: Die neue Bewegung wurde mit Kunstgewerbe als Handwerk begonnen, im Grunde als Protestaktion gegen die Industrie. Trotzdem traten damals zum ersten Male all die Schlagworte auf, die wir heute noch gebrauchen, also Einfachheit, Nützlichkeit, Billigkeit und ähniche mehr. Aber mit dem Absterben des Handwerks, das sich jetzt langsam vollzieht, gehen einfach alle diese Formen, die es damals gab, in die maschinelle Form über und es wird nach den gleichen Grundsätzen das gleiche auf die neue Produktionsart übertragen. Die Maschine verlangt keine neue Form, in keinem Fall, sie bildet auch keine neue Form, sondern sie

macht neue Formen möglich und wir, wenigstens wir Europäer, die wir uns für *die* modernen Menschen halten, haben nicht die Möglichkeit, eine sich uns bietende Möglichkeit auszuschalten. [...]
Gewiß ist für uns Europäer nichts modern, was nicht in der Lage ist, sämtliche technischen Fortschritte anzuwenden, sondern irgendeinen aus irgendeinem Grunde ausschließt. Das ist aber nicht alles, sondern technischer Fortschritt dient uns nur dazu, unsere Pläne und Gedanken durchzuführen. Er selbst ist keine geistige Grundlage, die selbständig zu etwas drängt oder etwas schafft.
So ist unser modernes Haus die Fortsetzung des ganzen Dranges nach Freiheit, der sich um die Mitte des 19. Jahrhunderts unter dem japanischen Einfluß geltend machte. Die Sehnsucht nach den primitiven Formen des Orients kam dazu, da viele während des Krieges gezwungen wurden, an den glücklichmachenden Eigenschaften der Maschinen zu zweifeln; die uralte Sehnsucht des Nordens nach Süden und Sonne erhielt durch die Technik manche neue Möglichkeit, Dinge durchzuführen, wie sie sonst nur in einem glücklicheren Klima entstanden sind. Die Grundlagen unserer modernen Architektur, die Prinzipien, nach denen das neue Haus gebaut ist, sind also weder Stahl, noch Eisen, noch Eisenbeton, sondern sein Vorbild ist das japanische Haus, das aus Holz gebaut ist, mit seinen verschiebbaren Wänden, vergänglich und leicht, beweglich und transparent. Das war die Sehnsucht, bevor wir das neue Material kennengelernt hatten, eine geistige Grundlage der Architektur, deren viele sich jetzt schämen. Denn der moderne Architekt will schaffen wie der Ingenieur. Es gehört dieses Bestreben zu den grundlegenden Denkfehlern unserer ganzen modernen Ausdruckskultur. Es hat von Anfang an der Architekt und Künstler – ich verwende das Wort Künstler ohne näher zu bezeichnen, wem dieser Titel gebührt und wem nicht – das Bestreben gehabt, sich jeder herrschenden Macht anzubiedern: früher waren das Adel und Königtum. Das hat im vorigen Jahrhundert aufgehört. Die Kunst trat damals in den Dienst des Kaufmanns: das war ein Schlagwort, das uns noch allen geläufig ist. Und, blieb sie nicht adlig wie zur Zeit, wo Höf' und Fürsten sie geweiht, so blieb sie doch kriecherisch wie je zuvor. Der Künstler sucht, wo er eine neue Macht spürt, sich dieser schnell anzuschließen, verleugnet gern sich selbst und nennt dies nun Dienst am Zeitgeist. [...]
„Der moderne Mensch hat keine Zeit." Dieser Satz, Stütze des einheit-

lichen Weltbildes, entstammt der unleugbaren Tatsache, daß das Automobil schneller fährt als der Pferdewagen. Überlegung hätte erkennen lassen, daß der moderne Mensch mehr Zeit hat als irgendeiner irgendeiner früheren Zeit. Das ist leicht einzusehen, wenn man bedenkt, wieviel Arbeitsstunden er früher hatte und wieviel heute und welche Zeit früher notwendig war, den Weg zur Arbeitsstelle zurückzulegen und welche Zeit heute dazu notwendig ist. Der übrige Teil des Tages macht ja jene Zeit aus, die unser Eigen ist. Nur haben wir (wahrscheinlich) viel mehr Möglichkeiten, diese viele Zeit, die uns bleibt, auszunutzen und es ist das wichtige Bestreben sowohl des Staates als aller Machthaber, uns alles zu bieten, was notwendig ist, uns in dieser vielen freien Zeit ohne Gefahr beschäftigen zu können. Die Menschen sollen nicht nachdenken und deshalb wird ihnen all das geboten, wofür auch unser Autor, der das Bild der heutigen Kunst entworfen hat, sich einsetzt.
Statt der Oper – die Revue. Statt der Freske – das Werbeplakat. Statt Geist – das Amüsement. [...]
Eigenartiger Selbstbetrug ist charakteristisches Merkmal des neuen Zeitalters. Der Künstler hat den Krieg als Kriegshetzer mitgemacht und betet jetzt die zu Macht gekommene Maschine an. Er behauptet, wohl für die Allgemeinheit da zu sein, denkt aber nur innerhalb seines geschlossenen Systems, verschließt vor dem tatsächlichen Leben die Augen, damit es seine Vierecke nicht störe. Es ist dies auch die einzige Möglichkeit, die propagierte Einheit aufrechtzuerhalten, aber modern ist das nicht. Wir müssen heute im Gegenteil trachten, das was ist, was wir heute haben und brauchen, was uns umgibt zu erfassen, Formen zu finden, die das alles aufnehmen können. [...]
Wer bei uns heute das Leben nach abstrakten Theorien gestalten will, geht weiter. [...] Er sagt sich: Die Fabrik ist aus praktischen Gründen gut eingerichtet, ich werde deshalb meine Wohnung und Mußezeit genau so behandeln, denn der Mensch des 20. Jahrhunderts ist ein Ingenieur. Er vergißt wohl, daß der Ingenieur auch außerhalb seiner Arbeitszeit lebt. Der Durchschnittsmensch, Bürger und Arbeiter, hat damit nichts zu tun; er will das Gegenteil. Eine Fabrik ist ein Ort, an dem man nicht eine Minute länger bleibt als es unbedingt sein muß, dann geht man hinaus, begibt sich nach Hause in eine Stimmung umgekehrter Art. Jede Erinnerung an das andere erhöht die Unlust. Der gewöhnliche Mensch, der nicht nach Theorien lebt, sondern das tut, was ihm angenehm ist, kann

mit solcher Rationalisierung des Heims nichts zu tun haben. Es interessiert ihn nicht. Die Maschinenverehrung ist in unserer Zeit nicht populär. Wir dürfen nicht immer glauben, daß sich das Hauptinteresse des Publikums auf die Herstellungsart von Massenartikeln konzentriert. Wesentlich sind die Resultate, gleichgültig, auf welche Weise sie entstanden sind; Mittel zum Zweck interessieren die Menschen nicht. Sie veralten schnell und sind keine Ideale. Mechanische Arbeit ist kein Vergnügen, da sie nicht imstande ist, während der Arbeitszeit auch nur die geringste Freude an der Arbeit zu gewähren. Das menschliche Leben beginnt nachher und ist das Gegenteil. [...]
Unsere Ansichten über alles sind durch den Krieg erschüttert und zum Teil zerstört worden. Wir haben gesehen, daß nichts so sein muß wie es ist, daß alles auch anders sein kann, daß heilige Begriffe von früher auf einmal verschwunden sind, daß sie im Grunde nichts Heiliges bedeuten und daß die meisten Regeln anfechtbar sind. Wir sind regellos aus dem Krieg herausgekommen. Und was geschieht jetzt? Suchen die Menschen jetzt, frei von den beengenden Regeln weiterzuarbeiten? Sind sie glücklich damit, daß sie nicht mehr an bestimmte alte Regeln gebunden sind, die doch immerhin eine Entwicklung hinter sich hatten? Daß sie nun frei schaffen können? Nein, sie suchen neue, nach abstrakten Idealen aufgestellte neue Regeln, und zwar Regeln in einem Maß und einer Masse, wie wir sie früher niemals gekannt haben. Es zeigt sich die ganze Unsicherheit und das Minderwertigkeitsgefühl derer, die sich daran halten. Wer sich minderwertig fühlt, der hat nicht den Mut, frei aus sich herauszutreten, sondern er fühlt sich gesichert, wenn er sich irgendwo anlehnen kann. Er hat eine Stütze, die er sich selbst gebaut hat, seine Regeln und Doktrinen, die nun dazu dienen, so schaffen zu können, daß das Resultat, gleichgültig, welche Qualität es hat, von einem bestimmten Standpunkt aus verteidigt werden kann, mag es auch von anderen aus noch so angreifbar sein. Das interessiert den Schöpfer nicht, er hat seine Regeln und sein geschlossenes System; was links und rechts vorgeht, das sieht er nicht und will er nicht sehen. [...]
Ich habe schon erwähnt, daß unsere moderne Architektur weitaus pathetischer ist als jede frühere. Früher war Pathos durch Säulen, Bogen, Symbole der Macht gekennzeichnet. Unser Pathos aber ist sozusagen ein Urpathos, zu dem viele wieder kommen wollen, neben dem die klassischen Kunstformen immer bloß zeitlich bedingt erscheinen. Unser

schrankenloser Individualismus duldet keine Äußerung einer fremden Persönlichkeit neben uns. Wir suchen deshalb wieder zu einer Primitivität zurückzukommen; jeder sucht dorthin zu gelangen, wo man in Urzeiten einmal angefangen hat, um sich auch von fremder Entwicklung zu isolieren. Sie wissen alle, welche Folgen das gehabt hat und daß ein jeder, je nach seiner Einstellung, irgend etwas willkürlich für ursprünglich halten kann: der eine Negerkunst, der andere Bäuerlichkeit, der dritte Eisenkonstruktion, der vierte Lichtwerte und anderes mehr. [...]
Der naive Mann hat seine europäische Tradition. Puritanische Gehässigkeit ist uns fremd, wir brauchen unser Maß an Sentimentalität und die Veredelung alten Kitsches zwingt zu neuem. Die Menschen verzichten auf nichts, was sie haben können und kleine Differenzierungen sind das, was ihnen Freude bereitet. Es ist unrichtig, daß unsere Zeit nicht repräsentiert, sie repräsentiert anders. Der Charakter der einzelnen Menschen ändert sich nicht, aber Formen wechseln.
Wenn wir uns nun fragen, welchen Weg zur Einheit unsere moderne Zeit gehen soll und welches ihr einheitlicher Ausdruck ist, so kann ich keine Antwort darauf geben. Es wäre auch höchst unmodern, hier eine Antwort zu präzisieren und dort Regeln aufzustellen, wo eben Regellosigkeit ein Ausdruck der Zeit ist. Man käme wieder zu demselben System, das uns einengt, dem System, das den Menschen die Phantasie und Freude an allem, was geschaffen wird, nimmt. [...]
Denn das System als solches ist veraltet, wenn auch die archaistisch Denkenden – hierzu gehören auch die Radikal-Modernen – nicht davon abkommen können. [...]
Es hat deshalb wenig Zweck, die einzelnen Systeme voneinander zu unterscheiden; sie sind nicht das, wofür sie sich ausgeben. Mögen sie auf irgendeiner abstrakten Voraussetzung irgendeiner Art beruhen, die uns einengt und uns Freiheit nimmt: sie haben alle eines gemeinsam: sie gehören dem Geist einer vergangenen Zeit an – modern sind sie nicht.

III DOKUMENTE 1929–1933

Adolf Behne

Kann die Kunst im Leben aufgehen?

Sozialistische Monatshefte, 1932, S. 138–143

Kann die Kunst im Leben aufgehen? Verschiedene Zeiten und Kulturen haben auf diese Frage ganz verschiedene Antworten gegeben. Cum grano salis darf man sagen: Der Romantiker neigt zu einer Bejahung, der Klassiker zu einer Verneinung. Der Romantiker neigt zu einer Relativierung der Kunst, der Klassiker neigt dazu sie für autonom zu erklären. Theo van Doesburg, der verdienstliche Führer der Stijlbewegung (der vor kurzem starb), hielt einmal in Berlin einen Vortrag. Er zeigte uns eine große Reihe witzig zusammengestellter Diapositive, und mit besonderer Freude zeigte er uns einen damals ganz modernen Automobiltypus: kühl, elegant, knapp und rassig. Gleich hinterher zeigte er das Wohnzimmer des Ingenieurs, der eben diesen neuen Wagentypus geschaffen hatte. Der Kontrast war nicht zu überbieten. Dieser moderne Ingenieur wohnte traulich, warm, behaglich bis zur Philistrosität. Doesburg hätte es bestimmt übel genommen, wenn man ihn einen Romantiker genannt hätte. Heute sehen wir den kräftigen Schuß Romantik in allem Konstruktivismus, in dem Doesburg selbst übrigens nicht stecken blieb, wohl ziemlich deutlich. Es *ist* romantisch von einem Ingenieur zu verlangen, er solle in Stahl und Kautschuk wohnen. Allgemein gesprochen: Es ist romantisch die Deckung von Berufsarbeit, Berufsmaterial, Berufsmilieu mit dem Stil der täglichen Lebensführung zu fordern, in einer Art von ethischer Unbedingtheit. Schließlich und immerhin sind Automobilkonstruieren und Wohnen doch ziemlich verschiedene Dinge. Man kann ja mit Recht enttäuscht sein, wenn ein genialer Konstrukteur geschmacklos und instinktlos wohnt, weil man so gern glaubt, daß, wer Qualitätsgefühl auf *einem* Gebiet beweist, nicht ganz ohne Qualitätsgefühl auch auf anderen Gebieten sei. Aber das ist eine Sache für sich. Wir sind immer enttäuscht, wenn einer geschmacklos wohnt, auch wenn er nicht Automobilkonstrukteur sondern Bankdirektor oder Kunstschriftsteller ist.
Das Sprichwort sagt: Der Schuster trägt meist das schlechteste Schuhwerk in der Stadt. Das ist vielleicht gar nicht so grotesk wie es klingt. Was man für andere macht, muß man nicht unbedingt auch für sich selbst am

liebsten tun. Einer unserer besten und bekanntesten Architekten setzte die Leute oft in Erstaunen, weil er trotz großen Erfolgen lange Jahre im unscheinbaren Miethaus wohnen blieb, nicht für sich baute. Er hatte das Gefühl, daß Wohnen ein Privates, Neutrales bleiben müsse, und es war ihm der Gedanke unsympathisch, daß sein Wohnen Gegenstand einer stilkritischen Aufmerksamkeit werden könnte. Denn natürlich hätte jeder Kenner seiner Bauten viel besser gewußt als er selbst, an einem wie gestalteten Tisch er essen, in einem wie gestalteten Bett er schlafen müsse, um richtig und echt zu bleiben. Mir war es immer sehr sympathisch, daß dieser Architekt das Einbeziehen seiner persönlichen Lebensarten und Gewohnheiten in sein Werk ablehnte. Inzwischen haben nicht wenige Architekten für sich selbst gebaut, Eigenhäuser von sehr verschiedenem Charakter, und es fehlt unter ihnen auch nicht das Haus als bewußtes Werbungsmittel im Interesse des Berufs. Man kann diesen Typus das autoritäre Haus nennen, weil es so großzügig, so unantastbar sicher, so imponierend gebaut und eingerichtet ist, daß jedes Wort, jedes Urteil, das der Erbauer und Bewohner eines solchen Hauses in ihm spricht, autoritär und unbezweifelbar ist. Wer sich ein solches Haus gestatten kann, muß im Recht sein. Und ist es denn so sehr verwunderlich, daß ein Bauherr, der Millionenwerte investieren will, sich nicht gern einem Architekten anvertraut, der in einer 2½-Zimmer-Wohnung sitzt?
Bei Licht betrachtet würde es ziemlich schwierig sein in jedem einzelnen Fall aus dem Beruf den wünschenswerten Stil der Lebensführung und der Wohnung zu eruieren. Der Automobilkonstrukteur soll „schnittig" wohnen. Gut. Und der Arzt? Hell und sauber. Freilich. Aber hell und sauber soll auch der Bäcker, der Bureauangestellte, der Eisendreher, soll überhaupt *jeder* wohnen. Soll es vielleicht in der Wohnung des Chirurgen dezent nach Äther riechen? Es hat Leute gegeben, die ähnliche Konsequenzen zogen. Es ist eine historische Tatsache, daß sich ein sehr hochgestellter Marineenthusiast auf den Kacheln seiner Badewanne in der Höhe des Wasserspiegels Kriegsschiffe malen ließ, und daß das Signal, mit dem er den Diener herbeirief, der ihm den Bademantel reichte, im Tonfall einer Schiffssirene heulte. Das ist natürlich sehr romantisch, so romantisch, daß es fast bei Jean Paul stehen könnte. Ein weniger romantischer Sinn wird es verstehen, wenn der Chirurg in seinen 4 Wänden keinen Karbolgeruch wünscht. Ganz abgesehen davon, daß der moderne Chirurg auch seinen Operationsraum immer weniger medizinisch stili-

siert, ihn immer neutraler, menschlicher macht. Aus Unsachlichkeit oder aus Sachlichkeit? Wer deshalb allein schon auf der Lauer liegt diesem Mann das Wort Kitsch an den Kopf zu werfen, ist, ob er es weiß oder nicht, Romantiker. Es ist leicht möglich, daß der Chirurg oder Lehrer oder Sekretär sich kitschig einrichtet, aber das ist wieder eine Sache für sich. Die berufsechte Schiffssirene in der Badestube dürfte erst recht kitschig sein.
Wir können die Probe aufs Exempel machen: Wie denkt der Klassiker in unserer Streitfrage? In den Wahlverwandtschaften kommt Goethe einmal auf dieses Problem, ohne grade ausdrücklich von der Wohnung zu sprechen. Im 4. Kapitel des 1. Teils läßt er, als die topographische Karte des Guts so gut wie fertig ist, den Hauptmann zu seinem Freund Eduard sprechen: „Laß uns nun an das übrige gehen, an die Gutsbeschreibung, wozu schon genugsame Vorarbeit da sein muß, aus der sich nachher Pachtanschläge und anderes schon entwickeln werden. Nur eines laß uns festsetzen und einrichten: Trenne alles, was eigentlich Geschäft ist, vom Leben. Das Geschäft verlangt Ernst und Strenge, das Leben Willkür; das Geschäft die reinste Folge, dem Leben tut eine Inkonsequenz oft not, ja sie ist liebenswürdig und erheiternd. Bist du bei dem einen sicher, so kannst du in dem andern desto freier sein, anstatt daß bei einer Vermischung das Sichere durch das Freie weggerissen und aufgehoben wird."
Wenn Goethe hier, wie gesagt, auch nicht ausdrücklich von der Wohnung und ihrer Ausgestaltung spricht, so fällt die Wohnung implizite doch in diese Betrachtung, und wir dürfen annehmen, daß Goethe die Kritik unseres Freundes Doesburg an der Wohnung des Automobilkonstrukteurs prinzipiell abgelehnt hätte. [...]
Als die Kunst nach dem Krieg ihre Arbeit wieder aufnahm, kam sie mit einer starken Welle Romantik. Beim Expressionismus bezweifelt wohl niemand die romantische Herzader. Aber auch der Konstruktivismus, der ihn als sein Gegenschlag ablöste, war, aus weiterm Abstand gesehen, Romantik, wenn auch nicht mehr „Bruder-Mensch"-Romantik, so doch Maschinen-, Stahl- und Eisen-Romantik. Denn auch er, und grade er, glaubte an eine mögliche Deckung, an eine chemische Bindung von Kunst und Leben, und von der Romantik früherer Zeiten, etwa von der deutschen Romantik vor 100 Jahren, unterschied sich diese Romantik von 1920 in der Hauptsache dadurch, daß jene frühen Romantiker als ideale Dominante die Kunst ansahen, zu deren Höhe, Wahrheit und

ewiger Schönheit sie das banale Leben erhöhen wollten, während die modernen Romantiker das Leben des lebendigsten, gegenwärtigsten Tags als Dominante sahen, zu dessen Gespanntheit, Kraft und Geladenheit sie eine sentimental gewordene Kunst zwingen wollten. Die neuen Romantiker ordneten der Kunst das Leben über. Es war immer eines ihrer stärksten Argumente, daß das moderne Leben dieser oder jener bereits traditionell erstarrten Form oder Gestaltung widerspräche. Es war ihnen ganz selbstverständlich, daß bei einem Widerspruch das Leben, dieses moderne Leben, recht habe. „Wir fahren doch nicht mehr in der Postkutsche", sagte Erich Mendelsohn einmal gegen eine Kritik des konservativen Werner Hegemann. Dieser erwiderte: „Wenn schon. Ist der Unterschied zwischen Flugzeug und Postkutsche so wichtig?" Wer von ihnen hat da recht? Beide. Es kann eben die Stellung zu Flugzeug und Radio nicht gut ein Kriterium für modern oder reaktionär sein. Wer jenes glaubt, kann modern sein, aber wer dieses glaubt, braucht noch durchaus nicht unmodern zu sein.

Einer der zeitlich frühesten Fälle dürfte eine Äußerung sein, die Peter Behrens einige Jahre vor dem Krieg tat. Er sagte zur Erläuterung seiner großen glatten Wandflächen, der moderne Mensch fahre doch bald nur noch im Auto an den Bauten vorbei, und vom fahrenden Auto aus seien Profile und Ornamente doch nicht zu erkennen. Nun, jene Bauten Peter Behrens' stehen heute schon bald ein Vierteljahrhundert, und noch immer dürften die meisten Passanten bescheidene Fußgänger sein, ganz abgesehen davon, daß man leicht bei dieser Logik auch hätte folgern können, der moderne Architekt, der Architekt des Automobilzeitalters, brauchte sich mit dem Grundriß nicht weiter zu quälen, da man ihn vom Auto aus ja doch nicht wahrnehme. Es ist ein wahres Glück, daß auch die noch so ausgefallene Begründung ein gesundes Werk nicht kaputt machen kann, und das gibt eigentlich etwas Wasser auf die Mühle der Autonomisten.

Bei den konsequentesten Romantikern des 20. Jahrhunderts war die Überzeugung vom Primat des Lebens so stark, daß man von ihnen sehr häufig die Äußerung zu hören bekam: ach, die Kunst, die Kunst ist doch nur... Und es kam dann nach dem degradierenden „nur" bald diese bald jene untergeordnete Funktion, wobei eben dieses „nur" typisch war. Die Kunst selbst und im ganzen war ihnen „nur" eine, ich möchte sagen: bürgerliche, Funktion des Lebens. Und da haben wir wieder eine merk-

würdige Paradoxie: Wenn diese Auffassung der Kunst als eines nutzbringenden Beförderungsmittels im innersten Wesen doch recht eigentlich bürgerlich ist, so waren die Vertreter der Maxime fast immer antibürgerliche Avantgardisten.
Nun hatte es schon seinen psychologisch einleuchtenden Grund, daß grade damals die Auffassung der Kunst als einer einfachen und direkten Funktion des Lebens besonders mächtig war. Denn wir stehen in dem behandelten Zeitabschnitt in einer Epoche stärkster Entfaltung der Architektur. Wir danken dieser jungen, dieser verjüngten Baukunst enorm viel, das sicherlich auch jene Zeiten noch anerkennen werden, denen die damalige Begründung nicht mehr einleuchtet, so wie uns schon heute Peter Behrens' Begründung für seinen Stil nicht mehr einleuchten will. Es sei jetzt nur daran erinnert, daß grade in der deutschen Architekturmoderne eine gewisse, besonders konsequente Richtung, deren feinster Theoretiker Hugo Häring war, sich zum Funktionalismus als Leitmotiv und Programm bekannte. Und es hieße an den Dingen vorbeisehen, wenn man die sehr weitgehende Berechtigung dieser Anschauung verkennen wollte. Die Besinnung auf die funktionelle Aufgabe eines Baus hat uns eine herrliche Reinigung der Architektur gebracht, von der wir nur hoffen wollen, daß sie uns nicht wieder verloren gehe. Das kann allen denen gegenüber, die schon so etwas wie die Morgenröte eines kommenden neuen Ornamentalismus zu wittern glauben, nicht deutlich genug gesagt werden. Aber wir neigen immer viel zu sehr dazu Erkenntnisse und Einsichten, die an bestimmter Stelle zweifellos das Richtige treffen, zu verallgemeinern und sie sofort zum System auszubauen. Und dabei spielt der generelle Begriff der Kunst leicht eine verhängnisvolle Rolle. Die Architektur steht nun einmal ein wenig anders im und zum Leben als etwa die Malerei, weil sie viel unmittelbarer als jene ein direktes Lebensinstrument darstellt. Adolf Loos hat aus dieser Tatsache bekanntlich den Schluß gezogen, Kunst sei die Architektur nur als Denkmal und als Grabmal. Vielleicht ist das wieder zu sehr zugespitzt. Mir scheint, daß der Domplatz in Bamberg große, sehr große Kunst ist, und zweifellos doch Architektur. Aber ohne Frage: Die Beziehung auf den Gebrauch zwingt in der Baukunst mehr als in irgendeiner anderen Disziplin. Und deshalb kann man Wahrheiten der Architektur nicht ohne weiteres auf Malerei und Plastik übertragen.
Nehmen wir einen Bau wie etwa Walter Gropius' Arbeitsamt in Dessau,

APPELL AN DIE VERNUNFT ODER WAS IST MODERN? 3

Richard Döckers Krankenhaus in Waiblingen oder Hannes Meyers Bundesschule in Bernau, so sind sie (und das macht ihre Stärke wesentlich aus) konsequent und logisch aus dem Gebrauch entwickelt. Ganz wird eine solche schöpferische Leistung allein aus dem berechnenden Kalkül nicht zu machen sein, es gehört schon dazu gestaltende Phantasie. Aber selbst wenn wir das einmal ablehnten, und wenn wir zugeben wollten, daß dieses Ziel der bloßen Berechnung und Beobachtung schon erreichbar sei, so sollten wir nicht übersehen, daß das Resultat dieser Arbeit zunächst nur den Grundriß ausmacht. Wäre Architektur *nur* Grundriß, so könnte man vielleicht sagen: Im idealen Grundriß geht faktisch die Kunst im Leben auf. Aber der Bau ist doch nicht einfach mit dem Grundriß identisch. Der vollendete Bau ist auch Form, und mag, was uns alle nur immer erfreuen kann, diese seine Form so unformalistisch, mag sie so flüssig, so lebendig, so unstarr wie nur möglich vom klügsten Grundriß her mit roten Blutkörperchen durchflutet werden, so daß wir, lieber noch als von Form, von Gestalt sprechen mögen: hier stößt die Architektur aus dem Relativen in das Absolute vor, denn es ist sinnlos zu glauben, daß sich die Gestalt, daß sich Stellung in der Umgebung, daß sich Material, Farbe, Maß und Proportion glatt auf der selben Skala von selbst lieferten. Vom laufenden Band in Detroit kommen immer nur Automobile, Automobile, Automobile, Traktoren, Traktoren, Traktoren; es kann nicht gut plötzlich ein Baum oder ein Pferd auf ihm angerollt kommen.
Indem er den Grundriß gestaltet, ist der Architekt Funktionär des ihn umgebenden Lebens. Indem er das Haus zu einem Teil der Natur, zu einem Teil der Stadt, zu einem Bestandteil unseres Raums überhaupt macht, hilft er das Leben bestimmen, das wir führen *wollen*. [...] Keine andere Disziplin kommt, wie gesagt, in einen gleich unmittelbaren Kontakt mit dem Leben wie die Architektur. Aber nur im Grundriß geht sie, sozusagen, im Leben auf. Ihr Aufbau untersteht auch (ich sage nicht: untersteht *nur*) der Einwirkung eines andern Schwerpunkts, einer andern Kraft, die selbstverständlich genau so naturhaft, genau so menschenhaft, genau so real ist wie das, was wir Leben nennen, die aber freilich in unserm reichen Organismus einen andern Pol bildet. Sie deshalb, weil sie nicht nach Meter oder nach Volt meßbar ist, für nichtexistent, für mystisch und für Humbug zu halten ist Aberglaube.
Kann die Kunst im Leben aufgehen? Sie kann es immer nur durch ihre

Verwendung, durch ihren Gebrauch. Und es sei nochmals unterstrichen: Das Bejahen dieses Faktors Gebrauch in aller Kunst ist uns unendlich wichtig, in *aller* Kunst, und es bildet vielleicht das stärkste Aktivum des Konstruktivismus, daß er endlich einmal von hier aus an die Probleme der modernen Kunst heranging. In dieser Richtung liegen noch große Aufgaben vor uns. Weil die Architektur am direktesten im Gebrauch steht, kommt sie zum mindesten im Grundriß einer Deckung mit dem Leben sehr nahe. Aber da selbst sie nicht *nur* Grundriß ist, untersteht sie auch gleichzeitig jenem Prinzip, das Werte ordnet. Die anderen Künste, die nicht betretbar und bewohnbar sind, deren Gebrauch weniger direkt ist, können im Leben nur dann völlig aufgehen, wenn sie tot sind, wenn sie ihr eignes Leben aufgegeben haben. Und welcher Nutzen sollte damit verbunden sein?
Kunst ist kein Wolkenkuckucksheim, keine Insel der Seligen und kein Spießbürgerparadies. Wenn schon Tausende sie so auffassen mögen, so spricht das nur gegen sie, nicht gegen die Kunst. Auf jeden Fall aber ist Kunst ein Etwas, das selbst lebt. Und warum sollte das aufgehen? Die das so gern, mit oder ohne politisches Vorzeichen, fordern, glauben nur so die Kunst aus dem toten Winkel und aus der Monopolstellung für den Besitz herausholen zu können. Gewiß, eine Kunst in der Schmollecke, eine Mauerblümchenkunst ist öde und überflüssig. Aber es ist nicht richtig, daß immer nur derjenige die stärkste Beziehung zum Leben hat, der am meisten mitten drin steht. Reinster Ausdruck des Rokokos ist uns Watteau, der immer nur von fern zu seinen Ereignissen und seinen Menschen stand; und die am Leben des Rokokos den direktesten und reichsten Anteil hatten, scheinen uns am wenigsten von dieser lebendigen Zeit zu geben.
Das ist es: Jene glauben, daß nur die direkte Nähe der Beziehung Lebendigkeit, Mitleben garantiere. Freilich, wenn ein Karren irgendwo steckenbleibt, so ist es sehr schön, wenn die Nachbarn eilen Hand anzulegen, wenn sie ihm heraushelfen. Aber ist der angehende Edison, der in seinem Laboratorium, bei seinen Formeln, Retorten und abstrakten Zeichen sitzen bleibt, deshalb ein unsozialer Lebensfremdling, wenn aus seiner distanzierten Arbeit sich eines Tags als Frucht ein idealer Traktor ergibt, der dann nicht einem, sondern Tausenden von steckenbleibenden Karren helfen wird? Kein Wort gegen den Künstler, den es unmittelbar und dicht in das Leben hineinzwingt. Aber kein Wort auch

gegen den Künstler, der die Distanz weiter nimmt, ohne daß er deshalb lebensfremd sein muß. Ob das Produkt lebensfremd oder lebensnah ist, darüber entscheidet nicht der Platz unmittelbar an den Ereignissen, sondern die Intensität der Arbeit.
Man braucht die Kunst nicht zu überschätzen. Aber heute scheint es mir notwendig, heute, da sie unter der Not dieses Lebens furchtbar leidet, daß wir uns zu ihr stellen. Wir denken nicht daran aus ihrer Front zu desertieren.

B.

Kann man im Haus Tugendhat wohnen?

Die Form, 1931, S. 392–393

1929 errichtete Mies van der Rohe seinen Deutschen Pavillon auf der Weltausstellung in Barcelona, der als ein Bau der Repräsentation nur die eine Aufgabe zu erfüllen hatte, der Geistigkeit des neuen Deutschland einen würdigen architektonischen Ausdruck zu geben. Mies' meisterliches Werk erhärtete durch das Beispiel, daß Architektur als Kunst auch in unserer Zeit möglich sei. Durch Mittel der Raumbildung, der Abfolge und Verbindung offener und gedeckter Räume zwischen Marmor- und Glaswänden, durch Wasserbecken und edle Materialien wirkte dieser Bau auf die Empfindung ähnlich, wie die aus gleichem Geist, wenn auch in einer verklungenen fremden Sprache errichteten Wasserhöfe der Alhambra, an die sich mancher spanische Besucher erinnert fühlen mochte.
Diesem Werk folgte ein ganz anders gearteter Bau, das Haus des Sammlers Lange in Krefeld, das mit größter Nachgiebigkeit gegenüber den Wünschen des Bauherrn ein bequemes, reinlich durchbildetes, aber zugleich mit seinem eigenen Ausdruck sehr zurückhaltendes Gebäude wurde, wie jedes gute Wohnhaus mehr von der Individualität seiner Bewohner als von der seines Erbauers verrät.
Und nun folgt diesem Haus das Haus Tugendhat. Riezler rühmt [...], daß weder „durch den Geschmack und Willen des Auftraggebers", noch „durch die Begrenztheit der Mittel" einer „reinen Lösung" irgendwelche

Hemmungen bereitet wurden. Aber ist nicht gerade hierdurch der wesentlichste Wert eines Wohnhauses verlorengegangen, ohne daß doch mit gleicher Reinheit wie bei dem Barcelonaer Bau ein freies, durch keine praktischen Zwecksetzungen beschwertes Kunstwerk zustande gekommen wäre. Man kann die Musikalität der Raumunterteilungen und -bindungen in dem großen Hauptraum sehr wohl empfinden und doch erstaunt sein, daß in diesem Wohnhaus, von dem man bei der Freiheit des Architekten von jeder Bindung an den Willen seines Auftraggebers den Prototyp eines Wohnhauses erwarten zu können glaubt, bestimmte Differenzierungen des Wohnorganismus aufgegeben sind, ohne die ein kultiviertes Wohnen auch für den heutigen Menschen schwerlich denkbar ist. Bei aller Freude am großen Raum, an der artikulierten Raumeinheit, wird man die Abtrennung der Bibliothek oder zumindest des Schreibraumes als eine Notwendigkeit selbst bei viel kleinerem Raumprogramm empfinden: neben dem eigentlichen Wohnraum muß ein Raum gegeben sein, in den man sich zurückziehen kann, um zu lesen, zu schreiben, in dem absolute Ruhe herrscht, so daß das Bedürfnis *eines* Bewohners nach Konzentration und Stille nicht gleich alle übrigen Mitbewohner zum Schweigen und Stillsitzen verurteilt. [...]
Besteht nicht [...] neben dem Bedürfnis des modernen Menschen nach [...] weiten, gegen den Freiraum geöffneten Räumen, deren „Rhythmus seine Lösung erst im Einswerden mit dem Allraum der Natur findet" (Riezler), ein ebenso starkes Bedürfnis nach Räumen, die vollkommene Abschließung gestatten, in die nicht die Natur hereinflutet, sondern die sich deutlich von ihr distanzieren und dadurch eine geistige Konzentration geben, die ein derart geöffneter Raum nie geben wird. Eine Differenzierung des Wohngeschosses in einen „offenen" Wohnraum und einen „geschlossenen" Arbeitsraum ist also ebenso praktisches, wie psychisches Bedürfnis, das im Haus Tugendhat zugunsten reicherer Artikulation des Gesamtraumes vernachlässigt ist.
Man wird schließlich noch fragen müssen, ob die Abtrennung der reizvoll als Halbrund formierten Speisenische in ihrer halboffenen Form genügt, ob nicht eine wenigstens zeitweise völlige Schließung dieses Raumteiles ermöglicht werden müßte, um nicht dem gesamten Wohnraum die Speisedünste mitzuteilen, aber auch um das Decken und Abräumen des Speisetisches ohne Störung vornehmen zu können.
Der Wohnraum, wie ihn Mies im Hause Tugendhat formiert hat, ist, um

mit Josef Frank zu reden, ein künstliches Atelier, ein Raum, der die unabsichtlichen Reize eines großen verwinkelten, von Ständern durchstellten, lichtdurchflossenen Atelierraums absichtlich verwirklicht, ebenso wie die notgedrungene Primitivität des Wohnens im Atelierraum in dem ununterteilten Einheitsraum. Ein solches Wohnen ist reizend in einem „Haus für zwei", wo aber die Familie größer ist und Dienerschaft hinzutritt, gibt diese Form notwendig zu Störungen Anlaß. [...] ist das Wohnen in diesem Einheitsraum nicht ebenso ein Paradewohnen wie in der Flucht der alten Gesellschaftsräume, mit starrer Fixierung aller Funktionen im Raum, mit einem gemaserten Paradeschreibtisch, der sich allenfalls benutzen läßt, wenn alles entflohen ist, mit einer so stilvollen Einheitlichkeit des Mobiliars, daß man nicht wagen dürfte, irgendein altes oder neues Stück in diese „fertigen" Räume hereinzutragen, mit Wänden, die kein Bild zu hängen gestatten, weil die Zeichnung des Marmors, die Maserung der Hölzer an die Stelle der Kunst getreten ist.
Man wird Riezler zustimmen, daß man sich in diesen Räumen dem Eindruck „einer besonderen Geistigkeit sehr hohen Grades" nicht entziehen kann, wird aber zugleich fragen, ob die Bewohner die großartige Pathetik dieser Räume dauernd ertragen werden, ohne innerlich zu rebellieren. [...] B.

Rudolf Schwarz

Neues Bauen?

Die Schildgenossen, 9. Jg., 1929, S. 207–217

Vom „Neuen Bauen" wird viel gesprochen. Dabei meint aber der eine dieses und der andere jenes, und so besteht die Gefahr, daß das Wort zu einer Redensart wird und schließlich der Sache selbst schadet. Um der Baukunst willen ist es an der Zeit zu prüfen, was es denn mit dem „Neuen Bauen" für ein Bewenden hat.
Es soll gefragt werden, ob das Wort überhaupt zu Recht besteht, was es

meint, wo es am Platze ist und wie weit es trägt. Es soll auch gefragt werden, was alles nicht als „Neues Bauen" gelten darf, und auch, ob die neue Bewegung eine einheitliche ist, ob alle ihre Impulse zusammengehören oder ob sie sich widersprechen. Und auch, ob es überhaupt alles echte und vernünftige Impulse sind, das ist: solche, aus denen ein Bau wird, oder ob sie gedachte Bewegungen sind, zurechtgemachte Literatur. [...]
Die meisten Leute sind mit ihrer Definition des „Neuen Bauens" schnell fertig. Sie setzen seinen Beginn an das Ende des Historismus, in die Zeit also, da man aufhörte, Hochschulen in den Formen der Renaissance und Kirchen gotisch zu bauen. Tatsächlich geschieht das ja in einigen Teilen Deutschlands, der Niederlande und einiger anderer Länder nurmehr selten. Dort hätten wir also die neue Baukunst? Und die Historisten, das wären dann die Leute ohne die Baukunst? Man spürt: so einfach geht es nicht. [...]
Die Grundlagen des Historismus sind indes nicht dumm: es ist ganz einfach der Glauben an die Wiederholbarkeit der Geschichte, und der ist sicher nicht ganz falsch, glaubten sich doch die besten Bewegungen der Geschichte als Wiederherstellungen eines alten Zustandes. Gerade das historische Vorbild legitimiert revolutionäre Durchbrechungen des Zusammenhangs. [...]
Es wäre nichts verkehrter, als anzunehmen, daß wir heute jenseits von allem Historismus ständen. Im Gegenteil: wir stehen mitten darin, mehr vielleicht als je zuvor, nur daß unser Historismus von einer echten Liebe gespeist wurde und tiefere Wurzeln hat. Die Geschichte wurde uns innerlicher, und so ist an die Stelle des kopierenden der immanente Historismus getreten. [...]
Das „neu" meinte also hier: erneuert, wiedererwacht, und wiedererwacht war nicht nur die Vergangenheit, sondern auch ihre Kunst, große Bauten zu errichten. Dieser Historismus ist nicht leicht abgelehnt, gehört zu ihm doch fast alles, was die letzte Zeit an guten Gedanken hatte. Pölzig gehört ihm an mit seinen besten Arbeiten, die ja barock sind, und Tauts gotischer Expressionismus gehört ihm an. [...]
Jedenfalls hat die Kunst ihre Inflation, an der übrigens die Werkkünstler und der Werkbund nicht gerade unschuldig sind, schon hinter sich. Es braucht gar nicht alles aus Kunst zu sein. Meist ist es viel besser, ein Ding ist brauchbar und funktioniert, als daß es ein Kunstwerk ist; es sieht dann

meistens auch von selbst ganz ordentlich aus. Das theoretische Zeitalter hat um diese erstaunliche Wahrnehmung eine schwierige Theorie gebaut, daß aus der Erfüllung der Zwecke „Form" komme und auch Kunst. Sie braucht uns hier nicht zu stören, denn es fragt sich dabei, was ein Zweck ist, und wenn man das eindringlich untersucht, merkt man, daß die Theorie sich von ihrem eigenen Schwanz ernährt. Bei jeder bildenden Arbeit an Dingen kommt es ja darauf an, daß das Ding das werde, was es ist, selbst werde, und daß man ihm nichts aufzwinge. Die Worte Zweckform, Sachlichkeit, Wahrhaftigkeit, Konstruktivismus belegen diesen einfachen Sachverhalt unvollständig, ja sie verfälschen ihn ins Rationalistische, Ethische und Technische.

Einen ganz erfreulichen Verzicht auf den subjektiven Anspruch zeigen heute der Wohnungsbau und der Ingenieurbau, und hier gibt es auch eine große Schule, die sich zeitweilig als „sachlich" bezeichnet. [...] So fragt sie beim Wohnungsbau, was der Einwohner braucht und wie man es ihm am besten und erschwinglichsten verschafft. Sie fragt nach der Einzelheit und entwirft von der Einzelheit her. Sie teilt die Wohnung nach ihren Funktionen in Räume zum Beisammensein der Familie, zum Arbeiten, Schlafen, Waschen, Speisebereiten und organisiert das in einer guten Form. Sie untersucht alle diese Tätigkeiten in ihren einzelnen Vorgängen und erfindet gute und handliche Geräte und Anordnungen. Sie geht darüber hinaus und beobachtet den Menschen als ein Wesen, das Sonne und Erde und Luft, Bewegung und Ruhe braucht. So formen sich die Siedlungen und die Städte in einer neuen und sehr klugen Weise. Es ergeben sich eigenartige Vorschläge und Lösungen, und es zeigt sich, daß die alltäglichsten Dinge meist sinnlos geformt waren, unbrauchbar und lieblos, so als habe man sich des Täglichen geschämt und versucht, recht schnell und schlecht damit fertig zu werden. Diese Schule begabter Architekten hat an den schlichten Aufgaben der Siedlungen, der Schulen und Werkstätten, des Verkehrs, des Sports eine Arbeit getan, die Bewunderung verdient, und sie hat sie getan, indem sie die Dinge mit offenen Augen ansah. Es ist schade, daß sie darum viel angegriffen wurde. Es gibt noch viele Städte, da hält man solche Arbeit für heidnisch und außerdem noch sozialistisch. [...]

Die Nationaleigenschaft der Deutschen, alles zu übertreiben und mit schwermütiger Grübelei zu verderben, hat aus einer brauchbaren Kücheneinrichtung eine unbrauchbare Ideologie gemacht. Es ist da eine

III DOKUMENTE 1929-1933

widerliche Orthodoxie entstanden mit trostlosen Programmen, mit einer Hierarchie unwahrscheinlich talentloser Literaten und einem Konzern garantiert rechtgläubiger Zeitschriften, in denen man sich gegenseitig lobt und wichtig nimmt. [...]
Auch ein anderer Anlaß zum Hochmut ist da. Die „sachliche" Beschränkung ist nur methodisch und für die Situation richtig: solange und soweit, als es gilt, mit allerlei Verlogenheiten auszuräumen. Man war gewiß lange Zeit nicht vernünftig und auch nicht ehrlich gewesen, und es hatten sich die unerfüllten Zwecke gehäuft. Ein riesiger Vorrat an zukünftigen Aufgaben hat sich hinter den Illusionen angesammelt, den aufzuarbeiten man lange Zeit zu tun haben wird. Der Vorrat wird sich aber einmal erschöpfen, die neue Haltung der Nüchternheit und Bescheidung wird sich durchgesetzt haben, und dann wird die „sachliche" Hypothese unzureichend geworden sein. An vielen Stellen ist dieser Punkt schon erreicht, wo sich zeigt, daß der „Zweck" selbst tiefe und irrationale Ansprüche stellt und daß er verlangt, *erfüllt* zu werden. Er ist doch selbst eine Äußerung des tiefen Lebens und verlangt eine radikale Formung. Es wird sich dann fragen, ob die Schule den Mut haben wird, ihre Dogmen zu zerbrechen.
Die Bewegung geht ihrer Krisis entgegen, und die wird sie nur überstehn, wenn sie wahrhaft demütig wird. Sie muß sich über die Fiktion der „Zwecke" und der „Sachen" hinweg liebevoll den *Dingen* zuwenden und ihren schlichten und tiefen Forderungen entsprechen. [...]
Kein wirkliches Leben kann ohne große Symbole sein, das weiß man auch heute. Aber vielleicht erwachsen uns die nicht aus künstlerischen Bemühungen, sondern viel eher aus den schlichten Dingen, denn jedes wirkliche Symbol ist ein liebevolles und stilles Ding; es sagt nicht viel [...]

Rudolf Schwarz
Entwurf IV

für Fronleichnam
Aachen, 1929

Ernst Kallai

bauen und leben

bauhaus. Zeitschrift für Gestaltung, 3. Jg. 1929, Nr. 1, S. 12

hans prinzhorn spricht in seinem ausgezeichneten buch „leib-seele-einheit" von der notwendigen vollendung des gerüstes für ein weltbild, das „die erlösung vom alpdruck des abendländischen intellektualismus böte".
er gebraucht den begriff des „bewußtlos bildenden lebens" und behauptet mit klages, daß „alle echten lebensvorgänge ihrem wesen nach unbewußt, zweckfrei, zwangsläufig in sich geschlossen" seien. er sieht den menschlichen geist in feindlicher spannung zu solchen lebensvorgängen. „alle verzerrungen des daseins aus ressentiment, aus falscher vergeistigung, aus übermaß von bewußtem zweckdenken, aus schiefem moralischen zwang, aus willensüberspannung in machtgier oder selbstquälerischer askese – kurzum alle schwächungen des lebens von unschuld und fülle zu schlechtem gewissen und kargheit" sind auswirkungen jener großen gegenmacht, des geistes, der uns in die seit der französischen revolution währende kultur- und menschheitskrise gestoßen hat. prinzhorn betont die notwendigkeit einer neuen lebenslehre, um den menschen zu einer weltsicherheit zu führen, die sich „im einklang mit den großen rhythmen des naturlaufs und mit allem lebenden gebilde" fände. die neue lebenslehre hätte „trotz aller bis zum anarchischen gehenden skepsis gegen die scheinwerte der zivilisation, den menschlichen kulturgebilden wieder die ihnen zukommende achtung zu erweisen, aber nicht in schwärmerischer absolutierung, sondern in kritischer *sachlichkeit*".
vermutlich ist „sachlichkeit" das stichwort zu prinzhorns folgender abschließenden meinung gewesen: „wahrscheinlich wird unser weltbild im gesamtcharakter manchen guten raumgestalten ähneln, die unserer neuen baukunst hier und da glücken". nur das bild des vernunftgemäß-sachlichen bauens läßt sich mit dem prinzhornschen bilde des neuen menschen vergleichen, der „ohne über sich selbst und die welt beglückende illusionen zu hegen, von der ganzen tiefe des weltgeschehens getragen, das gebot der stunde zu finden und schlicht auszuführen weiß".
gewiß, wir haben ein reichlich desillusioniertes neues bauen, ein bauen, das sich keine fassaden vormacht, sondern sein innerstes ohne ressenti-

ments für überlebte pracht nach außen kehrt, das auch in seinem äußern vorbehaltlos sein inneres lebt, seinen grundriß und seine konstruktion nämlich. und zwar einen schlichten, praktischen grundriß und eine strenge konstruktion. aber... ist denn diese ganze schlichte, praktisch-zweckbestimmte ökonomie unseres bauens nicht auch eine „selbstquälerische askese, eine schwächung des lebens von unschuld und fülle zu schlechtem gewissen und kargheit"... kurzum eine auswirkung jener großen geistigen gegenmacht zum leben, die prinzhorn mit seiner neuen lebenslehre bekämpfen will?
prinzhorn verneint die möglichkeit, zu alten kulturpolitischen idealen zurückzukehren. er kann also seine vorstellungen eines wandels zum neuen und besseren unmöglich auf häuser im zeichen der heimatsschutzsentimentalität *schultze-naumburgs* oder auf einen romantischen pathos im sinne *poelzigs* übertragen. als abkehr von der hohlheit alter kulturpolitischer ideale bleibt nur das bauen übrig, in dem der architekt zugunsten des ingenieurs verdrängt wird: das industrialisierte bauen. dieses bauen aber wird heute fast ausschließlich von mechanistischen vorstellungen, von rein zivilisatorischen idealen beherrscht. es schafft häuser, die von dem prinzhornschen standpunkt der leib-seele-einheit aus gesehen nur als scheinwerte einer überzüchteten intellektualistischen nutzbetriebsamkeit gelten können. nur ausnahmsweise begegnen wir der erkenntnis, daß bauen nicht nur technische und ökonomische, sondern auch *psychische organisation* sein müsse.
prinzhorns forderung nach einer neuen lebenslehre ergibt sich aus unbedingt stichhaltigen, wesentlichen erkenntnissen unseres lebens. wir schaffen und schaffen *sachwerte* – dieses ominöse wort aus der inflationszeit paßt wie angegossen auf die ganze moderne lage: mechanistische betriebsamkeit plus seelische entwurzelung. wir schaffen exakte planungen der wirtschaft und technik, des arbeitens und wohnens und sind der meinung, mit solchen zweckgebilden das ganze leben restlos eingefangen, aufs beste geregelt zu haben. dabei leiden wir an tausend rissen und sprüngen, mehr: an zahllosen abgründen einer unübersehbaren seelischen wirrnis. einer katastrophalen geistigen desorientierung. unsere kapitalistische kultur zeigt erschreckende fortschritte menschlicher verluderung bis zur schmutzigsten würdelosigkeit, ohne daß in den rein ökonomisch-politischen machtlosungen sozialistischer zukunftsperspektiven sich auch ein wille von klarer seelischer einsicht zeigen ließe. ein exempel auf

probe: man versuche sich in den politischen machinationen der verschiedenen arbeiterinternationalen zurechtzufinden! wer die wahl hat, hat in der tat die qual, gar nicht zu reden von dem konfliktstoff, der sich überall, im gesamten machtbereich der europäisch-amerikanischen zivilisation aufgespeichert und uns mit offenen augen in neue weltkriege taumeln lassen wird.

kurz und gut: unser leben ist trotz aller unleugbar herrlichen errungenschaften von geist und technik noch immer eine gleichung, die durchaus nicht aufgehen will, sondern einen furchtbaren rest von sinnlosigkeit, von grauenhafter unbeherrschtheit und trüber verdunkelung bewahrt. es gelingt uns, einen verschwindend kleinen teil der peripherie dieses lebens gegen den bodenlosen sumpf seiner sozialen und seelischen problematik abzugrenzen und auf diesem trocken gelegten schmalen streifen lebens vernünftig geordnete mauern zu errichten. und das nennen wir neues bauen. so weit so gut – wir müssen froh sein, wenigstens etwas ins reine zu bringen. aber bilden wir uns bloß nicht ein, wir seien nun endlich dabei, das paradies auf erden einzurichten. wo bleibt dieses bauen mit seinen stofflichen möglichkeiten und psychischen grenzen hinter der notwendigen leib-seelischen läuterung und befriedung des menschen zurück, die sich eine neue lebenslehre als ziel zu setzen hätte? fassen wir die ganze weite und komplizierte tiefe solcher idealen forderungen ins auge und stellen wir das licht ihrer zielsetzungen gegen die schwere trübnis unseres tatsächlichen menschlichen zustandes heute, dann müssen wir erkennen, daß auch die kühnsten wege unseres bauens zerbrechliche, dünne sicherungen sind, unterspült und umgeben von strömungen der finsternis und zerstörung. ob luxushäuser im sinne le corbusiers oder volkswohnungen im sinne ernst mays, ob traditionalistisch oder modernistisch: man baut sich praktische fiktionen der ordnung und übersichtlichkeit vor, während das leben in unberechenbaren wucherungen gegen unsere konstruktionen antreibt. – wir haben allen grund, überaus still und bescheiden zu sein.

III DOKUMENTE 1929–1933

Ludwig Mies van der Rohe

Die neue Zeit

*Schlußworte des Referats auf der Wiener Tagung
des Deutschen Werkbundes Juni 1930.
Die Form, 1930, S. 406*

Die neue Zeit ist eine Tatsache; sie existiert ganz unabhängig davon, ob wir „ja" oder „nein" zu ihr sagen.
Aber sie ist weder besser noch schlechter als irgendeine andere Zeit. Sie ist eine pure Gegebenheit und an sich wertindifferent. Deshalb werde ich mich nicht lange bei dem Versuch aufhalten, die neue Zeit deutlich zu machen, ihre Beziehungen aufzuzeigen und die tragende Struktur bloßzulegen.
Auch die Frage der Mechanisierung, der Typisierung und Normung wollen wir nicht überschätzen.
Und wir wollen die veränderten wirtschaftlichen und sozialen Verhältnisse als eine Tatsache hinnehmen.
Alle diese Dinge gehen ihren schicksalhaften und wertblinden Gang.
Entscheidend wird allein sein, wie wir uns in diesen Gegebenheiten zur Geltung bringen.
Hier erst beginnen die geistigen Probleme.
Nicht auf das „Was", sondern einzig und allein auf das „Wie" kommt es an.
Daß wir Güter produzieren und mit welchen Mitteln wir fabrizieren, besagt geistig nichts.
Ob wir hoch oder flach bauen, mit Stahl und Glas bauen, besagt nichts über den Wert dieses Bauens.
Ob in Städtebau Zentralisation oder Dezentralisation angestrebt wird, ist eine praktische, aber keine Wertfrage.
Aber gerade die Frage nach dem Wert ist entscheidend.
Wir haben neue Werte zu setzen, letzte Zwecke aufzuzeigen, um Maßstäbe zu gewinnen.
Denn Sinn und Recht jeder Zeit, also auch der neuen, liegt einzig und allein darin, daß sie dem Geist die Voraussetzung, die Existenzmöglichkeit bietet.

Le Corbusier

Wo beginnt die Architektur?

Die Form, 1929, S. 180–181

Vertieft in die Erforschung der neuen technischen Mittel, hat die Architektur das Aussehen eines Gelehrten, der im Laboratorium arbeitet, und sie sieht tatsächlich so aus, als ob der Verstand ganz allein hier herrschte. Und sie sprechen noch heute von Rationalisieren, Industrialisieren, Tailorisieren. Und über solchen Formeln bemühen wir uns, unsere wahre Seele anzuschmieden. Um diesen Prozeß „historisch zu fassen", haben wir uns vor allem losgesagt von den Gesimsen, Giebeln und Kuppeln der verflossenen Jahrhunderte. Wir haben die Architektur in das *Wohnhaus* verlegt, das bis jetzt nur der Fürsorge anonymer Fachleute überlassen war. Früher lag dem Architekten daran, Architektur auszusprechen im Bau der Dome und Paläste. Wir haben Dom und Palast verlassen. Und als wir die Architektur in das Privathaus verlegt hatten, verstrickten wir uns in ungeheure Probleme: Schaffung des neuen angemessenen Hauses für die neue Gesellschaft. Kurz gesagt: es bedeutet, den Typ des heutigen Hauses zu schaffen, einen Typ, der Rauminhalt, Größe und Einrichtung der menschlichen Zelle feststellen sollte. Aber schon nicht mehr die Zelle eines rustikal oder national gebundenen Menschen, sondern eines Menschen dieser Zeit: die Zelle, die in den Ländern der ganzen Welt den gleichen Wert hat; eine internationale Aufgabe also. Im Bemühen, jene Gesimse, Giebel und Kuppeln wegzuschaffen, hatten wir eine Formel aufgestellt: das Haus ist eine Wohnmaschine. Und dieser Ausdruck war so schlagend, daß er überall ein Echo fand.

„Die Wohnmaschine!"
Das bedeutet also die Rückkehr zur Null, und so beginnen wir bei der Null.
Neue technische Mittel, neue Bestimmungen des Hauses. Und so sind wir denn tief hinuntergetaucht in diese Aufgaben des Handwerks: der Architekt wurde zum Ingenieur.
Und nun plötzlich im Jahre 1927, als das Wort von der „Wohnmaschine" schon ausgesprochen war, wollten sie wieder alles mit diesem Schlagwort erledigen. Natürlich, Bäder, W.-C., Zentralheizung, Lüftung, Beleuch-

tung, das alles sind unentbehrliche Bedürfnisse! Die Menschen wühlen sich in ihre Höhlen hinein und sind zufrieden. Aber nein! Gerade nicht! Wenn erst einmal Not und Tod vertrieben sind, taucht das Gefühl auf; der Mensch sagt: „Ich möchte wissen, wie ihr euch meine Wohnmaschine vorstellt? Habt ihr alles durchdacht? Wohnen: ich komme nach Hause, esse, schlafe, gut! Aber ich denke auch. Ich möchte etwas, das nur dazu dient, mir zu gefallen oder mich zu begeistern. Denn ich esse und schlafe ja nicht immerzu; ich lese gute Bücher, höre Musik an, gehe ins Varieté, ins Kino, fahre an die Riviera. Und warum, wenn nicht darum, daß ich mich erfreue? Das heißt, daß ich freiwillig die Beziehungen zwischen verschiedenen Dingen ausfindig mache, die meiner persönlichen Unternehmungslust schmeicheln und die mir das Bewußtsein meines freien Entschlusses und die Gewißheit, daß ich ein freier Mensch bin, geben. Ich will *Freude* haben. Was ihr ‚nutzlos' nennt, ist mir nützlich, ja unentbehrlich, sonst würde sich vor mir der Abgrund auftun und ich würde mir das Leben nehmen."

Dies ist heute der umstrittene Punkt in der Architektur: eine große Menge derer, die sich zur „Wohnmaschine" bekennen, möchten, daß die Definition der Architektur dabei *bleibt*. „Wenigstens werden", so sagen sie, „unsere Bedürfnisse für einen Augenblick hier anhalten."

Ich fasse meine Gedanken in folgenden Bemerkungen zusammen: Kunst ist untrennbar von menschlichem Tun. Man gelangt zu keiner einzigen Gebärde, die sich nicht bis zu einem gewissen Grad in künstlerischer Empfänglichkeit stützt. Denn die Kunst ist nichts anderes als ein individuelles Ausdrücken der Freiheit und der persönlichen Wahl: hier erst fühlt der Mensch sein Menschtum. Eine so existentielle, geistige und motorische Urlebensnotwendigkeit läßt sich aus dem menschlichen Tun nicht ausschließen. Es ist ein kindischer Versuch, ein System zu formulieren, das das Herz zu überwinden versucht, ein System zu formulieren, das sein Gleichgewicht nicht an der menschlichen Seele mißt.

„Die Wohnmaschine" ist ein Kugelwerfen geworden, das Slaven und Deutsche üben. Schon zwei Jahre lang gab man mir sehr oft zu verstehen: „Achtung, Sie sind Lyriker, Sie werden sich verlieren!" Und trotzdem hat mich das rationale Denken auf einige aktive Werte gebracht, auf die die „Wohnmaschine" Anspruch erheben kann:

1. Dachterrasse und Garten.
2. Häuser auf Pfahlrosten.

3. Längliche Fenster.
4. Abschaffung der Gesimse.
5. Lockerer Grundriß.
6. Freie Fassade.

Auf die Vorwürfe antwortete ich: „Jawohl, ich will Gedichte schaffen, weil es mich nicht interessiert, durch dürftige Werte zu befriedigen. Aber ich erkenne Gedichte nur dann an, wenn sie nicht aus „freien Rhythmen" bestehen; ich fordere ein Gedicht in festen Worten (im vollen Sinn des Wortes) und nach klarer Syntax gruppiert. ‚Die Wohnmaschine' ist erst auf dem Weg zu einer Architektur."
Die Lyrik zu unterdrücken ist nicht menschenmöglich. Und wenn es so weit kommen sollte, würde es die Arbeit ihres eigentlichen Sinnes berauben: um das Dienen. Um das Dienen sowohl dem Bedürfnis, wie dem Herzen, wie dem Geist. Die „Wohnmaschine" könnte nicht in Gang gebracht werden, wenn sie uns gar keine geistige Nahrung geben würde.
Wo beginnt die Architektur?
Sie beginnt dort, wo die Maschine aufhört.

Walter Gropius

bilanz des neuen bauens

Vortrag, gehalten am 5. 2. 1934 in Budapest.
Ms. Gropius-Sammlung 20/15 des Bauhaus-Archivs Berlin.
Wiedergegeben nach: Probst / Schädlich, Walter Gropius, Band 3, S. 152ff.

wir sind heute in der lage, den nachweis dafür zu führen, daß sich die erscheinungsformen der neuen baukunst folgerichtig und zwangsläufig aus den geistigen gesellschaftlichen und technischen voraussetzungen der zeit logisch entwickelten und nicht etwa modernistischen marotten einiger neuerungssüchtiger architekten entsprungen sind. ein vierteljahrhundert ernster und tiefgreifender kämpfe war erforderlich, bis die neue

baugestalt entstand, die in ihrer struktur so zahlreiche grundlegende änderungen gegenüber der vergangenheit aufweist.
aber die verwirrung der anschauungen über das „neue bauen" tritt heute in der politisch aufgeregten zeit europas besonders krass zu tage. es ist eine tatsache, daß dasselbe formphänomen, das wir modernen architekten „das neue bauen" nennen, in den verschiedenen ländern einander völlig widersprechende bezeichnungen erfahren hat. für den laien bleibt es daher unklar, daß es sich immer wieder um dieselbe sache handelt, wenn in deutschland und anderen ländern vom „baubolschewismus", in rußland vom „westlich bourgeoisen stil" und in italien vom „offiziellen faschistischen stil" gesprochen wird. [...]
ich möchte den gegenwärtigen zustand in der modernen baukunst etwa so charakterisieren: der durchbruch zu einem neuen, dem zeitalter der technik entsprechenden gerüst der baukunst ist erfolgt, der formalismus abgestorbener stile wurde zerschlagen, man ist zum gedanken, zur aufrichtigkeit der gesinnung zurückgekehrt. [...]
aber die entwicklung stieß auf hindernisse: auf verwirrende manifeste, theorien und dogmen, auf technische schwierigkeiten, die der allgemeine wirtschaftliche niedergang nach dem kriege verstärkt hat, und auf neue gefahren formalistischer spielerei. das schlimmste war dies: *das „neue bauen" wurde in vielen ländern mode*. nachahmung, snobismus und mittelmäßigkeit verfälschten [...] und weitgreifenden absichten der erneuerung, die ja auf wahrhaftigkeit und vereinfachung gegründet waren. gerade deshalb muß sich die neue baubewegung in ihren eigenen reihen läutern, und die ursprünglich weit ausgreifenden ziele müssen wieder aus ihrer materialistischen beengung und falschen etikettierung, in die sie durch unverstand und nachahmung gerieten, befreit werden. falsch geprägte schlagworte, wie das von der „neuen sachlichkeit" und „zweckmäßig gleich schön", haben die betrachtung der modernen baukunst auf äußerliche nebenwege abgelenkt. diese grundfalsche charakterisierung des „neuen bauens" entspricht der unkenntnis der wahren beweggründe seiner initiatoren und der verhängnisvollen sucht der oberflächlichen, die erscheinungen in einem isolierten bezirk abzuschließen, anstatt sie zu erweitern, anstatt die gegensätze zu binden, also „und" zu sagen anstelle von „entweder – oder".
der begriff der rationalisierung z. b., der von vielen als das hauptcharakteristikum der neuen baubewegung hingestellt wird, ist ja nur ein teil des

bereinigenden prozesses. der andere teil, die befriedigung unserer inneren bedürfnisse, ist genauso wichtig wie die der materiellen. sie gehören eben beide zur lebenseinheit. die befreiung der baukunst vom wust des dekorativen, die besinnung auf die funktion seiner glieder, das suchen nach einer knappen ökonomischen lösung ist ja nur die materielle seite des gestaltungsprozesses, von dem der *gebrauchswert* des neuen bauwerks abhängt, viel wesentlicher als diese funktionsbetonte ökonomie ist die geistige leistung einer neuen räumlichen vision im baulichen schaffensprozess. während also die praxis des bauens problem der konstruktion und des materials ist, beruht das wesen der architektur auf der beherrschung der raumproblematik. [...]
der formalismus hatte den natürlichen satz verkehrt, daß das wesen des bauens seine technik bestimmt und diese wieder seine gestalt; sie vergaß das ursächliche und wesentliche über äußerlichkeiten der form und über den mitteln ihrer darstellung. der moderne architekt hat bei seiner funktions- und wesensforschung der bauwerke wiedererkannt, daß die gesetze der proportion gegenüber den realen forderungen der mechanik, statik, optik und akustik ganz für sich bestehen. sie sind eine angelegenheit der geistigen welt, stoff und konstruktion erscheinen nur als ihre träger, mit hilfe derer sie den geist ihres schöpfers manifestieren. aber – es ist irrig, hieraus die notwendigkeit zur betonung des individuellen um jeden preis herzuleiten. nach dem formalistischen zerfall zeichnet sich vielmehr deutlich der wille zu einer vereinheitlichung ab. eine neue einheit kann nur durch befreiung geistiger werte von individueller beschränkung entstehen. diese objektivierung vom persönlichen ist in den beispielen der modernen baukunst unzweideutig erkennbar.
kurz vor dem umschwung in deutschland war ich damit beschäftigt, ein buch „gegen den bauhausstil" zu schreiben, um damit die reinheit und schärfe der bauhausbewegung gegenüber modetorheiten zu erhalten. die tore des bauhauses sind zwar inzwischen geschlossen, aber die idee, der es gedient hat, ist heute nicht mehr von ihm und den anderen quellen der neuen baubewegung abhängig. ich bin der überzeugung, daß kein lebender architekt mehr an den erkenntnissen vorbeigehen kann, die die pioniere der neuen baubewegung in den verschiedenen ländern gesammelt haben. die verschiedene ausdeutung des traditionsbegriffes, von der so viel gesprochen wird, ist jedenfalls kein wesensunterschied. in diesem zusammenhang dürfte sie ein satz interessieren, der bei der offiziellen

eröffnung der italienisch-faschistischen architektur-ausstellung in berlin im januar dieses jahres in der technischen hochschule berlin von prof. krencker ausgesprochen wurde, um den beiden sich befehdenden richtungen in der architektur gerecht zu werden:
„für den einsichtigen ist die synthese beider richtungen heute schon das gegebene. die einen gleichen dem treibenden dampf in einer maschine, sie sind das treibende, schöpferische element, die anderen gleichen der ‚unheroischen‘, aber dennoch nötigen ‚bremse‘, wie es theodor fischer in diesen tagen einmal ausgedrückt hat."
hier wird der unterschied im kulturellen kampf der richtungen herausgeschält, hier wird aber auch die schöpferische linie des „neuen bauens" betont, deren führer – und das ist doch das wesentliche – angesichts des formalistischen chaos vor 20 jahren eingriffen und den funktionsbegriff anstelle des ästhetischen motivsalats stellten, nachdem sie für ihre neuen vorstellungen durch gründliche forschung im sozialen, technischen und künstlerischen feld allgemeingültige gesetze eroberten, die der willkür des individuums ein ende setzen sollten. ich bin nun der meinung, daß diese gründliche auffassung niemals gegen den begriff der tradition verstößt, denn der respekt vor der tradition bedeutet doch nicht behaglichen genuß am gefälligen oder bequeme, ästhetische formalistische beschäftigung mit der vergangenen kunstform, sondern sie war und ist immer kampf um das *wesentliche,* also um das, was *hinter* materie und technik steht und mit ihrer hilfe immer wieder sichtbaren ausdruck sucht.
nach diesen beweisen für die wurzelechtheit der neuen baubewegung darf niemand, der ihre quellen untersucht, behaupten, sie sei ein traditionsloser, technischer rausch, sprenge blind alle nationalen und psychischen bindungen und ende in einem fanatismus materialistischer zweckverherrlichung. die geschichte zeigt ja übrigens, daß sich veränderungen in der künstlerischen gestaltung immer unter leidenschaftlichen kämpfen vollzogen haben, in der bildenden kunst wie in der musik, und daß die stärke des kampfes rückschlüsse auf die kraft des neuen gestattet. ich erinnere nur an die kämpfe, die die ersten gotischen baumeister gegen die romanische tradition auszufechten hatten.
aber das sind eben jene natürlichen „bremsen", die der trägheit des menschlichen herzens entstammen und das tempo einer neuen bewegung verlangsamen, vielleicht mit der heilsamen wirkung, daß sich ihre kraft an den widerständen verstärkt, so daß sie sich behaupten kann.

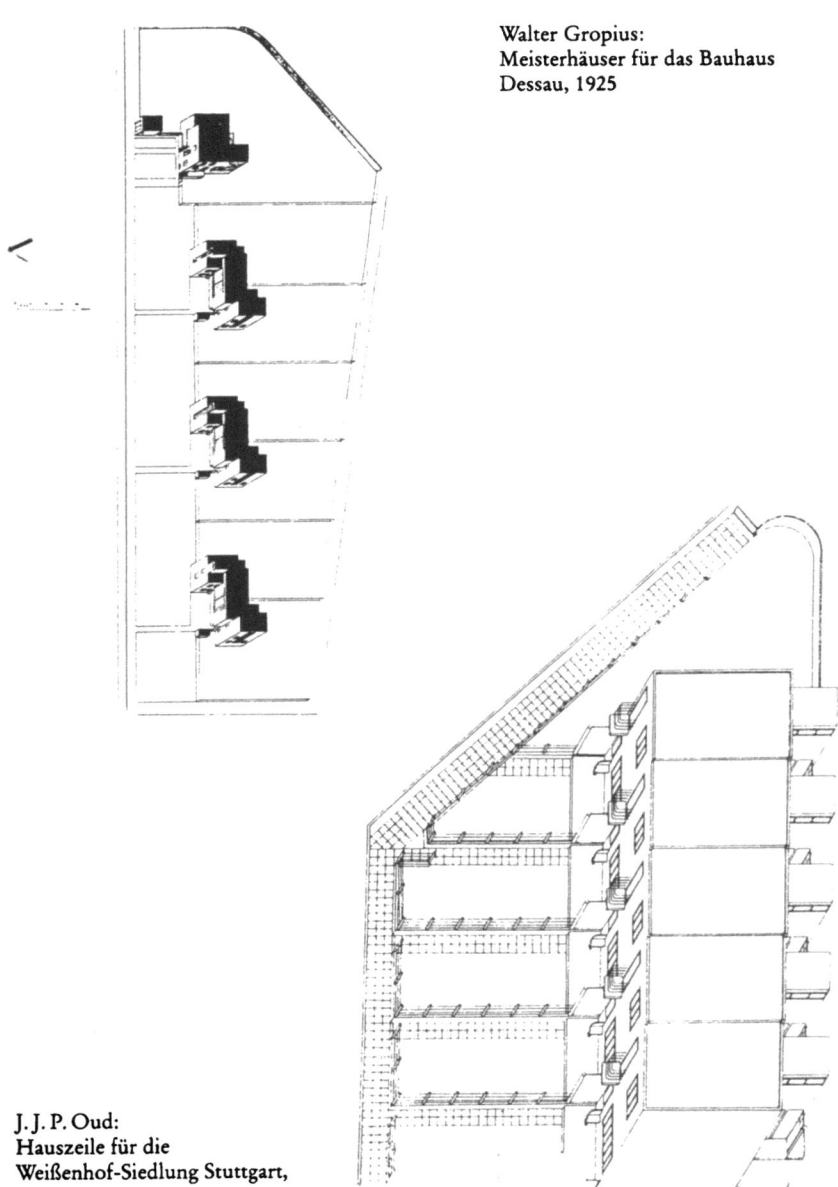

Walter Gropius:
Meisterhäuser für das Bauhaus
Dessau, 1925

J. J. P. Oud:
Hauszeile für die
Weißenhof-Siedlung Stuttgart,
1927

2 Die Patriarchen kommen zu Wort

[1] Hans Poelzig
Der Architekt

[2] Wilhelm Kreis
Romantik und Sachlichkeit in der modernen Architektur

[3] Fritz Schumacher
Die Zeitgebundenheit der Architektur

[4] Peter Behrens
Zeitloses und Zeitbewegtes

[5] German Bestelmeyer
Über neuere deutsche Baukunst

Die politischen Spannungen in der ersten deutschen Republik bedrängten nicht nur das Alltagsleben, sondern den gesamten Kulturbetrieb. Für das Zukunftsbild waren und sind Architekten in hohem Maße verantwortlich. Mit eindringlichen Worten kämpften die Patriarchen, kämpfte die Vätergeneration für diese Erkenntnis. Der neue „Reichskunstwart", Edwin Redslob, empfing am 20. April 1920 die anerkannten Patriarchen German Bestelmeyer, Bruno Paul, Peter Behrens u. a., um mit ihnen über kommende Bauaufgaben zu sprechen. Ein Jahr danach wurde auf Anregung von Bruno Möhring unter der Leitung von Cornelius Gurlitt die „Freie Deutsche Akademie des Städtebaus" gegründet, der der Reichskunstwart Redslob, der Stadtbaurat Ludwig Hoffmann, der Bürgermeister Konrad Adenauer und die Architekten Wilhelm Kreis, Hans Poelzig und Theodor Fischer angehörten (Bauwelt 5/1922). 1922 wurden German Bestelmeyer und Theodor Fischer vom preußischen Staatsministerium zu Mitgliedern der Preußischen Akademie des Bauwesens ernannt.
Auf die zurückhaltende Stimmung der Standesvertreter freier Architekten, auf die vorsichtige Haltung des BDA gegenüber den Aufbrechern, den Neuerern im Jahre 1919 wurde schon im Kapitel „Zusammenschlüsse" hingewiesen. Präsidenten und Vorstandsmitglieder hielten bis 1926 die Tore gegen „Junge" dicht. Cornelius Gurlitt, German Bestelmeyer, Wilhelm Kreis, Hans Poelzig gehörten zu den meistgenannten.
Trotz kritischen Abstands diskutierte man im BDA über eine neue Architekturausbildung. Immer wieder wurde gegen den Staat, gegen die Kommunen gewettert, die ihre Beamten gegen die freie Architektenschaft Front machen ließen.
Kritische Stimmen waren zu hören, dennoch feierte man in altehrwürdiger Form. Die abendliche Festveranstaltung der Jahresversammlung von 1926 – unter dem Präsidenten Wilhelm Kreis – wurde z. B. durch eine Vorführung von Richard Wagners *Rheingold* gekrönt.

Der „Schulterschluß" der Patriarchen diente vor allem der Interessensicherung im Wettbewerbswesen. Meist waren es dieselben Herren: Bestelmeyer, Muesmann, Schumacher, Muthesius, Bonatz, aber auch Ludwig Hoffmann und Hoetger, die in den Preisgerichten für Hochhäuser, Bürohäuser, für das Festhallengelände der Frankfurter Messe- und Ausstellungsgesellschaft, für Rathäuser in Duisburg, Bochum, Berlin-Zehlendorf, für das Gelände des Ulmer Münsterplatzes etc. saßen und Preise an Bonatz, Kreis, Behrens, Bestelmeyer, ab und zu an Fahrenkamp, an Jansen vergaben. Erst 1930 wurde die alte Garde durch Jüngere ersetzt. Die Zeit für die Zukunft war kurz.

Hans Poelzig (1869–1936), der lebhaft berlinerisch sprechende Lehrer, Architekt, Maler [...] und Musiker (Posener), konnte schon 1919 mit seiner Stalaktitenkuppel des neuen Reinhardtschen Schauspielhauses in Berlin-Mitte Zeichen der neuen – damals noch expressionistischen – Zeit setzen. Da war „Musike" drin. So ist es nicht verwunderlich, daß der alte, diskussionsfreudige Herr in einem BDA-Vortrag 1931 warnte: Form soll nicht Symbol eines neuen Lebens sein. Die kasernenartige Typisierung führe zu Kunststücken, die man nur ablehnen könne. Architekt sein heißt nicht Fachmann sein – so Poelzig, sondern Mensch (Patriarchen 1).

Das Folkwang-Museum in Essen zeigte 1930 eine Architekturausstellung des BDA Rhein-Ruhr. Die Eröffnungsrede hielt *Wilhelm Kreis* (1873–1955): „Romantik und Sachlichkeit in der modernen Architektur" (Patriarchen 2). Der berufliche Werdegang dieses einflußreichen BDA-Funktionärs soll ganz kurz belichtet werden: Schon als dreiundzwanzigjähriger Assistent von Paul Wallot gewann Kreis 1896 den 1. Preis im Wettbewerb um das Völkerschlachtdenkmal in Leipzig, das dann allerdings von Schmitz ausgeführt wurde. Es folgten weitere Wettbewerbserfolge, dann auch Bauten: 1899 Bismarckdenkmal, 1921 Bismarckgedächtnisstätte bei Stettin, 1927 Kriegerehrenmal Hattingen etc. Diese Erfolge begründeten seine frühe lehrberufliche Aktivität: Mit 29 Jahren wurde Kreis Professor in Dresden, als Fünfunddreißigjähriger Professor in Düsseldorf.

Auch *Fritz Schumacher* (1869–1947) kann zu den Frühberufenen gezählt werden. Als Dreißigjähriger wurde er als Professor für Architektur nach Dresden berufen, wo er 1906 die berühmte und Zukunft setzende Dritte Deutsche Kunstausstellung organisiert hatte. Der Mitbegründer des Deutschen Werkbundes (1907) wurde zwei Jahre später Baudirektor von Hamburg, was er (mit einer kurzen Unterbrechung) bis 1933 blieb. Der lesefreudige Städtebauer besuchte 1924 den Internationalen Städtebaukongreß in Amsterdam, an dem u. a. auch der Delfter Granpré Molière, der Engländer Unwin und der Franzose Jaussely teilnahmen. Im selben Jahr erhielt Schumacher interessanterweise die Ehrendoktorwürde der Medizin. Dieser breit beobachtende und tiefdenkende Fritz Schumacher wurde nach seiner zwangsweise erfolgten Emeritierung 1933 von Konstanty Gutschow, dem Planer der monumentalen Elbufergestaltung, bei zahlreichen Besuchen um seine Meinung gebeten. 1939 erhielt Schumacher zu seinem 70. Geburtstag die Goethemedaille. Schumacher wußte 1929 in seinem Vortrag „Die Zeitgebundenheit der Architektur", daß die notwendige Arbeit des Klärens und Aufräumens verpflichte, neue Schößlinge zu pflegen (Patriarchen 3). Ein großer Regisseur – und damit beschrieb er wohl vor allem sich selbst als Oberbaudirektor einer Großstadt – sei oft wichtiger, als es die Schauspieler seien.

Weniger ein Frühstarter im Architekturgeschäft war der in Hamburg geborene *Peter Behrens* (1868–1940). Als Mitbegründer des Deutschen Werkbundes (1907) und mit der im selben Jahr begonnenen künstlerischen Tätigkeit für die AEG in Berlin wurde Behrens darüber hinaus Mitbegründer einer wirtschaftsorientierten neuen Prächtigkeit. Das Büro Behrens spielte in der Vorkriegszeit für die entwurfliche Entwicklung von Gropius, Mies van der Rohe, Le Corbusier u.a. eine wichtige Rolle. Nach 1918 fand Behrens sein Gleichgewicht nicht mehr, obwohl er sowohl in Düsseldorf (1921) als auch in Wien (1922–1927) als Lehrer tätig war. „Zeitloses und Zeitbewegtes" ist der Titel seines Vortrages von 1932, in dem er sich gegen die zerstörerische, skeptisch verneinende Macht des Intellekts aussprach, die jede Begeisterung, jede Idee töten könne (Patriarchen 4).

Der wichtigste Agitator im Wettbewerbs- und Verbandswesen der frühen zwanziger Jahre war *German Bestelmeyer* (1874–1942), der Sohn eines Generalarztes der Armee. Auch Bestelmeyer konnte in der neuen Republik stolz auf seine berufliche Vergangenheit im Kaiserreich hinweisen. Er begann seine Karriere in Staatsämtern, wurde 1910 Nachfolger von Schumacher auf dem Lehrstuhl in Dresden, 1919 Preußischer Oberbaudirektor und gleichzeitig Ordinarius an der TH Berlin-Charlottenburg. 1926 wurde Bestelmeyer Mitglied der Notgemeinschaft der Deutschen Wissenschaft. Im selben Jahr erschien Hans Grimms Werk *Volk ohne Raum*. In seinem Vortrag „Über neuere deutsche Baukunst" versuchte Bestelmeyer seine Unsicherheit im Umgang mit der Moderne zu kaschieren (Patriarchen 5).

III DOKUMENTE 1929–1933

Hans Poelzig

Der Architekt

Vortrag, gehalten auf dem 28. ordentlichen Bundestag des BDA in Berlin am 4.6.1931.
Die Baugilde, 13.Jg. Ausgabe vom 10.6.1931. Heft 11, Ausschnitte S. 926, 928f., 937

[...] Da stehen wir heut noch, eine große Wegstrecke ist zurückgelegt in einer unerhört kurzen Zeit. Die formalistischen Bindungen einer traditionellen Architektur sind zerschlagen. [...] Die neue Sachlichkeit ist anerkannt, es muß einfach gebaut werden, „koste es, was es wolle", wie man scherzhaft zu sagen pflegt.

Ist unsere Sachlichkeit so unbedingt sachlich?

Das Spiel mit dem Ornament, mit der Flächenbewegung, mit der Verzierung in früherem Sinne ist sozusagen verboten. Hat das Spiel überhaupt aufgehört? An die Stelle des handwerklich oder auch maschinell hergestellten Ornaments treten jetzt meist wertvolle Materialien: Lack, Glas, Metalle, Steine. Sie sollen durch das Spielen ihrer Oberfläche das Spiel der ornamentalen Bewegung ersetzen, und es ist kein Zweifel, daß sie sich den nackten, dünnen Formen des modernen Baues leichter anschmiegen, daß die Einheit der Formen wohl durch Glanz und Farbe erhöht wird, aber bestehen bleibt. Hier sehe ich keine Gefahr – eine tatsächliche Gefahr besteht aber dann, wenn der Architekt, dem das Spiel mit Ornamenten durch die Entwicklung der heutigen Architektur aus der Hand geschlagen ist, mit *Konstruktionen* zu spielen beginnt. Dieses Spiel ist kostspielig, und der Ornamentrausch war kaum betäubender als der Rausch, dem ein Architekt anheimfallen kann, dem die heutigen konstruktiven Möglichkeiten in die Hände gegeben sind – konstruktive Möglichkeiten, denen keine Grenzen gesteckt zu sein scheinen.
Diese Art neuer Sachlichkeit hat in sich genau so viel falscher Romantik und letzten Endes Unsachlichkeit versteckt wie jede Periode, die sich von einem Schlagwort berauschen läßt. Es ist durchaus *unsachlich*, wenn ich große Spannungen mit teuren Trägern überbrücke, ohne dazu gezwungen

zu sein, wenn ich Stützen weglasse, die nur die Konstruktion verbilligen und erleichtern –, und der Wahn der *ohne Grund* riesig ausgedehnten Fensterflächen ist an sich nicht weniger irrig, als die frühere Einstellung des Architekten, der zu einer richtigen Architektur schwere Massen und große Mauerflächen unbedingt zu brauchen glaubte. [...]

Der Architekt darf niemals Spezialist sein

Technik und Wirtschaft kann man nicht allein ihren Weg rasen lassen, die rein wirtschaftliche Rechnung wird nie aufgehen, wenn sie die Menschlichkeit außer acht läßt. Der Techniker *kann* lediglich Fachmann, Spezialist sein – der Architekt *niemals*, oder er wird seinen Beruf nicht begreifen. Heute ist ja alles spezialisiert, der Arzt, der Hals und Brust untersucht, erklärt sich nicht für zuständig für den Unterleib – vielleicht muß es auch hier Spezialisten geben, weil die Fülle der ärztlichen Wissenschaft die gesamte Beherrschung im einzelnen nicht mehr zuläßt. Aber über dem Spezialisten muß doch der wahre ärztliche Baumeister stehen, der alle Erkenntnisse zusammenfaßt und das Endurteil spricht. [...]
Und womit siegt schließlich die heutige Bauweise? Mit praktischen Erwägungen? Sind die großen Fensterflächen praktisch, wird das flache Dach lediglich aus praktischen Gründen vorgezogen? Die Form siegt, die Gestalt, das *neue* Symbol eines *neuen* Lebens, das dem Licht- und Lufthunger des heutigen Menschen entgegenkommt. Der empfindende Laie läßt sich von einem begabten Künstler eher ein völlig unpraktisches Haus aufschwatzen, das die von ihm geliebte Form zeigt, als daß er in eine praktische, ihm formlos erscheinende Behausung hineingeht, er sucht eine Steigerung seines *seelischen* Lebens.
Wehe, wenn der Architekt vergißt, daß von hier aus die Welt des Bauens umgestaltet werden muß, daß hier der Hebel angesetzt werden muß – wenn er sich zu technischen und wirtschaftlichen Kunststücken herbeiläßt, zu einer kasernenmäßigen Typisierung, zum *Ameisenhaufen*, zum *Bienenstock*. Das Tier baut natürlich, technisch, über die Bienenwabe geht auch die technische Erfindung des Menschen in äußerster Knappheit nicht hinaus. *Für den Menschen handelt es sich um die Vergeistigung und Verlebendigung der Materie, nicht um die Mechanisierung des Lebendigen.* Der Laie, der Vollmensch ist, voll Empfindung und Musikalität baut besser als jeder fachmännisch verkrampfte Architekt. Bauen ist eine

menschliche Angelegenheit, sie verträgt kein Ästhetentum und kein Spezialistenwesen. [...]

Was ist nun also Architektur?

Noch stecken wir im Naturalistischen, im Atonalen, noch heißt es, mit jedem Problem von neuem zu ringen, um es zur Form zu zwingen. Und wenn es uns gelingt, die Form eines Baus von der Zeitgebundenheit etwas zu lösen, und ihm den Schuß Zeitlosigkeit zu geben, den jede wahrhaft künstlerische Form hat, so haben wir genug getan. Und Architekt sein, heißt, nicht Fachmann sein, nicht Spezialist, sondern Mensch, Kämpfer sein für alles Menschliche – dann wird uns die Form von selbst zufallen. Und über die neue Form, die künftige Architektur, wie wir sie alle ersehnen, entscheiden nicht noch so große Errungenschaften der Wissenschaften, der Technik – darüber, über ihren Wert und ihre Dauer entscheidet nichts als die kulturelle Entwicklung der Menschheit.
Die Wirkung einer wahrhaften Architektur kann nur geistig sein – nicht technisch, unabhängig von jedem Größenmaßstab, in der Wirkung der Musik vergleichbar. Ebenso verantwortlich wie die Musik – denn ebenso wie ein Gassenhauer aus dem Ohr nicht herausgeht und die Menschen quält, so kann der Mensch einer schlechten quälenden baulichen Umgebung nicht entrinnen. Die Verantwortung des Architekten ist groß, für Jahrhunderte kann ein Stadtbild erhoben oder vernichtet werden. Man fängt wohl an, diese Verantwortung wieder zu begreifen aber scheut sich vor den Konsequenzen, die Schwere dieser Verantwortung auch gesetzmäßig zu verankern.
Was ist nun also Architektur? In Paul Valèris „Eupalinos oder über die Architektur", einem Zwiegespräch zwischen Sokrates und Phaidros im Hades – übersetzt von Rilke – sagt Phaidros unter anderem:
„Hast du nicht beobachtet, wenn du dich in dieser Stadt ergingst, daß unter den Bauwerken, die sie ausmachen, einige stumm sind; andere reden; und noch andere schließlich, und das sind die seltensten, singen sogar? – Diese äußerste Belebtheit geht nicht von ihrer Bestimmung aus oder von ihrer allgemeinen Gestalt, ebensowenig wie das, was sie zum Schweigen bringt. Das hängt ab von dem Talent des Erbauers oder vielmehr von der Gunst der Musen.
Gut, diejenigen von den Bauwerken, die weder sprechen noch singen,

verdienen nichts als Verachtung; das sind tote Dinge; geringer im Range als jene Haufen von Bruchsteinen, die die Karren der Unternehmer ausspeien und die wenigstens durch die zufällige Verteilung, die sie im Falle annehmen, das neugierige Auge unterhalten...
Was die Denkmäler angeht, die sich begnügen zu reden, so habe ich, wenn ihre Rede nur klar ist, alle Achtung für sie. Sie sagen zum Beispiel: hier vereinigen sich die Händler. Hier halten die Richter ihre Überlegungen ab. Hier seufzen die Gefangenen. Hier können die, die die Ausschweifung lieben... (ich sagte da zu Eupalinos, daß ich in dieser letzten Art recht beachtenswerte gesehen hätte. Aber er hörte mich nicht). Diese Kaufhallen, diese Gerichtshöfe, diese Gefängnisse reden, wenn die, die sie erbauen, sich darauf verstehen, die genaueste Sprache. Die einen ziehen sichtlich eine bewegte, immerfort sich erneuernde Menge an, sie bieten ihnen Vorhallen und Eingänge dar; sie laden sie ein, durch Türen und durch die leicht zugänglichen Stiegen einzutreten in ihre geräumigen und wohlerleuchteten Säle, Gruppen zu bilden und sich den Gärungen der Geschäfte zu überlassen... Die Wohnungen der Gerechtigkeit aber sollen den Augen Strenge und Gerechtigkeit unserer Gesetze vorstellen."
Im ganzen tiefsinnigen und schönen Dialog kein Wort von Technik, selbst im antiken handwerklichen Sinne, kein Wort von Wirtschaft!
Gebt also dem Kaiser, was des Kaisers und Gott, was Gottes ist! Die Anforderungen der Technik und der Wirtschaft in Ehren, es wäre lächerlich, falsch romantisch, geradezu unschöpferisch, sich daran vorbeidrükken zu wollen und den Kopf in den Sand zu stecken – Technik und Wirtschaft sollen durchaus zu ihrem Recht kommen, sie sollen uns aber nicht versklaven, und wir wollen darüber hinaus noch für unsere Arbeiten etwas von dem einfangen, was nicht für kurze Zeit verblüfft, durch einen lauten Schrei die Aufmerksamkeit zu erzwingen sucht, sondern redet, oder gar singt, wie es auch von der Zukunft verstanden werden kann, einer Zukunft, die nichts mehr weiß von all den Überraschungen, die *uns* neue technische Erfindungen und Möglichkeiten bereitet haben, sondern nur das versteht, was an ewiger Melodie in unseren Schöpfungen einzufangen uns *vielleicht* gelungen ist.

III DOKUMENTE 1929–1933

Wilhelm Kreis

Romantik und Sachlichkeit in der modernen Architektur

Eröffnungsansprache zur Architekturausstellung des BDA im Folkwang-Museum Essen zum Thema „Fünf Jahre Bauschaffen".
Die Baugilde, 1930, S. 1623–1625

Wo Weltanschauung und Kunst ineinander gehen, ist Kunst letzten Endes Persönliches, Unbewußtes und Mystik. Die Grenze der Kunst nach der einen Seite ist bewußt Geschaffenes. Mystik alsdann Allegorie, Scheintiefe. Die andere Grenze ist ebenso bewußt und ist nicht der mystische Widerschein aus der Natur, sondern ist Naturerkenntnis und Nachahmung.
Die im künstlerischen Unterbewußtsein schaffende Mystik erscheint in der Tat symbolisch und ist im Werk das Wesen des Persönlichen selbst. Dies alles gilt ebenso für das Klassische wie für das Romantische, für das Reale und Irreale und bezeichnet die Grenzen nach rechts und links und die größte Tiefe in der Mitte. Die Romantik, gegensätzlich zum Klassischen, abgeneigt dem Gesetzmäßigen und Typischen der letzten Reife der klassischen Epoche ist zwar im Gegensatz zu dieser entstanden, hat aber den letzten Grund in etwas anderem. Sie ist die Aufrichtung einer schönen Traumwelt gegen das Überhandnehmen der realen Dinge der Wirklichkeit.
Im ersten Drittel des 19. Jahrhunderts kam langsam, stetig und unerschütterlich die Technik zu immer größerem Einfluß auf die Zivilisation. Die Maschine zunächst von Dampf getrieben, später die Elektrizität in ihrer Anwendung als Kraft und im Bauwesen das Eisen, haben jene Entfremdung zwischen der geistigen Einstellung dieses romantischen Zeitalters und der immer nüchterner werdenden Wirklichkeit tiefer und tiefer gefurcht. Die Flucht in geistige Abgeschiedenheit von der Wirklichkeit ins Land der Wunder und in Zeitentrücktheit schafft jene Poesie und jene fast-unwirkliche Baukunst, die verurteilt war, Unvollkommenes zu machen, weil das Vollkommene nur in der Übereinstimmung von Welt und Gefühl entsteht, nicht aber aus einem Schwächegefühl, das die Flucht aus der Wirklichkeit anzeigt.

Abgewandt von der übermächtig, unheimlich wachsenden Technik, dem Geist zugewandt, der in der Mathematik, den Naturwissenschaften, der Philosophie souverän scheinend die Weltmaterie überstrahlt und einzig würdig, der Kunst brüderlich zu sein, das ist der Charakter der Romantik.
Novalis über die Mathematik:
„Reine Mathematik ist Religion, die Mathematiker sind die einzig Glücklichen. Der Mathematiker weiß alles, er könnte alles, wenn er es nicht wüßte."
Novalis meint also, dem Mathematiker fehlt das Unbewußte, darum wäre seine Kunst nicht werkschöpferisch, sondern rein geistig. Er vergleicht sich unausgesprochen mit dem Mathematiker. Der Dichter kann alles, er ahnt es, aber er weiß es nicht. Der Mathematiker aber weiß alles und er könnte alles, wenn er es nicht wüßte.
Wenn wir auch in diesen künstlerischen Worten mehr Spielerei als Philosophie lesen wollen, so ist doch eines aus Novalis' Worten klar: Er hat den Techniker vergessen, den Bruder des Mathematikers, der von ihm auch alles weiß, aber auch alles kann, und dieses ist der Irrtum der Romantik, das Unbewußte soweit zu treiben, daß es bewußt unbewußt ist.
Wenn aus dem Unbewußten, dem Weltgefühl, der Berührung von Mensch und Welt symbolhaft Kunst ersteht, so kann aus der Erkenntnis dieses mit Absicht abgewandt von den Schwierigkeiten der Welt, aus bewußter Mystik keine wahre Symbolik, sondern nur Allegorie hervorkommen: Scheintiefe, Scheinwahrheit, schön beleuchtet vom spielenden Geist, aber wirkliche Größe, Tiefe und Dauer hat diese bewußte Kunst nicht.
„Nicht alle Romantiker waren stets Träumer und stets weltfremd, sie hatten auch ihre Erkenntnisse und fühlten die Schwäche ihrer Anschauung", so schreibt Novalis recht wenig romantisch. Wenn auch in Form dem romantischen Stil entsprungen, so doch im Wesen zeitlos richtig und fast wie Goethe:

Ruh' ist Göttern nur gegeben,
Ihnen ziemt der Überfluß;
Aber uns ist Handeln Leben,
Macht zu üben nur Genuß.

Recht charakteristisch spiegelt sich in wenigen Worten Schlegels das Wesen des Geistigen jener Romantik:
„Wer etwas Unendliches will, der weiß nicht, was er will, aber umkehren läßt sich dieser Satz nicht."
Der Zwiespalt zwischen Weltgefühl und Wirklichkeit ist die Quelle Fantasie, jener Märchen, jener im Abendrot schimmernden Landschaften, jener phrasenhaften Allegorien und frömmelnden Altarbilder. Aber auch in der Baukunst ist schon mit Schinkel unter dem Einfluß dieser bewußten Träumereien, dieser an hellen Tagen die Augen schließenden Künstler jene unwirkliche Gotik entstanden, jene Burgen nachahmende Schloßbaukunst, jene Spielereien von Ruinen, Tempelchen in stimmungsvoll nachgeahmten Wäldern, in verschwiegenen Parks und abgeschiedenen Einsamkeiten.
Wenn wir diese Baukunst Romantik nennen, so ist ähnlich wie nach der Ausbreitung der blühenden Romantik in der Dichtung und Malerei über ein halbes Jahrhundert auch die Scheinarchitektur der Nachahmung, in der wechselnden Vorliebe der reisenden Baukünstler in allen Ländern der Welt nichts als Romantik, sie wandert aus der Gotik zurück in die Antike über die Renaissance wieder zur Gotik und wieder zur Antike, ohne sich mit der Wirklichkeit klaren Auges auseinanderzusetzen, und die Wirklichkeit geht neben ihr her mit starken Schritten zur Herrschaft über die Welt, zur Herrschaft über den Geist, zur Bildung einer Ideen-Gemeinschaft mit der sozialen Umschichtung, zum Beginn einer neuen Weltanschauung. Hiervon weiß weder die romantische Dichtkunst, noch die Malerei, noch die Architektur, sie spielt ihren Traum zu Ende und hofft vergeblich auf das Wiedererstarken der rein geistigen Gewalten über die Dinge der Welt.
Warum wurde der Zwiespalt zwischen den sich immer mehr entwickelnden technischen Ursachen der neuen Zivilisation und der beharrlich bleibenden geistigen Einstellung abseits dieser Entwicklung immer größer?
Man glaubte nicht daran, daß das Gefühl mit diesen technischen Dingen einmal eins werden könnte und müßte. Man glaubte an die geistige Überwindung, an die bestehen bleibende souveräne Herrschaft in geistiger Abgeschiedenheit, in Anlehnung an die reine Wissenschaft eine dauernde dienende Rolle den Technikern zuweisen zu dürfen. Das war der Irrtum und die Tragik der romantischen Zeit und der Baukunst des 19. Jahrhunderts. [...]

Zwei Fragen standen unbeantwortet vor der Möglichkeit neuer wahrer Baukunst:
Die Überwindung der Schwierigkeiten, die einer sachlichen Behandlung der neuen technischen Möglichkeiten beim Raumschaffen entgegenstanden.
Und die Anpassung unseres Bauschaffens an die neue Lage der menschlichen Gesellschaft, in wirtschaftlicher, sozialer und politischer Hinsicht.
Nachdem die erste Frage heute so beantwortet ist, daß die vielen Spielereien formalistischer und konstruktivistischer Art uns nicht mehr verblüffen, nicht mehr ziehen, abgestanden sind, und daß Räume heute gemacht werden nach ihrer Bestimmung, nach ihrem Zweck, in sachlicher Benutzung der neuen technischen Möglichkeiten, ohne verblüffen zu wollen, ist der Boden geschaffen zur formalen Gestalt.
Die zweite Frage ist so beantwortet, daß eine Volksgemeinschaft in der Arbeit und im Leben als eine Notwendigkeit erkannt ist und daß unsere Bautätigkeit in erster Linie für diese Bedingung schafft.
Ein neuer Glaube, aus unendlicher Not geboren, aber schon tief eingewurzelt im Weltgefühl der Zeit, steht wie ein kantischer Imperativ beim Gestalten neben uns.
Eine gewisse Übereinstimmung in der Auffassung, eine gewisse Gleichmäßigkeit, ja oft Eintönigkeit ist bei den Gewissenhaftesten die Folge, bei romantisch Veranlagten ist das Spielen und Ausweichen noch immer Triebfeder zu Übergestaltungen und dekorativen Beigaben, aber das Typische im Einzelnen und der Rhythmus der Wiederholungen desselben Typs geben den Marsch an, der überall erklingt und der dem Bauschaffen unserer Zeit die vorherrschende Note gibt.
Auch Semper glaubte, in Abkehr von der Romantik der Zeit vor ihm, in der Neuschöpfung einer Renaissance mit einer Neu-Aufrichtung des Handwerks, durchaus sachlich zu sein und dem vorwärtsziehenden Geist zur Seite zu marschieren.
Charakteristisch für die so lange noch bleibende Historienromantik von der neugotischen Zeit über Semper und Wallot bis zum Neuklassizismus der ersten zehn Jahre des 20. Jahrhunderts war das Verharren an Baumethoden, wie sie im allgemeinen aus den Überlieferungen übrig blieben und nur schüchtern regten sich neue Bautechniken und ihre Maschinenarbeit auch im Bauen des Architekten, obgleich doch schon vor fast 100

Jahren gewaltige Glashallen entstanden waren und die riesenhaftesten eisernen Brückenkonstruktionen schon Geschichte machten. [...]
Inzwischen ist die neue Zeit andersartig geraten. Die Mechanisierung der Arbeit, die Überfüllung der Welt, haben nach Kämpfen die Lehre von einer Notgemeinschaft der Menschheit aufgestellt. Die Gefährdung der Gesundheit, die Arbeitslosigkeit, die Wohnungsnot haben nicht aus Liebe zum Nächsten, nicht durch einen Nazarener gefordert, sondern durch die Erkenntnis der einzigen Notwendigkeit die Lehre von der Volksgemeinschaft zum allgemeinen Glauben erhoben. Die Zeit der Hygiene fordert von der Arbeit, vom Bauen, von der Wohnung, vom Gerät, von uns allen Exaktheit, Sauberkeit und Glätte, ohne die Schmutzecken der Ornamentik, der Fransen und Verköpfungen. Das blank saubere Auto ist heute typisch für den Rahmen der Erscheinung des neuen Menschen. Blitzendes Metall, Spiegelglas und weiße Flächen sind im Verkehr und im Haus, im Versammlungs- und Festraum um uns als selbstverständliche Staffage. Wenn allerdings mancher „auch moderne" Architekt ein Landhaus baut mit flachem Dach, Balkonen, Veranden, Erker und Türmchen, und wenn sein modischer Horizontalismus mit Betonplatten, Stahlsäulen, Spiegelglas mit Bronzerahmen dem oberflächlichen Betrachter heftig modern erscheinen, so ist doch im Grunde solche Spielerei und snobistische Außenseiterei ebenso falsche Romantik, wie mancher alte, stilnachahmende Erker und Türmchenbau gewesen ist, der sich unschwer durch ein modisches Neufrisieren ähnlich gestalten ließe. [...]
Seit über 100 Jahren leben wir in einer Zeit des Vorherrschens der Technik. Sie wurde nur zu Anfang überrankt von einem starken, historischen und „nur geistigem" Sinne, der jeden neuen Anfang rationeller Formung bald unterdrückte, unaufhörlich hat aber die Technik und die Maschine Stück für Stück von unserem Leben erfaßt und ist in jede unserer Wohnungen eingedrungen.
Das Handwerk, noch zu Sempers Zeiten allmächtig, ist in der Bautechnik Schritt für Schritt zurückgewichen und hat dem Vordrängen der Maschine Platz gemacht. Die gesamte Bautechnik ist heute ohne die Maschinenarbeit nicht zu denken. Die Maschine ist in der Küche, im Kühlraum, in der Wäscherei, im Aufzug, in Heizung und Lüftung, in Reinigung und Transport fast in jedem Hause tätig, im Wohnungsblock, im Bürohaus, im Versammlungshaus, im Krankenhaus, in der Schule, in den Theatern, im Bahnhof, im Hotel, kurz in allem neuen Bauen. [...]

Die Baukunst als die Schöpferin unserer Wohnungs- und Arbeitsstätten und des gesamten Raumes, der uns zu irgendeiner Tätigkeit schützend umgibt, muß unter diesen Einflüssen ihre Art und Gestalt verändern. Kein Material, welches wir zum Bauen verwenden, wird heute ohne die Mithilfe der Maschinen gewonnen. Das meiste, was zum Bauen dient, verdankt der Maschine seine Entstehung. Das gilt für alles, was in Stein, Eisen, Holz, Keramik, Gewebe und Farbe hergestellt wird.

Der Antransport aller dieser Baumittel geschieht in der Hauptsache mechanisch, und selbst auf dem Bauplatz wird mit Maschinenhilfe das Material hochgezogen und verteilt.

Die Herstellung der Baumittel am Bauplatz durch Zerkleinern, Mischen und das Beschicken, selbst das Nacharbeiten geschieht mechanisch. Ein großer Teil von Decken und Wänden kommt fertig heran und bedarf nur der Montage.

Kurz, die Mechanik wird heute beim Bau durch die menschliche Arbeitskraft unterstützt und geleitet, während noch vor kurzem Kopf und Hand nur mit geringer Unterstützung der Mechanik bei besonderen Kraftleistungen auskam. [...]

Unbeschwert durch eine übermäßige historische Bildung haben die jüngeren Generationen mehr und mehr den Eigenwert solcher Entwicklung auch für die Gestaltung erkannt, und so mancher Erfahrene hat die Vergeblichkeit der traditionellen Auffassung erkannt und wurde von dem Strom der überwältigenden Stoßkraft der Technik fortgerissen.

Der Umgang mit der Maschine, die Bewunderung, ja die Liebe zu ihr und peinlich saubere Pflege derselben erzeugt in uns ebenso eine Vorliebe für das Exakte und Reinliche in der Formung aller Gegenstände. [...]

Auch die prachtvolle Massenwirkung einfacher Bauelemente in ihrer rhythmischen Wiederholung erzeugt eine neuartige Pathetik, wirkt auf uns wie ein Marsch der Maschinen in ihrer wunderbaren mühelosen Exaktheit, wie uns mehr als je mit Stolz erfüllen die Sportleistungen gesunder und gestählter Körper und der Aufmarsch der Hunderttausende in Sport und Turnen, gleichsam wie ein Symbol unserer Volksgemeinschaft, deren Gott die Volksgesundheit ist. [...]

Die Serienbauten der großen Wohnungskomplexe bilden gestalterisch sozusagen die Basis, auf der sich einzelne Schöpfungen von besonderem Maßstabe nach Quantität und Qualität herausheben können. Wir fühlen aber durch alles: Im Pathos dieser Märsche, in der Exaktheit dieses

Rhythmus, im Schwunge dieser Linien erkennen wir den Willen, der Gesamtheit zu dienen, das Symbol für das Ethos unserer Zeit zu errichten, der Idee der Volksgemeinschaft symphonische Fugen aufzubauen, und wir erkennen in der Zusammenfassung durchgearbeiteter und mühevoll auf eine Norm gebrachter Einzelheiten die zweckmäßige Erfüllung oder den Versuch derselben, einer riesenhaften Aufgabe unserer Zeit. [...]
Ein Blick in die Arbeit der letzten 20 Jahre zeigt manche Irrgänge, welche die vermeintliche Befolgung solcher Grundsätze in unklaren, ehrgeizigen Köpfen hervorbringt.
Erst wenn wir so reif werden, wenn uns der Umgang mit den Maschinen und all unserer neuen Technik so selbstverständlich ist, wie der Bleistift für den Zeichner, der Pinsel für den Maler und das Instrument für den Musiker, daß wir unbewußt in der Hingabe an eine sachliche Auseinandersetzung mit der Aufgabe unsere Arbeit tun, können wir zum wahren Ausdruck für diese gelangen, werden wir formvollendet schaffen können, aus der Mystik unseres Inneren, im Glauben an die Idee, erfüllt mit der Pathetik innerer Bewegung.
Dies wird kommen und die Formsprache unserer Zeit, der Zeit der Technik und der sozialen Gemeinschaft wird geistig und materiell klar zum Ausdruck bringen, was uns Alle gemeinsam bewegt. Dies wird eine schöpferische, originale Epoche sein.
Es wird auch wieder eine Schönheit neben der Stärke und der Charakterhaftigkeit die Räume erfüllen. Sie wird ein Ergebnis sein, der sachlichen Auseinandersetzung von Inhalt und Gestalt, sie wird ein Ergebnis sein der Übereinstimmung von Gefühl und Wesen.
Schelling sagt: Die Schönheit ist der äußere Ausdruck der inneren organischen Vollkommenheit. Sie kommt da hervor, wo die Bedingungen für eine vollkommene Organisation gegeben sind, also wo Natur oder Menschenwerk jene innere Vollkommenheit als Unterlage für die Gestaltung bieten. Nun aber ist nach Schelling die Sachlichkeit, auch die vollkommene, noch nicht Endform, vielmehr meint er:
„Ist die Schönheit vollkommen, so ist sie nicht schätzbar nach der Angemessenheit eines Dinges zu seinem Zweck, was selbstverständlich Bedingungsunterlage ist (wohl zu merken), sondern außerhalb dieser Voraussetzung, für sich betrachtet, höchste Vollkommenheit."
Daher also die Ursache, nämlich die Zweckmäßigkeit von der Folge, nämlich deren Ausdruck (der Schönheit), übertragt wird. Mit einfachen

Worten: Erst wenn wir bauen, so vollkommen im Ausdrucke der neuen Zeit, als es die Maschine selbst ist und zuläßt, haben wir den Stil unserer Zeit erreicht, schaffen wir wahr und echt. So betrachtet, wären unsere Werke endlich wieder Ausdruck innerer Wahrheit und wären die Besten unter ihnen mehr als Ausdruck unserer Zeit, vielmehr darüber hinaus Symbole dieser Wahrheit und hätten ewige Geltung wie Werke alter dauernder Kunst.

Fritz Schumacher

Die Zeitgebundenheit der Architektur

Vortrag auf der Wanderversammlung des Deutschen Architekten- und Ingenieurtages in Hamburg am 6. 9. 1919.
Deutsches Bauwesen, Bd. V, 1929, Heft 10, S. 238–243

[...] Es ist wenige Monate her, daß einer unserer führenden Kunstkritiker, *Karl Scheffler*, gelegentlich seines 60. Geburtstages Bekenntnisse zur Kunst machte, die, wie die Zeitungsberichte zeigten, zu einer schwermütigen Trauerklage über die Kunst unserer Zeit wurden. Man fühlte, wie ein Mann, der die edelsten Anforderungen an das stellt, was er „Kunst" nennt, in seelischer Einsamkeit durch unsere Tage geht. Er führte aus, daß es nur einige Künstler gibt, die die Tragik wahrhaften Schöpfertums auf sich nehmen; die meisten stellen sich auf die Bedürfnisse der *Masse* ein. Die Kunst sei dadurch der Masse und dem Tagesbedürfnis ausgeliefert.

Es liegt mir fern, diesen Ausführungen entgegentreten zu wollen, es scheint mir nur, daß sie vom Standpunkt der Architektur einer gewissen Ergänzung bedürfen. Sie rühren an ein Problem, das für das bauliche Tun unserer Zeit ausschlaggebende Bedeutung gewonnen hat, das Problem „Kunst und Masse", und wir können nicht an seiner näheren Betrachtung vorübergehen, wenn wir versuchen wollen, fest Gesichtspunkte zu gewinnen für die besonderen Ansprüche, die gerade unsere Zeit an gerade unsere Kunst stellt.

Wenn wir diese Frage überhaupt aufwerfen, so ist es klar, daß wir mit dem Begriff „Kunst und Masse" nicht den Sinn verbinden „Kunst, die sich dem Geschmack der Masse anpaßt". Die ist selbstverständlich ein Verrat an der Kunst. Aber sie ist auch ein Verrat an der Masse, und wenn man sich dessen bewußt ist, so ergibt sich daraus ganz von selber, daß es einen anderen Inhalt für den Begriff „Kunst und Masse" geben muß: es ist die Kunst, die versucht, eine Form zu finden, um ins Weite zu wirken. Es braucht kaum betont zu werden, daß Kunst mit ihren höchsten Leistungen erst gleichsam in Sicherheit ist, wenn sie sich an das seelische Mitschwingen des aufnahmewilligen, ihr bereits entgegenkommenden Einzelnen wenden kann, aber das entbindet nicht von der Pflicht, sich zu fragen, welche Aufgaben neben den Einzelnen die Masse stellt. [...]
Es liegt [...] im ganzen Wesen unserer Zeit, daß sie dem Architekten Aufgaben zuweist, die sich an die Masse wenden. Ihm fällt dadurch eine ganz bestimmte kulturelle Aufgabe zu, von der man die Wertung seines Tuns nicht loslösen kann. Man muß sein Tun betrachten nicht als etwas Absolutes, sondern im Zusammenhang mit dieser Aufgabe. Diese Aufgabe aber liegt zurzeit nicht im Bereich dessen, was wir Spitzenkultur nennen, sondern im Bereich dessen, was wir *Massenkultur* nennen können.
Wir müssen uns an diesen Begriff erst gewöhnen, denn wir pflegen einstweilen noch in seinem Gegensatz, der Spitzenkultur, das Ziel künstlerischen Strebens zu sehen. Wir müssen erkennen, daß Kultur eine Pflanze ist, von der man nicht sagen kann, ob die Blüten, die sie oben treibt, oder die Wurzeln und weitschattenden Äste, die sie unten entwickelt, die Hauptsache sind. Beide gehören zusammen, aber jedes bedarf einer besonderen Pflege, und nicht nur das: zu gewissen Zeiten bedarf das eine und zu gewissen Zeiten das andere der Pflege.
Wir leben in einem Abschnitt des Zeitenlaufes, wo die Pflege der Blüten zurücktritt und die Pflege des neue Schößlinge vorbereitenden Wurzelwerks im Vordergrunde steht. Deshalb dürfen wir uns nicht davon beirren lassen, wenn in diesem Stadium der Entwicklung so wenig von Blüten zu entdecken ist; die Pflanze muß, um ihr Wachstumsgesetz zu erfüllen, unterirdisch neuen Boden gewinnen. Ihre Pflege ist in vieler Hinsicht eine Pflege ihres Erdreiches.
Das soll heißen, der Architektur ist in unserer Zeit als erstes die *Arbeit des*

Klärens und Aufräumens im Umkreis ihres Lebensbodens zugefallen. Wir hatten uns gewöhnt, die Gestaltung des Gesamtrahmens unseres Lebens, den wir Stadt nennen, kampflos den Maßnahmen brutaler technischer Notwendigkeiten und brutaler wirtschaftlicher Kräfte zu überlassen. Ein Wirrwarr unorganischer Erscheinungen war die Folge. Die Ordnung des Ganzen nach Gesichtspunkten, die den verschiedenen kontrastierenden Interessen des Arbeitens, des Wohnens, der Erholung und des Verkehrs in ihrer Wechselwirkung gerecht werden, war die erste große Aufgabe. Sie berührt das, wo Architekt und Ingenieur sich treffen, das, was wir mit „*Städtebau*" bezeichnen. Diese Aufgabe des Ordnens ist zunächst eine soziale Mission, und die Erkenntnis, daß der technische Gestalter durch die Verhältnisse der vorangegangenen Zeit vor diese soziale Mission gestellt ist, erklärt erst die baulichen Regungen unserer Zeit. Sie heben sich ab vom Hintergrunde eines sozialen Bewußtseins, das wir uns erst haben erringen und im Umkreis unseres Schaffens oft gegen harte Verständnislosigkeit praktisch durchsetzen müssen. [...]
Wir wissen heute, daß die großen *Regisseure* entscheidender für die künstlerische Wirkung eines Stückes sein können als die Schauspieler. Solche großen Regisseure beginnen in der Baukunst wieder zu erstehen. Der Vergleich, der in dem Worte „Regisseur" liegt, charakterisiert die Schwierigkeit der Aufgaben, um die es sich handelt, nicht ganz richtig: das Eigentümliche dieser Aufgabe liegt darin, daß der Städtebauer die Regie eines Kunstwerks festlegt, das nur erst in *seiner* Idee vorhanden ist, und das dann erst entsteht. Auch wenn er kein einziges der Bauwerke selber schafft, die jene Idee schließlich verwirklichen, kann sein das Werden dirigierender Wille ein wesentlicher künstlerischer Schöpferakt sein, der unter Umständen erst nach seinem Verschwinden zum Vorschein kommt. Vielleicht liegt ein bedeutsamer Teil der gestaltenden Kunst unserer Zeit auf diesem verschleierten Gebiet. [...]
Gradmesser für unser heutiges Tun ist nicht die Villa, sondern die Kleinhaus-Kolonie – nicht die Kirche, sondern die Fabrik als Instrument der Massenfabrikation, nicht das Museum, sondern die Riesenhalle, nicht das Schloß, sondern die Volksschule, nicht das Denkmal, sondern das Stadion, alles Aufgaben, die mit dem Bedürfnis großer Massen rechnen. Ob wir wollen oder nicht, unser Tun ist eingespannt in Gesichtspunkte, die sich auf große Massen beziehen, was wir in ihm an Kultur entfalten, richtet sich auf Massenkultur.

Es gibt kritische Beobachter unserer Zeit, die in diesem Begriff eine Contradictio in adjecto sehen, oder wenn sie nicht so weit gehen, jedenfalls das Herabsteigen zu Ansprüchen zweiten Grades. Liegt in Wahrheit in dem Begriff überhaupt eine Wertung? Keineswegs. Es liegt darin nur die Charakterisierung einer besonderen, in vieler Hinsicht neuen künstlerischen Aufgabe. [...]
Die große Aufgabe unserer Zeit ist die Einordnung der Massen eines neu emporgewachsenen Standes in den komplizierten Mechanismus unserer Gesellschaft. Die politischen Ereignisse haben diese Aufgabe nicht hervorgebracht, aber sie haben die Riegel gelöst, hinter denen sie wartete. Jetzt ist das Tor geöffnet, und der Einbau einer neuen Volksschicht in das kunstvolle Gefüge unserer Lebensverhältnisse hat begonnen. In der mehr oder minder gelungenen Art dieses Einbaues liegt die Wertfrage für das, was wir heute kulturell leisten.
Auch für das, was wir auf unserem Gebiete *künstlerisch* leisten? In vieler Hinsicht: ja. Es ist die Probe darauf, inwieweit unsere Kunst das Ziel erreicht hat, eine Sprache zu sein, die das ausdrücken kann, was unsere Zeit erfüllt. Die kulturelle Aufgabe, von der wir sprechen, läßt sich ohne die Hilfe der baulichen Kunst nicht lösen. [...]
Diese ganze Situation unserer Zeit, die den Hintergrund unseres Schaffens ausmacht, muß man sich vergegenwärtigen, wenn man die ästhetischen Zielsetzungen unserer Tage und die ästhetische Tagesphilosophie, die sich um sie herum gebildet hat, richtig verstehen will. [...]
Ein *Sieg der Vernunft*, ein *Bankrott des Gefühls* ist die Signatur unserer Zeit. Dieser Bankrott des Gefühls ist psychologisch wohl begreiflich bei einem Volk, das die Jahre des Krieges und seiner inoffiziellen Fortsetzung durchgemacht hat. Der Sinn ist hart und skeptisch geworden, es hat zu viel vom Gefühl gestützte Dinge zusammenbrechen sehen. Romantik wird mit Mißtrauen betrachtet, Sentimentalität ist lächerlich. Man hat sich gewöhnt, nur noch der Vernunft zu trauen, und gerade auf technischem Gebiet hat man sie im Gegensatz zum brüchigen Gefühl unbestritten Sieg feiern sehen. [...]
Betonung der Zweckhaftigkeit – Logik der Konstruktion, sie werden auch in der Baukunst die Leitgedanken. Die Maschine wird ihr Vorbild, Maschinenhaftigkeit ein hohes Ziel. Diese Regungen treffen sich mit der Tendenz der Aufgaben, die wir erst skizziert haben: dem Streben nach logischer Ordnung im Organismus unserer Städte und dem Zuschnitt auf

Massenbewältigung in den einzelnen baulichen Schöpfungen. Beides trägt eine starke Tendenz zur Mechanisierung in sich. [...] Machen wir uns einmal klar, was es bedeutet, wenn man in Zweck und in Material, also in Funktion und in Konstruktion, die ausschlaggebenden inneren Triebkräfte architektonischen Gestaltens anerkannt wissen will.
Der Glaube an den *Zweck* als stilbildende Kraft hängt eng damit zusammen, daß es sehr lange gedauert hat, bis man einsah, daß die formalistische historische Architektur den immer neu hervortretenden Zweckforderungen unserer Zeit nicht gerecht werden konnte. Entweder wurden sie in die formalistische Zwangsjacke gepreßt, oder, wenn das unmöglich war, galten sie als Aufgaben, die außerhalb der Ansprüche des Gestaltens stehen. [...]
Das konsequente Ausnutzen neuer Materialien wie Eisen, Eisenbeton und Glas gibt uns heute architektonische Möglichkeiten, die noch nie waren. Und diese neuen Möglichkeiten liegen nicht etwa nur in einem Steigen des Maßstabes, sondern sie verändern die uns geläufigen Vorstellungen von Proportionen. Eine Jahrtausende lange bauliche Kultur des Steines und Holzes hat in uns ganz bestimmte Vorstellungen ausgeprägt von dem Verhältnis von Materialdicke zu Leistungsfähigkeit bei geraden Überspannungen, von Weite zu Höhe bei geschwungenen Überspannungen, von Tragkraft zu Ausladung bei einseitigen Einspannungen. All das ist über den Haufen geworfen. Was wir als absolutes statisches Gefühl betrachten, erweist sich als relatives statisches *Materialgefühl*. Noch weit mehr als aus der Neuheit der Zweckerkenntnisse haben sich aus dieser Neuheit der Materialerkenntnisse Möglichkeiten des Ausdruckes ergeben, die unserer Zeit und nur ihr eigentümlich sind. Das hat vielfach dazu verlockt, die äußeren Merkmale dieser Eigentümlichkeiten auch da zu suchen, wo die neuen Bedingungen der modernen Materialien gar keine Rolle spielen. Ein neuer Formalismus, der mit den Symptomen der Technik genau so spielt wie frühere Zeiten mit den Symptomen dekorativer Formen, eine *technische Romantik* ist deutlich erkennbar. [...]
Diese *materialistische Kunstauffassung*, um die es sich handelt, tritt vielleicht durch nichts deutlicher hervor als durch die Karikatur, in der sie ein sonst nicht gerade vor äußersten Schlußfolgerungen des Modernismus zurückschreckender Dichter zeichnet, *Bert Brecht*, der einen drastischen Hymnus geschrieben hat: „700 Intellektuelle beten einen Öltank an", in dem es heißt:

III DOKUMENTE 1929–1933

> Gott ist wiedergekommen
> In Gestalt eines Öltanks.
> Du Häßlicher,
> Du bist der Schönste.
> Tue uns Gewalt an,
> Du Sachlicher.
> Lösche aus unser Ich
> Mache uns kollektiv.
> Denn nicht, wie wir wollen,
> Sondern wie Du willst.
> Nicht unendlich bist Du,
> Sondern sieben Meter hoch.
> In Dir ist kein Geheimnis,
> Sondern Öl.
> Und Du verfährst mit uns
> Nicht nach Gutdünken und unerforschlich
> Sondern nach Berechnung.

Was diese lästerlichen Worte geißeln, ist die kampflose Unterwerfung des Ich unter die unpersönlichen Mächte des Zwecks und des Materials, die wir „Sachlichkeit" nennen:

> Lösche uns unser Ich,
> Denn nicht, wie wir wollen,
> Sondern wie Du willst.

Die Vergöttlichung des Rationalen, die Entthronung des Irrationalen.

> Du verfährst mit uns
> Nicht nach Gutdünken und unerforschlich,
> Sondern nach Berechnung.

Wir glauben Vernunft setzen zu können wider Gefühl. Ist das möglich, wenn man von Kunst redet? Es ist nie möglich gewesen und wird nie möglich sein. Und das hat einen sehr einfachen Grund. Mag jedes ordentliche architektonische Werk geboren werden aus dem Zweck, den es erfüllen soll, und aus dem Material, das die Erfüllung ermöglicht, immer wirkt noch eine dritte unberechenbare Kraft dabei: der *Mensch*, der schaffend das Material zur Zweckerfüllung gestaltet und der sein Ich in Wahrheit gar nicht „auslöschen" kann. Und durch ihn schleicht sich, je bedeutender er ist, um so mehr ein Drittes in die Schöpfung ein, das Unmeßbare, das *Irrationale*, das im Menschen liegt. Jeder künstlerische

Mensch trägt in sich ein rhythmisches Gefühl. Ihm Ausdruck zu geben mit den Mitteln, die ein Bau darbietet, ist ihm ein unbewußter Drang. Was er tut, um dem Zweck und der Konstruktion gerecht zu werden, wird zugleich geleitet von einem inneren Gestaltungswillen, der seinen Weg sucht zwischen den Forderungen der Vernunft hindurch. Dieser auf rhythmische Wirkungen gerichtete Gestaltungswille, der auf optischem Gebiet ganz den gleichen Quellen entspringt wie auf akustischem Gebiet der Drang zur Musik, ist als Urkraft etwas Absolutes, in seinen jeweiligen Äußerungen aber ist er zeitbedingt. Jede Zeit hat die ihr eigenen Schwingungen, die aus den unerforschlichen Gründen ihres Schicksals entspringen, diese Schwingungen wirken im schaffenden Menschen als Urmelodie, die sich durch sein eigenes rhythmisches Wollen zieht. Diesen Schwingungen gibt die Kunst Ausdruck, nicht nur mit Farben, Linien, Tönen und Worten, sondern auch mit den abstrakten Massen eines Bauwerks. [...]
Das ist das idealistische Architekturbekenntnis, das man dem materialistischen, auf das unsere Zeit so oft stolz ist, entgegenstellen muß, sobald es sich um grundsätzliche Glaubensfragen handelt. [...] Die Zweckforderungen sind eine Sache des *verstandesmäßigen* Tuns – die Materialforderungen eine Sache des *sinnlichen* Tuns – die rhythmischen Forderungen, die erst den belebten Organismus aus beiden machen, sind eine Sache des *seelischen* Tuns. Über Verstand und Sinnen dürfen wir nie die Seele vergessen, so wenig es in den Gedankengang der Zeit hineinpassen mag – wir dürfen uns nicht schämen, ihre Rechte anzuerkennen.
Wenn wir die Dinge so auffassen, wie ich zu skizzieren versuche, sehen wir, daß jedes architektonische Kunstwerk sich aufbaut aus drei Elementen: dem Zweck, dem es dient, dem Material, mit dem der Zweck erfüllt wird, und dem rhythmischen Gefühl, dem beides Ausdruck gibt. Unter den drei Kräften des Verstandes, der Sinne und der Seele, die dadurch zusammenwirken müssen und die, absolut gesprochen, gleiche Rechte haben, pflegt eine bestimmte Zeitepoche die eine oder die andere dieser Kräfte vor den übrigen bevorzugend zu betonen. Diese Störung des Gleichgewichtes gibt der betreffenden Epoche ihre besondere Färbung, die wir ihren Stil zu nennen pflegen. Sie ist zugleich Anlaß zu der ständigen Bewegung, die wir Entwicklung nennen und die nichts anderes ist, als das eingeborene Streben zum Gleichgewicht der Kräfte. [...]
Es ist eine der großen ungeschriebenen Forderungen an den verantwort-

lich Schaffenden, in ein richtiges Verhältnis zu kommen zu den Bewegungen seiner Zeit. Zwischen zwei Gefahren muß er sein Schiff lenken, der Gefahr, den lebendigen verständnisvollen Zusammenhang mit ihren Strömungen zu verlieren, und der Gefahr, von diesen Strömungen willenlos mitgerissen zu werden.
Auf der engen Fahrtrinne, die zwischen diesen beiden Gefahren hinführt, vermag man sich nur die Sicherheit eines inneren Gleichgewichtes zu verschaffen, wenn man sein intuitives Schaffen kontrollieren kann an den Grundsätzen eines künstlerischen Glaubensbekenntnisses. Das ist der Grund, weshalb wir Architekten neben unserem Gestalten auch immer etwas grübeln müssen und grübeln *dürfen*.

Peter Behrens

Zeitloses und Zeitbewegtes

*Rede anläßlich der öffentlichen Sitzung
der Preußischen Akademie des Bauwesens am 22.3.1932.
Zentralblatt der Bauverwaltung, 52.Jg., 1932, Nr. 31, S. 361–365*

[...] Die Verneinung des bisher Gültigen ist Revolution mit unvermeidlichen Kämpfen, ist Abbruch. Der Änderungswille schafft den Versuch mit neuen Mitteln, das Experiment, das Reden in vielen Zungen. Schließlich: das erkannte neue Gesetz, der Glaube an das Werden, das inbrünstige Bekenntnis zu einer neuen Lebensform. [...]
Wenn wir nun nach unserem Temperament nicht an ein Erlöschen der westeuropäischen Rasse glauben, wenn wir nicht mit dem Autor vom „Untergang des Abendlandes" den Optimismus als Feigheit, sondern den Pessimismus als Angst betrachten, so glauben wir auch nicht an eine kulturpolitische Neuordnung der Völker, sondern an einen *geistigen* Wandlungsprozeß. Der Kampf, in dem wir leben, der mit dem Weltkriege begann, der heute andere Formen angenommen hat, ist nicht ein Streit um Land und Rechte der Nationen – der Kampf geht um Weltanschauungen. [...]

H. St. Chamberlain trennt Wissen, Zivilisation und Kultur. Seine Unterscheidung dieser Begriffe und die Gegenüberstellung von Kultur und Zivilisation als feindliche Kreise sind bekannt. Ich vermag die exakte Wissenschaft, die Chamberlain zur Zivilisation rechnet, und Kultur nicht als sich abstoßende Pole zu erkennen. [...]
Unsere Zeit trägt einen stark analytischen und darum zivilisatorischen Charakter. Das Analytische in unserer Zeit wird besonders durch die vorherrschende Macht des Intellekts gekennzeichnet. Der Intellekt ist Symptom der Analyse, die Intuition Symptom der Synthese. Durch den Intellekt wird heute alles Heil erhofft. Aber der Intellekt hat im Gegensatz zur Intuition etwas Zersetzendes, skeptisch Verneinendes, kritisch Errechnendes an sich, der alles Vorhaben und Geschehen auf bisherige Erfahrung prüft, das Spezialisieren fördert, den Durchschnitt oder die Routine begünstigt, die Wirkung rechnerisch prüft, mit Zahlen mißt und also nicht Qualität, sondern Quantität abschätzt. Der Intellekt schnürt dadurch jeden freien Gedanken ab, hemmt die Phantasie, tötet die Begeisterung für eine Idee und zerstört die Lust am Schaffen eines Werkes. [...] Alles Große und Bedeutende aber auf jedem Gebiet und erst recht in der Wissenschaft selbst entstand aus der Intuition, aus Irrationalem und sinnlichem Erahnen im Rausche des Blutes. [...]
Nun muß uns allerdings scheinen, daß trotz der materiell-mechanistischen Geistesrichtung unserer Zeit ein Gebiet wissenschaftlicher Forschung sich abzuwenden beginnt von allzu starrer Logik und kritischer Definition: Die Philosophie selbst. Je mehr die Rationalisierung unserer Weltanschauung weiter schritt, um so stärker setzte eine Gegenströmung ein. Wenn Goethe und Schopenhauer als die großen Führer des Irrationalismus anzusehen sind, wenn spekulative Metaphysik von Fichte, Hegel und Schelling weitergeführt wurde, so sind es jetzt die Neueren: E. v. Hartmann, Nietzsche und besonders Bergson, die der heutigen Zeit geistige Richtung geben.
So sehen wir, wie mechanistische Naturauffassung allmählich von einer dynamischen abgelöst wird. Das philosophische Denken wird animistisch, vitalistisch und irgendwie metaphysisch auf energetischem Grunde. Vor allem ist es Bergson, der eine neue intuitive Metaphysik des Lebens verkündet, eine idealistische Metaphysik, die in fundamentalem Gegensatz zur praktisch orientierten Wissenschaft und zum Positivismus der zahlenmäßigen Darstellung aller Lebensvorgänge steht. Bei ihm fin-

den wir den klarsten Ausdruck für die Gegensätzlichkeit von Analyse und Intuition. Nämlich, mit seinen Worten: „Die Analyse arbeitet immer mit dem Unbeweglichen, während die Intuition sich in die Beweglichkeit oder – was auf dasselbe herauskommt – in die Dauer versetzt. Hier ist die ganz genaue Grenzlinie zwischen der Intuition und der Analyse. Man sollte sich gewöhnen, in der Bewegung das Einfachste und Klarste zu sehen, was es gibt, da die Unbeweglichkeit nur die äußerste Grenze der Verlangsamung der Bewegung ist." [...]
Dieses gehört zur Philosophie unserer Zeit. Vielleicht gewinnt es den Anschein, als ob ich mich in unserem Kreise, wo wir doch Techniker und Ingenieure sind, zulange mit Dingen aus der Geisteswissenschaft befaßte. Diese Erörterung aber ist mir notwendig, wenn anders ich im Nachfolgenden verstanden sein will.
Die Bewegung einer jeden Zeit wird nun einmal getragen von dem Rhythmus der Zeit. Sie ist vor allem eine Lebensbewegung und dann erst eine Kulturbewegung. Um mich [...] auf Goethe zu berufen: „Wer gegenwärtig über Kunst schreiben oder gar streiten will, der sollte einige Ahnung haben von dem, was die Philosophie in unseren Tagen geleistet hat und zu leisten fortfährt."
Das allgemeine Interesse unserer Tage wendet sich der Technik zu. Gewiß sind die eindrucksvollsten Leistungen unserer Zeit die Erzeugnisse der modernen Technik. Man sagt, die Fortschritte der Technik hätten zu einer Höhe geführt, die zu keiner Zeit erreicht worden sei. [...] Ein jeder, nicht nur der Maschinenbauer, ist wohl oder übel vom frühen Morgen bis zum späten Abend, vom Teekessel und Toaströster an bis zum Deutschlandlied im Lautsprecher, von der Maschine abhängig, denn fast alle Vorrichtungen, die wir heute zur Erleichterung der Arbeitsleistung brauchen, sind maschinelle Behelfe. [...]
Ein Leben ohne diesen Nutzen der Technik und ihren rastlosen Fortschritt, den wir immer ungeduldiger erwarten, kann nicht gedacht werden.
Aber ich frage mich oft: überwerten wir all diese Einrichtungen nicht, wenn wir von dem technischen Zeitalter sprechen. Haben nicht andere frühe Kulturen, etwa die Phönizier, bestimmt aber die Etrusker und die Römer, auch hochentwickelte mechanische Einrichtungen gehabt? Man erinnere sich nur an die Heizungsanlagen der Römer, die in den überall und weit verbreiteten Thermen raffiniert durchgebildete Systeme hatten.

Es besteht die Wahrscheinlichkeit, daß die Griechen die Gesetze der Akustik beherrschten, was aus den Schallgefäßen, die unter den Sitzreihen der Theater angebracht waren, zu schließen ist. Im etruskischen Museum in Chiusi sah ich einen Schädel aus dem 8. Jahrhundert v. Chr., in dem weiße und goldene Zähne in beiden Kiefern durch goldene Brücken verbunden und gehalten waren.
Und überwerten wir unsere Abhängigkeit von der Fülle dieser technischen Mittel nicht?
Es ist verführerisch, sich zu fragen, wie Goethe sich äußern würde, wenn er in unsere Zeit versetzt wäre. Nicht die äußerlichen Veränderungen des Lebens, das Antlitz der neuen Welt würden ihn so sehr befremden, als vielmehr die mit der Entwicklung der Technik verbundenen seelischen Umwälzungen, deren wichtigste die Verdrängung der Gemütswerte durch die immer allgemeiner werdende Rationalisierung auch der Seele ist. [...] Ich bin überzeugt davon, daß er erschüttert wäre von der heutigen Seelenlage. Oder von der Entseelung, die dadurch entstanden ist, daß der Mensch die Technik zum Herrn über sich hat werden lassen. Goethe hat die Anfänge der Technik noch erlebt und sie als wünschenswertes Werkzeug in der Hand des Menschen begrüßt, aber er würde nicht gewollt und geglaubt haben, daß die Technik als Tyrannin den Menschen versklaven könnte. Das Ergebnis liegt bereits vor. Die technische Zivilisation hat den Menschen von allen Vorgängen der Natur entrückt und ihn in andere Verhältnisse hineingezwungen. [...]
Durch solche Meinungen, [...] fürchte ich nun fast, den Anschein zu gewinnen, überhaupt ein Gegner der Technik zu sein. Von diesem Vorwurf glaube ich aber gefeit zu sein, da ich auf meinem eigenen Arbeitsgebiet zu eng mit ihr verwachsen wurde. Darum glaube ich, nicht nötig zu haben, die Größe ihrer Leistungen, was andere auch besser könnten als ich, zu beschreiben. Aber es liegt mir daran, von meinem Eindruck zu sprechen. Wenn ich etwa durch das rheinische Industriegebiet fahre, will es mir erscheinen, als ob die unbegrenzten Möglichkeiten, die die Technik bietet, nicht im entferntesten erschöpft seien. Solches empfindet man auch in den Werken der großen Denker und Erfinder höheren geistigen Ranges, die wie der Graf Zeppelin, Marconi oder Einstein von der Intuition geleitet wurden. Man kann es mir nicht abstreiten, daß solche Leistungen durch Idealismus geboren sind, wenn wir den Idealismus nicht als etwas Schwärmerisches oder die Neigung dazu ansehen, sondern

im Gegensatz zum Realismus, der nur ein zutreffendes Bild von der Natur schaffen will, der Vorhandenes ergründen und erkennen will, den Idealismus auffassen, indem er eine Idee in Welt und Natur hineinträgt, wie der Baumeister aus den Massen des Steinbruchs ein im Geiste erstandenes Bild schafft.

In diesem idealistischen Sinne handelt es sich denn auch bei der Technik nicht mehr nur um höhere Mathematik, sondern um die Verkörperung einer neuen, noch unerkannten Welt, einer Welt, die als ein Gesamtes, allumfassendes Ganzes zu denken ist im Sinne der Goetheschen Totalität. Von dieser Anschauung, diesem Totalitätsgedanken aus wird dann jede Handlung von ethischer Bedeutung. Denn der letzte Sinn aller Ethik ist, daß auch der Mensch ein verantwortungsvoller Teil eines größeren Ganzen ist. [...]

Die Grundelemente unserer heutigen Kultur liegen immer noch im griechischen Altertum. Der Sinn und das Verständnis und die hohe Meisterschaft der Hellenen gründen sich auf die durchgängige Sitte des griechischen Volkes. Sie machten es wahr, daß der Schönheit auch sittliche Bedeutung zukomme, ja, eigentlich waren die Begriffe „schön" und „wahr" gleichbedeutend. Das Ursprüngliche der griechischen Ästhetik ist die uns eigentümlich berührende und doch für Hellas so äußerst typische Lehre von den Ideen, die göttlichen Ursprungs seien und im irdischen Kunstwerk Wirklichkeit werden. Solch höherer Eingebung folgend galt denn auch nicht subjektive Künstlerschaft, galt nicht das egoistische Zwecke fördernde Individuum. Die Kunst war objektiv, und der kollektivistische Charakter der Griechenkunst macht es gerade, daß der Wertnachdruck nicht auf der Qualität der Einzeldinge ruht, sondern auf der selten vortrefflichen Organisation der Gesamtheit. Die griechische Kunst ist somit von sozialem Wesen in der Doppelbedeutung aktiver und passiver Bindung. Denn ein sachlicher Überblick lehrt uns, daß höchstqualitative Kulturen nicht nur von Hellas, sondern beispielsweise auch von China und Japan, niemals von einzelnen gemacht werden, sondern als rassenhafte Produkte entstanden sind, während die einzelnen Großen nur die Repräsentanten solcher Zeiten waren.

Wenn man somit annehmen darf, daß das individuelle Kunstwerk und das soziale Milieu von psychisch adäquater Stoffbeschaffenheit sind, verliert der Sozialismus all seine quantitative Härte und daher auch das widernatürliche Paradoxe in seiner Anwendung auf reine Qualitätsprodukte.

Wollen wir uns mit Jacob Burckhardt für die griechische Kunst Anschauung geben, so gilt es, uns ihre Kunstprinzipien vor Augen zu halten. „Orthogonalität und Koordination, das ist Gradlinigkeit und Nebeneinanderordnung". Und auch ein anderes Wort von Burckhardt paßt hierher: „Einmal war der Mythos der Griechen ideale Religion, ein andermal reale Geschichte." Und mit Pflicht und Recht des heutigen Tages wieder Goethe: „Der Mathematiker ist nur insofern vollkommen, als er ein vollkommener Mensch ist, als er das *Schöne* des Wahren in sich empfindet."
Wenn wir annehmen, daß die höhere Technik ebenso wie Sittlichkeit ihren Ursprung im Intuitiven, im Übersinnlichen haben, so muß man ihnen Gleichgeartetheit zuerkennen. Und das hat man auch in früheren Zeiten getan. Wir dürfen das Zeitalter der Gotik wenigstens für die Baukunst als ein technisches Zeitalter von Bedeutung ansehen. Damals entstanden die Bauhütten, die Vereinigungen von Baumeistern, Steinmetzen und Werkleuten aller Grade. Sie waren zu gemeinsamem Werke im gleichen Geiste verbunden, ihr Leben und ihr Schaffen war durch Gesetz begründet, dessen Regeln sie als strenges Geheimnis bewahrten. Teils bezweckten sie gegenseitige werktätige Unterstützung, teils aber wollten sie im Verkehr mit Gleichempfindenden und Gleichstehenden jene sittlichen Impulse wahren und vermehren, die zur Erschaffung von Ewigkeitswerten, wie es die Dombauten sind, notwendig waren. Damals lag der Wert des Werkes in sich selbst. Es war die Freude am Werke selbst. Heute ist es leider und oft die Freude am Profit, den das Werk verspricht.
Wir erkennen, daß es in der Geschichte schon eine sittliche Durchdringung der Technik gegeben hat. Unserer Zeit ist sie nicht eigen. Da nun aber die Technik den stärksten Einfluß auf das ganze Gefüge unseres gesellschaftlichen Aufbaues hat, so geht ohne weiteres daraus hervor, daß unser heutiges Gemeinschaftsleben amoralisch, d. h. ohne höhere und allgemeine Sittlichkeit sein muß. [...]
Die Schönheit der Bauformen der bisherigen Stile läßt sich zurückführen auf ein Hervorkehren, Betonen und Idealisieren ihrer Konstruktionsglieder. Denn was ist die Schwingung der griechischen Säule, was ist das Aufrollen des Kapitells anderes als das Spiel von Stütze und Last? Was ist der Zahnschnitt sonst, als eine verfeinerte und verkleinerte Balkenlage? Was sind die Bündel der gotischen Pfeiler und die Rippen der Gewölbe und die Rosetten der Fenster, die fast zu einem Filigranwerk wurden,

anderes als vergeistigte Bogenkonstruktion? Und schließlich, warum sind an den Palästen der italienischen Renaissance die übergroßen Quadern facettiert und mit groben Hammerschlägen bossiert, wenn man nicht damit eine erhöhte Stabilität symbolisieren wollte? So kann man es wohl sagen, daß die bisherigen Stilformen auf Vertiefung und Vergeistigung, also auf Idealisieren der Statik gegründet sind.
Unsere heutige Bauweise aber nähert sich [...] dem Werke des Ingenieurs an, der mehr Maschinenbauer als Statiker ist. Unser heutiges Formempfinden ist darum nicht auf Statik, sondern auf Dynamik gegründet. Die Maschine ist in Bewegung und schafft Bewegung.
Deutlich erkennen wir Bewegung in allen Teilen des Hauses, bei großen Gebäuden, den Bahnhöfen, Fabriken, Hotels und Bürohäusern. Die Türen sind drehende Trommeln, an Stelle der Treppe benützen wir das rastlose Paternosterwerk, Aufzüge oder die rollende Treppe. Vom gut eingerichteten Hause verlangen wir, daß es mit einem Adersystem, das kaltes und warmes Wasser zirkulieren läßt, versehen ist. Drucksachen und Briefe werden zwischen den zahlreichen Stockwerken durch Rohrpost vermittelt. Auch andere Einrichtungen, besonders der elektrischen Industrie, wie Ventilatoren, Lüftung und Heizung, Lichtleitung und das Telefon gehören in dieses Gebiet der Beschleunigung. Vor allem aber ist es das Leben selbst, das in einem solchen Hause pulsiert, das dauernd in Bewegung ist.
Solche Betrachtungen betreffen das Haus der modernen Stadt. Wieviel mehr aber kommt das Bewegungsmotiv in der Großstadt selbst zum Ausdruck. Wir leben im Zeitalter des Verkehrs. Die Eile, durch die wir im täglichen Leben getrieben werden, nimmt uns die Muße, irgendwelche Einzelheiten der Architektur wahrzunehmen. Interessanter als die einzelnen Gebäude, die wir im schnellen Gefährt streifen, ist uns der Umriß großer Bautenkomplexe. Wir verlangen darum eine Architektur, die möglichst geschlossene ruhige Flächen zeigt, die durch ihre Bündigkeit auch dem Auge keine Hindernisse entgegenstellt.
So, glaube ich, sehen wir den Unterschied, der uns von der vergangenen Zeit trennt, deutlicher. Und wenn von Stilwende gesprochen wird, so ist damit gemeint, daß die Statik, das Stehen, Lagern und sichere Ruhen der Bauglieder nicht mehr den Anreiz zu neuer, charaktervoller Formbildung gibt, sondern daß es die Dynamik ist: die Bewegung, die Bewegtheit, das Pulsieren und Lebendige, an das unser ganzes Dasein gebunden ist.

Und das ist doch auch allein der Sinn des Lebens, lebendig zu sein. Das Ziel unseres Daseins ist nicht die Ruhe: der Tod – das Ziel alles Lebenden ist Fortbestand und Zeugung. Auch geistige Zeugung, und das ist Schaffen.
Wir sahen also, daß lebendige Architektur nicht mehr an Konstruktion gebunden ist. Und in der Tat ist ja das Bauziel unabhängig von ihr, da die hochentwickelte Technik fast jede Bedingung erfüllen kann, die höchsten Höhen, die weitesten Überspannungen, die stärksten Ausladungen bewältigt. Trotzdem wird man der Statik neben den zwecklichen Bedingungen und der Materialanwendung nach kommerziellen Erwägungen formbildenden Einfluß belassen. Das eigentliche Wesen architektonischen Schaffens, das Alois Riegl im Gegensatze zu Gottfried Sempers materialistischer Zwecktheorie mit dem Kunstwollen einer Zeit bezeichnet hat, liegt jedoch an anderem.
Auch die Baukunst strebt zum Unendlichen; da sie aber die Kunst ist, die mehr als alle anderen Künste durch ihre Mittel und ihr Verwendungsziel mit der Materie verbunden bleibt, so kann sie nicht abtreiben zu den Sphären einer übersinnlichen Welt, in der sie sich auflöste zu einer Idee. Sie bleibt an die Erde gebunden, aber durch den Geist sucht sie Einheit mit dem Weltganzen, die Gesetzmäßigkeit, die die Welt beherrscht und in polymorphen Gebilden ihre prismatische Verkörperung erhärten will.
Das ist das Streben zum Ganzen, zur Totalität. Die Architektur ist Kunst der Raumgestaltung. Raum in seinem Urbegriff ist unendlich und nicht vorstellbar. Heute sind wir gewohnt, ihn durch seine Begrenzung zu verstehen. Uns verwirklicht den Raum das, woran unsere Sinne einen Halt finden, das sie aufnehmen können als Relationen zu unserer Gedankenwelt. Darum ist die Begrenzung als eine ideelle, nicht materielle und wirkliche zu verstehen. Darum sind die Raumgrenzen nicht verschließende Mauern eines Gefängnisses, sondern Vorboten, Verheißungen einer Erlösung. [...]
Wenn wir den Raum so auffassen, so heben wir ihn über die Abgeschlossenheit hinaus. Wir sehnen uns danach, die umgebende Natur in Beziehung zu bringen, sie hereinzuziehen, was uns durch bauliche Maßnahmen und durch die Situierung der Räume gelingen kann, so daß es fast den Anschein gewinnt, als strebten wir nach einer Raumkunst ohne materielle Grenzen. [...]
Mehr als mir lieb ist, habe ich vielleicht allein und in Verbindung mit dem

Bauen das Wort „Kunst" gebraucht. Kunst und Kultur sind Worte, die übermäßig in Gebrauch sind und dadurch etwas Anrüchiges haben müssen. Kunst ist Ausdruck ästhetischer Betrachtung; Ästhetik, die wissenschaftliche Erforschung des Schönen, kann sich nur auf vergangene Epochen beziehen und hat nichts mit der Produktion der Gegenwart zu tun. Kunst kann man nicht machen wollen, so wenig, wie man einen Stil erfinden könnte. Alles, was entsteht und unser Wohlgefallen findet, was uns reizt, beruhigt, anregt oder erhebt, ist irgendwelches phantasievolles Schaffen zu irgendeinem Behufe, einem Ziele, ist das Resultat irgendwie eingestellten Temperamentes. [...]

German Bestelmeyer

Über neuere deutsche Baukunst

Nach einem Vortrag, gehalten auf dem 12. Internationalen Architektenkongreß in Budapest. Deutsche Bauzeitung, 1930, S. 702–704

Bis um die Mitte vor. Jahrhunderts konnte man in Deutschland noch von einer einheitlichen, bodenständigen Bauweise sprechen, aufgebaut im wesentlichen auf einem vereinfachten Klassizismus. Immerhin ließen sich schon zwei Richtungen herausfühlen: als hauptsächlichste die klassizistische, als weniger hervortretend die romantische. Letztere errang mehr allgemeine Geltung, als man in den achtziger Jahren anfing, „stilistisch" zu bauen, d. h. in Renaissance, Gotik, Barock. [...] Um die Jahrhundertwende fing man an zu fühlen, daß trotz schöner Einzelschöpfungen die baulichen Leistungen nicht durchschlagend überzeugend seien; es kam der sogen. „Jugend- und Sezessionsstil". Eine Entwirrung konnte auch ihm nicht gelingen, da auch er die Probleme nicht von ihrer Innenseite angriff.

Revolutionären geschichtlichen Ereignissen pflegen Bewegungen auf kulturellem Gebiet voranzugehen, zum mindesten durch sie aufgelöst zu werden. So können wir seit den großen geschichtlichen Ereignissen – und

zwar nicht nur in Deutschland – in der Baukunst grundlegende Umwälzungen feststellen. Eine Befreiung von historisch-stilistischen Zwangsvorstellungen, weit darüber hinaus vielleicht sogar eine Gesetzlosigkeit, die jeden Überlieferungswert bewußt negiert, die mit einem Male alle Fesseln sprengt!
Es entstehen Bauten ohne Dach, Mauerflächen werden durch Glas und Eisen ersetzt, die Entwicklung des Grundrisses ist durch das Fehlen des Daches an keine Hemmung mehr gebunden, und die Baugebilde sind neuartig genug, um von Vielen, die sich um eine bodenständige Bauweise sorgen, a priori abgelehnt zu werden. Und doch, glaube ich, haben wir keinen Grund, diese Revolution auf dem Gebiete der Baukunst zu bedauern. Denn sie hat alte Vorstellungen von vermeintlicher Tradition erschüttert und hat die Bahn freigemacht, um nach Formen zu *suchen*, die den Bedürfnissen und dem Geist unserer Zeit mehr gerecht werden als die überkommenen.
Die Forderungen der Zeit liegen zunächst auf hygienischem Gebiet. Man hat den Wert von Luft, Sonne und Licht für die Volksgesundheit erkannt. Die fortschreitende Mechanisierung unseres Zeitalters hat auch in unsere Wohnbedingungen übergegriffen und die zunehmende Bevölkerungsdichte, industrielle und technische Bedürfnisse führen zu Raumverhältnissen, die weit über das früher übliche Maß hinausgehen. Neue Elemente, wie Eisen und Eisenbeton, geben die Möglichkeit, solchen Forderungen in vollem Maße gerecht zu werden. Hierbei war es aber nicht mehr möglich, die alten Bauformen in überzeugender Weise anzuwenden; denn sie sind alle an bestimmten Mensuren in ihren Gliederungen gebunden. Werden sie trotzdem angewandt, so wirken sie unglaubhaft. [...]
Wir haben in Deutschland im letzten Jahrzehnt eine Reihe von vorbildlichen industriellen Bauanlagen geschaffen, „modern" im besten Sinne des Wortes, die ganz mit der Vergangenheit gebrochen und ihre Formgebung nur dem klar angesteuerten Zweckbedürfnis und neuen Konstruktionsmethoden, vor allem dem Eisenbeton und Eisen, verdanken. Sie machen den Eindruck der Wahrhaftigkeit, und im Zusammenhang mit der Natur, mit Belichtungswirkungen, oft in ihrem rhythmischen Wechsel der Baumassen in gleichmäßiger Wiederholung von klaren Einzelmotiven, kann man diesen Bauten ohne weiteres Schönheitswerte zusprechen, obwohl es hier vielleicht richtiger ist, im ganzen mehr von Bau*technik* als von Baukunst zu sprechen.

Noch vor etwa 20 Jahren forderte der Politiker Friedrich Naumann, daß man Ingenieurkunst nicht durch architektonische Zutaten „verkleiden" sollte. Und hier hat sich in der öffentlichen Meinung in der Tat in der Zwischenzeit eine völlige Wandlung vollzogen. Wir sind soweit, daß uns der Anblick schöner Konstruktionslinien ohne jedes schmückende Beiwerk ein ästhetischer Genuß ist. Unbewußt erschaut sich der Laie allmählich ein statisches Gefühl.
Auch die moderne Architektur wurzelt in solch gesunder Sachlichkeit, und solange diese echt ist, kann auch sie nur Erfolge buchen. Wir finden unter den vielen Siedlungsbauten, unter den Miethausbauten und anderen Nutzbauten ausgezeichnete Lösungen, klare, zweckmäßige und knappe Grundrißentwicklungen, und die Fassaden sind nur das logische Spiegelbild dieser lichten, räumlichen und körperlichen Vorstellungsweise. Was an schmückendem Beiwerk fehlt, wird durch den Rhythmus ersetzt. In der Reihung von Fenstern ist ein Äquivalent gefunden für die Säulen und Pfeiler der Alten. Schwieriger gestalten sich die Dinge, wenn ein Schmuckbedürfnis auftritt. Neue, noch nie dagewesene Formen bewußt zu erfinden, ist noch niemals gelungen, und sie aus Vorstellungen über die Schönheit der Maschine ableiten zu wollen, ist als gescheitertes Beginnen längst aufgegeben. So bleibt vorerst nichts anderes übrig, als auf jedes Profil, jedes Gesims zu verzichten – freilich eine Bankrotterklärung an Gestaltungskraft –, oder sich an die vereinfachte Formengebung einer gewissen Zeitlosigkeit anzuschließen. Trotz allem sind die Grundanschauungen des modernen Baugestaltens gesund – denn erst muß die klare Hauptform gefunden sein – dann erst beginnt der Schmuck. [...]
Ein Charakteristikum der neueren deutschen Baukunst ist die Tendenz zur Horizontalen, sehr im Gegensatz zur Vorkriegszeit. Sie verdankt zum großen Teil ihren Siegeszug der leichten Überspannungsmöglichkeit durch Konstruktionen mit Eisen und vor allem Eisenbeton, und es ist nur natürlich, daß diese Horizontaltendenz ihren logischen und harmonischen Ausklang im flachen Dach sieht und findet. Die Zeiten sind fast schon vorüber, wo sich in dem leidenschaftlichen Kampfruf die Geister schieden. „Hie flaches, hie Steildach!" Als ob es darauf ankäme! Als ob es nicht zu allen Zeiten in deutschen Landen neben steilen auch flache Dächer gegeben hätte! [...]
Sind die technischen Möglichkeiten für das flache Dach im heutigen Sinne nun schon in vollem Umfange vorhanden? – Es mag so scheinen. Aber

was bedeutet im Baufach eine zehn- oder mehrjährige Erfahrung, wenn hundertjährige, mehrhundertjährige dagegen steht. In alten Städten haben wir noch Dächer mit gotischen Ziegeln eingedeckt, freilich stark ergänzt, aber sie haben sich bewährt. Unsere heutige Zeit baut nicht mehr für so viele Generationen – zugegeben. Aber wenn man an Museen, Rathäuser und vor allem an Kirchen denkt, erscheinen die Dinge unter einem anderen Gesichtswinkel.
Das will sagen, daß die Dachform im wesentlichen vom technischen und wirtschaftlichen Standpunkt entschieden wird, ästhetische Rücksichten haben hier in zweite Linie zu treten. Mehr Geltung wird schon, besonders im Einzelfall, die Rücksicht auf die Umgebung haben, hier mag das architektonische Taktgefühl entscheiden. Darüber soll sicher nicht vergessen werden, daß ein schönes Dach noch immer ein sehr schönes architektonisches Element ist, und daß es noch auf lange Zeit hinaus auch seine praktischen Vorzüge haben wird.
Eine ähnliche Beunruhigung rief in Fach- und Laienkreisen die *Hochhausfrage* hervor. Es gab eine Zeit, in der man sich eine besondere Belebung der Baukunst durch die Errichtung von Hochhäusern versprach. Und von dem Grundsatz ausgehend, daß die Lösung neuer Probleme zu neuer Formgestaltung führen müsse, kann man solchen Ideen eine innere Berechtigung nicht absprechen. Die Besonneneren konnten die Entwicklung der Dinge freilich mit mehr Ruhe heranreifen sehen. Denn ein Hochhaus ist schließlich kein Ornament, das man einem Stadtbild aufklebt, sondern sein Entstehen ist durch wirtschaftliche Überlegungen bedingt. Die wenigen Hochhäuser, die Deutschland zur Zeit tatsächlich besitzt, zeigen aber eine durchaus neuzeitliche Formengebung, die aus dem Problem selbst herausgewachsen ist. Die befürchtete Störung des Stadtbildes ist nicht eingetreten, man darf eher von einer Bereicherung des Stadtbildes vom städtebaulichen Standpunkt sprechen. [...]
Freilich liegen die günstigsten wirtschaftlichen Möglichkeiten für die Errichtung von Hochhäusern im Kern unserer alten Städte, wo ihre Rentabilität durch die Dichtigkeit des Verkehrs am gesichertsten ist. Hier stehen aber auch meist die wertvollsten Bauten aus der Vergangenheit, und da ergibt sich dann der Konfliktstoff von selbst. Unsere wertvollen alten Stadtbilder vor baulicher Beeinträchtigung zu schützen, muß uns aber ebensosehr am Herzen liegen, wie die Förderung neuer Baukunst. Es geht aber nicht an, solche Bauvorhaben damit abtun zu wollen, sie

seien nicht „bodenständig". Bodenständig ist keineswegs nur das Überkommene, sonst gäbe es keine Entwicklung. Das Bodenständige hat sich vielmehr nach Material und vor allem klimatischen Verhältnissen der Örtlichkeit anzupassen, wobei wir dem Material bei den viel günstigeren Transportverhältnissen heute nicht mehr den allein entscheidenden Einfluß zugestehen können.
Schwieriger ist die Frage zu beantworten, wieweit die Kunst, also auch die Baukunst, an die Eigenart des Volksganzen gebunden ist. In gewissem Sinne begrenzt ist der Satz: daß jede Kunst national ist, wohl richtig. Aber wenn wir an die Gotik, die Renaissance denken, so werden wir sagen können, daß es sich hier um große Bewegungen handelt, die nicht haltmachten an den Grenzen der Staaten und Völker. Aber jedes Volk hat diesen großen, einheitlichen, bewegenden Gedanken in der ihm eigenen geläufigen Formensprache Ausdruck gegeben. Die neuere deutsche Baukunst ist noch zu jung, ist noch zu sehr im Bann ihrer revolutionären Entstehung, noch zuviel im Problematischen befangen, als daß man ihr einen starken Vorwurf machen könnte, daß hier vielleicht noch manches nachzuholen ist. Ich glaube, wir müssen neidlos anerkennen, daß vor allem die Baukunst in den skandinavischen Ländern in dieser Hinsicht gefestigter scheint.
Im übrigen wird man nicht leugnen können, daß durch die Entwicklung unseres Verkehrs die Unterschiede in Sitten und Gebräuchen der Völker manches voneinander annehmen werden, daß sich vielleicht mehr Angleichungen ergeben – verschwinden werden sie indes in absehbaren Zeiten nicht, ebensowenig wie die Dialekte. [...]
Alles in allem wird man sagen können, daß die neuere deutsche Baukunst durch die Betonung der Sachlichkeit – aber nur der *wahren* Sachlichkeit – durch klare Konstruktionsmethoden und vor allem durch die Unterstreichung des Zwecklichen einem mächtigen Schritt vorwärts gekommen ist, und daß dies mit dem Opfern nicht mehr haltbarer, überkommener Formen nicht teuer bezahlt worden ist. Daß dabei Kinderkrankheiten zu überwinden waren und noch sind, wird kein Billigdenkender verargen wollen.
Die geringe Resonanz, die die moderne Baukunst vielfach namentlich noch in Laienkreisen findet, mag ihren Grund mit in der puritanisch schmucklosen Gestaltung haben. Bei den Bauten in der City wird diese Schmucklosigkeit meist weniger hervortreten. Denn die glatten Flächen

bilden einen ausgezeichneten Hintergrund für Firmeninschriften, Lichtreklame u. dgl. Aber an einer Reihe von öffentlichen Bauwerken wird das Bedürfnis nach Schmuck mehr hervortreten. Vor allem Kirchen werden auf die Dauer an Stelle der zur Zeit meist üblichen Übereinfachheit, die manchmal bedenklich an Phantasielosigkeit anklingt, einer mehr oder minder reicheren Durchbildung mit architektonischen Schmuckelementen an ihren Fassaden und in ihren Innenräumen nicht wohl entraten können.
Es mutet wie eine Umkehrung aller Werte an, wenn heute der Kirchenbau seine Anregungen aus dem Industriebau herholt, während in allen früheren Epochen die architektonischen Entwicklungen von den Kultbauten ihren Ausgang nahmen. Aber auch in diesem Vorgehen der neueren deutschen Baukunst liegt eine gewisse Logik. An dem Kultus, also an dem eigentlichen Zweck des Kirchenraumes, hat sich kaum etwas geändert, mit Ausnahme vielleicht des Wunsches, daß die Sicht auf Kanzel und Hochaltar frei bleibt, eine Forderung, die durch stützenlose Räume ohne weiteres erfüllt werden kann, wozu neuartige Konstruktionsmöglichkeiten die Wege ebnen. Das heißt also, da das befruchtende Element einer neuen Zweckforderung fehlt, können wesentlich neue Momente in den Kirchenbau nur durch neue Konstruktionsmethoden hineingetragen werden. [...]
Die Kirche, die sich, ganz aus dem Geiste unserer Zeit erfunden, den alten Kathedralen und Klosterkirchen ebenbürtig an die Seite stellen will, muß erst noch gebaut werden.
Daß unserer Zeit aus ihr herauswachsende schmückende Bauelemente fehlen, macht sich deshalb beim Kirchenbau als *dem* Bautyp, der am stärksten den Repräsentationsgedanken verkörpern soll, am meisten fühlbar. Und so finden wir deshalb die sogen. freien Künste hier am stärksten zur Mitarbeit herangezogen. Sie müssen gewissermaßen als Ersatz für die Sterilität unserer neuen Zeit an architektonischen Zierformen einspringen. Und in diesem Heranziehen der freien bildenden Künste zur Architektur liegt vielleicht zunächst die einzige Möglichkeit phantasievoller, schmückender Gestaltung. Denn die freie Kunst ist minderbeschwert durch Gebundenheit an Zweck und Konstruktion. Vielleicht ist es deshalb kein Zufall, daß die ersten Anstöße zu neuen architektonischer Baugedanken nicht so sehr von den Zunftarchitekten als von Männern der freien bildenden Kunst ausgingen. Sie sahen in ihrer Unbefangenheit zuerst das

Schöne und Große in der Form eines modernen Gasometers, in der eleganten Linienführung einer eisernen Brücke, die keines architektonischen Schmuckes bedarf, sondern durch den Einfluß von Luft und Licht in ihren höchsten Reizen spielt.

Der leider zu früh verstorbene Auburtin hat in einem geistreichen Essay „Die Kunst stirb!" auseinandergesetzt, daß vielleicht für die Kunst überhaupt künftig der Boden fehlen wird. Er hat das damit begründet, daß im Gegensatz zu allen früheren Kulturepochen seit über einem halben Jahrhundert ganz plötzlich durch die Maschine und ihre Auswirkung, durch die Industrialisierung und Mechanisierung, durch die Schnelligkeit des Verkehrs die gesamten Grundlagen unseres Daseins fundamental sich geändert haben.

Es wäre verfehlt, angesichts der inzwischen eingetretenen einseitigen Entwicklungen nach der Seite der Technik hin diese Besorgnisse zu leicht zu nehmen. Indes, die Sehnsucht nach der Kunst ist dem Menschen von der Vorsehung zu tief ins Herz gelegt, als daß sie ganz daraus entschwinden könnte.

In der letzten Zeit hat sich die deutsche Baukunst hauptsächlich nach der technischen Seite entwickelt. Sie hat gut daran getan, sie hat damit den Anschluß an unsere Zeit gefunden. Sorgen wir dafür, daß sie nicht zu einer Bautechnik erstarrt, indem wir Fühlung halten mit den freibildenden Künstlern. Nicht nur, daß sie unsere Bauten mit ihren Werken schmücken sollen, sondern daß wir uns durch den Verkehr mit ihnen Anregung holen und die Freiheit des Blickes erhalten. So heilsam die Gebundenheit an Zweck und Material ist, die Phantasie muß immer lebendig bleiben. Die Grundlagen, auf denen sich unsere Baukunst in neuerer Zeit entwickelt hat, sind gesund. Richtunggebend bleiben Bedürfnis und Sachlichkeit. Darüber hinaus führt Konstruktion zur Form; nur vom Übel bleibt das Schlagwort! –

Hanns Herkendell: Düsseldorf, Werbeplakat 1926

3 Front

[1] Walter Riezler
Front 1932

[2] Walter Riezler
Der Kampf um die deutsche Kultur

[3] Paul Schmitthenner
Tradition und neues Bauen

Die *Front* formierte sich. 1928/1929 bildeten Alfred Rosenberg und Paul Schultze-Naumburg den „Kampfbund für deutsche Kultur". Das Kulturprogramm gegen „Kulturbolschewismus und Asphaltkultur" wurde in breiten Kreisen des konservativen Bürgertums positiv aufgenommen. Winfried Wendland figurierte nach 1933 als zentrale Figur beim ideologischen Anpassungszwang des Werkbundes und des BDA. Im „Kampfbund deutscher Architekten und Ingenieure" sammelten sich 1932 – im Jahr der Verbotsaufhebung von SA und SS – unter der Leitung von Schultze-Naumburg und Gottfried Feder die traditionsorientierten Kollegen. Die Frontstimmung begeisterte nicht nur Architekten. Am 1. Oktober 1931 verbanden sich Großindustrielle in der „Harzburger Front" mit der NSDAP zum Kampf gegen die Republik. Lion Feuchtwanger beschrieb in seinem 1930 veröffentlichten Roman *Erfolg* den katastrophalen Sieg des heraufkommenden Faschismus über die Vernunft.
Die wenigen ausgewählten Schriftstücke sollen die Stimmung, vor allem auch in ihren Zwischentönen nachzeichnen, die bei den „Patriarchen" herauszuhören ist. Einer der wichtigsten Patriarchen, der süddeutsche *Theodor Fischer*, Lehrer von Bruno Taut und Ernst May, von Albert Speer und Friedrich Tamms, unterzeichnete 1932 eine Eingabe gegen die drohende Schließung des Dessauer Bauhauses, auch wenn er, wie er selbst vermutete, in den Bauhaus-Kreisen niemals besondere Sympathien genossen hätte. In einer Äußerung in den *Münchener Neuesten Nachrichten* nahm Fischer Stellung gegen die Unduldsamkeit und gegen die Lüge, das Neue Bauen sei bolschewistischer Natur. „Denn die Wahrheit ist", so Fischer, „daß Deutschland und seine deutschstämmigen Nachbarländer Holland und die Schweiz Ursprungsörter der Entwicklung genannt werden müssen [...]. Wer Deutschland, unser Volk zu neuen, besseren Lebensformen führen will, wer sie auch nur miterleben will, muß der neuen Kunst zustimmen." (Bauwelt 34/1932, S. 847)

Walter Riezler (1878–1965) gab zwischen 1927 und 1933 die interdisziplinär agierende Werkbund-Zeitschrift *Die Form* heraus. Er suchte innerhalb des Werkbundes nach geradlinigen Kombattanten gegen die Bolschewismus-Unterstellung, gegen den engmaschigen und wahnhaften Rasse-Begriff. Er hatte eingesehen, daß die immer wieder herausgestellte unpolitische Haltung des Werkbundes – „ohne Fahne zu marschieren", wie es Mies van der Rohe 1927 gefordert hatte – in eine offensive Taktik umgeformt werden müsse. Die kulturellen Ziele des Werkbundes sollten trotz wirtschaftlicher Not aufrechterhalten werden. Noch 1932 hoffte er, den Deutschen Werkbund als eigenständige Institution auch in *Die neue Zeit* (Titel einer für Köln geplanten Ausstellung) hinüberretten zu können. (Front 1, 2)

Paul Schmitthenner (1884–1972), der von sich selber sagte, er sei erst 1909–1911 als Mitarbeiter von Richard Riemerschmid Architekt geworden, plante und baute zwischen 1913 und 1918 die Gartenstädte Staaken in Berlin, Plauen bei Brandenburg und Forstfeld bei Kassel für das Reichsamt für Inneres. 1918 – in der spannungsgeladenen Zeit – übernahm er den Lehrstuhl für Baukonstruktion und Entwerfen an der TH Stuttgart. Bei der Formierung der sogenannten Stuttgarter Schule spielte er eine führende Rolle. Schmitthenner entwickelte mit dem „Fafa"-Bausystem eine fabrikmäßig hergestellte Fachwerkbauweise (Bauwelt 13/1932).

Als meistbenannter Preisrichter und oft eingeladener Wettbewerbsteilnehmer konnte er seine Position ausbauen. Schmitthenner war und blieb eine bewegte und bewegende Person. Er gehörte z.B. zu der Gruppe von einundfünfzig Professoren, die vor der Reichstagswahl 1932 eine Erklärung für die NSDAP unterzeichnet hatten (Bauwelt 31/1932, S. 768).

Mit seiner Rede vom 14. Juni 1933 auf der Berliner Kampfbund-Kundgebung zum Thema „Tradition und neues Bauen" – inzwischen war Schmitthenner zum neuen Direktor der *Vereinigten Staatsschulen für freie und angewandte Kunst* aufgestiegen – erklärte er das vorläufige Ende der Moderne (Front 3).

Bei der Verleihung des Erwin-von-Steinbach-Preises im Jahre 1941 wies er in der Programmrede „Das sanfte Gesetz in der Kunst" jedoch auf seine Distanz zum Größenwahn hin. 1945 mußte Schmitthenner den Staatsdienst verlassen, was 1947 revidiert wurde. Für diese Revision spielte sicherlich Schmitthenners aktive Tätigkeit und Haltung als Gegengutachter (1946) eines von der französischen Militärregierung erstellten Wieder-

aufbauplanes für Mainz eine Rolle. Sparsamkeit dürfe nicht mit Dürftigkeit gekoppelt werden, hielt er dem rigiden Konzept entgegen.
1955 wurde Schmitthenner die Ehrendoktorwürde der TH Dresden verliehen. 1957 wurde er Ehrenmitglied des BDA Baden-Württemberg, und schließlich erhielt er 1964 das große Verdienstkreuz mit Stern der Bundesrepublik Deutschland.

George Grosz:
Einband zu 57 politischen Zeichnungen,
Malik-Verlag 1923

III DOKUMENTE 1929-1933

Walter Riezler

Front 1932

Die Form, 1932, S. 1-5

Nun ist also das Jahr erreicht, in dem der Deutsche Werkbund die Feier seines fünfundzwanzigsten Geburtstages nicht nur vor der deutschen Öffentlichkeit, sondern vor der ganzen Welt begehen wollte. Als Manifest größten Stils war die Ausstellung „Die Neue Zeit" gedacht, nicht nur als Rechenschaftsbericht über das in schicksalsvoller Zeit Geleistete, sondern zugleich als kühner Versuch, dem Kommenden den *Weg* zu weisen. [...]
Die Zeit hat anders entschieden: sie hat dem Werkbund die Feier nicht gegönnt – oder sie hat es gnädig mit ihm gemeint. [...] Niemand hätte erwartet, daß die Saat jener denkwürdigen Stuttgarter Werkbundausstellung „Die Form" des Jahres 1923 so bald schon aufgehen würde. [...]
Neben dieser Aufgabe, „Hüter der Form" zu sein, die hoffentlich nach wie vor in erster Linie der Zeitschrift des Werkbunds übertragen bleibt, hat aber der Werkbund eine ganze Reihe wichtigster Aufgaben zu lösen, um die er sich zum Teil bisher vielleicht etwas zu wenig gekümmert hat. [...] Bei weitem die wichtigste dieser Aufgaben ist die Gewinnung von Einfluß auf die Behörden. [...] Der Staat darf nicht länger glauben, daß der Werkbund nichts weiter sei wie ein Ausstellungsverband, für den genügend geschehe, wenn man seine Ausstellungen fördert. [...]
Mit drei großen Fragenkomplexen wird der Werkbund sich zu befassen haben, an drei Fronten wird er kämpfen müssen. Die unmittelbarste, von jedem einzelnen am eigenen Leibe gespürte Gefahr droht der Kultur von der Seite der allgemeinen *Not*. Die Frage, woher die Not kommt und ob es Wege gibt, sie zu beseitigen, geht den Werkbund nichts an. Wohl aber ist es seine Sache zu untersuchen, ob wirklich, wie es heute den Anschein hat, unter dem Druck dieser Not eine ganze Reihe wichtigster kultureller Positionen, die in schwerer Nachkriegszeit gehalten, zum Teil noch weiter ausgebaut worden waren, aufgegeben werden müssen. Immer wieder wird der Öffentlichkeit von Staats wegen eingehämmert, daß in Zeiten der Not die kulturellen Ausgaben hinter den lebensnotwendigen unter allen Umständen zurückzustellen seien, und man ist gerne geneigt,

dieses Argument als berechtigt anzuerkennen. Aber man sucht vergeblich nach einer etwas in die Tiefe gehenden Antwort auf die Frage, was denn nun als „lebenswichtig" zu gelten habe. [...]
Die zweite Gefahr, die der Werkbund zu bekämpfen hat, droht von der Seite eines – mißverstandenen – *Sozialismus*. Kein Wort ist darüber zu verlieren, daß es heute eine fruchtbare Arbeit gegen den Sozialismus überhaupt nicht geben kann. Es ist nicht nur unsittlich, sondern auch töricht, wenn jemand glaubt, heute noch das Recht jedes einzelnen auf ein menschenwürdiges Dasein ignorieren oder bestreiten zu können. Was daraus für die gestaltende Arbeit zu folgern ist, das hat den Werkbund von Anfang an aufs lebhafteste beschäftigt. Oft genug ist ihm (und auch der „Form") vorgeworfen worden, daß er das Problem der Massenware zu wichtig nehme und daß er sich zu entschieden auf die Seite der modernen Baukunst gestellt habe, deren Zusammenhänge mit der sozialen Entwicklung allerdings offen zutage liegen. Er hat es immer für seine Pflicht gehalten, vor der Gefahr der rückschauenden Romantik zu warnen und hat bei der Planung der großen Ausstellung von Anfang an betont, daß der „Bedarf der 99 Prozent" ebenso wichtig zu nehmen sei wie der Luxusbedarf der Wenigen. Wir halten es aber anderseits für ein verhängnisvolles Mißverständnis, wenn man als eigentliches Ziel des Sozialismus die Durchsetzung jener Forderungen, die Sicherung der fälschlich sogenannten „biologischen" Existenz des Menschen ansieht und daraus die Folgerung zieht, daß sich auch die Werkbundarbeit heute danach allein orientieren müsse. Wenn man den biologischen Maßstab an den Menschen anlegt, darf man ihn nicht betrachten wie ein anderes Tier auch und darf nicht vergessen, daß zur „biologischen" Existenz des Menschen auch der ganze ungeheure Reichtum des Geistigen und Seelischen gehört. In diesem Bereich aber geht den Werkbund an vor allem das, was mit der formalen Gestaltung zusammenhängt. Wie irgendein Ding, mit dem der Mensch zu tun hat, aussieht, ist keineswegs gleichgültig, und es ist ein allerdings immer noch weit verbreiteter Irrtum, daß sich die Form aus der sachgemäßen Arbeit für einen Zweck von selbst ergibt. „Form" ist aber auch nicht eigentlich eine „ästhetische" Frage und eine Angelegenheit des „Luxus", sondern Ausdruck der geistig-seelischen Spannung des Menschen, der allein unter allen Geschöpfen fähig ist, Geformtes hervorzubringen, und ebenso allein das Bedürfnis nach Formung hat, solange er überhaupt ein menschliches Dasein führt. Das heutige

Rußland ist nur scheinbar ein Beweis dagegen: Wenn sehr vieles von dem, was heute dort entsteht, nicht nur primitiv, sondern mangelhaft durchformt ist – was übrigens auch für die neuen Städtegründungen gilt –, so liegt das daran, daß dort mit der größten Gewaltsamkeit und mit absolutem Radikalismus alles von „unten" neu aufgebaut wird. Daß man nicht glaubt, damit schon am Ziele zu sein, beweist schon die erstaunliche Sorgfalt, mit der man die Denkmäler alter Kunst pflegt, sowie die Zielbewußtheit, mit der man an die Probleme der künstlerischen Erziehung herangeht. Es ist ein Zeichen des deutschen Doktrinarismus, daß von unseren Unentwegten das, was in Rußland Vorstufe ist, zum mindesten in der Theorie als Ziel genommen wird, obwohl unsere Situation gar nicht danach ist, daß wir uns auf dieser Vorstufe aufzuhalten hätten. Es hängt für unsere Sache sehr viel davon ab, ob es gelingt, diesen Doktrinarismus zu überwinden, der ja am liebsten jede Arbeit, die nicht jener eng gefaßten Idee des Sozialismus entspricht, in erster Linie alles, was dem „Luxus" dient, verbieten möchte oder doch als minderwertig und überflüssig hinstellt. Freilich gibt es einen Luxus, der höchst minderwertig ist und dessen baldiges Aussterben wir alle ersehnen. Aber es heißt das Kind mit dem Bade ausschütten, wenn man nun gleich alles, was einem verfeinerten Bedürfnis dient, ebenso verdammt, ohne zu fragen, ob nicht eine geistige Idee dahintersteckt und ob es sich dabei nicht um eine Weiterentwicklung von Tendenzen handelt, die schon sehr früh, eigentlich sofort da einsetzen, wo über das zur Erfüllung des Zweckes unbedingt Erforderliche hinausgegangen wird. Diese Art von „Luxus" ist gesund und unentbehrlich, sie ist sogar entscheidend für die Höhe einer Kultur, und wenn, wie es beim „Haus Tugendhat" der Fall war, bedauert wird, daß dieser Luxus heute noch persönlichem Reichtum dienstbar ist, so ist dagegen zu sagen, daß es weder die Aufgabe des Künstlers noch des Werkbunds ist, die soziale Ordnung umzugestalten. Einstweilen muß man jedem Reichtum dankbar sein, der dem Künstler Gelegenheit gibt, eine geistige Idee rein und ohne Einschränkungen zu verwirklichen.
Und noch an einer dritten Front hat der Werkbund zu kämpfen: Die Gefahr der kulturellen *Reaktion*, die eine Zeitlang kaum ernst zu nehmen war, ist seit kurzem wieder drohend geworden, seitdem die heute aktivste politische Partei ihre Kulturpolitik auf leidenschaftlichen Kampf gegen so ziemlich alles, was der Werkbund in der letzten Zeit zu fördern suchte, eingestellt hat. Der Werkbund war von Anfang an grundsätzlich unpoli-

tisch, und wir haben nicht die Absicht, diesen löblichen und für unsere Arbeit unentbehrlichen Grundsatz aufzugeben. Wir haben es aber auch gar nicht nötig, von der allgemeinen Politik des Nationalsozialismus zu reden – denn dessen künstlerische Überzeugungen, soweit man von ihnen aus der Presse Kenntnis erhält, haben mit seiner übrigen Politik nur sehr wenig zu tun. Seine negative Einstellung zu fast allen wahrhaft schöpferischen Kräften der Gegenwart beruht im wesentlichen auf Mißverständnissen: man bringt künstlerische Bewegungen, die aus der Tiefe der Zeit hervorbrechen, in Verbindung mit verhaßten politischen Strömungen – etwa die (in Amerika und Holland zuerst entstandene!) moderne Baukunst mit dem Bolschewismus – und bekämpft sie daher mit aller Leidenschaft. Oder man beurteilt jede neu aufkommende Bewegung nach den wenig erfreulichen, noch weniger wichtig zu nehmenden Mitläufern und den oft auch sehr unerfreulichen Allerweltsliteraten und -intellektualisten, und bekämpft die einen wie die anderen, weil man Echtes und Unechtes nicht zu unterscheiden vermag. Oder man sucht aus der Betrachtung großer alter Kunst allgemeingültige Maßstäbe zu gewinnen, an denen man die Kunst der Gegenwart mißt, und schaltet dabei den äußerst schwierigen, noch längst nicht geklärten Begriff der „Rasse" ein, von deren Bedeutung für das künstlerische Schaffen wir noch herzlich wenig wissen. Inwieweit schöpferische Begabung ein Vorrecht bestimmter Rassen (im anthropologischen Sinne) ist, wissen wir noch nicht zuverlässig, und wenn auch der Anteil der germanischen oder „nordischen" Rasse an der großen Kunst des letzten Jahrtausends leicht festzustellen ist, so ist damit noch lange nicht gesagt, daß „nordische" Kunst immer so aussehen müsse. Van Gogh, Munch, Barlach und Nolde (dieser letztere auch vom Rassenstandpunkt ein rein nordischer Mensch) – das ist die „nordischgermanische Kunst" unserer Zeit! So einfach liegt die Sache nicht, daß man gute und schlechte, wertvolle und wertlose, gesunde und kranke Kunst an Rassemerkmalen und an dem Verhältnis zu großer alter Kunst unterscheiden könnte – es gehört etwas mehr dazu, vor allem lebendiges Gefühl und künstlerischer Sinn, daneben aber auch einige „Kennerschaft": ein durch Schulung gewonnenes Wissen um die realen Tatbestände. Wer aber den unsagbaren Kitsch von Hermann Hendrich für echte deutsche Kunst hält, nur weil es Bilder aus der Nibelungensage sind – bei dem ist die Entscheidung über Gut und Schlecht, über Deutsch und Undeutsch wahrhaftig in schlechten Händen!

So sehen wir die Lage – an diesen Fronten wollen wir kämpfen. Und in diesem Kampf rechnen wir auf die Bundesgenossenschaft aller derer, denen die Zukunft der deutschen Kultur am Herzen liegt.

Walter Riezler

Der Kampf um die deutsche Kultur

Die Form, 1932, S. 326–328

[...] Es bleibt keine Wahl mehr: die Frage, ob dieses Bauen nicht nur eine vorübergehende „Mode" bedeutet, ist längst entschieden. Daran kann auch Herr Schultze-Naumburg nichts mehr ändern.
Man muß diesen Namen, der einst auch bei ernsten Menschen einen guten Klang hatte, hier nennen, nicht nur deshalb, weil sein Träger bei der Vernichtung des Bauhauses entscheidend mitgewirkt hat, sondern auch weil er aktiver als irgendein anderer in den Kampf gegen all das, was den Werkbund angeht, eingegriffen hat. Sein Buch „Kunst und Rasse" ist schon vor sieben Jahren erschienen, und wenn auch der Vortrag „Kampf um die Kunst", den er vor einigen Jahren in vielen Städten gehalten hat, auf allen Seiten mehr Ablehnung als Zustimmung erfahren hat, bis weit in sehr „konservative" Kreise hinein, so wird er doch heute noch als Broschüre verkauft, so daß er wohl als Zeugnis einer heute sehr mächtigen Anschauung anzusehen ist. Die Oberflächlichkeit, mit der hier sehr populäre Anschauungen „begründet" werden, erschwert eine sachliche Auseinandersetzung um so mehr, als die Frage, um die es geht, heute zu einem Objekt wüsten politischen Kampfes oder doch zu einem Glaubenssatz geworden ist, dessen Begründung man dem Gefühl oder einer dilettantischen „Forschung" überläßt. Aber es läßt sich nicht vermeiden – man muß von der „Rasse" reden. Denn von der Entscheidung der Rassenfrage soll ja angeblich das Schicksal Deutschlands abhängen, und man kann auf den Hinweis, daß auch das fascistische Italien sich in der

letzten Zeit für die angeblich „internationale" und „bolschewistische" moderne Baukunst entschieden habe, wohl die Antwort hören: in Deutschland sei die Lage anders, denn Italien kenne die Rassenfrage nicht. Es ist ganz richtig: die Frage der „Rasse" ist überall da entscheidend, wo es auf Leistung ankommt –, sie geht also sehr wohl auch den Werkbund an. Nur ist es leider sehr schwer, zu einer Einigkeit darüber zu kommen, was denn nun mit dem Worte „Rasse" gemeint ist. Selbstverständlich gibt es nicht nur verschiedene Rassen, sondern auch „gute" und „schlechte", „starke" und „schwache", so oder so geartete Rasse, im Leben wie in der Kunst. Vielleicht gibt es sogar da und dort heute noch eine relativ „reine" Rasse, die durch Schönheit und Wohlgeratenheit das Auge erfreut. Aber hier beginnt bereits die Schwierigkeit: Die Angehörigen dieser reinen und schönen Rasse zeichnen sich vor den rassisch „Minderwertigen" keineswegs immer durch höhere Leistung aus. Unter den deutschen Stämmen sind, im großen gesehen, die nicht rein germanischen des Südwestens zweifellos reicher an großen Begabungen als die rassisch reiner erhaltenen des Nordwestens. Und unter den größten Geistern Deutschlands zeigen nicht wenige die Merkmale angeblich „minderer" Rasse, und andere sind recht mäßige Exemplare ihrer an sich „guten" Rasse. Die Leistung scheint von anderen Faktoren als von der Rasse abhängig zu sein –, von Faktoren, die wahrscheinlich niemals mit der Exaktheit festzustellen sein werden, wie sie die Rassetheoretiker sehr unberechtigter Weise für sich in Anspruch nehmen. Vor allem verbürgt die „Rasse" nicht das, was man im weitesten und wesentlichsten Sinne den „Charakter" nennt: unter den deutschen Künstlern der neueren Zeit, die ungebrochenen Bauerngeschlechtern angehören und noch dazu sehr viel Talent hatten, haben auffallend viele künstlerisch nicht „durchgehalten", sei es, daß ihnen eine Entwicklung versagt blieb oder daß sie, was noch trauriger ist, den Verlockungen des Mammons erlagen. Wohingegen der Halbjude Mareés das leuchtende Vorbild einer wahrhaft heroischen Hingabe an die Idee ist – und der Jude Liebermann soviel echte „Rasse" hat, daß er noch mit fünfundachtzig Jahren ein Werk wie das Bildnis Sauerbruchs zu schaffen vermag.

Dieser letztere Begriff der Rasse nun ist der einzige, der da brauchbar ist, wo es sich um kulturelle Arbeit handelt: diese kann nur dann wirklich gedeihen, wenn man die stärksten schöpferischen Kräfte dahin stellt, wo

ihre Begabung zur Entfaltung kommt. Und da stimmt es allerdings bedenklich, wenn man Schultze-Naumburg, diesen Epigonen von ausgesprochen schwacher Rasse, gegen Mies van der Rohe, diesen Menschen stärkster Rasse, in allem, was er schafft oder sagt, auszuspielen wagt. Und ebenso bedenklich ist die Liste derjenigen Künstler, die von jener Seite als „echt deutsch" anerkannt werden: Edmund Steppes ist sicherlich ein fein empfindender Landschafter, aber das Gegenteil eines Künstlers von starker Rasse – und was soll man gar zu Erscheinungen wie Fidus, Stassen und Hendrich sagen! Wahrhaftig, ein Haus von Schultze-Naumburg, geschmückt mit Bildern dieser Künstler –, das ist ein etwas blutleeres Symbol des Deutschlands von heute, und wir dürfen von Glück sagen, daß es daneben noch ein anderes Deutschland gibt, dessen Künstler freilich von jener Seite als „undeutsch" aus den Museen verwiesen und an den Pranger gestellt werden. Hat es doch Schultze-Naumburg fertig gebracht, eine der erschütternden Figuren von Barlach abzubilden mit der Bemerkung, sie sei die Darstellung des „leiblich und seelisch schwer entarteten Menschen mongoloiden Blutes"! [...]
Der Kampf, den der größte Teil des Bürgertums heute gegen die neuen Gestaltungstendenzen und alles, was damit zusammenhängt, führt, ist kein Ruhmestitel für Deutschland. Denn er ist aus der Furcht geboren. Man traut sich nicht mehr die Kraft zu, mit dem, was an Gefährlichem in diesen Tendenzen enthalten ist, aus eigener Kraft fertig zu werden und ruft daher nach der Polizei. Man hat Angst vor der tiefen Beunruhigung, die nun heute einmal durch die Welt geht, und zieht sich vor ihr in das Schneckenhaus einer geistigen Autarkie zurück. „Autarkie" heißt „Selbstgenügsamkeit", und das ist schon beinahe geistiger Tod –, heute mehr als je, da die ganze geistige Entwicklung nach „Weltoffenheit" verlangt. Diese Weltoffenheit war immer ein Vorzug der Deutschen – auch die Baumeister der deutschen Dome und die Bildhauer von Bamberg und Naumburg waren weltoffen! –, und wenn es heute überhaupt noch eine Arbeit im Dienste der Kultur gibt, so kann sie fruchtbar nur sein im Kampf gegen die einengenden Tendenzen, die sich heute auf allen Seiten vordrängen. Diesen Kampf hat auch der Deutsche Werkbund zu führen –, nicht zugunsten einer „Internationale", sondern ganz allein mit dem Ziele, den schöpferischen Kräften Deutschlands zur freiesten Entfaltung zu verhelfen. Nicht nach irgend einem Wunschbild, und sei dieses noch so schön, an einer noch so großen Vergangenheit orientiert, können

wir die deutsche Kultur gestalten, sondern nur gemäß den Kräften, die vorhanden sind. Wir müssen sie so wachsen lassen, wie es ihre Natur verlangt –, mehr ist dem Menschen nicht gegeben!

Paul Schmitthenner

Tradition und neues Bauen

Deutsche Kulturwacht, Blätter des Kampfbundes für deutsche Kultur, 2.Jg., Heft 17 vom 29.7.1933, S.11–12

Die Geschichte eines Volkes erzählt seine Schicksale, und aus der Geschichte erwächst verpflichtende Tradition. Wer gegen den tiefen Sinn der Tradition verstößt, versündigt sich an der Geschichte und damit an den Wurzeln des Volkstums. [...] Ein Geschlecht, das die Arbeit der früheren Geschlechter nicht achtet und die Fundamente nicht wahrt und stärkt, zerstört den Bau und sich selbst. So gesehen ist Tradition das ewig Neue, das wachsende Leben; sie trägt die Seele, den Grundwillen des Volkes von einem Jahrhundert in das andere. Durch die Bauwerke von Jahrhunderten läuft hindurch, was man sehr einfach „das Deutsche" nennen kann. So verschieden Nord und Süd des Reiches, die Landschaft und die Stämme, so verschieden ist Haus und Dorf und Stadt, doch so verschieden nur, wie Geschwister gleichen Blutes sind. Das kann nur der fühlen, der im Volkstum wurzelt, und deshalb wird fremde Art, wenn sie zu Einfluß kommt, leicht zum Zerstörer der Tradition. [...]
Der Niedergang der deutschen Baukunst beginnt mit der Loslösung der Tradition und fällt zusammen mit dem Beginn des technischen Jahrhunderts, das gleichzeitig das Ende der letzten geschlossenen Kultur- und Bauepoche ist, die wir in dem Namen „Goethe" zusammenfassen können. Die Baukunst zerfällt mit der Entwicklung der Technik. Schuld daran ist jedoch nicht die Technik, sondern die Unfähigkeit, die Technik dienend einzuordnen. Die baulichen Leistungen der letzten 50 Jahre sind das erschreckende Spiegelbild unseres Kulturstandes. Der 30jährige Krieg

hat nicht so viel an kulturellen Werten in Deutschland zerstört, wie das sinnlose Bauen der letzten 50 Jahre. [...]
Am sinnfälligsten zeigte sich das neue Denken, der überspitzte Verstand, in der sogenannten neuen Sachlichkeit im Bauen. Es gibt keine „neue" Sachlichkeit, sondern nur Sachlichkeit, und der Begriff „neue Sachlichkeit" ist schon eine Unsachlichkeit. Die Architektur nach 1870 wollte neben dem Nützlichen und Notdürftigen der Schönheit nicht entbehren; man verwechselte aber Anstand und Würde mit hohem Pathos. Mietskasernenelend wird nicht besser durch aufgeklebte Fassaden in deutscher Renaissance, und Postgebäude in Gralsarchitektur sind und bleiben Sinnlosigkeiten. Je sinnloser die Architekturgestaltung in dieser Zeitspanne, desto sinnvoller wurde der Bau der Maschinen. Hier sehen wir Gestaltung auf die letzte einfachste Form gebracht, in höchster Qualität und selbstverständlicher Schönheit. Um 1900 etwa setzt eine Besinnung ein zu gesunder Baugestaltung. [...] Diese gesunde Bauentwicklung, die bei aller Fortschrittlichkeit eine traditionsgebundene und deutsche war, wurde durch die sogenannte neue Sachlichkeit gestört und bekämpft. Einer im besten Sinne nationalen Baukunst wurden internationale Ziele entgegengesetzt. Der Sieg des neuen Baustils wurde laut verkündet und seine internationale Währung ausdrücklich festgestellt. Während man in den Zeiten der stillosen Stilarchitektur die Maschine mit stilechten Ornamenten verzierte und die Fabriken auf Mittelalter oder Barock frisierte, übertrug man nun in der neuen Sachlichkeit die eigentümlichen Merkmale des Ingenieurbaus und der Maschine gleichwohl auf den Bau von Kirchen, Schulen und Wohnhäusern. Als sichtbarsten Ausdruck dieses Gestaltungswillens prägte man den Begriff der „Wohnmaschine". [...] Der tiefere Grund für dieses Denken in neuer Sachlichkeit ist jener „auf Kosten des Herzens verfeinerte Verstand", von dem Schiller sagt, daß ihm nichts mehr heilig ist. Jede Verpflichtung gegen Tradition, Landschaft, Himmel und Erde wurde vergessen. Man denke nur an die bekannten Siedlungen, in denen diese Sachlichkeit propagiert wurde: Weißenhof-Stuttgart, Dammerstock-Karlsruhe, Breslau u. a. Es wird einem späteren Geschlecht unverständlich sein, aber gleichzeitig ein Zeichen der Verwirrung dieser Nachkriegsjahre, wenn man sich erinnert, daß man diese Schöpfungen als Wohnungsreform anzusprechen wagte.
Die nationale Regierung unter Führung Adolf Hitlers hat sich die Aufgabe gestellt, alle Lebensgebiete von dem Geist von 1918 zu reinigen.

Entstehen soll der deutsche Ständestaat. Dann aber müssen die Stände wie eine Gemeinschaft von Werkleuten an dem großen Bau zusammenarbeiten, den die Parteien einst unterwühlten. Dazu aber muß jeder auf dem Platze stehen, wozu er durch Begabung, Können und Charakter gehört. Den Platz aber kann nur anweisen der Führer, der nichts für sich will als die Verantwortung. Diesen Weg wird nur ein Volk gehen können, in dem jeder Einzelne bereit ist sich einzuordnen, um durch seine Arbeit an seinem Platze der Gesamtheit, der Nation zu dienen. Das Ziel muß sein, daß nur berufene Baumeister in Zukunft planend ordnen dürfen. [...] Nach des Reichskanzlers Worten sollen die entscheidende Führung haben: Zuverlässige Männer, die ihre Gesinnung in den Jahren des Niederganges bewiesen haben. Noch ist der Sieg nicht unser. Der Kampf um die deutsche Kultur beginnt erst. Die Führung auf dem Gebiete des Bauens gehört darum in die Hände jener Architekten, die aufrecht den Kampf gegen das Internationale und Undeutsche geführt haben und ihre Gesinnung durch Taten bewiesen. Die Tat des Architekten ist sein Werk, und an seinen Werken sollt ihr ihn erkennen. Der Kampfbund für Deutsche Kultur hat u. a. die wichtige Aufgabe, den Aufbau der berufsständischen Vertretung zu leiten. Seine Aufgabe muß es sein, im Sinne des Führers die Auslese zu treffen, damit jeder an seinem Platze stehe.

An einer Baustelle bearbeiteten drei Steinmetzen jeder einen Stein. Gefragt, was er tue, sagte der erste: ich verdiene hier mein Brot, antwortete der zweite: ich bearbeite einen Stein, der dritte aber: ich baue mit an einem Dom. –

Dieser Dritte ist der Aristokrat der Arbeit, und nur diese Gesinnung baut auch das Reich auf.

Klebezettel der NSDAP, um 1932

III DOKUMENTE 1929–1933

Hans Sinogli: Zeichnung für den „Querschnitt", 1929

IV Übergeordnete Texte 1918–1933

1 Blick über die Grenzen

2 Wohnung, Wohnkultur

3 Typ, Serie und Sozialisierung

4 Lehren aus der Geschichte

1 Blick über die Grenzen

[1] Adolf Behne
Die Wiederkehr der Kunst

[2] Adolf Behne
Vorschlag einer brüderlichen Zusammenkunft
der Künstler aller Länder

[3] Adolf Behne
Europa und die Architektur

[4] Adolf Behne
Blick über die Grenze

[5] Adolf Behne
Holländische Baukunst in der Gegenwart

[6] Bruno Taut
Architektonische Vortragsreise im besetzten Gebiet
Deutschlands und in Holland, Februar 1923

[7] Adolf Behne
Junge französische Architektur

[8] Adolf Behne
Rußlands Kunst von heute

[9] M. J. Ginsburg
Zeitgenössische Architektur in Rußland

[10] Kasimir Malewitsch
Suprematistische Architektur

[11] Die Sowjetunion und das neue Bauen

„Vorankommen" wollte man im Nachkriegsdeutschland. „Zusammenkommen" wollte man in Europa. Pan-Europa, die erste europäische Unionsbewegung, nach vielen Umwegen 1949 zum Europarat geformt, wurde 1923 von Richard Coudenhove-Kalergi gegründet, einem guten Freund Edwin Redslobs, des ersten „Reichskunstwarts" des Weimarer Staates. Die 1919 veröffentlichte Völkerbundsatzung war wiederum Teil des von den Alldeutschen als „Diktatfrieden" gegeißelten Versailler Vertrages. Der Wunsch der 1920 im Völkerbund versammelten alliierten Mächte (mit Ausnahme der USA) und der 13 neutralen Staaten sollten den Weltfrieden sichern. Trotz gleichzeitigen Aufschwungs gegeneuropäischer Strömungen in Deutschland von rechts versuchten die internationalen Institutionen, das Vertrauen in Europa einzuleiten. Der 1928 abgeschlossene Kellogg-Pakt sah gar vor, den Krieg als Werkzeug der nationalen Politik zu ächten. Noch weiter ging die 1926 von Kurt Hiller geführte Gruppe revolutionärer Pazifisten.
Die Künstler, die Architekten der Moderne suchten Europa. Berlin war Treffpunkt für den kosmopolitischen Ideenaustausch. Russische Konstruktivisten und Suprematisten, holländische Neoplastiker, Ungarn, Tschechen etc. gehörten dazu. Die Architectural Association in London veranstaltete 1928 eine (von Hegemann inszenierte) Ausstellung moderner deutscher Baukunst, auf der Beispiele von Bonatz, Hertlein, Schumacher, aber auch von Döcker, Gropius und Mendelsohn zu sehen waren. Der Werkbund zeigte 1930 im Pariser Grand Palais eine von Walter Gropius gestaltete Ausstellung. Europäertum wurde den Werkbund-Architekten im *Journal des Débats* attestiert: „Les architectes du Werkbund [...] sont vraisemblablement de bons Européens [...]. Le colossal ne serait donc plus germanique, tant mieux!" („Die Werkbundarchitekten sind wirklich gute Europäer [...]. Das Kolossale ist offensichtlich nicht mehr das Deutsche, um so besser!")

Der Friedenswunsch, die grenzöffnende Stimmung brachte auch Adolf Behne in seinem 1918 veröffentlichten Buch *Wiederkehr der Kunst* zum Ausdruck (Grenzen 1). Die Arbeit an diesem Buch beendete Behne kurz vor dem Ende des Ersten Weltkrieges, im August 1918: Am Bauen werde Europa, wird die geschlagene Welt gesunden, hoffte er. Materie überwinden und Grenzen überschreiten, das war der Hauptwunsch. Sein geöffnetes Fenster blickte nach Osten: „Wir müssen den Europäer überwinden."
1919 rief Behne in seinem „Vorschlag einer brüderlichen Zusammenkunft" aus: „Künstler aller Länder, vereinigt Euch!" (Grenzen 2)
1921 erinnerte er („Europa und die Architektur") an den grenzoffenen Reichtum der mittelalterlichen Baukultur. Damals wären die Deutschen, nach seiner Überzeugung, am weitesten entfernt gewesen von der Deutschtümelei. Nur durch aktives, lebensvolles Ergreifen der Gegenwart könne wieder eine eigentliche Tradition, ein gemeinsames In und Über allen Stilen erreicht werden (Grenzen 3).
Nachdem Behne seinen Realitätssinn für das Machbare in seinem Buch *Der moderne Zweckbau* abgeschlossen hatte, wagte er 1925, im Auftrage des BDA und des DWB, einen „Blick über die Grenze". Er beschrieb die aktuelle kulturpolitische Situation des architektonischen Europagedankens. Rußland sei der dynamische, Frankreich der statische Pol. Dazwischen lägen die anderen Länder. Interessant ist Behnes Vergleich der italienischen Futuristen mit den russischen Konstruktivisten: Nur die diktatorischen, antidemokratischen Methoden des Bolschewismus und des Faschismus hätten es, so Behne, zustande bringen können, von außen zu formen. Länder mit einer einheitlichen Gesellschaftskultur unterlägen nicht der Gefahr, unter die Diktatur zu fallen. In Deutschland fehle eine geschlossene gesellschaftliche Kultur. Die Gefahr, zur Beute eines Diktators zu werden, dürfe nicht übersehen werden (Grenzen 4).
Behne hatte, bevor er diese Schreckensvisionen malte, schon 1921 (nach einer Reise in die Niederlande im Jahr 1920) auf eine Orientierungschance hingewiesen: Holländische Baukunst in der Gegenwart. „Ein mächtiger, lebensfähiger Körper steht da [...]. Der Begriff der Tradition hat in Holland einen ganz anderen Sinn als bei uns. Während er bei uns nur allzuleicht einen künstlerisch-reaktionären Klang bekommt [...] bezeichnet er dort die innere Kontinuität" (Grenzen 5).
Auch Bruno Taut, der in seiner eigenen Zeitschrift *Frühlicht* über Tatlin, Rodschenko, aber auch über Gaudí und Sant'Elia berichtete, der mit verschiedenen ausländischen Gruppen in der UdSSR, in Holland korre-

spondierte, unternahm von Magdeburg aus, wo er seit 1921 als Stadtbaurat tätig war, Vortrags- und Beobachtungsreisen ins nahe europäische Ausland. Sein Bericht über den Besuch im besetzten Gebiet Deutschlands und in Holland im Februar 1923 gibt Hinweise darauf, welche Erfahrungen und Vorbilder er aus dem Reiseland nach Hause gebracht hatte (Grenzen 6).
In seinem Aufsatz „Junge französische Architekten" bemängelte Adolf Behne 1922, daß in Deutschland – im Vergleich zu Frankreich – eine gute Fachzeitschrift fehle. Das europäische Ausland würde nicht über die Diskussionen im Lande informiert. Diesem Umstand schrieb es Behne zu, daß Le Corbusier die Situation in Deutschland falsch einschätze, wenn er in den Hochhäusern und Warenhäusern in Düsseldorf und Berlin einen Pangermanismus erkenne. Behne ging mit dem angriffslustigen Franzosen anders um. Er übernahm Informationen von Julien Caron aus *L'Esprit Nouveau* über ein von Le Corbusier 1916 gebautes Landhaus (Villa Schwob in La Chaux-de-Fonds). Die Mischung von lebendiger Sinnlichkeit und letzter Strenge faszinierten Behne (Grenzen 7).
Auch Paul Westheim berichtete 1922/1923 in den eher konservativ zurückhaltenden *Wasmuths Monatsheften für Baukunst* nach einem Gespräch mit Le Corbusier über Architektur in Frankreich. Le Corbusier-Saugnier hätte in ganz besonderem Maße die Eigenschaften eines Führers, aber, beruhigte Westheim danach, „noch gibt es, in Frankreich wenigstens, nicht die Bewegung".
Adolf Behne berichtet in der *Bauwelt* über seine Rußland-Reise 1924 (Grenzen 8), und *Moissej Jakowlewitsch Ginsburg* (1892–1946) erhielt in der BDA-Zeitschrift *Die Baugilde* 1928 Raum, die „Zeitgenössische Architektur in Rußland" zu beschreiben. Vor dem Hintergrund der seit 1924 durch den Stalinismus bedrängten Moderne, darüber hinaus im Wissen um die scharfen Gegenüberstellungen zwischen den Formalisten und Konstruktivisten 1924/1925 muß dieser Bericht in Frage gestellt werden: „Die moderne Architektur gewinnt mehr und mehr an Einfluß und Geltung [...]" (Grenzen 9). Möglicherweise bezog sich dieser Zustandsbericht auf den ein Jahr davor, 1927, in *Wasmuths Monatsheften für Baukunst* veröffentlichten Bericht über „Suprematistische Architektur" von Malewitsch, der mit einem kritischen Vorwort versehen wurde: Wenn die Ausführungen auch stark überspitzt erschienen, so dürften sie „doch ein Beweis dafür sein, daß auch in Sowjet-Rußland die ‚Neue Sachlichkeit' keineswegs unumschränkt anerkannt wird" (Grenzen 10). Die Unruhe in der Sowjetunion wird sage und schreibe im Januar 1933 in

der in Berlin herausgegebenen Zeitschrift *Bauspiegel. Kritische Blätter der Arbeitsgemeinschaft sozialistischer Architektur* wieder aufgenommen. Die Bewegungen werden in dem Artikel „Die Sowjetunion und das neue Bauen" ins Lot gebracht. Ein Artikel über *Hans Schmidt* (1893–1972) steht sozusagen als Pate der Richtigstellung: „Die Ideen des neuen Bauens, in der auch im Westen bekannten Weise als Konstruktivismus, Funktionalismus, Mechanismus abgestempelt, sind das Resultat des heutigen Kapitalismus, einer rationalisierten und standardisierten Technik" (Grenzen 11).

Umschlag der ersten Buchpublikation
des Arbeitsrats für Kunst, 1919

Adolf Behne

Die Wiederkehr der Kunst

Leipzig 1919, S. 64–69

[...] Wir müssen den Europäer überwinden. Diese Forderung ist das A und O. Als Europäer kommen wir nicht weiter. Erst dort, wo das Europäertum aufhört, beginnt die Welt schön zu sein.
Aber wie überwinden wir den Europäer?
Darauf gibt es zunächst immer wieder die Antwort: Paul Scheerbart hat uns den Weg gewiesen. „Murx den Europäer" heißt es in der „Katerpoesie", die ja recht eigentlich den Katzenjammer am Europäertum beschwört. [...]
Es ist tiefste Wahrheit, daß alles andere unwesentlich ist neben dem *Bauen!* Das Bauen als eine *elementare* Tätigkeit vermag den Menschen zu verwandeln. Und nun ein Bauen aus Glas! Das würde das sicherste Mittel sein, aus dem Europäer einen Menschen zu machen. [...]
Nun fragt es sich freilich: was lockt uns denn gerade zur *Glas*architektur? Denn einen Sinn hat sie selbstredend nur, wenn sie uns etwas Wertvolles Neues bringt. Und tut sie das?
Sie bringt uns so viel Wertvolles, Neues, daß der Europäer, wenn er es aufnehmen will, sich völlig wird verwandeln müssen: Die Glasarchitektur bringt die europäische Geistesrevolution, sie macht aus einem beschränkten, eitlen Gewohnheitstier einen wachen, hellen, feinen und zarten Menschen. [...]
Kein Material überwindet so sehr die Materie wie das Glas. Das Glas ist ein völlig neues, reines Material, in welchem die Materie ein- und umgeschmolzen ist. Von allen Stoffen, die wir haben, wirkt es am elementarsten. Es spiegelt den Himmel und die Sonne, es ist wie lichtes Wasser und es hat einen Reichtum der Möglichkeiten an Farbe, Form, Charakter, der wirklich nicht zu erschöpfen ist und der keinen Menschen gleichgültig lassen kann. Alle anderen Stoffe wirken neben dem Glase abgeleitet und wie Reste, wirklich wie Menschenprodukte. Das Glas wirkt außermenschlich, als mehr denn menschlich.
Daher hat der Europäer recht, wenn er fürchtet, die Glasarchitektur möchte ungemütlich werden. Ganz bestimmt. Das wird sie. Und das ist

ihr nicht geringster Vorzug. Denn aus seiner Gemütlichkeit muß erst einmal der Europäer herausgerissen werden. Man steigert das Wort gemütlich nicht umsonst ins „Saugemütliche". Fort mit der Gemütlichkeit. Erst wo die Gemütlichkeit *aufhört*, fängt der Mensch an. Gemütlichkeit ist kein Wert. Zum Skatspielwinkel oder Dämmerschoppenecke ist das Glas allerdings wenig als Material geeignet, man müßte es denn schon zu Nachahmungen von Butzenscheibenromantik mißbrauchen. Aber solche Fensterscheibenglaserei ist ja nicht im mindesten unsere Glasarchitektur. Die Glasarchitektur hebt den geistlosen Beharrungszustand der qualligen Gemütlichkeit, in der alle Werte stumpf und matt werden, auf und setzt an ihre Stelle den Zustand eines hellen Bewußtseins, einer kühnen Aktivität und eines Schaffens immer neuer, immer schönerer Werte. Waren bisher alle Behausungen des Menschen nur immer weiche Prellböcke seiner Bewegungen, Versuchungen, behaglich auszuruhen und die Dinge gehen zu lassen, so wird uns die Glasarchitektur in Räume stellen, die immer wieder uns verhindern, in Stumpfsinn, Gewohnheit und Gemütlichkeit zu verfallen. [...]
Ihre tiefste Wirkung aber wird sein, daß sie die Starrheit des Europäers bricht und seine Härte. Der Europäer ist dort, wo er unverantwortlich ist, gemütlich, dort aber, wo er Verantwortung hätte, hart. Unter einer qualligen Außenseite ist er stumpf und brutal. Das Glas wird ihn umwandeln. Das Glas ist klar und kantig, aber in seinem versteckten Reichtum ist es milde und zart. So wird auch der neue Europäer werden: von klarer Bestimmtheit und von völliger Milde. [...]
Noch aber sind wir nicht so weit. Noch lebt in Europa der Europäer. Da bleibt uns nur, so weit als möglich, aus dem engen Fenster auszublicken – nach Osten.
Die Kunst des Ostens ist für uns von einem Werte, den nie die klassische gehabt hat –. [...]

Adolf Behne

Vorschlag einer brüderlichen Zusammenkunft der Künstler aller Länder

Sozialistische Monatshefte, Hefte 4–5/1919, S. 155–157

[...] Heute ist keine Brüderlichkeit in der Welt. Der Krieg war ein Brudermord von herzerstarrender Bosheit und Seelenfremdheit. Aber die sich mordeten, waren Gezwungene, hier wie dort. Sie waren Sklaven ihrer eigenen Waffen. Immer zwang das größere Kaliber das kleinere zum Mord.

Und doch scheinen diese blutgebadeten Zeiten weniger schlimm, als was sich heute begibt, wenn wir sehen müssen, daß der Gedanke der Brüderlichkeit tot ist, völlig tot auch in denen, die dem Feuer und der vergifteten Luft und den spritzenden Fetzen Bleies entronnen sind, und von denen wir hofften, sie hätten im Wahnsinn modern-europäischer Technik ihr Herz als letzte rettende Zuflucht entdeckt.

Unser Blick sucht die Künstler:

Groß ist unsere Hoffnung nicht – auch nicht auf sie. Das müssen wir uns eingestehen. Denn der heutige Künstler ist angesteckt von der allgemeinen Tendenz der Isolierung und deshalb noch kein Verwirklicher des reinen Menschentums, noch nicht wahrhafter Bruder, noch nicht Künstler im höchsten Sinn. Um persönlicher Dinge willen sprengt er die Bruderschaft skrupellos, Bruderschaft ist ihm nur ein Spiel; selbst dem Besten.

Die heutigen Künstler mögen auf internationalen Kongressen zusammentreten: sie werden dadurch nicht Brüder, wenn sie es nicht schon sind. In der *Nähe* hat alle Arbeit zu beginnen. Die Beziehungen zu einem Vielfachen können nicht gut werden, wenn die zum Nächsten und Ersten nicht gut sind.

Und doch wollen und sollen die Künstler aller Länder zusammenkommen, so bald wie möglich. Denn es wird für die Guten unter ihnen eine solche Zusammenkunft ein Ansporn sein: im Streben nach Brüderlichkeit wach zu werden und nicht nachzulassen. Sie wäre zunächst ein Symbol über die Grenzen hin und könnte Wunder wirken, wenn die Künstler der Aufgabe, die das Menschentum ihnen stellt, gewachsen sind, das heißt

wenn sie Künstler sind. Als *Menschen* müssen sie zusammenkommen, nicht als Maler, Bildhauer oder Musiker.
Die jungen deutschen Künstler haben diesen Wunsch sehr lebhaft. Aber den Anfang haben wieder einmal die Russen gemacht. Das Konsortium russischer Künstler, unter ihnen Kandinskij, sandte dem Arbeitsrat für Kunst in Berlin einen Freundesgruß und übermittelte ein kühnes und konsequentes, ja vorbildliches Arbeitsprogramm. Der Arbeitsrat hat voller Freude geantwortet. Es besteht der dringende Wunsch der jungen Künstler mit den russischen Kameraden recht bald zusammenzukommen. Leider aber macht die jetzige Regierung das Zustandekommen einer solchen Zusammenkunft unmöglich.
Aber nicht nur mit den Russen wollen wir zusammenkommen. Es besteht die Absicht eines allgemeinen Kongresses, etwa in New York. Es wäre schön, wenn unsere Künstler nicht nachließen in ihrem Bestreben diesen Kongreß aller Künstler zu verwirklichen. Es würde der Sache dienen, wenn die gesamte Künstlerschaft ihren Plan in einer öffentlichen Versammlung vertreten würde.
Auch die Absicht nach New York zu gehen ist vortrefflich. Denn sicherlich kann uns Amerika außerordentlich wertvolle Anregungen geben, und ein Verzicht auf den europäischen Dünkel, der auf die Dauer geradezu langweilig wirkt, ist sehr zu begrüßen. [...]

Adolf Behne

Europa und die Architektur

Sozialistische Monatshefte, 1/1921, S. 28–33

[...] Unsere Vergangenheit ist reich. Die Bauten unseres Mittelalters sind oft herrlich. Damals war Deutschland Europa zugehörig, und Europa war eine Wirklichkeit. Viel enger waren die kulturellen Beziehungen zwischen Deutschland, Frankreich, Italien, als im 19. Jahrhundert der Cookschen Reisen und der Schnellbahnen. Es gab einen europäischen

Geist in der Wissenschaft, in der Kunst, einen Austausch der Gedanken, der Formen, der viel intensiver war als in der neuen Zeit (Bamberg, Magdeburg). Es war ein gemeinsames Arbeiten, an dem Deutschland, mitten in diesem Europa stehend, nicht als der schlechteste Arbeiter teilnahm. [...] Und Deutschland war der Boden, auf dem sich die Straßen kreuzten. Die Straße von Italien nach den nordischen Ländern ging durch Deutschland, und wesentlich über Deutschland kamen die starken Einflüsse aus Byzanz und seinem Hinterland. Die Kreuzzüge, wieder eine allgemein europäische Angelegenheit, verstärkten die Beziehungen zum Orient. Also ein ungeheuer intensiver, geistig künstlerischer Austausch, ein intensives Leben in der Gegenwärtigkeit der ganzen bekannten Welt.

Diesem europäischen, ja planetarischen Gemeingeist, und *nicht* einem sich abhebenden, sich eingrenzenden Deutschtum, verdanken wir die großen architektonischen Werke, die nun Vergangenheit sind. Ein Beispiel sei genannt: Sankt Patroklus in Soest, in dessen nördliche Vorhalle ein aus Syrien mitgeführtes antikes Kapitell eingegliedert ist. Ich will absichtlich einen andern sprechen lassen: Hermann Schmitz nennt den wundervollen Turm von Sankt Patroklus mit Recht „die edelste Schöpfung des westfälischen Genius". [...]

Niemals waren die Deutschen so weit entfernt von Deutschtümelei wie damals, und eben deshalb schufen sie damals ihre stärkste Architektur, weil sie in der europäischen Gegenwärtigkeit mittaten. Aus dieser europäischen Gegenwartsarbeit lösten sie sich dann und, wie die Geschichte schlagend beweist, nicht zu ihrem Vorteil und auch nicht zum Vorteil des Ganzen. [...]

Betrachten wir das Deutschland, das sich in Europa isoliert hat. Die Leistungen, die uns hier vor allem interessieren, sind die Bauten, die ja nun einmal unzweideutige Symbole sind. Wir haben im Barock und im Rokoko noch einzelne wundervolle Werke erhalten und können Pöppelmanns Zwinger zu den stärksten Leistungen der europäischen Architektur rechnen. Aber daß es im ganzen bergab ging, wird niemand bestreiten. [...] Ist nun der Niedergang in ursächlichem Zusammenhang mit der Isolierung? Ganz bestimmt. Der europäische Gemeingeist war ein Geist der Wirklichkeit, Tatsächlichkeit, ein aktives lebensvolles Ergreifen der Gegenwart. Dieser Geist war höchster Steigerung fähig, wie die französische Gotik beweist, verlor aber niemals die Verbindung mit der Wirklich-

keit und Gegenwärtigkeit. Auch die phantasievollsten gotischen Dome Frankreichs sind in ihrer Wesenheit noch irgendwie erdhaft, irdisch, Menschenschöpfung, Wirklichkeit, geistig gezwungene Materie. Sie sind gebaut. Und mögen Skandinavier, Finnen, Holländer, Flamen und Italiener noch so starke eigene Züge haben, es eint sie etwas mit diesem Geist, den man deshalb als europäisch bezeichnen darf. Alles Bauen ist eben Stehen auf der Erde, Schichten, Ergreifen der Wirklichkeit, der Gegenwärtigkeit. Bauen ist der größte Gegensatz zum Fliehen. Die deutsche Kunst steht aber im Zeichen der Flucht. Die Maler zogen einst nach den Niederlanden, die Architekten gingen nach Frankreich und dann die Maler nach Italien, bis Hans von Marées. Wie gern wäre Dürer ganz aus Deutschland geflohen (Worte beim Abschied von Venedig). In neuerer Zeit zogen die Maler nach Frankreich, und unsere neuen Architekten flohen aus der Gegenwart in alle historischen Stile, vom altchristlichen bis zum neuen Biedermeier. Gebaut wurde so gut wie nichts. Die wenigen neueren Häuser, die fest auf der deutschen Erde stehen, sind von Europäern gebaut, nicht von Deutschen: von van de Velde (Haus Osthaus in Hagen in Westfalen) und Lauweriks (Häuser am Stirnband, ebendort) und von einigen deutschen Architekten, die Entscheidendes von den Europäern in Holland und in Dänemark gelernt haben. Ich denke an Fritz Kaldenbach, der Schüler Lauweriks' war, und an Bruno Taut, der in Kopenhagen und in Holland stark angeregt wurde. Das Leben und Schaffen in der Gegenwärtigkeit gibt Tradition. Das Schauen nach rückwärts zerstört die Tradition, genau so, wie das Schauen in die blaue Zukunft. Tradition ist eben nicht Antiquarismus. In Deutschland hat man keine Tradition. Die Versuche an einen bestimmten Stil wieder anzuknüpfen sind rührend. Dadurch gewinnen wir keine Tradition, denn Tradition ist eben kein bestimmter Stil sondern ein gemeinsames In und Über allen Stilen.
Betrachten wir Europa, wie es heute ist.
In den romanischen Ländern sehen wir die Architektur kaum fortschreiten. In Italien wären Sant Elia und Mario Chiattone zu nennen; im allgemeinen schweigen die Architekten. Die Spanier und Italiener ganz ähnlich wie die Franzosen führen die Architektur nicht fort. Sie stehen bei Bernini. Es kommt viel darauf an, daß wir dieses Phänomen richtig verstehen. Frankreich und Deutschland sind in einer ähnlichen Situation, daß nämlich seit Generationen ihrer Architektur keine neue, große

Aufgabe gestellt ist. Frankreich hatte die letzten großen Aufgaben unter Ludwig XIV. Bei uns war bereits mit dem Ausgang der Gotik Schluß. Seit 1500 in Deutschland, seit 1700 in Frankreich ist die Baukunst als Führerin erledigt. Immer ist Architektur letzter Ausdruck einer großen umfassenden Synthese. Weil diese, dort später, hier früher, fehlt, ist wahre Baukunst unmöglich. Aus dieser ähnlichen Situation zogen aber Frankreich und Deutschland verschiedene Folgerungen. Die Deutschen wollten trotzdem Baukunst erzwingen; wenn es nicht anders ging, mit Gewalt. Das ist der innere Grund für die krampfhafte Monumentalität, deren Protzigkeit und Gedröhn uns so sehr geschadet hat. Es wäre nun nicht richtig zu sagen: Mag sein, daß diese Bauten mißlungen sind, sie waren doch ein Versuch den Baustil der eigenen Zeit zu begründen, während in Frankreich die Baukunst stagnierte. Es ist wahr, daß die französische Baukunst, von ganz wenigen Ausnahmen abgesehen, nicht marschierte. Ich glaube aber, sie tat es aus der instinktiven Erkenntnis heraus, daß es einen neuen Stil doch nicht gäbe. Es schien richtiger, auf die Gefahr hin in das Trockene und Akademische zu verfallen, die letzte Höhe zu halten, bis das Signal zum Vorrücken käme. Dadurch bewahrte man der künftigen Arbeit den Rückhalt in der Tradition. Daß das sogenannte Versagen der französischen Architektur nicht gut auf ein Nachlassen allgemeiner künstlerischer Schöpferkraft zurückgeführt werden kann, beweist wohl die Malerei, die unbedingt in Europa die Führung hatte und auch heute hat. Man erkannte in Frankreich, daß die Synthetiker, die Architekten noch nicht an der Reihe seien. Zunächst stehen noch die Maler voran, deren Aufgabe es ist, sich einzeln an den einzelnen zu wenden und allmählich ein gemeinsames neues Lebensgefühl vorzubereiten. Sobald dieses da ist, werden auch im Westen die Architekten vorwärts schreiten.

Anders liegt die Sache bei den kleinen Ländern: Holland, Dänemark, Finnland, namentlich in den beiden ersten. Zunächst: Daß sie eine besondere Rolle in Europa zu spielen haben, beweist mir die Tatsache, daß sie nicht in den Kriegsbrei geworfen wurden. In diesen kleinen Ländern, die beide ausgesprochene Küstenländer sind, ist noch heute eine Synthese und infolgedessen ein Bauen möglich. Daß die von den Deutschen monumentalistisch, zwangsmäßig versuchte Synthese keine war, geht zur Genüge daraus hervor, daß wir nach 5 Jahren Krieg schon nicht die geringste Verbindung mehr damit haben. Vom Leipziger Völker-

IV ÜBERGEORDNETE TEXTE 1918-1933

schlachtsmonument sind wir auch nicht durch 7 Jahre sondern durch ebenso viele Jahrzehnte getrennt. In Holland sehen wir dagegen ein lebendiges Baugefühl, das uns mit Bewunderung erfüllen muß. Sicherlich hat kein anderes Land in Europa, vielleicht Dänemark ausgenommen, heute ein so kerngesundes Bauen, und mit Staunen sieht man, daß der Begriff der Tradition (bei uns ein leerer Schall, hinter dem sich meist künstlerische Reaktion verbirgt) eine wunderbare lebendige Macht ist. Die Blüte der Baukunst ist hier so üppig, daß nicht einzelne, gute moderne Bauten zu konstatieren sind, sondern daß der Anblick des ganzen Landes Architektur ist. Kanäle und Wiesen, Straßenzeilen, Gehöfte, Häfen, Fabriken, Städte, Monumente: es ist *eine* große Einheit. Auch das radikal Moderne gliedert sich ein. Nicht aus Berechnung sondern unbewußt. Man hat das Gefühl, daß die Tradition auf den Bau der Schiffe zurückreicht und noch heute darauf basiert. Suchen wir nach den Gründen, die diesem Volk gestatten noch heute zu bauen, so sehen wir vor allem den: Das kleine Land ist eine vollkommene physische Einheit. Hügel und Wälder dringen kaum über die Grenze ein. Eine weite Ebene. Herrlich diese Horizontalität, ein inniger Bund aus Wasser, Luft und Erde, die zu federn scheint. Der Meerwind dringt in alle Ecken und Enden vom Norden, und der Strom geht in vielen Armen hindurch zum Meer. Wunderbare Offenheit nach allen Seiten. Kommt man nach Deutschland hinein, nach Westfalen, so glaubt man in einen engen Raum zu kommen, in dem immer die Fenster geschlossen sind. Aus dieser beispiellosen physischen Einheit kommt die Möglichkeit einer Architektur für die modernen Holländer. Ihre Aufgabe ist es für Europa immer wieder die Möglichkeit einer Synthese, das heißt einer Architektur, das heißt eines Stils, zu beweisen. Für das bis in den Grund aufgewühlte Europa kann man da den Leuchtturm sehen, der Zuversicht gibt.

Michel de Klerk: Vrijheidslaan, Amsterdam-Süd, 1921/22

Adolf Behne

Blick über die Grenze

Bausteine, Nr. 2/3, Berlin 1925, S. 3–6

Als Ganzes gesehen bewegt sich die europäische Baukunst zwischen den Polen Dynamik : Statik.
Es ist nicht schwer zu erkennen, daß diese Pole geographisch markiert sind. Der dynamische Pol liegt in Rußland, der statische Pol in Frankreich. Zwischen ihnen ordnen sich die anderen Länder. [...]
Keineswegs ist die Trennung Ost West identisch mit der Trennung germanisch-slawische Länder einerseits, romanische Länder andererseits. Italien z. b. stellt sich heute näher als irgendein anderes Land zu Rußland. Die Verwandtschaft der Anschauungen zwischen italienischen Futuristen und russischen Konstruktivisten ist überraschend weitgehend. [...]
In Italien wie in Rußland finden wir die diktatorische Methode, wenn auch mit verschiedenem Ausgangspunkt genau. Bolschewisten wie Fascisten sind jedenfalls Anti-Demokraten.
Was bedeutet technisch Diktatur?
Den Versuch, die Masse von außen zu formen. Erfüllt von einem ursprünglichen Mißtrauen stehen sich Einzelner und Masse gegenüber, was naturgemäß eine ungeheure Spannung bedeutet. Und so kann auch die Einwirkung auf die direkt zu formende Masse keine andere sein als stärkste Spannung, intensivste Bewegung... Dynamik. [...]
Länder, die eine einheitliche Gesellschaftskultur besitzen, werden nur sehr ausnahmsweise an eine Diktatur fallen. Denn ihre Arbeitsmethode ist bestimmt von einem starken Vertrauen in die besten Absichten der Evolution. Die Spannungen sind gering. Denn die Masse ist selbst schon voller Formbewußtsein. Die Arbeit ist vorwiegend ein Verfeinern, Präzisieren des Gleichgewichts. Starke Bewegung würde mehr schaden als nützen.
Und Deutschland?
Auch Deutschland fehlt die geschlossene gesellschaftliche Kultur, und so wäre es leicht Beute eines Diktators, wenn es nicht auch chronischen Mangel an starken Willensmenschen hätte. Keinem Volke fällt es schwe-

rer sich klar zu entscheiden. So pendelt es zwischen Mißtrauen und Glauben, zwischen Demokratie und Diktatur, zwischen Anschluß an Europa und Isolierung, zwischen Ost und West, zwischen Gestern und Morgen.
Betrachten wir die künstlerischen Auswirkungen.
Rußland, der dynamische Pol: ein gewaltiger Wille begann eine prinzipiell neue Struktur der Gesellschaft zu bilden. Kein Wunder, daß wir hier die stärkste leidenschaftlichste Bewegung finden. Und das politisch gesellschaftliche Formproblem wiederholt sich genau im künstlerischen: „Willst Gleichgewicht greifen, pendele schrecklich" (Majakowski). In der Politik wie in der Kunst der Versuch, eine Masse von außen durch Spannung und Bewegung direkt und neu zu formen. [...]
Die revolutionäre Unbedingtheit scheint hier jede Form zu sprengen. (Tatlins Denkmal der 3. Internationale, Alexandra Exters Pavillon der Iswestija auf der Moskauer Ausstellung 1923 und einige andere Pavillons ebendort. Lissitzki: Entwurf einer Rednertribüne aus der Werkstatt Unowis 1920, Bühneneinrichtungen für Meyerhold und für das Jiddische Kammertheater von Stepanowa, Rabinowicz u. a.).
Die zugespitzt dynamische Auffassung droht die Architektur in eine konstruktivistische Skulptur zu verwandeln. [...]
Das futuristisch-fascistische Italien ist nicht viel anders als das sowjetische Rußland von seiner Tradition losgelöst. Beide wollen ganz bewußt Neues, Untraditionelles. [...]
Auch die Projekte Marchis sind von außen geformte Massen, sind Skulpturen, futuristische Skulpturen, unter souveräner Mißachtung aller funktionalen Probleme, die zurzeit gerade in Deutschland, mit Recht, studiert werden. Der Theoretiker, auf den sich Marchi für die Proklamierung seiner durchaus individualistisch-pathetischen Architektur beruft, ist bezeichnenderweise Kandinsky (Gesetz der inneren Notwendigkeit). Die Dynamik, die Marchi meint, ist eine persönlich romantische, ästhetische Gefühls-Dynamik, während sie bei den entscheidenden Russen kollektivistisch überpersönlich bestimmt ist.
Ein paar Worte noch über den Begriff der Tradition, die in Frankreich, Rußland, Deutschland, Italien, etwas wesentlich anderes bedeutet. Dort wo Tradition zerreißt, erhält das Monument der Zeit einen brennend aktuellen Sinn. Das beobachten wir in Rußland wie in Italien – mit dem Unterschiede, daß die futuristische Revolution eine ästhetische

Reaktion blieb, während die russische eine wirklich gesellschaftliche Revolution darstellt. Tradition, Überlieferung, Entwicklung macht die Zeit zu einer selbstverständlichen Ordnung. Zeit wird ein Maß. In revolutionären Gebieten wird Zeit zu einem Erlebnis – so überwältigend, daß sie die räumliche Schöpfung als Bewegung, als dramatische Spannung zu durchdringen vermag. Dann wird aus dem Bauen ein Konstruieren. Der Westen baut, auch wenn er konstruiert. Der Osten konstruiert, auch wenn er baut. [...]

Adolf Behne

Holländische Baukunst in der Gegenwart

Wasmuths Monatshefte für Baukunst, Jg. VI, 1921/22, Heft 1/2, S. 1–7

[...] Die moderne holländische Baukunst beginnt mit *H. P. Berlage* (geboren 1856 in Amsterdam). Doch handelt es sich bei dem Neuen, das Berlage bringt, nicht um einen plötzlichen gewaltsamen Bruch mit der Cuypers-Schule, sondern um eine allmähliche Entwicklung... wie das überhaupt dem holländischen Wesen entspricht. [...] Jener Berlage, der einen neuen Abschnitt der holländischen Baukunst bedeutet, beginnt um 1890 mit dem Bürohaus für die Allgemeine Lebensversicherungsgesellschaft in Amsterdam, in dem er zum ersten Male jede Anlehnung an historische Formen verschmäht. Schon in dieser Zeit legt Berlage den größten Wert auf die Mitarbeit der besten Bildhauer und Maler, um auch nicht in Einzelheiten und Detailformen die konventionelle Arbeit ohne Geist an das Werk heranzulassen.
Der Weg, den Berlage jetzt nahm, läßt sich genau verfolgen an den weiteren Stadien seiner Arbeit für die Amsterdamer Börse. Im Jahre 1897 erhielt Berlage den Auftrag zum Bau. Es entstanden 3 Projekte... auch das letzte hat im Bau noch wesentliche Verbesserungen erfahren. [...] Hier ist in der Tat eine neue, eine wesentliche Leistung. Ein mächtiger [...]

Körper steht da, wirksam durch elementare, tektonische Kräfte. Wand und Masse werden bejaht. Mit kühner Berufung auf eigenes Schöpfertum wird jeder Anklang an einen historischen Stil vermieden. [...]
Dieser Bau hat Schule gemacht wie wenige unserer Zeit. Durch ihn kam in der holländischen Baukunst der Backstein wieder zu künstlerischen Ehren, und auch die besondere Art, die seither fast schon traditionell in Holland geworden ist, gewisse Strukturteile wie Fenstergebälke, Kämpfer und Schlußsteine in schnittigem Haustein in die Backsteinfläche einzusetzen, ist hier zuerst glücklich erprobt worden. [...]
Berlage ist auch als Schriftsteller hervorgetreten, und will man erkennen, was ihn befähigte, ein Werk zu schaffen, das Schule bilden, in die Zukunft führen und ohne Ermattung in immer reinerer Konsequenz sich vollenden konnte, so muß man die Vorträge nachlesen, die Berlage 1907 in Zürich zu einem Kursus im Entwerfen von Innenräumen hielt. (Als Buch unter dem Titel „Grundlagen und Entwicklung der Architektur" 1908 bei Julius Bard Berlin erschienen.) Es überrascht uns natürlich nicht, daß Berlage hier eine scharfe Kritik an der akademischen Stilarchitektur übt. Das taten gleichzeitig auch in Deutschland etliche mit nicht geringerem Verständnis. Aber es überrascht uns die Energie, mit der Berlage, – das kritische Räsonnement weit hinter sich lassend, – die Baukunst mit einem neuen Geist der Gesetzlichkeit verbindet. Gegen die Willkür, gegen die äußerliche Art des Kompilierens wandten sich auch unsere besten Baukünstler. Aber sie setzten der Willkür nur ihr persönliches kultiviertes Gefühl für Maß und Proportion, ihren reineren Geschmack, ihre ehrliche baukünstlerische Gesinnung entgegen. [...]
Einsichten, wie sie Berlage in seinen Züricher Vorträgen bringt, begegnen wir in der gleichzeitigen deutschen Literatur kaum. Ich zitiere kurz einige bezeichnende Sätze: „Eine sachliche, d. h. konstruktive Kunst sei die Parole!" „Die Festlegung einer architektonischen Komposition geschehe auf geometrischer Grundlage. Die architektonischen Formen sollen ebenfalls geometrischer Natur sein nach freier Auffassung, aber in einfachster, sachlicher Weise entwickelt." „Deshalb war schon die römische Kunst in gewissem Sinne bedenklich, weil in ihr sich nur das Formale der Griechen und nicht deren Geist widerspiegelte. *Und dieser Geist ist das ewig wahre, reine, konstruktive Baugesetz.* [...]
Kein Wort wird seit Jahren fleißiger benutzt als das Wort „Stil", „Stil unserer Zeit". [...]

Berlage betont, daß im höchsten Sinn Stil heute noch nicht möglich sei. Dieser habe zur Voraussetzung das Leben in Gemeinschaft. Das kommende, neue Weltgefühl basiert nach Berlages Überzeugung auf der gesellschaftlichen Gleichheit aller Menschen. In einem früheren Vortrag, „Gedanken über Stil", vergleicht er den Kampf gegen die Stil-Architektur mit der Arbeiterbewegung. Als geistige und materielle Evolution gehen sie einander parallel. Erst müsse die politische vollzogen sein, um die künstlerische zum Durchbruch kommen zu lassen. „Von diesem Moment an erst kann an dem Wachstum eines Stils gearbeitet werden."
Diesen Stil der neuen Zeit können wir nicht erfinden. Wir können ihn nur vorbereiten helfen, indem wir das Heute zum Ausdruck bringen. Das Morgen läßt sich nicht bauen. Bauen ist immer Gegenwart. Was die meisten heute noch bauen nennen, ist freilich Vergangenheit. [...]
Der Begriff der Tradition hat in Holland einen ganz anderen Sinn als bei uns. Während er bei uns nur allzuleicht einen künstlerisch-reaktionären Klang bekommt [...], bezeichnet er dort die innere Kontinuität in einer von Generation zu Generation fortschreitenden Arbeit, die gleichsam von Hand zu Hand gereicht wird. [...]
Lauweriks gibt von Kromhout eine knappe, sehr treffende Charakteristik, aus der wir einige Sätze mitteilen wollen. „Von dekorativem Sinn diktiert, pikant und lebendig ist die Arbeit des Architekten Kromhout... Er versteht, das Interesse zu fesseln und durch Steigerung der Wirkung festzuhalten. Er ist sehr stark eurhythmisch veranlagt... Weil bei ihm die Verschiedenheit als Hauptmotiv auftritt, liegt seine Gefahr darin, unruhig zu werden." Das uns nicht bekannte Projekt zum Friedenspalast nennt Lauweriks gut „in der Wechselwirkung reicher Details gegen ruhige Massen".
Lauweriks, C. L. Blaauw, C. de Bazel, P. L. Kramer, H. A. van Anrooy, L. M. van der May, J. F. Staal, de Klerk, Margarete Kropholler u. a. publizieren ihre Arbeiten zumeist in der Zeitschrift „*Wendingen*", die der Architekt *H. Th. Wijdeveld* mit großer Umsicht und vielem Geschmack redigiert. Wijdeveld war durch einige Jahre künstlerischer Leiter des Städtischen Theaters zu Amsterdam. [...] Außerordentlich wertvoll ist das Heft „Wohnungsbau" (3 u. 4 des 3. Jahrgangs) das Bebauungspläne von Siedelungen, Grundrisse und Ansichten bringt nach Arbeiten fast aller der oben angeführten und einiger hier wenigstens kurz genannten Architekten, wie *Grandpré Molière, Verhagen* und *Kok* (die zusammen

ein Projekt für den neu zu schaffenden Park Kralingen in Rotterdam aufgestellt haben), *van Eyden, Jan Pauw, W. v. Hardeveld, van Zanten, G. F. la Croix, van Loghem, Jan Gratama, Versteeg, Vorrinck, Wormser, Hellendorn, van Wamelen, J. Limburg* und *J. Boterenbroot.* Im zweiten Heft des zweiten Jahrgangs ist das Werk *de Klerks von de Bazal* eingehend analysiert. [...] Der Text, den Wijdeveld für diese Publikation schrieb, läßt vielleicht am deutlichsten die Willensrichtung seiner Freunde erkennen. Er feiert zunächst Dichtung und Musik, denen es vergönnt sei, das Geistige unmittelbar zu ergreifen, während der armselige Architekt an die Materie gekettet und dem Auftraggeber ausgeliefert sei, der stets den freien Flug der architektonischen Gedanken niederhalte, weil er keine andere Vorstellung von Baukunst habe, als 4 Giebel und ein Dach. Gegen diese materialistisch gesinnten Unterdrücker aber sind neue junge Architekten aufgetreten. Sie reißen das mühsam aufgebaute System des architektonischen Entwerfens herunter und legen Feuer an den meilenhohen Berg von Reißschienen und Dreiecken. „Sie tanzen wie die Satyrn um die glühende und rauchende Masse und singen einen Sang von Befreiung und Erhellung." Der Kultus der Materie hat den Platz räumen müssen dem Glauben an die Herrschaft des Geistes. Der Architekt steht wieder *über* dem Stoff. Fassaden zu entwerfen bedeutet nichts mehr; es kommt an auf wahrhafte Raum-Umschließung. [...]
Unzweifelhaft müssen wir hier ebenso wie in dem bekannten Bürohaus der Amsterdamer Schiffsrheeder zunächst einen Gegenschlag gegen die Auffassung Berlages erkennen. Gegenüber dem konstruktiv-sachlichen Gedanken Berlages finden wir hier eine Tendenz, die Leistung der Phantasie, die freie Gestaltung zu betonen. Es ist eine Rebellion des Gefühls gegen die nüchterne Zeit. Dennoch wäre es falsch, über die Bestrebungen einfach als über einen unfruchtbaren Romantizismus hinwegzugehen. [...] Das, was die besten Künstler des Wendingen-Kreises leisten, sind höchst wünschenswerte, ja notwendige Experimente, die durchaus ihre sachliche Bedeutung haben. Manche Einzelformen scheinen uns die unwillkommene Erinnerung an unseren Jugendstil wachzurufen. Zur richtigen Beurteilung aber ist es erforderlich, das große Maß von Arbeit zu erkennen, das hier etwa in der Durchbildung neuer Grundriß-Möglichkeiten geleistet wird. Ich glaube, daß gerade hierin auch für uns sehr wichtige Anregungen enthalten sind. Die Entschlossenheit, mit der hier an allen Konventionen gerüttelt wird und überall neue zeitgemäße

Lösungen gesucht werden – so auch für die einheitliche körperliche Gestaltung großer Wohnhauskomplexe – bleibt bewundernswert. Ein großer Reichtum von Möglichkeiten liegt hier vor.
Die zu der Leidener Zeitschrift „De Stijl" haltenden Architekten Hollands empfinden sich als die konsequenten Fortführer Berlages. Während etwa Wijdeveld die Leistung Berlages als historisch, als abgeschlossen ansieht, derart, daß die heutige Baukunst vor einem absoluten Anfang stehe, da Berlage nur den erforderlichen reinen Boden geschaffen habe, sieht etwa *J. J. P. Oud*, der Gemeindearchitekt der Stadt Rotterdam ist, die Leistung Berlages als eine in die Zukunft weisende an, so, daß er und mehr noch der Maler *Theo van Doesburg*, der klar und energisch den „Stijl" redigiert, in der Wendingen-Arbeit etwas wie eine künstlerische Reaktion erblicken müssen.
Oud hat vor wenigen Jahren einen ausführlichen Aufsatz über das Werk Berlages geschrieben (den wir hier mit Gewinn als Quelle benutzen konnten), der ein schönes Zeugnis seiner Ehrerbietung wie seines Freimutes ist. Nach ihm hat Berlage der Baukunst den Weg gewiesen, der zum Ziele führen wird und zum mindesten in seinen Bekenntnissen dieses Ziel auch klar formuliert. Man könnte in der Tat etwa an jene Stelle der Züricher Vorträge denken, an der Berlage von der Notwendigkeit einer Einigung im Formalen spricht: „Der Zweck des ganzen künstlerischen Schaffens unserer Zeit soll nun dahin gerichtet sein, jene Einigung im formalen Sinne zu erzielen, weil *sie* die Kunst des Raumes, die eigentliche Kunst der Architektur bedeutet."
Nach der Überzeugung Ouds und seiner Freunde sucht aber Berlage praktisch diese Einigung noch innerhalb der Möglichkeiten des Handwerks zu erreichen, während sie glauben, daß der neue Architekt nicht mehr mit den im Wesentlichen erschöpften Möglichkeiten des Handwerks rechnen dürfe, sondern sich vorbehaltlos einzustellen habe auf die neuen Möglichkeiten der Maschine. Oud selbst bezeichnet diese Auffassung der Architektur als eine rationelle Auffassung und er wendet sich scharf gegen alle sentimentalen und romantischen Einflüsse auf das architektonische Schaffen. Den Sinn einer rationellen Baukunst umschreibt er kurz als das Streben, auf organische Weise, d. h. von innen nach außen arbeitend und ohne Hineininterpretierung überlieferter Schmuckformen, die sozialen und praktischen Bedürfnisse, sowie die technischen Fortschritte der Zeit zur Form zu führen. „In der zukünfti-

gen Baukunst sollen die Proportionen und der Rhythmus vorherrschen gegenüber dem Schmuck." Einer solchen Auffassung neigt nach seiner Darstellung wohl auch Berlage zu, der für die Bejahung der Maschinenarbeit und für die Berechtigung des Typisierens eintritt, ohne jedoch in seinem Werk schon die volle Konsequenz zu ziehen.
Als Gleichstrebende stehen neben Oud *H. van t'Hoff* und *Jan Wils*, über den kürzlich H. de Fries unter Mitteilung einiger Arbeiten geschrieben hat (Wasmuths Monatshefte für Baukunst, Jahrgang 5, Heft 9/10), weshalb wir auf diese Arbeit verweisen können.
Es ist deutlich, daß namentlich die Architektur Lloyd Wrights einen starken Einfluß auf diese Architekten geübt hat - übriges hat auch Berlage diese Arbeiten in Amerika mit größtem Interesse studiert. Das ist nicht im geringsten verwunderlich oder gar kompromittierend, denn Lloyd Wright war eben der erste, der bewußt und konsequent die Formen des Hauses aus einem Grundgefühl zu entwickeln versuchte, das auch die Formen der Maschine umfaßte.
Wir müssen gestehen, daß wir an den Arbeiten der Oud, Wils und van t'Hoff eine große Freude haben und daß sie uns wirklich in besonderem Maße als Arbeiten unserer Zeit erscheinen. Die kennzeichnendste Leistung dürfte der untere und der obere Flur in Ouds Vakanziehuis in den Dünen von Nordwijk sein. Hier haben wir eine architektonische Form, die durchaus unliterarisch ist - im Einklang mit der besten europäischen Kunst unserer Zeit. Nichts anderes wirkt hier, als allein Maß und Proportion, Form und Rhythmus. Das Leben dieser Räume hat nichts von außen entliehen, es ist ein eigenes, freies Leben.
Und hier gerade wird deutlich, daß diese Auffassung der Architektur am ehesten die Möglichkeit findet, die Arbeit des Plastikers und des Malers zu einer wirklichen Einheit mit der architektonischen Form zu führen. Die Fliesenböden *Theo van Doesburgs* und die von ihm angegebene Farbenverteilung an den Türen (auch für die Häuser Spangen hat Doesburg die Farben bestimmt, und in einer Wohnung dieses Blockes sind Möbel von *Rietveld* ausgestellt) sind in vollkommener schöner Einheit mit der Architektur, während etwa an dem Haus der Amsterdamer Schiffs-Rheeder die Plastiken fremd und nur äußerlich angefügt wirken - was kaum anders sein kann, da sie ebensosehr individualistisch sind wie die Architektur.
Auch hier wäre es unseres Erachtens unlogisch, die „Simplizität" oder

„Uninteressantheit" der Arbeiten zu kritisieren. Freilich, sie sind nicht interessant im Sinne der Illustration: sie sind nur sie selbst. Aber auch hier sagen wir, daß es nicht angeht, in einem Atem nach der verloren gegangenen Einheit der Kunst zu jammern – und dann die strenge Disziplin zu verdammen, die doch erste Voraussetzung jeder Zusammenarbeit sein *muß*. Es ist nur richtig, wenn diese Architekten zu einer weitgehenden Übereinstimmung kommen und daß sie die hier und dort bereits gewonnenen Ergebnisse – wie also z. B. die Gedanken des Lloyd Wright – offen übernehmen. Denn ihr Wille ist ja bewußt und konsequent gestellt auf überpersönliche, auf sachliche Arbeit in Reih und Glied – und das ist eben das Wertvolle, Neue!

Eine Gefahr würde dieser Arbeit nur dann drohen, wenn sie etwa den Begriff des Zeitgemäßen eng auffassen wollte, wenn sie sich begnügen wollte, modern zu sein nur im Sinne des Aktuellen. Dann müßte sie sich allzufrüh totlaufen. Wird diese Arbeit zu früh „fertig", so wird sie zu ihrem wahren Ziele, einem vollen, reichen, intensiven Ausdruck unserer Epoche, nicht gelangen, sondern nur auf einer tieferen Basis eine Schein-Erfüllung bringen.

„Wendingen" und „De Stijl" – diese Spannung gerade ist von größtem Wert und verspricht viel für die weitere Entwicklung der holländischen Architektur.

Bruno Taut

Architektonische Vortragsreise im besetzten Gebiet Deutschlands und in Holland, Februar 1923

Bouwkundig Weekblad, Jg. 44, 1923, S. 292–295

Die von mir in Magdeburg während meiner bisherigen etwa zweijährigen Amtszeit durchgeführten Reformen auf architektonischem Gebiet und die in die Tat umgesetzten Anregungen in Bauten und Hauserneuerungen führten zu Einladungen für Vorträge in Düsseldorf (Immermannbund), in Köln (Gesellschaft der Künste), in Rotterdam (Opbouw) und in Amsterdam (Architectura et Amicitia). Unter den sonstigen zahlreichen Einladungen im In- und Auslande, die ich als eine gewisse Anerkennung meiner Tätigkeit ansehen dürfte, bin ich nur den vorher erwähnten gefolgt, weil mich die neuen Beobachtungen in jenen Gebieten besonders lockten und ich dort, und zwar vorwiegend in Holland, sehr viel Anregendes zu erfahren hoffte.

Nach einem kurzen Aufenthalt in der kleinen westfälischen Industriestadt Hamm, die nach Zeitungsnachrichten bereits besetzt sein sollte, es aber noch nicht war, reiste ich unter einigen Schwierigkeiten nach Köln, von wo aus nur die Möglichkeit bestand, auf dem Wege der elektrischen Trambahn nach Düsseldorf zu gelangen, ein immerhin nicht gerade angenehmer Reiseweg, wenn man einen Koffer mit einem sehr gewichtigen Lichtbildermaterial für Projektionsvorführungen mit sich schleppen muß. Bei aller Absicht, in Düsseldorf vorwiegend den Studien meines eigenen Berufes nachzugehen, wurde ich jedoch am stärksten durch den Eindruck des völligen Kriegszustandes unter der Masse der französischen Truppenansammlungen beherrscht. Um so größer ist das Verlangen der gebildeten Kreise der Bevölkerung, aus dem Jammer des Tages durch künstlerische Fragen und Probleme herausgehoben zu werden, was wohl ein wesentlicher Faktor für den Erfolg meiner dortigen Vorträge war. Bei dem Durchwandern der Stadt bleibt es unter den gegenwärtigen wirtschaftlichen Schwierigkeiten immerhin ein sehr starker Eindruck, daß dort neue große Bauten entstehen, und zwar gerade, daß an dieser Stelle das in Deutschland neuerdings viel umstrittene „Hochhaus" zum ersten Mal zur Verwirklichung geführt wird. Es ist dort bereits ein achtstöckiges Bürohaus fertiggestellt, das sich dem Stadtbild vorzüglich einfügt, und ein fünfzehnstöckiges Bürohaus befindet sich im Bau und ist bis zur vierten Etage bereits über dem Erdboden fertig. Es wird die Königstraße ausgezeichnet abschließen, wenn seine Architektur (von Wilhelm Kreis) auch vielleicht noch ein wenig zuviel sentimentale Anklänge hat. [...] Der Eindruck in Köln war unter der dort befindlichen englischen Besatzung ein sehr wesentlich lebendigerer und freudigerer. Es fehlt allerdings dort im Gegensatz zu Düsseldorf vollständig noch an Beispielen größerer neu errichteter modernerer Bauwerke; statt dessen wird die Frage eines großen Kaufmannshauses in der Nähe des Doms augenblicklich sehr umstritten, wobei zu wünschen ist, daß das schließliche Resultat wegen der sehr wichtigen Lage dieses Gebäudes ein befriedigendes wird. Dagegen ist dort, besonders für die Besatzungstruppen, sehr viel an Wohn- und Siedlungsgebäuden ausgeführt worden, die dem Auge des international denkenden Architekten, der eine ebensolche künstlerische Qualität verlangt, allerdings nicht viel zu bieten haben. Es gibt dort aber, wiederum im Gegensatz zu Düsseldorf, einige wenige umfangreiche Leistungen jüngerer Architekten, die sich durch ihre produktive und schöpferische Kraft sehr aus dem üblichen Niveau herausheben. Zum Teil handelt es sich nur um Theaterumbauten, Restaurants u. dergl. (von Hans Hansen), zum Teil aber auch um größere Einzelwohnhäuser und Villen, von denen der Architekt Merrill eine große Anzahl gebaut hat. Diese Bauten vereinigen eine gewisse deutsche Romantik mit einer starken und oft recht eindrucksvollen Umrißlinie und Gesamtdisposition, bei der vielfach amerikanische und englische Einflüsse zu spüren sind. Sie erscheinen in Köln allerdings nur als geringfügige Splitter innerhalb des ganzen Stadtbildes, ein Gefühl, das durch die späteren Erfahrungen und Beobachtungen im Holland noch wesentlich verstärkt wurde.

Meine Reise von Köln nach Rotterdam war auf dem normalen Wege über Nymegen wegen der Besatzungsschwierigkeiten nicht möglich. Ich mußte über Osnabrück in großen Umwegen den Anschluß an die Strecke Berlin–London suchen und auf diesem Wege nach Rotterdam reisen.

Die Stadt Rotterdam enttäuscht bei ihren ersten Eindrucken ein wenig, nachdem man das holländische Land quer in seiner diagonalen Ausdehnung mit dem Schnellzuge durchfahren hat. Bei dieser Fahrt ist der holländische Charakter in der Landkultur und auch in den dabei sichtbaren Bauten bis auf verhältnismäßig geringere geschmacklose Dinge so einprägsam, daß die Großstadt Rotterdam trotz sehr vieler erhaltener alter Bauten beinahe ernüchtert. Es ist dort der Stadtverwaltung noch nicht gelungen, das äußerst stark pulsierende Hafenleben mit seinen neuartigen Anforderungen in die entsprechende Form zu bringen, ja nicht einmal in praktischer und verkehrstechnischer Weise zu bezwingen. Der Verkehr über die Maas staut sich in altmodischen Brücken zusammen; die sehr ausgedehnten, zum Teil neuangelegten Hafenbecken stehen im Gegensatz zu einer gewissen Kleinlichkeit aller Bauten, die sie umgrenzen. Ein guter Getreidesilo nach amerikanischem Vorbild fällt dabei schon als Seltenheit auf. Besonders schlimm ist aber ein hoch herausragender etwa achtstöckiger, ziemlich neuer Bau im Innenhafengebiet, der

IV ÜBERGEORDNETE TEXTE 1918-1933

das Stadtbild beherrscht, und zwar leider durch seine Häßlichkeit (Witte Huis). Rotterdam macht den Eindruck einer Stadtanlage, der das alte Gewand zu eng geworden ist und die noch nicht den rechten Mut hat, ein neues Gewand anzulegen. Trotzdem gibt es natürlich eine große Zahl guter neuerer Bauten. Umso imponierender wirkt aber die neue Wohnungsbautätigkeit, die in der Peripherie der Stadt in großem Maßstabe seit einigen Jahren eingesetzt hat.

Nach einem weniger guten Bebauungsplan wird ein Stadtviertel mit vierstöckigen Häusern in holländischer Grundrißeinteilung, jedoch unter moderner Verbesserung derselben errichtet, wobei künstlerisch gesehen die Arbeit des Stadtarchitekten J. J. P. Oud ganz besonders zu beachten ist. Oud bedeutet eine große künstlerische Potenz, die, wie es scheint, in Rotterdam ihren ganz besonders geeigneten Boden gefunden hat. Seine Bauten haben etwas von der Nüchternheit der Stadt, sie sind anscheinend rein intellektuell unter Ausschaltung jeder überflüssigen architektonischen Form entstanden und wirken deshalb doch künstlerisch. Man muß sich allerdings über eine gewisse Kälte und Härte dieser Formgebung hinwegsetzen, die oft den Anschein erweckt, als wären die Bauten Linienzeichnungen, welche man in Stein aufgeführt hat, und nicht körperhafte Gebilde. Auf jeden Fall liegt in der konsequenten Auffassung Ouds eine sehr starke Möglichkeit weiterer Entwicklung enthalten, wenn jene Merkmale des Dünnen und Mageren und auch des allzu Kantigen von ihm selbst überwunden worden sind. Es handelt sich hier um ein stark holländisches Puritanertum, das in einem Teil des holländischen Charakters von der Geschichte des Volkes herzustammen scheint. Neben den Bauten Ouds gibt es eine sehr interessante Lösung des Wohnhausblockes, die zwar nicht künstlerisch vollendet, aber durch die Neuartigkeit des Systems sehr auffällig ist: es handelt sich dabei um einen großen Block, in dessen Hof in der Höhe des zweiten Stockwerkes ein Fahrweg rings herumläuft, so daß von dieser gewissermaßen auf einem Balkon befindlichen Fahrstraße die Wohnungen des dritten und vierten Stockwerkes mit eigenen Haustüren aus zu erreichen sind. (Wohnquartier Spangen von Michiel Brinkmann, Anmerkung von K. H.) Mehrere Fahrstühle sind für die Beförderung der Wagen in den großen Block enthalten, und oben auf dieser etwa 3 M. breiten Balkonstraße spielt sich ein Leben von Straßenausrufern, Obstverkäufern u. dergl. ab, das dem Leben auf den sonstigen Straßen genau entspricht. In der Mitte des Hofes befindet sich eine Badeanlage, geschickt hineinkomponierte Wohnflügel u. s. w. [...] Gegenüber den sonst vielleicht vorhandenen Schwächen der Stadtverwaltung, die sich unbegreiflicherweise gegen den Berlageschen prachtvollen Plan der Verbesserung des Hauptplatzes der Stadt sträubt und die merkwürdigerweise sehr viel unschöne Bauten hervorgerufen hat (Rathaus, Postamt, Stadtschulen und sonstiges), muss hier doch der Mut zu einer klaren und modernen Gestaltung der neuen Anlage anerkannt werden. Das Gleiche gilt für eine große Siedlungsanlage mit kleinen, niedrigen Häusern außerhalb der Stadt jenseits des Hafens, die in größter Ausdehnung gewissermaßen ein Dorf darstellt und doch durch ihre künstlerische Gestaltung, namentlich von dem Architekten Granpré Molière, weit mehr als ein Dorf darstellt. Die Bauten zeichnen sich durch eine sehr klare Linienführung aus, die Straßenzüge sind in Breite und Anlage meistens vorzüglich bemessen, und es fehlt dort jener stark intellektuelle Einschlag, der die Bauten Ouds erst zu einem Ansatz für eine neue Entwicklung stempelt, aber den Betrachter nicht recht zur Ruhe kommen läßt. Eine kleine Schwäche ist dabei vielleicht nur der oftmals verschiedenartige Winkel des Daches, dessen Schwankung um so mehr an einigen Stellen stört, als seine Verschiedenartigkeit künstlerisch nicht recht begründet erscheint. Hier aber wie bei den Bauten Ouds ist die technische Durchführung offenbar vorzüglich.

Rotterdam und Amsterdam – die beiden großen Gegensätze architektonischen modernen Schaffens in Holland, und doch innerlich sehr verwandt, wenn auch der Kampf hin und her tobt. In Rotterdam nennt man die Amsterdamer: Romantiker, und in Amsterdam die Rotterdamer: Klassiker, und beides sind doch Teile des holländischen nationalen Charakters und erscheinen für den Fremden gar nicht so gegensätzlich, wie es ihnen selbst vorkommt. Der Kampf ist wertvoll und wird zu einer gemeinsamen, großen holländischen Baukunst führen.

Der Eindruck der Stadt Amsterdam ist etwa so, als wenn in Amsterdam alles da wäre, was Rotterdam hat, und dazu noch das, was Rotterdam entbehren muß, nämlich das starke geistige Leben, die unverdorbene alte Stadt mit ihren schönen alten Straßenzügen, Kirchen und Grachten und die auf diesem Boden blühende künstlerische Phantasie. In der Geschichte der modernen Architektur spielt allerdings Amsterdam eine sehr wichtige europäische Rolle, die bis weit in das 19. Jahrhundert zurückreicht und durch den Namen Cuypers und sein Rijks-Museum in Amsterdam allein schon gekennzeichnet ist. Um die Jahrhundertwende wurde durch Berlage und seinen Börsenbau vor allem, sodann auch durch Kromhout eine sehr starke und dominierende Note moderner europäischer Architektur hineingebracht. Diese gegen die Fesseln der Stilarchitektur starke und in produktiven Schöpfungen auftretende Bewegung fand in weiteren Gebäuden ihre Fortsetzung. Das Schiffahrtshaus in der Nähe des Hauptbahnhofes in Amsterdam, erbaut von van der Mey unter Mitwerkung von Kramer und de Klerk, ist ein Beispiel einer zwar stark überwuchernden, bis an die Grenze des Phantastischen gehenden Schmucktendenz, doch ist an diesem Gebäude trotz allen Reichtums der ornamentale Schmuck künstlerisch derartig stark zusammengehalten, daß es im Äußeren sowohl wie im Innern, vielleicht bis auf geringfügige Schwächen, bei aller Stilwandlung der Zeiten seine künstlerische Bedeutung behalten wird. Es bedeutet einen Merkstein auf dem Weg, der von der etwas puritanischen Richtung Berlages zur Freiheit und subjektiven Betonung der Phantasie führt, wie sie heute von den jüngeren Architekten Amsterdams in großartiger Freiheit betätigt wird. Es ist der Amsterdamer Stadtverwaltung zur größten Ehre anzurechnen, daß sie bei der Errichtung ganz großer Stadtteile, wie z. B. Amsterdam Plan-Zuid die architektonische Durchbildung fast ausschließlich diesen modernen Architekten übertrug, die dort und in anderen Gegenden, z. B. Spaardammerplantoen, ganz Ungewöhnliches geleistet haben. Zu bewundern ist dabei die Kühnheit, mit der sie sich über die bisherigen Gewohnheiten des holländischen Häuserbaues, der ein schmales Wohnhaus neben das andere stellte, hinweggesetzt und große Baublöcke in zusammenfassender Form aufgeführt haben. Es sind dort fast alle Probleme aufgerollt worden, die die modernen Architekten aller Länder der Erde beschäftigen: die Frage der dynamisch bewegten Baukörper zueinander, die kubische Gliederung, die Einfügung der Fenster in den großen Organismus und die handwerkliche Durchbildung in eigenartiger Formsprache unter oft überraschender neuartiger Lösung rein praktischer Elemente. Auch das rein romantische Element, das Stimmungshafte ist dort in oft virtuoser Weise zu finden. Man kann diesen Bauten teilweise vielleicht mit einigem Recht eine allzu große Subjektivität der Auffassung vorwerfen, da trotz aller Sorgfältigkeit der Durchbildung manches auf die Dauer sicher nicht befriedigen wird. Aber das Wesentliche ist dabei, daß sie Entwicklungsmöglichkeiten in sich tragen, und daß sich hier ein Mut offenbart, der äußerst kühn den Weg zu einer großen europäischen Architektur einschlägt. Es ist dabei eine große Anzahl von Architekten beteiligt, wobei u. a. nur de Klerk, Kramer, Boterenbrood, Lansdorp, Wijdeveld genannt werden mögen. Es ist möglich, daß aus dem Kampf der beiden holländischen architektonischen Richtungen in Amsterdam und Rotterdam und aus ihrer schließlichen Vereinigung das endgültige und völlig befriedigende Resultat einmal erwachsen wird. Aber es bleibt an sich schon eine höchst erfreuliche Tatsache, den Prozeß des Wachsens und Werdens geistiger Kräfte zu sehen und diesen Prozeß in materiellen Bauten verwirklicht zu finden. Eine große Zahl von Anregungen für neue Straßenverbesserungen und Stadtanlagen geht aus diesen Kreisen jüngerer Architekten hervor, die in der Zeitschrift „Wendingen", vom Verein „Architectura et Amicitia" herausgegeben, ihr Organ findet.

Das kleine Land Holland konnte so während des Krieges und vor allem sofort nach dem Kriegsausbruch in großem Maßstabe bauen, was aber an sich noch kein Verdienst wäre, wenn es nicht in der geschilderten Weise seine ganz ungewöhnliche und im höchsten Maße beachtenswerte Form gefunden hätte. Zu den vielen architektonischen Kräften im Lande ist noch neuerdings das Schaffen van de Veldes in Scheveningen als letzte Bereicherung hinzugekommen.

Der Rückweg nach Deutschland und die Rückkehr veranlaßte mich zum Vergleich der deutschen Architektur mit jenen Eindrücken. In Deutschland gibt es kein so geschlossenes Niveau wie in Holland, aber vielleicht eine größere, mehr zersplitterte Anzahl von einzelnen, über das Land hin verstreuten architektonischen Kräften, die in ihrer Selbständigkeit mehr vereinsamt ringen und wegen ihrer Zerstreutheit einen um so schwereren Kampf haben. Es ist möglich, daß dabei unter diesen Kämpfen bis zum letzten Erfolg sich vieles abschleifen muß, was die Holländer nicht so leicht loswerden können, sei es die allzu subjektive Auffassung oder auch die allzu puritanische Verfolgung eines Prinzips. Der Boden Deutschlands ist weniger homogen als der des kleinen Holland. Und deshalb erscheint es als eine fast biologische Notwendigkeit, daß die in Deutschland vorhandene stärkere Zerrissenheit ein gewisses kompaktes Gegengewicht in Holland findet, wobei beide Teile in der Wechselwirkung voneinander befruchtet und weitergeführt werden. Die wichtige Rolle Hollands liegt darin, daß es in einem kompakten Eindruck die Bedeutung der Architektur im Leben des Menschen eindringlich und klar vor Augen führt, worum jeder einzelne Architekt, soweit er sich über den Boden seines engeren Vaterlandes hinweg erheben will, zu kämpfen hat. Das Ziel muß immer die architektonische Form sein, welche auf internationalen Boden bestehen kann, wenn auch ihre spezifische Erscheinung aus den Besonderheiten des Landes, seiner Gewohnheiten, seiner Baustoffe u. s. w. herzuleiten ist.

Adolf Behne

Junge französische Architektur

Sozialistische Monatshefte, Heft 12–13/1922, S. 512–517

Le Corbusier-Saugnier, der Architekt, identisch mit Charles Edouard Jeanneret, dem puristischen Maler, ist einer der regelmäßigen Mitarbeiter des Esprit Nouveau, und L'Esprit Nouveau ist eine vorbildliche europäische Zeitschrift. Diese „revue internationale illustrée de l'activité contemporaine" hat ein bestimmtes Programm: „Es gibt einen neuen Geist, das ist der Geist der Konstruktion und der Synthese, der durch eine klare Zielsetzung bestimmt wird. Was man auch von diesem Geist denke, er bewegt heute den größten Teil der menschlichen Energieen. Eine große Epoche kündet sich an." Es ist wundervoll, mit welcher Sicherheit und Konsequenz der konstruktive und synthetische Gedanke hier vertreten wird. Mit Leidenschaft wendet er die Aufmerksamkeit allem Neuen zu: in der Technik, der Wissenschaft, der Kunst. Es gilt hier für selbstverständlich, daß das Neue unser lebendigster Besitz ist. Aber die Schriftsteller des Esprit Nouveau wissen, daß das Neue wenig bedeutet, wenn es nichts weiter sonst ist als Neuigkeit, Aktualität und Modernität; sie wissen, daß alles fruchtbare Neue in der Vergangenheit vorbereitet ist. Gefühl für lebendige Tradition und Gefühl für das Morgen durchdringen sich hier vollkommen. So steht in jedem Heft dieser Zeitschrift neben einem Aufsatz über einen lebenden Künstler (Picasso, Bracque, Ozenfant, Jeanneret und andere) ein Aufsatz über einen der großen Ahnen. [...]

L'Esprit Nouveau für Frankreich, De Stijl für Holland, Ma für Ungarn, L'Objet für Rußland. Eine deutsche Zeitschrift, die sich diesen vergleichen dürfte, fehlt. Wir haben den monumentalen Genius mit unerhörter Opulenz ausgestattet, ein gedrucktes Museum, das aber für das Wichtige stumm und tot ist. Das Kunstblatt bringt die neuen Franzosen, aber auch das Paradebett Gurlitts. Und der Sturm wird im Expressionismus genau so versteinern wie Kunst und Künstler im Impressionismus. Dafür ist genügend Beweis die Liste der entscheidenden neueren Künstler, die Herwarth Walden für den Esprit Nouveau aufstellte. „Wir sind ziemlich schlecht über den Expressionismus informiert", schreibt die Redaktion, „und im besondern kennen wir nicht seine großen Leute. Deshalb veröffentlichen wir gern diese Liste, die Walden, der einer seiner Chefs ist, aufgestellt hat." In dieser Liste Waldens finden wir keinen der jüngeren deutschen Künstler, die über den Expressionismus Hausmarke Sturm hinausgehen, dafür aber selbstverständlich die expressionistischen Gernegroße Nell, Walden, Bauer und Wauer. Vor allem aber verdient festgehalten zu werden, daß Herwarth Walden keinen nennt, der nicht Sturmkünstler wäre. „Sind alle Interessenten", so fragt der Esprit Nouveau, „mit dieser Liste einverstanden?" Keineswegs. Diese Liste ist ein einfacher Verlagsprospekt, ein billiges Inserat. [...]
Bemerkenswert ist ein kleiner Beitrag Le Corbusier-Saugniers über die deutsche Architektur. (Le Corbusier-Saugnier ist eine Zeitlang Schüler Peter Behrens' gewesen.) Er bildet das, allerdings ausgesucht schlechte Hochhaus ab, das als Bureauhaus für alle Reichsbehörden von Kohtz entworfen war, und versieht es mit der Bemerkung: „Eine Sonderbarkeit? Nein, eine Krankheit." Die Begründung lautet: „Die ganze deutsche Architektur (die auf so viele junge Franzosen Eindruck macht) ist auf einem Irrtum aufgebaut: Wirkung. In der Architektur ist ein solcher Irrtum verhängnisvoll. Die systematische Verwendung der Vertikale in Deutschland ist ein Mystizismus, ein Mystizismus in Angelegenheiten der Physik, ist das Gift der deutschen Baukunst. Die Deutschen wollten aus ihrer Baukunst eine der stärksten Waffen des Pangermanismus machen: Mannesmannhaus und Warenhaus Tietz in Düsseldorf, Wertheim in Berlin, Deutsche Botschaft in Petersburg, die Fabriken der Allgemeinen Elektrizitätsgesellschaft in Berlin sind entworfen, um zu imponieren, zu vernichten, die ganze Macht hinauszutrompeten. Eine einfache Tatsache verdammt das alles: Wir leben in einem Haus stockwerkweise,

horizontal geschichtet, nicht vertikal. Die deutschen Paläste sind Fahrstuhlschächte. Das ist eine Ästhetik des Koffers. Das ist nicht Architektur. Luksor, Paestum sind in Vertikalen, und mit gutem Grund. Die Magazine des Louvre und des Bon Marché sind in Horizontalen, und sie haben recht, und die deutschen Architekten haben unrecht." [...]
Zu diesen theoretischen Ansichten Corbusiers tritt als wertvolle Ergänzung die Veröffentlichung eines von ihm 1916 gebauten Landhauses durch Julien Caron. Auch aus diesem Aufsatz möchte ich zunächst einige Stellen anführen, weil es mir wichtig erscheint, daß wir uns über die Strömungen in der jungen französischen Architektur ein möglichst unmittelbares Urteil bilden. Caron sagt unter anderm: „Verstand und Empfindung müssen eng im Architekten verbunden sein und sollen nicht nach einander wirken, wie das so häufig der Fall ist, sondern gleichzeitig von der Wahl des Grund und Bodens an. [...] Nur Ratio ergibt den Ingenieur. Nur Empfindung endet häufig beim Dekorateur. Keiner von diesen ist Architekt. Wie viele Architekten gibt es heute? Die Schaffung eines jeden Kunstwerks verlangt die Einheit der Ratio (Element der Ordnung) mit einem gewissen lyrischen Element. Aber in der Architektur komplizieren außerordentlich vielfältige Notwendigkeiten das Problem. Einen Organismus von großen praktischen Werten *und* von großen bildnerischen Werten schaffen: das ist Aufgabe des Architekten, nicht des Ingenieurs. Die Vernunft befreit sich leicht, das Gefühl ist widerspenstiger. Man läßt eine mechanische Erfindung gern zu, aber man entsetzt sich vor einer neuen Malerei."
Von dem Haus Le Corbusier-Saugniers heißt es: „Das Problem für das Leben eines Privatmannes die moderne Wohnform zu finden konnte Corbusier hier *nicht* lösen. Das, was an Le Corbusiers Projekt interessiert, ist der Versuch die Ästhetik einer Architektur aus Eisenbeton zu geben, und andrerseits das Streben nach Proportionalität, nach Anwendung bestimmter Gesetze, kurz, das Streben nach wahrhafter Architektur." [...]
Im Grundriß herrschen Quadrat und Kreis. Das Äußere: „Nicht ärmlich, nicht aufgeblasen, erscheint der Eisenbeton in seinem Knochengerüst dort, wo es notwendig ist, wie ein fester Panzer ohne weitern Anspruch als den der Rolle der Knochen im menschlichen Körper zu entsprechen, die dem Auge und dem Geist die Genugtuung der Sicherheit und Schönheit geben." Innen: „Keine Dekoration mischt sich ein, um die Räume zu

differenzieren. Die Form genügt hier, so wie der Einfall des Lichts durch die Fenster, die in Kenntnis der Zwecke verteilt und abgemessen sind. Was an dem Haus frappiert, das ist die Kleinheit seiner Dimensionen und der Eindruck architektonischer Größe, der sich außen wie innen in allen Teilen ausprägt.
Caron teilt auch eine, um 10 Jahre zurückliegende Landhausskizze Le Corbusiers mit. Damals war Le Corbusier noch im Atelier Auguste Perrets, den er als guten Konstrukteur auch heute schätzt, und huldigte selbst noch der damaligen „Mode", die Konstruktion auszudrücken.
Der reichillustrierte Aufsatz Carons erlaubt uns die Bildung eines eigenen Urteils über die Villa Le Corbusier-Saugniers in La Chaux-de-Fonds. Im Plan wie im Aufbau ein Gebilde aus einfachen Grundformen: Quadrat, Kreis, Kubus, Zylinder. Der Fortfall der Dachschrägen läßt die räumliche Entschlossenheit klar wirken. Die Berührungen mit dem Luftraum sind entschieden, kräftig, aktiv, voller Spannung und bewußt. Ein einheitliches Maß bindet alle Teile, und dieses Maß führt auf den Menschen zurück. Dies ist ein Haus für Menschen. Mit keiner Geste überschreitet es diese seine „Sachlichkeit". Es ist fest, beständig, dauernd, dabei stets in allen Dingen von der knappsten Lösung. Keine Zutat. Alle Wirkung beruht auf der Geschlossenheit und kostbaren Feinheit in den Proportionen. Keine Spur von „Originalität" oder „Interessantheit", aber völlig konventionslos. [...]
Ein Wort über das Verhältnis des Hauses zur Landschaft. Das Haus ist vom *Menschen* aus gestaltet, ist Verkörperung eines menschlichen *Willens,* ist also, indem es sich dem Herrschaftsbereich der Natur entgegensetzt, ihm den Raum streitig macht und ihn nach menschlichen Bedürfnissen ordnet, in Spannung gegen die Natur. Das Haus hat ein eigenes Zentrum, und es drückt seinen Willen fast aggressiv aus. Aber weit gefehlt, daß es damit fremd in der Natur stehe, geht es mit dieser eine höhere Einheit aus Spannungen ein. Das Haus ist Mathematik, und eben *weil* es Mathematik ist, Gesetz, Ordnung, Reinheit, Gesundheit und Folgerichtigkeit seiner Tendenzen, bindet es sich der Lebendigkeit der Natur, was nie durch Auflösung sondern nur durch Konzentration *möglich* ist. [...]
Lebendigste Sinnlichkeit, vollkommener menschlicher Takt und letzte Strenge; ein bedeutendes Kunstwerk, ein Werk und ein Sinnbild jungen französischen Geistes.

IV ÜBERGEORDNETE TEXTE 1918–1933

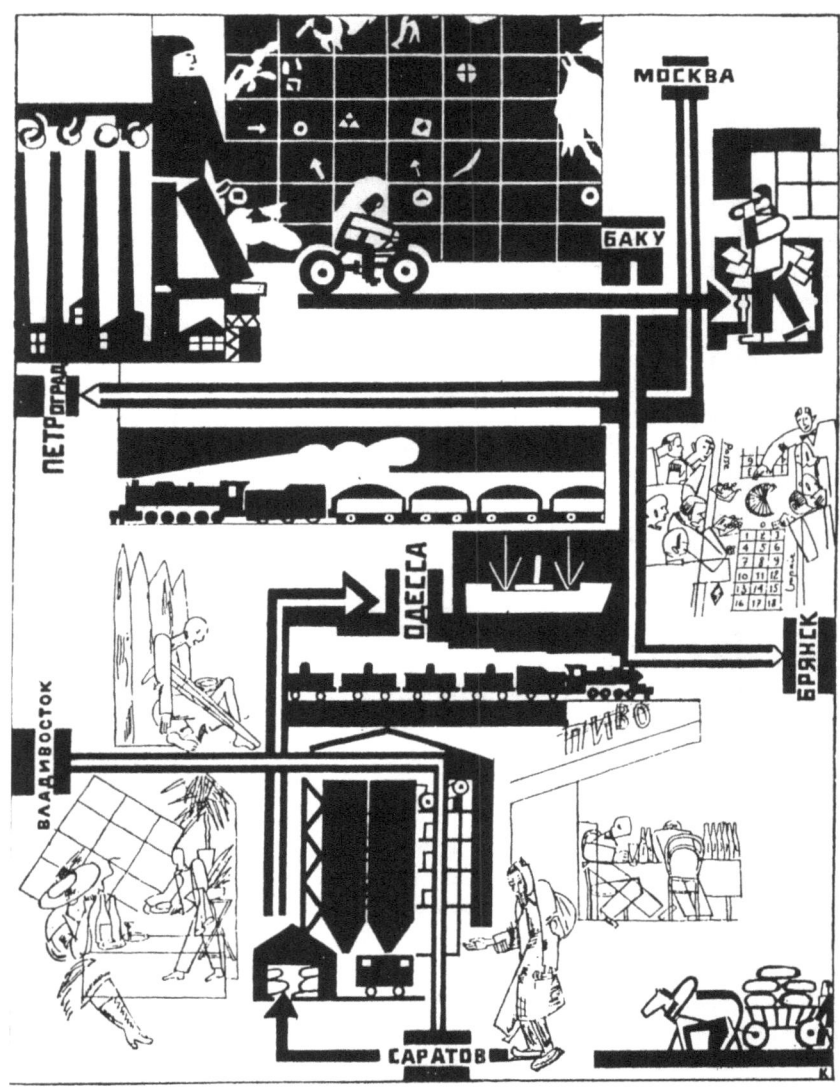

Aus einem russischen Lesebuch, Ende der zwanziger Jahre

Adolf Behne

Rußlands Kunst von heute

Die Bauwelt, Heft 7, 1924, S. 99–100

Man sieht in den Straßen Moskaus nicht weniger Kitsch als anderswo; man sieht z. B. furchtbare Verirrungen des Jugendstils, aber man braucht sich hier selbst über tolle Entgleisungen nicht zu ärgern, denn sie geschehen völlig naiv, und alles steht da ohne Prätention. Wie häufig trifft man im Westen etwa Bühnenräume, in denen bis zu dem Livreeknopf des Logenschließers alles von „ersten Künstlern" „entworfen" ist, aber die Aufführungen sind ohne jeden menschlichen Ehrgeiz – in Rußland ist fast die Regel eine Scheune, aber die Aufführungen von einer leidenschaftlich hinreißenden Kraft, einem Einsetzen des letzten Willens. Man kann es so ausdrücken: Das Kunstgewerbe in Rußland (ich spreche nicht von Bauernarbeiten) ist schwach, die Kunst ist um so stärker.

Was das Straßenbild angeht, so sieht man in Moskau, viel weniger in Petersburg, einen großen Eifer bei der Ausbesserung, der neuen, schmucken Herrichtung der Häuser, der Fertigstellung liegengebliebener Bauten. Überall sind Anstreicher, Maler, Bauhandwerker bei der Arbeit. Keine Spur von Lahmheit, von einem „die Dinge gehen lassen", von Fatalismus, sondern deutlich spürbar der Wille, Ordnung zu schaffen, weiterzukommen. [...] Für ein „Haus der Arbeit" mit großen Versammlungsräumen erließ die Stadt Moskau ein allgemeines Preisausschreiben. Die beiden ersten Preise sind eine arge Enttäuschung, schwache historisch-akademische Arbeiten. Weit besser ist der dritte Preis, der dem Architekten Vesnin zufiel: ein modern gerichteter Entwurf. (Vesnin ist durch einige Bühneneinrichtungen für Tairows Theater bekannt.) Die Verteilung der Preise erregte in fortschrittlichen Kreisen viel Unwillen. In einer Zeitungsaussprache beurteilte Selinsky die Entwürfe, tadelte die ästhetische Einstellung der Bewerber wie der Preisrichter, verwarf für moderne Bauten den Backstein und forderte Verwendung der neuen Baustoffe: Eisen, Beton, Glas, Dur-Aluminium und Asbest. In der Forderung, daß der moderne Baukünstler mehr Ingenieur als Kunstgeschichtler oder Ästhet sein müsse, waren sich die Teilnehmer an der Aussprache einig. Die letzten Folgerungen Selinskys, zusammengefaßt in

die Forderung: „Baut Bewegung", erschienen freilich den meisten überspannt. Selinskys Auffassungen sind eine Weiterführung Tatlinscher Gedanken, wie sie im Modell für das „Denkmal der dritten Internationale" ausgedrückt sind. Hier hat Tatlin mit den sich drehenden Säulen den entscheidenden Schritt zur Einbeziehung der Bewegung unter die Ausdrucksmittel der Baukunst getan. Abneigung gegen Ruhe, gegen das Stehen, Liebe zur Bewegung, zur Auswirkung der Kräfte ist tief im russischen Wesen begründet und bricht in der Gegenwart auf allen Gebieten besonders stark hervor – namentlich im Theater (Meyerhold, Tairow, Jiddisches Kammertheater).
Einen überzeugenden modernen Bau dynamischer Ausprägung habe ich in Rußland nicht gesehen, auch nicht im Modell oder Entwurf. Die Arbeiten der Schüler des Architekten Ladowski in Chutemas, einer dem Weimarer Bauhause am ehesten vergleichbaren staatlichen Lehranstalt, die Akademie und Kunstgewerbeschule vereinigt, sind mehr interessante konstruktivistische Bildwerke als wirkliche Baukunst, und der Architekt *Iszelenow* vertritt diese Auffassung ausdrücklich im 3. Heft des „Frühlicht".
An Chutemas wirken als Lehrer u. a. Falk, Tschaikow, Ladowski und Rodzenko. Das Programm ist, wie gesagt, ein ähnliches wie an unserem Bauhause. Die Verschiedenartigkeit der Lehrer ist aber größer. Falk schließt sich an Cézanne an, Rodzenko ist radikalster Produktionskünstler. Es verblüffte mich, zu hören, daß aber gerade die Klassen für Holz- und Metallbearbeitung nicht arbeiten, also z. B. die Ausarbeitung von Möbeln ruht.
Der Staat nimmt in den künstlerischen Kämpfen nicht Partei. Aber wohl verstanden: er nimmt wirklich nicht Partei. Er ist nicht etwa für die Konstruktiven, ist aber ebensowenig gegen sie. In den staatlichen Sammlungen – und es gibt in Petersburg wie in Moskau ein besonderes Museum der linken Kunst – sind alle Radikalen, auch die jüngste Gegenwart vertreten. Die Auswahl hatte der Maler Sterenberg. Zu einer solchen Voraussetzungslosigkeit hat man sich bei uns noch nicht aufgeschwungen. „Lew", die Zeitschrift des Vereins „linker Künstler", wird mit Staatsmitteln gedruckt und herausgegeben (von Ossip Brick). Man findet in „Lew" nicht selten scharfe Angriffe gegen die Regierung, zumal gegen das „Kommissariat für Volksbildung" und gegen Lunatscharski – sehr berechtigte Angriffe, denn die amtliche russische Regierungskunst, Brief-

marken, Denkmäler usw., ist schlecht. Leider müssen wir feststellen, daß *alle* Revolutionsdenkmäler, die wir gesehen haben, auch Konenkos Relief an der Kremlmauer, mißlungen sind. Sie würden selbst unter den Berliner Denkmälern nicht als Kunstwerke auffallen. Man hängt hier merkwürdig zähe an Formen, die zu einem neuen Volksstaat wenig passen, an Obelisken, Siegesgöttinnen und ähnliche Frauenbilder. Das freie Aussprechen von Kunsturteilen hat übrigens noch keinen der gegnerischen Künstler zum Tode durch Feuer, Strang, Beil oder Gift gebracht.

Die zaristischen Denkmäler wurden beseitigt. Man sieht nur noch die Sockel, aus denen auch die Inschriften entfernt wurden. In Moskau steht kein Zar mehr. In Petersburg hat man das herrliche Denkmal Peters des Großen von Falconet völlig unversehrt gelassen. Das roh wirkende Standbild Alexanders III. vor dem Petersburger Bahnhof, von Trubetzkoi, hat man durch eine neu eingemeißelte Inschrift zu einem „Schandmal des Zarismus" umgewandelt. Mir ist *kein einziger Fall* bekannt, daß ein *künstlerischer Wert* so oder so, absichtlich oder zufällig, in der Revolution vernichtet worden wäre. [...]

M. J. Ginsburg

Zeitgenössische Architektur in Rußland

Die Baugilde, 1928, S. 1370–1375

Die Lage der modernen Architektur in Rußland, die für diese maßgebenden Faktoren jedenfalls, lassen sich nur aus der Kenntnis der Lebensverhältnisse in den U.S.S.R. heraus verstehen.

Ich möchte [...] zunächst klar legen, welche Momente es sind, die einer fortschrittlichen Entwicklung der Architektur und vor allem deren Auswirkung in der Praxis hemmend im Wege stehen.

An erster Stelle ist zu nennen die verhältnismäßig schlechte wirtschaftliche Lage der Union, die eine Folge der schweren und langen Kriegs- und Nachkriegsjahre ist. [...]

Der empfindliche Tiefstand unserer Technik im allgemeinen und der Bautechnik im besonderen ist ein weiteres Hindernis für die Entwicklung der modernen Architektur in den U.S.S.R. Während in allen westlichen Ländern und in Amerika die außerordentlichen Fortschritte der Technik das eigentlich treibende Moment der neuen Architektur-Bewegung sind, steht in Rußland bedauerlicherweise die Technik und ihre Möglichkeiten zurück hinter den großen sozialen Problemen der modernen Architektur, die durch die neuen Lebensbedingungen der Arbeiter nach der Oktober-Revolution in den Vordergrund gerückt wurden.

Das dritte Hindernis endlich, gegen das die moderne Architektur in Rußland anzukämpfen hat, ist wohl in allen Ländern gleichermaßen wirksam: es ist der Konservatismus der älteren Generation von Architekten und Ingenieuren, die auf den Akademien und ähnlichen Unterrichtsanstalten der Vorkriegszeit ihre Ausbildung erhalten haben. Sie wollen nichts wissen von der Lebendigkeit neuzeitlicher Architektur und versuchen, sich gegen deren Wachstum anzustemmen. [...]

Kasimir Malewitsch

Suprematistische Architektur

Wasmuths Monatshefte für Baukunst, Jg. 11, 1927, S. 412–413

Der russische Maler Malewitsch, dessen gegenstandslose „suprematistische Malerei" in der diesjährigen Berliner Kunstschau in zahlreichen Werken vertreten ist, leitet in Leningrad eine staatliche Bauhochschule und hat uns zu seinen Arbeiten die folgenden, gekürzt wiedergegebenen Ausführungen zur Verfügung gestellt. Wenn sie uns auch stark überspitzt erscheinen, so dürften sie doch ein Beweis dafür sein, daß auch in Sowjet-Rußland die „Neue Sachlichkeit" keineswegs unumschränkt anerkannt wird. – Bemerkt sei noch, daß Grundriß und innere Raumanordnung in dem Entwurf zu einem Arbeiterklub nachträglich in das Modell, das ohne Rücksicht auf irgendeine Zweckerfüllung geschaffen war, hineingearbeitet sind. Der Entwurf hat in einem Wettbewerb den ersten Preis erhalten und ist zur Ausführung bestimmt.

Die Maler haben in die gegenständlich gebundene Kunst Breschen geschlagen und sind zum gegenstandslosen Wesen der Malerei vorgedrungen; so haben sie die neuen Elemente herausgeschält, mit denen heute das

Problem der kommenden Baukunst beginnt. Diese Maler finden in der jungen Architektengeneration ihre Gesinnungsgenossen und nun steht vor ihnen die Frage nach der Form der Bauten: der zweckfreien absoluten *Architektonik* und der zweckgebundenen *Architektur* als dem körperlichen Ausdruck des Zweckes. Architekten und Maler müssen das Wiedererwachen des klassischen Geistes spüren, der durch die Bemühungen, die soziale Struktur des wirtschaftlichen Lebens zu vervollkommnen, verschüttet gewesen ist.
Infolge des Verfalls der gegenständlichen Kunstnachahmung (Naturalismus) gelangte der klassische Geist (neuer Klassizismus) wieder zum Leben. Dieses Wiedererwachen ist nicht mit den Wandlungen der sozialen und wirtschaftlichen Verhältnisse ursächlich verknüpft, denn alle sozialen und wirtschaftlichen Verhältnisse vergewaltigen die Kunst. Ob es sich um das Porträt eines Sozialisten oder eines Kaisers handelt oder darum, einem Kaufmann ein Schloß oder einem Arbeiter ein Kleinhaus zu errichten – die Kunst entspringt nicht aus diesen jeweiligen Aufgaben. Auch für den Wert der Kunst ist es bedeutungslos, ob der Künstler einen Fürsten oder einen Arbeiter malt.
Zu meinem Leidwesen halten die meisten jungen Künstler die Neuordnung politischer Ideen und Gruppen und die Verbesserung sozialer Zustände für den Geist der Wiedergeburt der Kunst selbst, und statt sich dem Aufbau einer „Welt des Schönen" zu widmen, sind sie wieder zu bloßen Gefolgsleuten der Machthaber geworden. Sie vergessen, daß es keine „Idee" gibt, die der „Idee der Kunst" ebenbürtig wäre, daß alle Kunstübung seit langem international und von unantastbarem Wert war, einem Wert, der einem jeden in gleicher Weise erreichbar ist (?) und daß Welt und Leben nur in der Kunst, nicht aber in einem anderen Ideenkreis „schön" zu sein vermögen. Nicht umsonst drängen alle religiösen und sozialen Ideen zu ihrer Gestaltung durch die Kunst, da sie eben hier ihre schönste Verwirklichung finden. Es ist naiv zu glauben, irgendeine „Idee" schaffe erst die Kunst, sollte es selbst die Idee des „Gottesreiches" auf Erden oder im Himmel sein.
Wir verzeichnen Fortschritte auf allen Gebieten, aber das heißt noch nicht, daß die Kunst diesen Fortschritten folgt, denn m. E. sollte jeder technische Fortschritt nur dazu dienen, daß dem Menschen mehr Zeit für abstrakte Tätigkeit bleibt. Kunst kennt keinen Fortschritt, denn sie ist das Ziel alles Fortschrittes.

Der Sinn aller Maschinen und Automaten beruht darauf, daß alle mechanischen Tätigkeiten, die sonst der Mensch zu vollbringen hatte, dem Automaten auferlegt werden. Die Schaffung dieser Automaten, dieser neuen mechanischen Menschen, hat die Künstler begeistert und diese Begeisterung scheint ihnen der rettende Ausweg, ist zur Losung der gegenwärtigen Kunst geworden und von der vollkommenen „Sachlichkeit" aus beginnt man die Kunst zu werten.
So erscheint der Klassizismus als Form überwunden. Was die Architekten zum starren Festhalten an dem Klassizismus bewegt, ist m. E. die Überzeugung von der Vollendung und Unwandelbarkeit seiner Schönheit.
Daher rangen die Architekten mit allen neuauftauchenden Aufgaben, überzeugt, daß jede Lebensform sich in Schönheit abspielen könnte, da das Schöne das Ziel des Lebens ist.
Die Architekten übernahmen keinerlei Verantwortung für das Leben in den von ihnen gebauten Palästen. Sie tragen nicht Schuld daran, daß das Leben klassische Säulen in Schornsteine verwandelte, die Paläste zu Bürohäusern machte und die Wohnhäuser zu reinen Zweckgebilden von sozialer Bedingtheit.
Der Architekt blickt betrübt auf die unerläßliche Zweckerfüllung und sucht mit heißem Bemühen in sich den Ingenieur mit dem Künstler zu vereinen, um bei jeder Aufgabe das „Angenehme mit dem Nützlichen" zu verbinden (der Ingenieur als solcher würde nur die „Nützlichkeit" beachten).
Diese Verschmelzung wurde seine eigentliche Aufgabe. Ja, er ist sogar überzeugt, daß es keine zweckfreie Architektur gibt. Aber beim Rückblick auf die Geschichte würde er erkennen, daß seine Kunst als ein Mal der Schönheit lebt und reine Form ist. Die Denkmäler der Baukunst werden auch von jedem Zweck befreit als hohe Werte bewahrt.
Hieraus ziehe ich den Schluß, daß Architektur im Grunde reine Kunstform (Architektonik) ist und daß in dieser reinen Form das Reich Gottes auf Erden ruht, das nur unserem Schauen zugänglich ist, das wir aber nicht zu irgend welchen Zwecken „brauchen" können, da alles, was dem Gebrauch dient, nicht vom Reiche Gottes auf Erden oder im Himmel stammen kann (?).
Und deswegen kann keinerlei „Sachlichkeit" uns das geben, was die Kunst gibt. Die sachlichsten Lokomotiven, Telegraphen und Radioapparate verhelfen uns nicht zum gelobten Land.

In meiner „suprematistischen Architektur" erblicke ich den Beginn einer neuen klassischen Baukunst, einer Kunst, die wie seit jeher nur das „Schöne" schafft. Kunst gibt stets das „Gegenwärtige" in aller Vergangenheit und Zukunft.

Die Sowjetunion und das neue Bauen

Der Bauspiegel, Jg. 1, 1933, S. 4–5 (Beitrag über Hans Schmidt)

Unter diesem Titel veröffentlicht „die neue stadt" Nr. 6/7 (Sept./Okt. 32) einen Artikel, in dem Hans Schmidt folgende Thesen der sowjetischen Front gegen das neue Bauen formuliert:

1. Die Ideen des neuen Bauens, in der auch im Westen bekannten Weise als Konstruktivismus, Funktionalismus, Mechanismus abgestempelt, sind das Resultat des heutigen Kapitalismus, seiner rationalisierten und standardisierten Technik.
2. Die Abkehr des neuen Bauens von der Monumentalität und vom Symbol, seine Verleugnung der absoluten Schönheit, seine Unfähigkeit, die künstlerisch-ideologische Aufgabe der Architektur zu erfüllen, sind der Ausdruck für den Verfall der bürgerlichen Kultur.
3. Die idealistisch-utopische Richtung des neuen Bauens (Le Corbusier) sucht wie die „linken Utopisten" auf dem Gebiet der Politik, notwendige Etappen auf dem Wege zum Sozialismus zu überspringen und wirkt dadurch im politischen Sinne gegenrevolutionär.
4. Es ist nicht das Ziel des Sozialismus, die kulturellen Werte der Vergangenheit zu vernichten, sondern im Gegenteil und im Gegensatz zum heute zerfallenden Kapitalismus, diese zu übernehmen und weiterzuführen.

Hans Schmidt versucht in seinem Artikel die Abkehr der Russen vom Programm des neuen Bauens, von der Forderung nach der „absoluten Einheit von Kunstform und technischer Form ohne Romantik auf dem Boden der entwickelten kapitalistischen Technik" aufzuzeigen. Er stellt

fest, daß das neue Bauen in der Sowjetunion infolge der mangelnden technischen und kulturellen Vorbereitung unterlegen ist. Verschärft dadurch, daß im Gegensatz zu dem im Westen auch auf dem Gebiete der Kunst geltenden Prinzip der freien Konkurrenz Sowjetrußland die Einordnung in die Generallinie der Revolution fordere.
Zu den Thesen sagt er: „Wir müssen es marxistisch besser geschulten Köpfen überlassen", ihre Richtigkeit zu prüfen. Er stellt nur fest, daß es leider, sowohl in der Geschichte der Architektur als auch der anderen geistigen Gebiete, an wirklich historisch-materialistischen Untersuchungen fehle und in Ermangelung einer solchen Richtschnur eben der Maßstab des Programms des neuen Bauens angewendet werden muß. Mit der Hoffnung, daß die Architekten Sowjetrußlands „eines Tages zur Besinnung kommen" schließt die Betrachtung.
Der Artikel Hans Schmidts ist sehr unklar und entbehrt jeder Stellungnahme. Daß ihn „die neue stadt" in dieser Form zum Abdruck bringt, ist bezeichnend für die völlige Verwirrung und das verzweifelte Suchen nach einem Ausweg aus dem Chaos des bürgerlichen Wissens um die Probleme des Bauens. Was aber wichtiger ist: Sieht Hans Schmidt wirklich nur die in seinen 4 Punkten noch dazu nicht eindeutig genug zum Ausdruck kommende Analyse des kapitalistischen Bauens? Ist denn das sozialistische Bauen nur oder überhaupt eine Negation der im Kapitalismus entwickelten Formen, der Technik, Baumethoden und Bauwissenschaften? Wann ja, wann nein?
Nach welchen Grundsätzen baut man in der Sowjetunion? Ins Blaue, irgendwie? Kommt das Ziel nicht in den Beschlüssen der zuständigen Instanzen, den Lehrplänen der Akademien und Lehranstalten zum Ausdruck? Worauf sollen sich die Architekten Sowjetrußlands eines Tages besinnen? Auf das Chaos, den Schwindel, die freie Konkurrenz, die Anwaltsdienste für das Baukapital im Kapitalismus? Wir wollten, verschiedene der in der Sowjetunion beschäftigten Spezialisten täten das wirklich öfters. Es wäre weder zu ihrem, noch zum Schaden des sozialistischen Aufbaues. Alle diese Fragen sind eine Frage: Welche Aufgaben stellt der Sozialismus im Aufbau der Architektur? Wir meinen: Hans Schmidt hätte besser als den wehmütigen Grabgesang für das neue Bauen des Westens – für dessen gepriesene absolute Einheit von Kunstform und technischer Form wir ihn gelegentlich Beweise beizubringen bitten – diese Frage zum Ausgangspunkt seiner Abhandlung nehmen sollen. Und

wenn er dann Widersprüche der Praxis des Bauens in der Sowjetunion mit den Zielen des Sozialismus entdeckt hätte, dann heraus mit einer klaren Kritik. Nichts würde, meinen wir, den wirklichen Baumeistern der Zukunft angenehmer sein. Wir sind nicht so naiv zu glauben, daß alles x-prozentig richtig ist und die Russen ein fertiges Rezept in der Tasche haben. In einem Vergleich von der Betrachtungsebene des westeuropäischen neuen Bauens aber handelt es sich nicht um kunstwissenschaftliche Theorien und Ismen, sondern um die elementare Einsicht in den Prozeß des hinreißenden Aufbaues. Daß „die neue stadt" auf hoher Kunstwarte diesen Prozeß beschaulich und objektiv auf *ihre* Art verfolgt, ist nicht verwunderlich. Verwunderlich ist aber, daß Hans Schmidt die Probleme des Bauens noch ebenso schief und verzerrt sieht wie Dr. Gantner.
Wir werden in den nächsten „Bauspiegel"-Folgen einzelne der von H. S. angeschnittenen Fragen (die Frage des Erbes der bürgerl. Architektur, der Technik, des funktionellen Bauens, der absoluten Schönheit, der ideologischen Aufgaben der Architektur usw.) noch einer besonderen Betrachtung unterziehen und bitten alle Leser um Einsendung ihrer Stellung zu diesen Problemen.

Boris Erdmann: Zeichnung „Querschnitt", um 1929

2 Wohnung, Wohnkultur

[1] Adolf Behne
Das Musterhaus der Bauhausausstellung

[2] Ernst Kallai
Zehn Jahre Bauhaus

[3] Hannes Meyer
Die neue Welt

[4] Grete Lihotzky
Rationalisierung im Haushalt

[5] Bruno Taut und Otto Haesler
Architekt und Wohnungsbau. Antworten auf eine Umfrage

[6] Josef Frank
Drei Behauptungen und ihre Folgen

[7] Walter Riezler
Die Wohnung

[8] Adolf Loos
Von der Sparsamkeit

[9] Adolf Behne
Architekt und Mieter

[10] Adolf Behne
Wege zu einer besseren Wohnkultur

[11] Adolf Behne
Dammerstock

[12] Clara Mende
Die Frau und der Architekt in der Gegenwart

Die Suche nach einem Raum für den Alltag war eine zentrale Aufgabe der Moderne. Der Wohnungsfehlbestand war immens. Die ideelle und personelle Überbrückung der durch den Ersten Weltkrieg geschlagenen Kerbe gelang der außerparlamentarischen Gartenstadtbewegung, die ihre Ideale und Ziele nach 1924 im kommunalen Siedlungsbau weiterentwickeln konnte. Der Nachruf auf den 1919 verstorbenen *Theodor Goecke* (1850–1919), der mit *Camillo Sitte* (1843–1903) 1903/1904 die Zeitschrift *Der Städtebau* herausgegeben und außerdem die pionierartigen Städtebau-Vorlesungen an der TH Berlin-Charlottenburg gehalten hatte, erschien in der *Bauwelt* 34/1919. Bruno Taut lobte darin Goeckes Aufruf an die Architekten, beim Entwerfen das gesamtplanerische Denken mit zu berücksichtigen. Ein Vordenker für soziale Leistungen des architektonischen Kulturlebens, Rudolf Eberstadt (1856–1922), dessen zentrales Werk *Handbuch des Wohnungswesens und der Wohnungfrage* in vierter Auflage 1920 wieder erschienen war, starb am 9. Juni 1922. Die *Deutsche Bauzeitung* (Nr. 48, S. 300) beklagte den empfindlichen Verlust. Die lang anhaltenden Wirkungen beider Männer, vor allem ihre Auseinandersetzung mit der Alltagskultur, wurden in den aktivistischen und bewegten Jahren 1918 bis 1922 durchaus erkannt und begriffen.
Alltagskultur wurde auch im Kulturkampf der Bauhäusler gelegentlich übersehen. Adolf Behne wagte es, das Musterwohnhaus der Bauhaus-Ausstellung (1923) unter die Lupe zu nehmen. Er meinte: „Wäre doch alles weniger schön, aber dafür irgenwo lebendig." (Wohnung 1)
Ernst Kallai, der das Bauhaus begleitende ungarische Kunstkritiker, veröffentlichte in der *Weltbühne* 1930 einen kritischen Überblick: Zehn Jahre Bauhaus. Streng ging er mit dem „Bauhausstil", mit der gewürfelten Tapete, der Wohnhygiene, dem kleingeschriebenen, dem GROSSGESPROCHENEN um. (Wohnung 2)
Hannes Meyer hatte sich schon, bevor er 1927 Lehrer am Bauhaus und

1928 dessen Direktor geworden war, der Gefahr, nur Modeschnickschnack zu unterstützen, entzogen. *Die neue Welt* (1926) von Hannes Meyer sollte elementar gestaltet, eine Wohnmaschinerie werden: Gemütlichkeit müsse im Menschenherzen sein und nicht im Perserteppich, das Vaterland sei zwischenstaatlich angesiedelt (Wohnung 3).
In den deutschen Städten, etwa in Frankfurt am Main, in Berlin, in Hamburg, war man – immer im gesunden Wettstreit mit dem holländischen Vorbild – aktiv tätig, das Wohnungsproblem nicht nur zu diskutieren, sondern auch anzupacken.
Publizistisch und ausstellungspädagogisch wurde der Kontakt mit den Nutzern gesucht. Ernst May hat „Das soziale Moment in der neuen Baukunst" vor allem der Zeitschrift *das neue frankfurt* vertreten.
1927 zeigte die Frankfurter Ausstellung „Die neue Wohnung und ihr Innenausbau" vier Musterwohnungen. „In Erkenntnis der wertvollen Mitarbeit einer Frau, gerade auf diesem Gebiet, hat Stadtbaurat May die Architektin Grete Lihotzky aus Wien berufen." (*Bauwelt* 9/1927) Grete Lihotzky (geb. 1897) berichtete zum Thema „Rationalisierung im Haushalt" über eine Ausstellung des Frankfurter Hausfrauenvereins: „Der neuzeitliche Haushalt" (Wohnung 4). Sie bedauerte, daß Frauen für die neuen Ideen so wenig zugänglich seien und gerade Frauen fälschlicherweise Einfachheit mit Nüchternheit gleichsetzten. Die „Beratungsstelle für Küchenteinrichtungen" sollte das Problem einer Lösung näherbringen.
„Die neue Küche" war 1928 Thema einer Ausstellung in den Räumen der Vereinigten Staatlichen Kunsthochschulen in Berlin, die von der Architektenvereinigung *Der Ring* in Kooperation mit der Glasindustrie aufgebaut worden war.
Die Kleinwohnung, die Kleinstwohnung, die Wohnung für das Existenzminimum wurden diskutiert. Die BDA-Zeitschrift *Die Baugilde* führte 1928 eine Umfrage durch. Die befragten Personen: Taut und Haesler (hier abgedruckt als Wohnung 5 und 6), aber auch Klein, Gutschmidt, May, Salvisberg, Meyer, Tessenow, Behrendt und Schmitthenner beantworteten die Fragen nach der neuen Rolle des Architekten im Umgang mit der von der Lehrmeisterin „Not" gestellten Entwurfsaufgabe „Wohnungsbau". Nur Bruno Taut sprach von der „fortlaufenden Linie" zwischen seinen Erfahrungen vor und nach dem Ersten Weltkrieg. Schon damals seien die soziologischen und sozialpolitischen Aufgaben Ausgangspunkte des Entwurfs gewesen. Um Gestalter der Solidarität zu werden, müsse das „Allerunpersönlichste im Wohnungsbau" gesucht werden.
Josef Frank hinterfragte in *Drei Behauptungen und ihre Folgen* wieder

einmal die Form und die Produktion „moderner" Wohnprodukte und deren Akzeptanz (Wohnung 6).
Walter Riezler hatte sich in der Werkbund-Zeitschrift *Die Form* für das Haus Tugendhat von Mies van der Rohe eingesetzt. In seinem Aufsatz *Die Wohnung* näherte er sich nun den Kritikern. Über Le Corbusiers Bauvorstellungen und -ausführungen in Stuttgart-Weißenhof meinte er: „Wir wollen uns doch darüber klar sein: auch der neue Mensch wird noch seelische Wärme verlangen." (Wohnung 7)
Noch kämpferischer ging *Adolf Loos* (1870–1933) mit dem Slogan „Sparsamkeit" um: „Ob eine Sache modern ist, erkennt man am besten daran, ob sie sich in die Nachbarschaft alter Sachen eignet [...]. Die Wohnung darf niemals fertig sein." (Wohnung 8)
Adolf Behne widmete 1927 das Buch *Neues Wohnen – neues Bauen* dem Berliner Zeichner Heinrich Zille. Im Vorwort betonte er: „Wir nennen es ja im Titel nicht: ‚Neues Bauen [...] neues Wohnen', sondern umgekehrt, weil wir ausdrücken wollen, daß das Bauen vom Wohnen, das heißt vom Menschen, abhängig ist. Damit ist schon gesagt, daß wir, wenn wir vom Künstlerischen sprechen, nicht das ‚Aussehen' meinen."
„Bau und Möbel oder Architekt und Mieter stimmen heute oft nicht zusammen." So begann Adolf Behne 1926 einen Aufsatz zum Thema „Architekt und Mieter" (Wohnung 9). Behne blieb auch in seinem Artikel *Wege zu einer besseren Wohnkultur* (1927) kritisch. „Da helfen nun Rezepte gar nichts [...] es handelt sich nicht um Mode [...]. Über Gutes und richtiges Bauen nachdenken, heißt [...] über gutes und richtiges Leben nachdenken." (Wohnung 10) Die Architekten hören wohl nicht immer hin, wenn ein Kritiker spricht. So mußte Behne 1930 in seiner „Dammerstock"-Kritik noch deutlicher werden (Wohnung 11).
Es war schwierig, in diesem Gezerre und in diesen Bewegungen die Kritiker richtig einzustufen. So war es wieder einmal die *Baugilde*, die 1928 während der Leipziger Technischen Herbstmesse in der Vortragsreihe „Die Frau und das Heim" ein Referat von Clara Mende gefunden hatte und es im BDA-Fachblatt veröffentlichte. „Dämme" müßten errichtet werden, meinte da Frau Mende, denn es seien unverkennbar kommunistische Ideen, die in der Moderne vorherrschten. Die neue Sachlichkeit würde die individuelle Familie auflösen wollen (Wohnung 12).

IV ÜBERGEORDNETE TEXTE 1918–1933

Adolf Behne

Das Musterhaus der Bauhausausstellung

Die Bauwelt, Jg. 14, 1923, Heft 41, S. 501–502

[...] „Das Staatliche Bauhaus [...] begründete seine Lehre auf dem *bauenden* Grundgedanken, und hierin besteht sein bedeutendes Verdienst." Man kann mit Recht an manchen Taten des Bauhauses Kritik üben – und dieser Aufsatz selbst enthält solche Kritik! – es darf aber niemals übersehen werden, wie ungeheuer schwierig die Aufgabe des Bauhauses von Anfang an war. Es gab für sein Vorgehen kein Beispiel. [...]
In einer Zeit allgemeinster künstlerischer Gleichgültigkeit an fast allen amtlichen Stellen hat unter ihm das Bauhaus in Weimar kühn und zäh gearbeitet. Das sollte bei aller Kritik nicht vergessen werden.
Wenn sich trotzdem der größere Teil der künstlerischen Jugend kühl, ja, mit einer unverkennbaren Schärfe gegen das Bauhaus stellt und wenig erkennen läßt von freudigem Mitgehen an einem als Teil der eigenen Sache empfundenen Unternehmen, so dürfte der Grund darin liegen, daß das Bauhaus ihr manchmal bedenklicher für das Durchsetzen der neuen künstlerischen Prinzipien zu sein scheint, als eine Akademie oder Kunstgewerbeschule alten Schlages. Diese bekämpfen das Neue, und jedermann weiß, aus welcher Gegend ihr Widerstand kommt. Das Bauhaus nimmt nicht selten Grundsätze der neuen Gestaltung scheinbar auf, vermischt sie kompromißhaft mit modisch-dekorativen Elementen und fügt durch solche Umbiegung dem Neuen Schaden zu, weil es das Vertrauen genießt, radikal-modern zu sein.
Niemand würde dem Bauhaus verargen, daß es sich alle brauchbaren Anregungen von allen Seiten her zu eigen macht, wenn es diese Anregungen von einer gemeinsamen Basis aus gesund weiterführte. Aber tatsächlich nimmt es die meisten Anregungen nur auf, um sie in ein innerlich totes System kunstgewerblicher Modernität einzuordnen, sie also unfruchtbar zu machen. Verfolgt man etwa die Drucksachen des Bauhauses, so findet man immer wieder, daß Druckversuche, wie man sie in Holland („De Stijl"), in Ungarn („Ma") oder in Rußland („Wjetsch") gemacht hat, übernommen – aber ihrer anspruchslosen, entwicklungsfähigen Frische

beraubt, dick und würdevoll und damit wertlos gemacht worden sind. Dies gilt auch von der Aufmachung der jetzigen Ausstellung, die viel zu sehr bemüht ist, den äußeren Anschein nicht zu verpassen, statt einen neuen Typ der Ausstellung: konzentriert, doch leicht und durchsichtig, vorzubereiten. [...] Das erfüllt eben den *Freund* des Bauhauses mit Trauer. Wäre doch alles weniger schön, aber dafür irgendwo lebendig. [...]
Alle diese Schwächen läßt besonders deutlich das Musterhaus am Horn erkennen.
Dieses Musterwohnhaus als gemeinsame praktische Arbeit aller Werkstätten ist die Probe auf das Bauhaus-Exempel: Alle interne Arbeit der Vorbereitung und Schulung muß hier sichtbar werden. Ist das Haus gut, so können die Lehrmethoden des Bauhauses nicht schlecht [...], ist das Haus schlecht, so können sie kaum gut sein! [...] Wie also ist das Haus?
Der Grundriß stellt in ein Quadrat von 12 Meter Seitenlänge ein inneres von 6 Meter Seitenlänge als den Haupt-Wohnraum und teilt den Umgang auf in Speisezimmer, Schlafzimmer für den Herrn und die Dame, Kinderzimmer, Gastzimmer, Küche, Bad usw. Der Wohnraum ist über das flache Dach des Umganges überhöht, erhält sein Licht durch mattierte Scheiben des Lichtgadens und ist selbst wieder flach gedeckt. Eine Nische führt den Wohnraum an einer Seite an die Außenwand heran. Ein Grundriß von äußerster Regelmäßigkeit und Symmetrievorbild scheint das antike Haus gewesen zu sein (Atrium, Tablinum usw.).
Die schematisch unlebendige Flächenaufteilung (statt aktiver Raumgliederung) steht in starkem Gegensatz zu unserem Empfinden. Die Räume um ein genau die Mitte haltendes Quadrat so herumzulegen, daß abermals genau ein, genau doppelt großes, Quadrat entsteht, ist Reißbrettgeometrie. Nicht irgendein natürliches Spannungsverhältnis differenziert und bewegt den Raum, sondern der „Raum" ist ein Teil der Papierfläche und kann so oder so benannt werden. Tatsächlich sind die „Räume" mehrfach umbenannt worden. [...] Mir scheint dieses Verfahren der äußerste *Gegenpol* zu einem dynamischen oder funktionalen Bauen, wie es die Internationale Architektur-Ausstellung des Bauhauses vertritt.
Der Gedanke war bei der Aufstellung des Grundrisses, die übliche unökonomische Gleichbehandlung der Räume zu verbessern durch die Schaffung eines dominierenden Haupt-Wohnraumes bei bescheidener

Abmessung der Spezialräume. Sicherlich hat dieser Gedanke seine Berechtigung. Aber es war durchaus nicht geboten, ihn in das tote Schema der zentral ineinandergestellten Quadrate zu pressen, wobei der Hauptraum eigentlich zum Nebenraum wird, durch seine allseitige Abschnürung. Seine Lage wird die eines Hofes. Klösterlicher Weltflucht entspricht am ehesten dieser Grundriß.
In dänischen Sommerhäusern finden wir den Gedanken eines Hauptwohnraumes bei kleinen Nebenräumen häufig verwirklicht. Niemals aber ist der Hauptraum passiv in das Zentrum abgeschoben; er durchbricht die starre, allseitige Symmetrie, er öffnet sich und nimmt Richtung. (Vgl. etwa *Holger Jacobsens* Sommerhaus bei Gilleleie, veröffentlicht in „Architekten", Kopenhagen, 1919, Heft 21.)
Was den Mucheschen Grundriß dem Bauhaus empfahl, ist wohl seine – scheinbare – Einfachheit. Das Bauhaus bejaht die Typisierung und Normalisierung des Wohnhauses, bekennt sich zu der Corbusierschen Auffassung des Hauses als einer „Wohnmaschine" und glaubte, daß der Grundriß des Hauses am Horn alle Qualitäten einer „Norm" besitze. Aber das Bauhaus sieht hier über das Entscheidende hinweg: es kommt nicht darauf an, irgendein mehr oder minder einfaches Schema aufzustellen, das eventuell maschinell vervielfältigt werden kann; sondern darauf, eine Grundform zu finden, die unserem Lebensgefühl entspricht. Jede andere Norm ist sinnlos. [...]
Wie schön, daß Arbeiten von Oud oder Wils Wirkung üben – aber wie schade, daß sie so äußerlich übernommen werden! Wo ist die köstliche Spannung Oudscher Flächen, wo ist die Prägnanz Wils'scher Räume? Sie sind hier in Steifheit und Starrheit verwandelt, als dekorative Elemente an eine innerlich tote Sache gebracht. Ohne Maßstab, fremd, beziehungslos, steht das Haus am Horn.
Seine Einrichtung ist nicht erfreulicher. Sie weiß sich nicht zu entscheiden zwischen „Einfachheit für Snob" und „Snobismus für den Mittelstand", zwischen Strenge und Buntheit. Sie nimmt tausend Anregungen auf, aber leider bleibt das Vorbild in jedem Falle weit voran in Klarheit und Konsequenz (etwa Rietvelds Möbel)! Sie kokettiert mit maschineller Exaktheit, aber einfach *alles* wird hier schief, falsch, unaufrichtig, künstlich, denn jedem einzelnen wie dem Ganzen fehlt Notwendigkeit, inneres Gesetz, ein eigener menschlicher Wille! Die Wände zum Beispiel sind strikte ohne Bilder. Gut und schön! Wir wollen die Salonbilder nicht

mehr. Die Wand soll so „gestaltet" sein, daß sie kein aufgehängtes Bild mehr verträgt. Aber dieses *ist* ein Salon – ein pseudo-konstruktivistischer Salon, und *diese* Wände sind ohne Bilder leer, sie schreien nach Bildern.
Ich wünsche dem Bauhaus den Fortgang seiner Arbeit. Ich verkenne, um es zu wiederholen, nicht die unendlichen Schwierigkeiten und erkenne seine Leistung an. Aber die Ausstellung muß eine Wendung bringen.

Ernst Kallai

Zehn Jahre Bauhaus

Die Weltbühne, 26. Jg., 1930, Nr. 4, S. 135–140

[...] Was zur Zeit der Weimarer Anfänge die heftig umstrittene Beschäftigung weniger Außenseiter war, ist zur großen Geschäftskonjunktur geworden. Allenthalben werden Häuser und ganze Siedlungen mit glatten, weißen Wänden, querliegenden Fensterreihen, geräumigen Terrassen und flachen Dächern gebaut und vom Publikum wenn auch nicht immer mit Begeisterung so doch ohne Widerspruch als Werke eines ihm bereits geläufigen „Bauhausstils" hingenommen. Dabei geht die Initiative zu dieser Art des Bauens keineswegs nur auf das Bauhaus zurück. Das Bauhaus ist nur Teil einer internationalen, besonders in Holland frühzeitig vorbereiteten Bewegung. Aber das Bauhaus wurde die erste Schule dieser Bewegung. Eine auch propagandistisch außerordentlich wirksame Versuchsstätte, deren Ruf sehr rasch bis in die entlegensten Provinzecken drang.
Heute weiß jeder Bescheid. Wohnungen mit viel Glas- und Metallglanz: Bauhausstil. Desgleichen mit Wohnhygiene ohne Wohnstimmung: Bauhausstil. Stahlrohrsesselgerippe: Bauhausstil. Lampe mit vernickeltem Gestell und Mattglasplatte als Schirm: Bauhausstil. Gewürfelte Tapeten: Bauhausstil. Kein Bild an der Wand: Bauhausstil. Bild an der Wand, aber

was soll es bedeuten: Bauhausstil. Drucksache mit fetten Balken und Grotesklettern: Bauhausstil. alles kleingeschrieben, bauhausstil. ALLES GROSSGESPROCHEN: BAUHAUSSTIL.
Bauhausstil: ein Wort für alles. Wertheim schafft eine neue Abteilung für moderne Stilmöbel und Gebrauchsgegenstände, einen kunstgewerblichen Salon für sachlich verbrämten Edelkitsch. Als besondere Zugkraft muß der Name Bauhaus herhalten. Eine Wiener Modezeitung empfiehlt, Damenwäsche nicht mehr mit Blümchen, sondern im zeitgemäßen Bauhausstil mit geometrischen Dessins zu schmücken.
Gegen solche peinlichen oder komischen Mißbräuche durch die modische Betriebsamkeit unsrer guten neuen Zeit gibt es keinen Schutz. Seine Majestät der Snob wünscht etwas Neues. Sehr schön. Es gibt genügend Architekten, die aus dem Bauhausstil eine neue dekorative Attraktion machen. [...]
Es muß gesagt werden, daß auch die Bauhausarbeit selbst keineswegs frei ist von ästhetischer Überzüchtung, von gefährlichen Formalismen. Zwar hat das Abstreifen jeglicher Ornamentik, das Verpönen aller geschwungenen Flächen und Linien für die Häuser, Möbel und Gebrauchsgegenstände zu sehr interessanten, neuartigen und einfachen Formen geführt. Doch das Augenfällige dieser neuen Zweckformen war durchaus nicht immer auch zugleich sinnfällig. Vielmehr: Was angeblich zweckbestimmt und funktionell, technisch-konstruktiv und wirtschaftlich-notwendig sein sollte, entsprang zumeist einer nur in ein neues Kostüm gekleideten geschmäcklerischen Willkür, einem rein schöngeistigen Hang zu geometrischen Elementargebilden und den Formeigenheiten technischer Apparate. [...]
Aber Gropius und seine Mitarbeiter sind selbst schuld daran, daß dem Bauhaus ein wahrer Rattenschwanz von mehr oder minder üblen Kunstgewerblereien anhängt, die alle als Bauhausstil präsentiert werden. Wo hört der echte Bauhausstil auf, wo fängt der falsche an? Das Bauhaus hat ein schöngeistiges A gesagt und muß sich nun gefallen lassen, daß andere das B und alles Weitere dazufügen bis an ein scheußliches Ende. [...]
Gropius hatte für das Bauhausprogramm unter andern folgende Leitsätze aufgestellt: ‚Das Bauhaus will der zeitgemäßen Entwicklung der Behausung dienen, vom einfachen Hausgerät bis zum fertigen Wohnhaus. – Die Bauhauswerkstätten sind im wesentlichen Laboratorien, in denen vervielfältigungsreife, für die heutige Zeit typische Geräte sorgfältig im Modell

entwickelt und dauernd verbessert werden. – Die in den Bauhauswerkstätten endgültig durchgearbeiteten Modelle werden in fremden Betrieben vervielfältigt, mit denen die Werkstätten in Arbeitsverbindung stehen. – Das Bauhaus führt dem realen Werk- und Wirtschaftsleben schöpferisch begabte Menschen über die Praxis zu, die Technik und Form gleicherweise beherrschen und der Industrie und dem Handwerk die Modellarbeit zur Produktion abnehmen. – In besonderer Beziehung zum Bauen: Zu erstreben ist die serienweise Herstellung von Häusern auf Vorrat, die nicht an Baustellen sondern in stationären Werkstätten, in montagefähigen Einzelteilen, einschließlich Decken, Dächern, Wänden erzeugt werden: also Herstellung eines Baukastens im Großen auf der Grundlage der Norm und Typisierung.'
Dieses Programm ist brennend zeitgemäß und sozial. Die moderne Industrie- und Handelswirtschaft hat einen ungeheuren Menschenandrang zu ihren Produktions- und Vertriebszentren und damit eine soziale Not des Wohnbedarfs herbeigeführt, der man nur mit Massenproduktion beikommen kann. Die Industrialisierung der Bau- und Wohngerätsproduktion ist eine zwingende sozialwirtschaftliche und sozialpolitische Forderung. [...]
Die Bauhausproduktion in den Dienst solcher standardisierenden Ausscheidung zu stellen und am Bauhaus Vorarbeiter einer zeitgemäßen Bau- und Wohnindustrie heranzubilden, ist an sich ein höchst wichtiger, produktiver Gedanke. Er muß nur wirklich befolgt werden, nicht, wie das in der Bauhauspraxis vielleicht geschehen ist, in Formalismus abirren.
Es genügt nicht, zwar industrietechnische Massenherstellung zu forcieren, aber dabei im Entwurf ein, wenn auch schematisch reduziertes so doch ästhetizistisch-eigenwilliges Künstlertum über den Ingenieur siegen zu lassen. Die Architektur muß mit aller Konsequenz die „soziale, technische, ökonomische und psychische Organisation" (Hannes Meyer) erstreben. Sonst bleibt sie eben – Bauhausstil, ein Zwittergebilde formaler Problematik, weder gefühlsmäßig-ausschwingend und frei wie die Kunst, noch eindeutig-exakt und notwendig wie die Technik. [...]
Vor zwei Jahren schien der Abgang von Gropius und Moholy-Nagy den Weg frei zu machen für eine in Theorien, Phraseologien und Stilismen vielleicht weniger effektvolle, anspruchslosere, dafür aber menschlich sinnvollere, lebenswärmere und solidere Bauhausarbeit. Der neue Leiter,

Hannes Meyer, war ein Versprechen. Doch so viel richtige Einsicht und guten Willen er auch zeigen mochte, zu durchgreifenden Änderungen hat er offenbar weder Sicherheit noch Kraft und Konsequenz genug. Seine Konkurrenten sind bis heute Stückwerk geblieben und komplizieren die Lage nur, weil sie an das in Lehrkörper, Geist und Praxis immer noch vorherrschende Erbe des früheren Leiters stoßen, ohne es überwinden zu können.

Karl Peter Röhl:
Bauhaus-Signet 1919

Oskar Schlemmer:
Bauhaus-Signet 1923

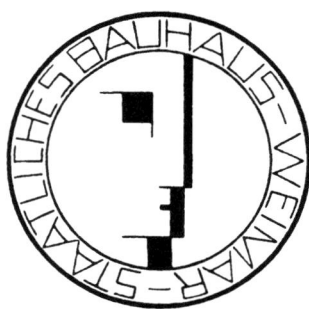

Hannes Meyer

Die neue Welt

Das Werk, 1926, Heft 7, S. 222

[...] Bauen ist ein technischer, kein ästhetischer Prozeß, und der zweckmäßigen Funktion eines Hauses widerspricht je und je die künstlerische Komposition. Idealerweise und elementar gestaltet wird *unser Wohnhaus eine Wohnmaschinerie*. Wärmehaltung, Besonnung, natürliche und künstliche Beleuchtung, Hygiene, Wetterschutz, Autowartung, Kochbetrieb, Radiodienst, größtmögliche Entlastung der Hausfrau, Geschlechts- und Familienleben etc. sind die wegleitenden Kraftlinien. Das Haus ist deren Komponente. (Gemütlichkeit und Repräsentation sind keine Leitmotive des Wohnhausbaues: die Erste ist im Menschenherzen und nicht im Perserteppich, die Zweite in der persönlichen Haltung der Hausbewohner und nicht an der Zimmerwand!) Die Neuzeit stellt unserm neuen Hausbau neue Baustoffe zur Verfügung: Aluminium und Duraluminium als Platte, Stab und Sprosse, Euböolith, Ruberoid, Torfoleum, Eternit, Rollglas, Triplexplatten, Stahlbeton, Glasbausteine, Fayence, Stahlgerippe, Betonrahmenplatten, -säulen, Trolith, Galalith, Cellon, Goudron, Ripolin, Indanthrenfarben. Diese Bauelemente organisieren wir, dem Zweck und ökonomischen Grundsätzen entsprechend, zu einer konstruktiven Einheit. Architektur als Weiterbildung der Tradition und als Affektleistung hat aufgehört. Einzelform und Gebäudekörper, Materialfarbe und Oberflächenstruktur erstehen automatisch, und diese funktionelle Auffassung des Bauens jeder Art fährt zur reinen Konstruktion. *Reine Konstruktion ist das Kennzeichen der neuen Formenwelt.* Die konstruktive Form kennt kein Vaterland; sie ist zwischenstaatlich und Ausdruck internationaler Baugesinnung. Internationalität ist ein Vorzug unsrer Epoche. [...] Im Esperanto konstruieren wir nach dem Gesetz geringsten Widerstandes eine übernationale Sprache, in der Einheitsstenographie eine traditionslose Schrift. Am notwendigsten ist die konstruktive Denkart im Städtebau. [...]

Grete Lihotzky

Rationalisierung im Haushalt

Das neue Frankfurt, Jg. 1, Nr. 5, 1927, S. 120–123

Jede denkende Frau muß die Rückständigkeit bisheriger Haushaltführung empfinden und darin schwerste Hemmung eigener Entwicklung und somit auch der Entwicklung ihrer Familie erkennen. Die Frau, an die das heutige hastige Großstadtleben weit höhere Ansprüche stellt, als das beschauliche Leben vor 80 Jahren, ist dazu verdammt, ihren Haushalt, einige wenige Erleichterungen ausgenommen, noch immer so zu führen wie zu Großmutters Zeiten.

Das Problem, die Arbeit der Hausfrau rationeller zu gestalten, ist fast für alle Schichten der Bevölkerung von gleicher Wichtigkeit. Sowohl die Frauen des Mittelstandes, die vielfach ohne irgend welche Hilfe im Hause wirtschaften, als auch die Frauen des Arbeiterstandes, die häufig noch anderer Berufsarbeit nachgehen müssen, sind so überlastet, daß ihre Überarbeitung auf die Dauer nicht ohne Folgen für die gesamte Volksgesundheit bleiben kann.

Schon vor mehr als 10 Jahren haben führende Frauen die Wichtigkeit der Entlastung der Hausfrau vom unnötigen Ballast ihrer Arbeit erkannt und sich für zentrale Bewirtschaftung von Häusern, d. h. für Errichtung von Einküchenhäusern eingesetzt. Sie sagten: warum sollen 20 Frauen einkaufen gehen, wenn eine dasselbe für alle besorgen kann? Warum sollen 20 Frauen in 20 Herden Feuer machen, wenn auf einem Herd für alle gekocht werden kann? Warum sollen 20 Frauen für 20 Familien kochen, wenn doch bei richtiger Einteilung 4–5 Personen dieselbe Arbeit für 20 Familien besorgen können? Diese jedem vernünftigen Menschen einleuchtenden Erwägungen haben bestochen. Man baute Einküchenhäuser. Bald aber zeigte sich, daß man 20 Familien nicht so ohne weiteres in einen Haushalt vereinigen kann. Abgesehen von persönlichem Gezänk und Streit, sind starke Schwankungen in der materiellen Lage der verschiedenen Bewohner unvermeidlich, weshalb der Zusammenschluß mehrerer Familien notwendig zu Konflikten führen muß. Für Arbeiter und Privatangestellte aber, die in verhältnismäßig kurzer Zeit arbeitslos werden können, scheidet das Einküchenhaus von vornherein aus, da der Arbeits-

lose seine Lebenshaltung nicht soweit herabdrücken kann, als für ihn notwendig wäre. Das Problem der Rationalisierung der Hausarbeit kann also nicht für sich allein gelöst werden, sondern muß mit notwendigen sozialen Erwägungen Hand in Hand gehen. Nach den bereits gemachten Erfahrungen erkennen wir, daß wir beim Einzelhaushalt bleiben, jedoch diesen so rationell wie nur irgend möglich gestalten müssen. Wie können wir aber die bisher übliche kraft- und zeitvergeudende Arbeitsweise im Haushalt verbessern? Wir können die Grundsätze arbeitsparender, wirtschaftlicher Betriebsführung, deren Verwirklichung in Fabriken und Büros zu ungeahnten Steigerungen der Leistungsfähigkeit geführt hat, auf die Hausarbeit übertragen. [...] Kommen wir in die Wohnungen, so finden wir noch immer den alten Tand und die üble übliche „Dekoration". Daß alle diese Bemühungen praktisch so wenig Erfolg hatten, liegt in der Hauptsache an den Frauen, die merkwürdigerweise den neuen Ideen wenig zugänglich sind. Die Möbelhändler sagen, die Käufer verlangen immer wieder das Alte. Die Frauen nehmen lieber alle Mehrarbeit auf sich, um ein „trauliches und gemütliches" Heim zu haben. *Einfachheit und Zweckmäßigkeit hält die Mehrzahl heute noch für gleichbedeutend mit Nüchternheit.* Das Hochbauamt der Stadt Frankfurt a. M. hat durch Aufstellung eines vollständig eingerichteten Musterhauses bei der im Rahmen der Frankfurter Messe stattfindenden Ausstellung „Die neue Wohnung und ihr Innenausbau" versucht, die Menschen vom Gegenteil zu überzeugen. Es will beweisen, daß Einfachheit und Zweckmäßigkeit nicht nur Arbeitsersparnis bedeuten, sondern, verbunden mit gutem Material und richtiger Form und Farbe, Klarheit und Schönheit ist. [...]
Es sind häufig die lächerlichsten Ursachen, weshalb wir uns mit schlechtgeformten Dingen umgeben sollen. So stellt z. B. eine große Lampenfabrik, deren Lager nur in geschmacklosen und unpraktischen Lampen besteht, minderwertige Modelle her, die für ihren großen Export nach Indien verlangt werden, während der geringe Absatz im Inland Anfertigung neuer guter Modelle nicht rentabel macht.
Sollen wir unser Geld dafür ausgeben und unsere Augen dafür verschlechtern, daß in den indischen Kolonien hiesige Lampen bezogen werden? Hier wie in allem ist es Sache der Allgemeinheit, besonders der Frauen, nicht alles, was auf den Markt kommt, gedankenlos hinzunehmen [...].

IV ÜBERGEORDNETE TEXTE 1918-1933

Bruno Taut und Otto Haesler

Architekt und Wohnungsbau. Antworten auf eine Umfrage

Die Baugilde, 1928, S. 1458-1459

Der Wohnungsbau ist heute eines der wichtigsten Aufgabengebiete der Architekten; das ist er aber erst seit verhältnismäßig kurzer Zeit. Diese Zeit aber wurde und wird gekennzeichnet durch ungeheure Umwandlungen, Neuerungen, auf technischem, wirtschaftlichem, sozialem, künstlerischem Gebiet. Die Stellung des Architekten innerhalb dieser Umschichtung zu dem in vielen Stücken neuen Aufgabenkreis scheint noch nicht allgemein und eindeutig geklärt zu sein. Wir haben daher die Frage nach der Stellung des Architekten zum Wohnungsbau der Gegenwart zum Gegenstand einer Rundfrage gemacht, die wir an einige im Wohnungsbau an hervorragender Stelle tätigen Persönlichkeiten richteten. Wir beginnen in diesem Heft mit der Veröffentlichung der Antworten und setzen diesen einen zusammenfassenden Text voran, der von uns der Rundfrage zugrunde gelegt worden ist.   Die Schriftleitung

Bruno Taut, Berlin:

Daß die Aufgabe des Architekten im Wohnungsbau sich im allgemeinen gegen die Vorkriegszeit verändert hat, ist so selbstverständlich, daß man es nicht besonders hervorzuheben braucht. Allerdings gibt es auch Architekten, bei denen man von einer Kursänderung eigentlich nicht sprechen kann. Ich denke an die wenigen, zu denen ich mich zähle, die zu ihren schönsten Aufträgen Siedlungen zählen durften, und zwar Siedlungen, in denen ein besseres Wohnen und eine zeitgemäßere Haltung der Bauten von den Leitern der Unternehmungen gewünscht und gefördert wurde. Diese Siedlungstätigkeit, die damals eine Oase darstellte, im Kriege z. T. fortzuführen und heute weiter auszubauen, kann weder eine Änderung der Gesinnung noch der grundrißlichen, städtebaulichen und sonstigen Auffassung, also auch nicht der eigentlichen Aufgabe des Architekten bedeuten. Von Anfang an waren es die gleichen Überlegungen, die abseits der Staffeleiarchitektur zu den Ergebnissen führten. Es waren die soziologischen, sozialpolitischen und sonstigen Einflüsse, die nach Befriedigung des Bedürfnisses die höchstmöglichste Ökonomie erzwangen.
Heute scheinen es keine anderen Grundsätze zu sein, die den Architekten des Wohnungsbaues zu leiten haben. Was sich verändert hat, sind die Zeiten und damit die Maßnahmen und Formen. Es bedeutet eine fortlaufende Linie, wenn aus dem Prinzip der Ökonomie heraus das Augenmerk

sich heute immer mehr auf das Praktisch-Technische, das Konstruktive und das Organisatorische richtet. Auffallend genug, daß die Form des Siedlungsbaues sich bei der Mitläuferschaft in den vergangenen 15 Jahren gar nicht verändert, sondern gegenüber manchen damaligen Leistungen fast sogar verschlechtert hat. Notwendig genug, daß es zur Ehrensache jedes Menschen wird, der sich die Bezeichnung Architekt beilegt, den Wohnungsbau ausschließlich und ganz und gar entsprechend seinen inneren Bedingtheiten zu erledigen. Traurig genug, daß heute noch darüber gesprochen werden muß, anstatt sich über die Frage der richtigen Blockaufteilung, des Grundrisses und der technischen Herstellung sowie über das Organisatorische zu unterhalten.
Aus diesem Grunde erhält die Persönlichkeit heute eine stärkere Bedeutung als in dem landläufigen Architekturbetrieb vor dem Kriege. Ganz in der Aufgabe selbst aufzugehen, den subjektiven Privatwillen bis zu solchem Grade aufzugeben, daß die Bauten wie völlig unpersönlich als saubere klare Lösungen in Erscheinung treten – ein solches Kollektivgefühl kann nur in der Qualität der Person seine Wurzel haben. Das Allerunpersönlichste im Wohnungsbau ist somit die Leistung der stärksten Persönlichkeit, was übrigens für sämtliche Aufgaben der Architekten wie für jeden tätigen Menschen zutrifft. Ich füge hinzu, daß ich im Jahre 1914 auf eine Umfrage der „Bauwelt", ob man die Namen der Architekten an den Bauten anbringen solle, als einziger mit einer scharfen Ablehnung geantwortet und die Anonymität auch im Sinne der nichtsubjektiven Auffassung als ein Kennzeichen der architektonischen Güte bezeichnet habe. U. a.: „Im Unterordnen unter die Forderungen der Aufgabe liegt die Stärke der Architekten-Persönlichkeit. So wird er Gestalter der Solidarität."

Otto Haesler, Celle:

Ich liebe es nicht rückwärts zu schauen, um gegenwärtige Erfordernisse aus parallelen zur Vergangenheit heraus zu begründen. Jede Zeit stellt ihre Aufgaben, die nur in gegenwartsbejahendem Sinne gelöst werden können.
Die Aggregate unserer Lebensexistenz so tief wie möglich zu erfassen, ist die Vorbedingung ihrer Lösung.
Das breite, tief einschneidende Gefüge des Wohnproblems, im Augen-

IV ÜBERGEORDNETE TEXTE 1918-1933

blick unter starker Betonung seiner wirtschaftlichen Seite und die ungeheure Weltanschauungskrisis sind die erschwerenden Faktoren. Je mehr es gelingt in diese Summe von Lebensaggregaten einzudringen und aus ihnen heraus zu einer klaren Weltanschauung und starkem Wollen zu gelangen, desto mehr wird es auch der Architektenschaft gelingen, die ihr gestellten Aufgaben im Sinne der Zeit und in die Zukunft vorfühlend zu lösen.

Dabei erschließt diese biologische Einstellung Gefühlswerte nicht minder wie Zweckmäßigkeitswerte und erhebt den Architekten von selbst aus seiner Stellung als entbehrlicher „Nurkünstler" zum wirklichen, für das Volksganze unentbehrlichen „Baukünstler". Solcher Tätigkeit wird nichts vorenthalten werden können, was ihr billigerweise zukommt, auch nicht der genügende Raum für persönliche Leistungen.

Nicht mit „Fürsorge" möchte ich der augenblicklichen Schwierigkeiten wegen den Wohnungsbau bezeichnen, weil das Wohnproblem, um das es sich handelt, im tiefsten Sinne ein sakraler Begriff ist und es besonders von den „Baukünstlern" mit abhängt, wann er allgemein als solcher anerkannt und zur zeitgemäßen Lösung gebracht wird.

Wer in diesem Sinne etwas will, der weiß, daß wir über die allerersten Anfänge noch nicht hinaus sind.

Die Entwicklung wird schneller fortschreiten, wenn die Architektenschaft ihren Werken mehr an inneren Werten mit auf den Weg gibt als bisher.

In dieser Einstellung wird der Architekt auch im neuen Produktionsgange unentbehrlich sein und seine berufliche Befriedigung finden.

Thilo Maatsch: Stadt-Abstraktion, 1927

Josef Frank

Drei Behauptungen und ihre Folgen

Die Form, 1927, S. 289–291

1. Behauptung. Der moderne Mensch, der eine Zentralheizung hat, der in der Eisenbahn, im Automobil und im Luftschiff fährt, kann unmöglich auf einem Sessel aus der Zeit Ludwig XV. sitzen. Dadurch, daß er auf diesem Sessel sitzt, beweist er, daß er es kann, ohne komisch oder auch nur auffallend zu wirken. Es wird bei obiger Behauptung übersehen, welch geringe Rolle in unserer Zeit die Form gegenüber der Zweckerfüllung spielt. Es haben sich eine Anzahl von Geräten, deren Funktion seit der Urzeit die gleiche geblieben ist, z. B. Sessel, schon seit langem zu solcher Vollkommenheit entwickelt, so daß sie, schon damals typisiert, heute noch verwendbar sind. Das Zeitalter, in dem etwas entsteht, läßt sich nicht genau mit einer Jahreszahl versehen, einschränken. Der Sessel hat eine größere Lebensdauer als das Automobil, das absichtlich als Modegegenstand hergestellt wird, die nicht länger modern sein darf als seine Verwendbarkeit.
Folgen. Der Architekt bemüht sich seit vierzig Jahren Dinge, die ihn eigentlich nicht viel angehen, in Modeformen herzustellen, jährlich neue Sesselformen herauszubringen, die aber in der Regel nicht einmal das Alter einer Karosserie erreichen.
Lehre. Du sollst nicht jährlich einen neuen Stil erfinden und nicht Gelüste tragen nach dem Stil deines Nächsten; der Mensch ist keine Eintagsfliege.

2. Behauptung. Das Haus und die Wohnung müssen industriell maschinell hergestellt werden wie die Glühlampe, das Telephon und das Automobil.
Die Glühlampe soll leuchten, das Telephon soll den Schall übertragen, das Automobil soll fahren und sein Wert liegt in dem, was draußen zu sehen ist. All diese Funktionen sind sehr eindeutig, und je besser sie erfüllt werden, was leicht festzustellen ist, desto besser sind sie. Die Wohnung ist das Negativ des Menschen und bleibt dies während all seiner Wandlungen und hat deshalb eine seelische Funktion. Sie ist mehr als ein

IV ÜBERGEORDNETE TEXTE 1918-1933

Schutzdach gegen den Regen. Gewiß sind die Bedürfnisse der Menschen annähernd die gleichen und es ist zu hoffen, daß sie dies immer mehr werden. Solange aber diese Einheitlichkeit nicht hergestellt ist, solange die Lebensform nicht gefunden ist, wie dies in Zeiten einer Entwicklung der Fall ist, ist das Typisieren auf Grund einer Herstellungsweise und nicht der Wohnkultur ein Übel. Daß die Typen unserer Architekten Ausdruck höchsten Individualisierungsbestrebens sind, geht daraus hervor, daß sie nur von den Erfindern selbst verwendet, von den andern aber abgelehnt werden, weil sie meist formal und nicht zur Erfüllunng ihres Zweckes erdacht sind. Der Tisch z. B., der nach den neuen deutschen Möbelnormen mit einer Höhe von 78 cm festgesetzt wurde, bedeutet einen schweren Rückschlag der gesamten Wohnkultur, da der moderne Tisch höchstens 72 cm hoch sein darf. Sechs verhängnisvolle Zentimeter!
Folgen. Es werden Häuser und Gegenstände entworfen, deren Funktion der Entwerfer selbst nicht versteht. Um sie als Typen zu gestalten, läßt er das Charakteristische daran weg und macht sie damit selbst unbrauchbar.
Lehre. Du sollst nicht typisieren, denn das ist eine Angelegenheit der Industrie und nicht des Architekten. Typen entstehen von selbst, wenn sich ihre Brauchbarkeit erwiesen hat. Der Architekt ist kein Paragraphenschreiber, sondern ein Künstler.

3. Behauptung. Im Büro und in der Fabrik haben sich eine Anzahl von industriell hergestellten Typen als sehr brauchbar erwiesen, z. B. Schreibtische und Lampen. Sollen wir diese nicht auch in unseren Wohnungen verwenden?
Nein, das sollen wir nicht. Büros und Fabriken sind Stätten, in denen wir uns notgedrungen und ungern aufhalten, die wir verlassen, so schnell es nur geht. Die Gegenstände daselbst haben den dementsprechenden Charakter. Die Wohnung soll den entgegengesetzten haben. Der Mensch, der maschinell tätig, zu Hause eine Fortsetzung dieser Tätigkeit zu sehen wünscht, gehört in das Gebiet der Fabel. In Wirklichkeit will er zu Hause an nichts davon erinnert werden.
Folgen. Die Wohnungen werden als Arbeitsstätten hergerichtet wie zu flüchtigem Aufenthalt, und der Bewohner kommt nicht zu der Ruhe, deren er bedarf.

Lehre. Acht Stunden des Tages mußt du im Schweiße deines Angesichts arbeiten, sechzehn Stunden aber sind der Ruhe und der Unterhaltung geweiht. Denn der Mensch ist weder eine Maschine noch eine Kapitalsanlage, die sich rentieren muß, sondern arbeitet, solange er muß, um in der übrigen Zeit ein Mensch sein zu können.

Walter Riezler

Die Wohnung

Die Form, 1927, S. 258–266

[...] Die beiden Häuser von Le Corbusier fordern und verdienen eine besondere Beachtung. In ihnen gipfelt das Interesse aller Beschauer: während sie für den Bürger nur Gegenstand des Kopfschüttelns oder Gelächters sind, erscheinen sie den radikal Gesinnten als der Höhepunkt der Ausstellung, als die einzige ganz reine Verkörperung der neuen „Baugesinnung". Unzweifelhaft zeugen sie, was nach den Büchern Le Corbusiers gar nicht anders zu erwarten war, von einem reifen, mutigen und echt modernen Geiste. Es ist ein glänzender Gedanke, das Haus mit allen heute zur Verfügung stehenden baulichen Mitteln vom Boden zu lösen und mit Licht, Landschaft und freiem Raum zu einer ganz neuen Einheit zusammenzubinden. Es ist höchst geistvoll, wie in dem einen Hause das ganze Leben in dem einen, vielgegliederten, sehr lebendig gestalteten Raume, der wiederum durch das große, die ganze hohe Wand einnehmende Fenster in den freien Raum draußen überschwingt, zusammengefaßt ist. Es ist auch denkbar, daß sich in einem südlichen Klima, wo den größten Teil des Jahres die Fenster offen stehen und der herrliche Dachgarten zu benutzen ist, sich das Leben eines kinderlosen Paares in einem solchen Hause sehr frei und schön entfalten kann. Es ist jedoch schlechterdings undenkbar, daß das Haus in unserem Klima anders als von Fanatikern der neuen Wohnung, die der Idee zuliebe die größten

Opfer zu bringen, auch zu frieren bereit sind, bewohnt wird. Der große Raum ist sicherlich bei wirklicher Kälte kaum so zu heizen, daß man auch in den unteren Teilen existieren kann. Da der Schlafplatz von dem übrigen Raum nur durch eine halbhohe Wand getrennt ist, wird es dem Manne nicht möglich sein, abends mit Freunden bei einer Zigarre zusammenzusitzen, wenn die Frau schlafen möchte, – die Frau aber wiederum wird keine Lust haben, ein Bad zu nehmen, wenn der Mann Besuch hat, denn auch die Badewanne steht in dem großen Raum. Daß einer der Bewohner krank wird, kann nicht gestattet werden, denn dann wird der ganze große Raum zum Krankenzimmer, alles Leben im Hause ist lahmgelegt. [...]
Man hört heute soviel von der „neuen Wohngesinnung" reden und daß es Pflicht der Architekten sei, die „neue Wohnform" zu schaffen. [...] Es entspricht sicher nur den Wünschen der jungen Generation und aller derer, die sich heute neu einrichten müssen, wenn die Architekten nun daran gehen, diejenigen Bauformen zu finden, die den neuen Bedingungen entsprechen. Die Frage ist nur, ob nicht in der ersten Begeisterung viele Architekten über das Ziel hinausschießen, ob sie nicht, ausgehend von ihren eigenen Wünschen, die nicht immer für die Allgemeinheit maßgebend zu sein brauchen – weil nicht jeder so wie sie schöpferisch an der Frage interessiert ist –, diktatorisch eine neue Wohnform schaffen wollen, die der „Wohngesinnung" des heutigen Menschen gar nicht entspricht. [...]
Niemand kann sich dem Eindruck entziehen, den die bis zum Letzten durchdachten, von einer wahrhaft „sauberen", sozusagen ingenieurhaftsachlichen Gesinnung gestalteten Räume in den Häusern von Gropius machen – und doch wissen wir nicht, ob nicht diese Wohnungen in ihrer sachlichen Kühle und Unpersönlichkeit (die bei so vielen Besuchern den Vergleich mit dem Hotel oder Sanatorium, ja der chirurgischen Klinik hervorruft) weit über das hinausgehen, was der modern gesinnte Mensch, der aber nicht auf diese Fragen eingeschworen ist, in seiner Wohnung erträgt, – und ob nicht auch der Fanatiker der neuen Wohngesinnung schon in wenigen Jahren das Bedürfnis fühlen wird, mit allen Mitteln eine gewisse „Wohnlichkeit", die man auch als die Atmosphäre seelischer Wärme bezeichnen kann, zu schaffen. (Wir wollen uns doch darüber klar sein: auch der neue Mensch wird seelische Wärme verlangen, auch wenn der Prozeß der Entpersönlichung noch weiter fortgeschritten ist!)

Adolf Loos

Von der Sparsamkeit

Die Baugilde, 1925, S. 384–385

[...] Ich habe es [...] nicht gern, wenn man mich Architekt nennt. Ich heiße einfach Adolf Loos.
Wir haben keine Architektur, wir haben Häuser, die angezogen sind. Das ist so, als würde man sagen: Kein Sattel, sondern ein angezogener Sattel. Das ist ein Sattel, der eine ornamentale Form hat und dessen Zweck überhaupt nicht oder ganz unzulänglich unter einem kunstgewerblichen Kleid deutlich wird, wie der Frauenkörper in einem Kunstgewerblerkleid „nach einem Entwurf" steckt. Wir allerdings müssen uns anziehen; warum wir aber die Architektur anziehen, verstehe ich nicht.
Was ich vom Architekten will, ist nur eines: daß er in seinem Bau Anstand zeige.
Ob eine Sache modern ist, erkennt man am besten daran, ob sie sich in die Nachbarschaft alter Sachen eignet. Ich versichere Ihnen, daß meine Möbel in die Nachbarschaft der europäischen Möbel aller Jahrhunderte und aller Länder und nicht minder gut auch zu chinesischen, japanischen und indischen Gegenständen passen. Mag einer mit den Schöpfungen unseres „Kunstgewerbes" etwas Ähnliches versuchen!
Die Wohnung darf niemals fertig sein. Ist der Mensch in physischer und geistiger Hinsicht jemals abgeschlossen, fertig? Bleibt er überhaupt auf einem toten Punkt stehen? Und wenn der Mensch in ständiger Bewegung und Entwicklung ist, wenn alte Bedürfnisse vergehen und neue entstehen, wenn überhaupt die ganze Natur und alles um uns sich ändern, soll das, was dem Menschen am nächsten steht, seine Wohnung, unverändert, tot und in alle Zeiten eingerichtet bleiben? Nein. Es ist lächerlich, den Leuten vorzuschreiben, wo ein Ding stehen soll, ihnen alles vom Klosett bis zur Aschenschale einzurichten. Ich liebe es im Gegenteil, wenn die Menschen ihre Möbel so umstellen, wie sie (nicht ich!) es brauchen, und es ist durchaus natürlich und ich billige es, wenn sie ihre alten Bilder, ihre Erinnerungen hineinbringen, die sie lieb haben, mögen die Sachen geschmackvoll oder geschmacklos sein. Darauf kommt es mir doch wenig an. Für sie aber ist es ein Stück empfindsamen Lebens und vertraulicher

Intimität. Das bedeutet, daß ich ein Architekt bin, der menschlich und nicht künstlerisch-unmenschlich einrichtet. Ich staune überhaupt, daß so viele Menschen sich von den sogenannten Architekten für Innendekoration tyrannisieren lassen! Die Gegenstände, mit denen ich einrichte, kann jeder Tischler machen. Ich mache keinen Patentarchitekten aus mir. Meine Sachen kann jeder Marmorarbeiter, jeder Textilist, oder Industrielle machen und braucht mich nicht ergebenst zu bitten. Die Hauptsache ist, daß er eine ehrliche Arbeit leiste. Und vor nichts habe ich mich im Leben so gehütet, wie vor dem Produzieren neuer Formen.
Die Architekten sind dazu da, um die Tiefe des Lebens zu erfassen, das Bedürfnis bis in die äußersten Konsequenzen durchzudenken, den sozial Schwächeren zu helfen, eine tunlichst große Anzahl von Haushaltungen mit vollkommenen Nutzgegenständen auszustatten, und niemals sind die Architekten dazu da, um neue Formen zu erfinden.
Aber das alles sind Anschauungen, die heute noch in Europa so viele Menschen begreifen werden, daß man sie an den Fingern einer Hand zählen könnte.

Adolf Behne

Architekt und Mieter

Sozialistische Monatshefte, 1926, S. 107-108

Bau und Möbel oder Architekt und Mieter stimmen heute oft nicht zusammen, und gerade dort, wo der Architekt sein Bestes in fortschrittlichem Sinn redlich zu geben versuchte. Der Architekt gibt allzu leicht dem zähen Festhalten an schlechten, kleinbürgerlichen Gewohnheiten die Schuld. Der Mieter aber kann sich wirklich nicht von heute auf morgen ganz umstellen. Er lehnt sich gegen die Bevormundung durch den Architekten auf, und, immer die Diskrepanz zwischen seinen auf Behäbigkeit, Gemütlichkeit, familiär-individuelle Intimität gestellten Wänden

und Möbeln in der guten Stube und der knappen Großzügigkeit des modernen Architekten spürend, kommt er zu Ausdrücken wie Zuchthausbauten oder, in milderen Fällen, Strafanstaltsbauten. Merkwürdig, daß wir diese Erscheinung auch am andern Ende der Welt, in Indien, finden: In den elenden Wohnungen der Massen zu Kalkutta wüteten jahraus, jahrein Cholera, Pest, Pocken und Ruhr. Die englische Regierung baute moderne, luftige, gesunde Arbeiterwohnungen. Erich von Salzmann schilderte in der Vossischen Zeitung die feierliche Einweihung. „Aber das dicke Ende kam nach..., die Eingeborenen weigerten sich hineinzuziehen."
In der Kritik des Mieters ist ein Körnchen Wahrheit. Der moderne Architekt hat eine gewisse Neigung über den Bewohner seiner Bauten und dessen Ideen, Vorstellungen, Empfindungen meilenweit hinaus- und hinwegzuspringen. Der Mieter hat nicht ganz unrecht, wenn er sagt: Der Architekt ist doch für mich da; er baut, damit ich wohne und mich wohlfühlen kann, nicht aber lebe ich, um seine Musterbauten stilvoll zu bevölkern. Es ist wahr, noch immer hat der Architekt eine Neigung für sich zu bauen, Architektur als Selbstzweck zu treiben, für seine Monographie statt für den Menschen zu bauen. Aber der Mieter kann auch keine Diktatur beanspruchen. Es ist richtig, daß des Wohnens willen gebaut wird und nicht umgekehrt. Aber das heißt doch nicht, daß das heutige Wohnen, daß Lebensführung und Lebenshaltung des heutigen Mieters glatt als Richtschnur für die Architekten gelten könnten. Dazu sind Ansprüche und Gewohnheiten des Durchschnittsmieters viel zu schlecht, zu kurzsichtig, zu unentwickelt, zu zähe am Alten festhaltend. Und selbstverständlich ist es eine der wichtigsten Aufgaben gerade des Architekten bessere Wohnsitten heranbilden zu helfen. Seine „großzügigen" Formen werden häufig aus keinem andern Grund abgelehnt, als weil man sie dunkel als Kritik empfindet. Aber ganz mit Recht wird die Kritik vom Architekten geübt. Gewiß, Bauen hängt vom Wohnen ab. Aber das kann unmöglich bedeuten, daß wir an die jetzige Art zu wohnen nicht rühren dürfen. Gewiß, der Architekt dient dem Mieter, doch nicht dem Durchschnittsmieter von heute sondern dem zur vollen kulturellen Verantwortung geweckten, einsichtigen Mieter. Diesen heranzubilden ist der Architekt wesentlich mitberufen.
Wohin kämen wir denn, wenn wir den heutigen Durchschnittsmieter als Norm anerkennen wollten? Eher zurück als vorwärts. Wenn der Durch-

schnittsmieter gute, mit höchstem Gefühl für Verantwortung gebaute Siedelungen als Strafanstalten bezeichnet, so tut er das, weil er den Verzicht des Architekten auf Verzierungen der Frontmauern als eine Herabwürdigung empfindet. Er sieht, daß der Vermögende ein eigenes Haus mit eigenem Garten hat, und sieht, daß dieses freistehende Haus des Vermögenden mit Säulen, Figuren und Ornamenten geschmückt ist. Und er fühlt sich zum „Proleten" degradiert, als „Ausschuß" behandelt, wenn der Architekt für ihn ein Normenhaus in einer Reihe von prinzipiell gleichen Häusern baut und diesem Haus keinerlei Schmuckfronten anklebt. An mir wird gespart: ist sein einziger Gedanke. Und es ist ja wahr: Der Architekt spart an Schmuckmotiven der Fassade. Aber doch nicht aus Geringschätzung des Bewohners, sondern um ihm das Höchstmögliche an Raum, an Licht, an Bequemlichkeit herauszuholen. Der Durchschnittsmieter sieht das nicht. Er hätte vielleicht lieber eine kleine Miniaturvilla, nach dem Muster der großen ausgestattet, auch wenn das nur mit billigen Ersatzmitteln möglich ist. Er denkt nicht daran, daß diese Nachahmerei würdeloser ist als Einfachheit, die Charakter hat. Raum und Luft sind aber wichtiger als Ornamente an der Außenwand, und der Architekt hat vollkommen recht, wenn er den letzten Pfennig der ihm bewilligten Bausumme, deren Höhe nicht von ihm abhängt, für die Verbesserung des Innen verwendet statt für die Aufdonnerung des Außen.
Kurz und gut: Weder von der einen Seite noch von der andern kann eine unbedingte Diktatur ausgeübt werden. Der Mieter kann verlangen, daß der Architekt auf seine Gebundenheiten und seine Empfindungen die allergrößte Rücksicht nehme, er kann verlangen, daß nicht über seinen Kopf weg die Fragen des Wohnens und Bauens sozusagen im Atelier erledigt werden. Aber er kann nicht verlangen, daß der Architekt ihm jedes Umlernen, jedes Weitergehen und jede Anpassung erspare. (Wenn man bedenkt, wie gern und leicht sich Männlein und Weiblein der Diktatur der ersten besten Verkäuferin im ersten besten Modeartikelgeschäft unterwerfen, so wundert man sich manchmal über den Widerstand selbst gegenüber leisen und höflichen Anregungen des Architekten.) Der Architekt kann verlangen, daß der Mieter Vorurteile prüfe und möglichst auch ablege, daß er seine Überschätzung äußerlicher „Aufmachung" und manche Sentimentalität aufgebe und die Wandlung zum Bessern im Grundriß voller Vertrauen mitmache. Aber er kann nicht verlangen, daß der Mieter aus einem lebendigen Menschen zur Architekturstaffage

werde. Der Architekt braucht nicht großzügiger zu sein als der liebe Gott, sonst entsteht aus Protest gerade der „Kitsch". Und wo er diktieren will, da lerne er von der Technik der Verkäuferin im Modegeschäft. Was aber soll im Augenblick erfolgen?
Da beide, Architekt und Mieter, in Wahrheit das selbe Ziel haben: die beste, menschenwürdigste Wohnung, so muß sich der Ausgleich einstellen, wenn beide Teile nicht mehr persönlich und nicht mehr nur von ihrem Metier aus denken und handeln sondern überpersönlich-sachlich. Das Prinzip der Sachlichkeit begrenzt automatisch die Diktatur des Mieters. Sachlichkeit bedeutet ja nicht, wie die meisten glauben, Trockenheit, Nüchternheit, Lösung aus bloßem rechnenden Verstand. Sachlichkeit bedeutet ganz einfach die auf die Sache eingestellte Lösung. Was aber ist denn die Sache?
Jede Sache ist Knüpfpunkt, Kreuzpunkt in den Beziehungen zwischen Mensch und Mensch. Wer die Sache wirklich erfaßt und gestaltet, erfaßt und gestaltet nicht nur den einzelnen Menschen und seine Wünsche sondern das Wichtigste von allem: die Beziehungen zwischen den Menschen. Sachlich arbeiten bedeutet also in jeder Disziplin sozial arbeiten. Sachlich bauen bedeutet sozial bauen, am Anfang beginnend: beim Möbel.

Adolf Behne

Wege zu einer besseren Wohnkultur

Sozialistische Monatshefte, 1927, S. 121–123

Wie müssen wir bauen, um dem neuen Menschen, dem Menschen sozialer Gemeinschaftsgesinnung Möbel und Wohnung, Haus und Arbeitsraum zu schaffen, die seiner neuen Lebenshaltung, seiner neuen Stellung von Mensch zu Mensch entsprechen? [...] Da helfen nun Rezepte gar nichts, denn es handelt sich um keine Modesache, und sodann ist ja die Arbeit noch mitten im Gang, steht noch im Beginn, und

endgültige Resultate, aus denen man Rezepte formulieren könnte, liegen noch kaum vor. Es kommt nicht darauf an, daß man weiß, daß man heute keine Nippes und Genrebildchen mehr haben darf. Wohin solches Rezeptausgeben führt, hat die Tautsche Parole „Farbe!" in krasser Art gezeigt. Denn da wurde der gute brauchbare Kern, der in der Bewegung für die Farbe steckte, sofort durch die öde Anstreicherei, vor der heute wohl auch dem ersten Anreger angst und bange geworden ist, erdrückt und erstickt. [...]
Rechtwinkligkeit, Ornamentlosigkeit, flaches Dach, so erfreulich, wünschenswert und sympathisch sie sind, bedeuten nicht das Entscheidende; sie sind willkommene Folgen. Entscheidend ist, daß der Mensch die Bauart sucht, die seiner neuen solidarischen Lebenshaltung entspricht. Das Kennzeichen des modernen Menschen aber ist Offenheit, Vertrauen, Einfachheit. [...]
Was also, wird immer wieder die Frage an uns lauten, was sollen wir nun in Wirklichkeit tun, und womit sollen wir anfangen?
Mit Vernunft wohnen, bewußt an der Rationalisierung, Vereinfachung, Vermenschlichung unseres Wohnens arbeiten. Daß das leicht gesagt ist, aber schwer, oft ganz unendlich schwer getan, wissen wir. Die Hemmungen, die alte schlechte Räume, verbrauchte Möbel, zu enge und überbelegte Stuben und der ganze trostlose Druck schlimmer Mietskasernen bedeuten, verkennen wir wirklich nicht. Es gibt ein Wohnungselend, vor dessen erschütternder Dumpfheit einem der Mut zu guten Ratschlägen vergeht, ein Wohnungselend, das nur radikaler Abbruch bessern kann und nur radikaler Neuaufbau tilgen. Im allgemeinen aber ergibt sich doch auch unter ungünstigen Verhältnissen von Zeit zu Zeit die Möglichkeit der Verbesserung, wenn jede Reparatur, jeder neue Anstrich, jede neue Tapete und jedes neue Stück der Einrichtung zum Anlaß genommen wird einen Schritt nach vorn zu tun: nicht in dem Streben sich einer neuen Modeform anzupassen sondern allein in dem Streben nach Verbesserung der Funktion und der Leistung der Wohnung, das heißt der Sache. [...]
Über gutes und richtiges Bauen nachdenken heißt nichts anderes als über gutes und richtiges *Leben* nachdenken. Denn, um es nochmals zu sagen, nicht irgendwelche neue Stilformen wollen die neuen Architekten durchsetzen, sie wollen beitragen das Leben der Allgemeinheit besser und richtiger zu gestalten.
Je sachlicher die Architekten dabei sind, um so dichter und unmittelbarer

kommen sie ja an die Bedürfnisse und Wünsche des Mieters heran, um so eher wird also ihre Arbeit den Anschein des Diktatorischen verlieren, der sie manchem heute noch unsympathisch macht. Wenn der Mieter allmählich spürt, daß die Arbeit des Architekten wirklich *für ihn* geleistet wird, so wird sein Interesse an der Arbeit des Architekten wachsen, und an die Stelle passiver Resistenz tritt langsam Vertrauen und am Ende Zusammenarbeit. Im Sachlichen treffen sich Architekt und Mieter. Freilich muß man da an den Mieter denken, der die Verpflichtung zur Besserung der Wohnsitten beizutragen anerkennt und nicht am Alten hängt, nur weil es alt ist. Aber beim Architekten muß man auch nur an *den* denken, der nicht für seine Monographie baut sondern für Menschen. Nicht jeder moderne Architekt ist auch schon ein moderner Mensch.

Osbert Lancaster: Zwischenkriegs-Empire

IV ÜBERGEORDNETE TEXTE 1918–1933

Adolf Behne

Dammerstock

Die Form, 1930, S. 163–166

[...] Der Dammerstock ist heute das konsequenteste Beispiel einer Siedlung im Zeilenbau. Ermutigt, berechtigt dieses Beispiel, am Prinzip starr festzuhalten? [...]
Bauen und erst recht Siedlungsbauen ist ein sehr komplexer Begriff. Sehr vielen Ansprüchen muß der Bauende gerecht werden. Daß der Bauende allen erdenkbaren Ansprüchen gleicherweise gerecht werde, ist selbst bei einem freien Luxusbau unmöglich. Der Architekt wägt alle Ansprüche ab und darf Verantwortung nicht scheuen, wenn er zu einer Balance, zu einem Ausgleich kommen will. Wenn der ihm gelungen ist, verrät sich die Kunst der sicheren Steuerführung in der allseitigen Bestimmtheit des Baues, die man am besten als seine „Richtigkeit" bezeichnet.
Dort aber, wo der Bauende vor der Schwere des Ausgleichs zurückweicht, wo ihm die Hingabe an ein Extrem kompromißlos und damit männlicher erscheint, kann das Produkt sehr interessant sein, wird aber für das Empfinden stets einer Ergänzung zur Totalität bedürfen. [...]
Selbstverständlich sind wir heute so wenig wie früher bereit, wesentliche Lebensansprüche der Bewohner irgendeinem Formalismus zu opfern. Wir behaupten vielmehr, daß dies gerade von jenen noch immer getan wird, die vielleicht glauben, solche Tendenzen in unserer Kritik abweisen zu müssen. Der Formalismus liegt freilich heute nicht mehr so offen im unmittelbar Sichtbaren, als im Geistigen, im Denkprozeß, kann sich aber dann auch im Raume nicht verleugnen.
Wenn es in Dammerstock heißt: es müssen alle Räume entweder nach Osten oder nach Westen liegen, so gibt uns die letzte Gewähr für die Wahrheit dieses Satzes noch nicht die Berufung auf diese oder jene hygienische Kapazität, sondern erst die Prüfung des Gesamtresultates, in diesem Falle der gebauten Siedlung im Zeilenbau. [...]
Der Zeilenbau will möglichst alles von der Wohnung her lösen und heilen, sicherlich in ernstem Bemühen um den Menschen. Aber faktisch wird der Mensch gerade hier zum Begriff, zur Figur. Der Mensch hat zu wohnen und durch das Wohnen gesund zu werden, und die genaue

Wohndiät wird ihm bis ins einzelne vorgeschrieben. Er hat, wenigstens bei den konsequentesten Architekten, gegen Osten zu Bett zu gehen, gegen Westen zu essen und Mutterns Brief zu beantworten, und die Wohnung wird so organisiert, daß er es faktisch gar nicht anders machen kann.

Schließlich ist das Wohnen eine zwar sehr wichtige, aber nicht die einzige Funktion unseres Daseins. Hier in Dammerstock wird der Mensch zum abstrakten Wohnwesen, und über den so gut gemeinten Vorschriften der Architekten mag er am Ende stöhnen: „Hilfe... ich muß wohnen!"

Es wäre sehr unrecht, zu verkennen, daß gerade Haesler für das unerhört schwierige Problem der Kleinwohnung äußerst wertvolle Anregungen gegeben hat. Aber es droht hier eine Sackgasse. Die allzu spezialisierte Wohnung gewinnt nicht an Wohnwert, sondern verliert; Haeslers Wohnung ist überhaupt nur noch Schlafgelegenheit, denn sein Wohnraum wird zum Korridor für die einzelnen Schlafkojen, die ja in einer Arbeiterfamilie zu sehr verschiedenen Tageszeiten benutzt werden können.

Kann man per Diktatur soziologisch sein?

Die Fälle, in denen eine Familie die Räume so benutzt, wie es der Architekt sich gedacht hat, sind in allen Siedlungen der Welt sehr selten. Nehmen wir an, daß wirklich in allen Fällen die Vorschläge des Architekten richtiger waren... welches Mittel hat er, seinen Willen durchzusetzen? Keines; manche freilich glauben, das Mittel gefunden zu haben, wenn sie die Räume so klein machen, daß faktisch in ihnen *nur* gewohnt, *nur* geschlafen, *nur* gekocht werden kann. Aber das ist nur möglich auf Kosten anderer Wohnwerte.

Der Architekt ist heute leicht hygienischer als der Hygieniker und soziologischer als der Soziologe, statistischer als der Statistiker und biologischer als der Biologe. Aber er vergißt zu oft, daß Hygiene, Statistik, Biologie und Soziologie nur von Wert sind, wenn sie nicht den Wohnraum auffressen.

„vom biologischen standpunkt aus benötigt der gesunde mensch für seine wohnung", so schreibt Gropius, „in erster linie luft und licht, dagegen nur eine geringe menge an raum. also ist es unrichtig, das heil in einer vergrößerung der räume zu erblicken, vielmehr lautet das gebot: vergrößert die fenster, spart an wohnraum." [...]

Es ist sehr nützlich, wenn sich der Architekt mit Hygiene und Soziologie

beschäftigt, aber nur, wenn er dabei Architekt bleibt, das heißt: die ausgleichende Instanz. [...]
Für den radikalen Zeilenbau ist Hygiene ausschließlich Sonnenlage. Und wiederum Sonnenlage ist ihm ausschließlich Morgensonne für die Schlafräume, Abendsonne für die Wohnräume. Die Wohnung zerfällt so in ein Hüben und Drüben. Hüben nur dies, drüben nur das, und dieses Auseinanderfallen in zwei Fächern ist für den ganzen Zeilenbau charakteristisch. Glatte Aufteilung wie auf einer Skala, diesseits vom Nullpunkt und jenseits vom Nullpunkt. Die Richtung bleibt gleich, nur das Vorzeichen wechselt, der Übergang ist ja ein Nullpunkt.
Die Zeilen laufen von Nord nach Süd. Es gibt nur ein Rechts vom Wege und ein Links vom Wege. Die Nullpunkthaftigkeit der Markierung wird stark unterstrichen durch die blinden Schnittflächen der Giebel rechts und links vom Wege. Die Gegenbewegung, die Tiefenerstreckung, scheint für illegitim zu gelten. Die Hauszeilen weichen notgedrungen ein paar Meter auseinander, und man denkt beim Hindurchgehen, daß sie sich gleich hinter einem mit den nackten Schnittflächen wieder zusammenschließen werden. ... wie Eisenbahnwaggons schnell auseinander- und schnell wieder zusammengekoppelt werden.
Auch hier, wie im Ganzen des Dammerstock, sagt uns das Gefühl, daß etwas nicht richtig ist. Denn auch diese Lösung entbehrt der Totalität. Sie ist betont „sachlich"... und in Wirklichkeit, aus Furcht, formal zu werden, gerade formal und ausgesprochen unsachlich. Es gibt ja kein gröberes Mißverständnis, als zu meinen, sachlich sei eine Lösung nur, wenn sie nach dem laufenden Band schmecke und rieche, billig, lieblos und möglichst mechanisch sei. Jedes Ding dahin, wohin es gehört. Für Eisenbahnwaggons ist das laufende Band ausgezeichnet und richtig, aber die „Sache" Wohnsiedlung ist eine andere. In ihre Sachlichkeit gehört durchaus, was Martin Wagner jüngst in einem Aufsatze die „neue Herzlichkeit" nannte und was Schwagenscheidt einmal so formulierte: „Blumen und Bäume, Hecken, Sträucher, Wiesen, Luft, Sonne und der Sternenhimmel, Wolken, Vögel und Schmetterlinge und vieles, was in Zahlen und Diagrammen nicht auszudrücken ist, gehören zur modernen Sachlichkeit." [...]
Die Methode des Dammerstock ist die diktatorische Methode, die Methode des Entweder-Oder. Diktatur schneidet auseinander, ist unentwegt geradlinig, kennt zwei Flügel, aber keine Mitte.

Indem er Leben zum Wohnen spezialistisch verengt, verfehlt dieser Siedlungsbau auch das Wohnen. Dies ist kein Miteinander, sondern ein Auseinander. Die ganze Siedlung scheint auf Schienen zu stehen. Sie kann auf ihrem Meridian um die ganze Erde fahren, und immer gehen die Bewohner gegen Osten zu Bett und wohnen gegen Westen.[...]
Es meldet sich beim Durchschreiten der hohen Randzeilen in Dammerstock die Erinnerung an die alten Brandgiebel der Großstädte. Man glaubt fast, es sei eine Berliner Mietskaserne auseinandergeschnitten, Seitenflügel und Quergebäude seien herausgelöst und in die Straßenflucht umgebogen worden. Das soll nichts anderes besagen, als daß auch hier die Empfindung des „Richtigen" ausbleibt. [...]
Die diktatorische Methode denkt: Entweder-Oder. Der Bewohner aber denkt: Und. In Dammerstock besteht das Auseinander auch im Verhältnis zwischen Architekt und Bewohner. Man braucht nur die Gardinen hinter den modernen Fenstern zu sehen, die Gegenstände in den Loggien, um zu erkennen, daß die Form des Architekten sehr weit und sehr lose über dem Leben des Bewohners schwimmt.
Immer wieder dieses auf den entgegengesetzten Enden zweier Flügel Sich-Gegenüberstehen.
In meinem Büchlein „Neues Wohnen, neues Bauen" habe ich vor Jahren schon auf die Bedenklichkeit der diktatorischen Methoden des modernen Architekten hingewiesen, und heute muß man dieses Übel mehr denn je kennzeichnen.
Es ist ganz gewiß richtig, daß die Schuld an dem Nichtzusammenkommen genau so auf seiten des Mieters liegt wie auf der Seite des Architekten. Es muß auch unterstrichen werden, daß gerade ein Architekt wie Haesler sich bemüht, den Bewohnern nahezukommen. Aber die Tatsache bleibt bestehen, daß der Architekt noch immer viel zu hoch hinauswill. Im Grunde denkt er noch immer: die Siedlung, das ist mein Werk, meine Idee, mein Produkt, und ich werde dieses Produkt zur größten künstlerischen Vollkommenheit treiben... die Menschen müssen sich dann einpassen.
Aber die Siedlung ist erst mit den Menschen komplett, und wenn in einer Siedlung außen der letzte Stahl-, Glas- und Flachdach-Schick herrscht, und innen stehen Plüschmöbel mit Muscheln, und gegen Morgen- und Abendsonne sind schön mit Schleifen in der Mitte gerraffte Gardinen und auch Lambrequins und Stores, dann ist wieder etwas Wesentliches nicht

richtig. Denn nie werden die eleganten blanken Fronten jemanden erziehen, dazu sind viel zu weit ab am äußersten Ende des anderen Flügels. Hier Kunst... hier Kitsch! der Schlachtruf reißt die Parteien auseinander.
[...]
Die Sockel der Hauszeilen waren grau gestrichen. Ohne Frage war das sehr geschmackvoll und sah nobel aus. Aber man war, als ich durch Dammerstock ging, eben dabei, das Grau mit Rot zu überstreichen. Rot ist viel weniger „gut" als Grau. Aber nicht vielleicht doch richtiger?
[...]
Es sei noch einmal betont, daß diese prinzipielle Erörterung die Leistung der Architekten in Dammerstock nicht herabsetzen soll. Wir sehen nur diese Leistung im allgemeinen Schicksal unseres Bildens. Man würde uns ganz falsch verstehen, wenn man in unseren Ausführungen ein Rückzugssignal sehen wollte. Mit den reaktionären Kritikern des Dammerstock haben wir nichts zu tun. Wir möchten vielmehr anregen zu einem weiteren *Fortschritt,* denn für einen Fortschritt möchten wir die Absage an das Dogma immer halten.

Clara Mende

Die Frau und der Architekt in der Gegenwart

Die Baugilde, 1928, S. 1381–1382

Wir befinden uns in einer Revolution auch auf dem Gebiete der Wohnungsherstellung, das ist gar keine Frage, aber unsere Sorge muß sein, die wilden Strömungen, die sich ein neues Bett suchen, nicht allzusehr auf guten Mutterboden gelangen zu lassen. Dämme müssen gehalten und neu errichtet werden. Es sind unverkennbar kommunistische Ideen mit wirksam, vielleicht ganz im Unterbewußtsein des Architekten. Wer sie aber erkennt, muß sie bekämpfen. Die neue Wohnung in ihrer ganzen Sachlichkeit läuft wenig oder mehr auf die Auflösung der individuellen Familie hinaus. Alle Häuser gleich von außen, innen ganz gleich mö-

bliert, mit dem gleichen Geschirr ausgestattet, alles genormt, vielleicht liefert der Architekt nächstens auch noch den typisierten Menschen. Die Wohnungen so klein in den Raumverhältnissen, daß Kinder zu haben kaum möglich, sie darin zu erziehen, unmöglich ist. Darum der mit der Siedlung gleich mitgelieferte Kindergarten mit den genormten Stühlchen und Tischchen, vielleicht den ganz gleichen Spielsachen für alle Kinder, damit sich nur ja keine Individualität entwickeln kann. So geht das nicht, hier setzt die verantwortliche Aufgabe der Hausfrau ein. Sie muß sich klar darüber sein, daß für die große Zahl der berufstätigen Hausfrauen und Mütter anders gesorgt werden muß als für die Frau, die zu Hause bleiben kann und sich ihrer Familie ganz anders widmen kann.
Hier muß die Hausfrau, die jetzt erfreulicherweise zugezogen wird, mitgestaltend eingreifen. Der Architekt will das Haus, die Frau das Heim. Darum kann sie sich auf die Dauer nicht abfinden mit Schlafwagen- und Speisewagenküche. Sie will und sie muß mehr haben. Sie muß auch darauf hinweisen, wie groß der Unterschied sein muß zwischen dem Haus der nur Hausfrau und dem der Berufsfrau. Weil die letztere noch andere Aufgaben hat, die ihre Kräfte verbrauchen, muß sie auf sparsame Verwendung ihrer Kräfte bedacht sein. [...]
Hier an dieser Stelle gestatten Sie mir ein ernstes Wort der Mahnung an die Frauenwelt zu richten. Viele Frauen, die den ehrlichen Willen haben, in diesen Fragen mitzutun, haben aber noch nicht den Mut gefunden, ihre abweichende Meinung zum Ausdruck zu bringen. Sie haben noch oft einen zu großen Respekt vor der „Überlegenheit des Mannes" und fürchten, den neuen Stürmern und Drängern gegenüber altmodisch zu erscheinen und sagen dann lieber nichts. Die ewig schweigsame Beraterin füllt ihr Amt nicht aus und hilft niemand weiter. Darum gründliche Mitarbeit, die bis zur eigenen Meinungsbildung geht, oder gar nicht mittun, wenn man sich diese Selbständigkeit nicht zutraut.

Carl Otto Czeschka: Signet des Deutschen Werkbundes

3 Typ, Serie und Sozialisierung

[1] Erwin Gutkind
Typisierung und Individualismus als künstlerisches Problem

[2] Serienhäuser

[3] Ludwig Hilberseimer
Großstadtbauten

[4] Waler Gropius
Systematische Vorarbeit für den rationellen Wohnungsbau

[5] Lewis Mumford
Vom Blockhaus zum Wolkenkratzer

[6] Cornelius Gurlitt
Neue Baustoffe und Bauarten

[7] Le Corbusier spricht

[8] Bruno Taut
„Rationelle Bauweisen"
und das Seminar für Wohnungsbau und Siedlungswesen
auf der Technischen Hochschule Berlin

[9] Fritz Schumacher
Schöpferwille und Mechanisierung

Die Typisierung und Rationalisierung, das in die Nachkriegszeit übernommene Rezept für den schnellen Wiederaufbau, ein von der Postmoderne immer wieder herangezogenes Problemfeld der unterkühlten Massenarchitektur, wurde in den zwanziger Jahren in unzähliger Folge diskutiert. Es können hier nur einige Beispiele zitiert werden, die aber das breite Spektrum, die kritische Auseinandersetzung mit dem Thema zeigen.
Erwin Gutkind (1886–1968) hatte sich als zurückhaltender Moderner besonders mit dem Wohnungsbau in Berlin auseinandergesetzt. Kurz nach dem Ende des Ersten Weltkriegs veröffentlichte er in der *Bauwelt* einen Aufsatz zum Thema „Typisierung und Individualismus als künstlerisches Problem". Er erkannte, daß die aktuelle Situation zur Typisierung dränge und entwickelte daraus eine neue architektonische Leistung: Die Vielheit in der Einheit oder der soziale Gedanke als bildende Kraft (Typ, Serie 1).
Noch im politischen und wirtschaftlichen Durcheinander des Jahres 1922 berichtete die *Bauwelt* unter Verweis auf die Zeitschrift *L'Esprit Nouveau* über Le Corbusiers Idee, das Wohnhaus als eine dem Auto, dem Schiff, der Eisenbahn, dem Flugzeug verwandte Maschine zu erkennen (Typ, Serie 2).
Ludwig Hilberseimer gab 1925 in seinem Buch *Großstadtbauten* Hinweise auf die zukünftige Architektur. Er rief dazu auf, vom Formenballast, von der Monumentalität, von Dekorationen Abschied zu nehmen. Den zukünftigen „Stil" sah er in der Nähe eines D-Zuges oder eines Ozeandampfers. Der Architekt müsse wieder die Oberhand, auch gegenüber dem Ingenieur, gewinnen (Typ, Serie 3). Siehe auch Abb. S. 370.
Schon zwei Jahre darauf, 1927, verkündete Walter Gropius, daß die Zeit der Manifeste vorüber sei – daß dringend eine nüchterne Rechnung aufgestellt werden müsse. Der „betriebsökonomische Organismus

Wohnhaus" müsse zur Hebung der sozialen Mißstände möglichst umgehend durchrationalisiert werden. Gropius stellte 21 Punkte einer Versuchsstelle für die Rationalisierung der Bauwirtschaft auf (Typ, Serie 4). Offenbar wollten aber die „Durchrationalisierer" von dem amerikanischen Kritiker Lewis Mumford nichts wissen und nichts hören. Mumford hatte schon 1925 in seinem Buch *Vom Blockhaus zum Wolkenkratzer* auf das Phantom plutonischer Maschinenfanatiker hingewiesen: „Eine Zivilisation, die die Gebäude als bloße Maschinen auffaßt, endet damit, daß sie die menschlichen Wesen als Maschinenwärter auffaßt." (Typ, Serie 5)
Nicht die eigene Erfahrung, aber die eigene Beobachtung zwangen den langjährigen BDA-Präsidenten *Cornelius Gurlitt* (1850–1938), das „arm gewordene Deutschland" in einer humorvollen, aber ernstgemeinten Weise auf die Probleme des „wirtschaftlichen Bauens" hinzuweisen. „Schafft Arbeit! ist die Losung dieser Tage!" rief er aus. Nicht der Technik liebende Verstand, sondern das menschenliebende Herz müsse den Vortritt haben. (Typ, Serie 6)
Bruno Taut wandte sich 1932 in einem Aufsatz *Rationelle Bebauungweisen* gegen den neuen Akademismus, gegen die formalen Tendenzen „im Königshause" Le Corbusiers und seiner Diener. Er erinnerte an die Hegelsche Dialektik: Die Knospe verschwinde im Hervorbrechen der Blüte. Eine sich widersprechende und aufhebende Formfolge sei Zeichen einer Ganzheit – und nur ein enzyklopädisches, ganzheitliches Denken und Arbeiten führe zum Ziel. (Typ, Serie 8)
Am 13. März 1933 hielt Fritz Schumacher beim Schinkelfest des Architekten- und Ingenieur-Vereins zu Berlin seine Rede *Schöpferwille und Mechanisierung*. Er stellte darin die Ästhetik der materiellen Zweckmäßigkeit in Frage, da für ihn die geistgeborene Technik eine Widersacherin der Seele sei. „Wir befinden uns vielleicht in der Lage des Goetheschen Zauberlehrlings, der entsetzt sieht, wie der mechanische Helfer, den er gerufen hat, seine Existenz bedroht." (Typ, Serie 9)

Ludwig Hilberseimer: City-Bebauung (Ausschnitt), 1930

Erwin Gutkind

Typisierung und Individualismus als künstlerisches Problem

Die Bauwelt, Jg. 9, 1918, Heft 38, S. 3–6

Noch immer ist der alte Streit nicht verstummt, ob künstlerisches Schaffen nur im freiesten Ausleben der individuellen Fähigkeiten geschaffen oder unter Berücksichtigung eines scheinbar gleichmachenden typisierenden Zwanges möglich ist. [...] Man hat die Baukunst gefrorene Musik genannt, und wie in der Musik die Harmonie der Töne die unsichtbare Einheit bildet, so ist es in der Baukunst die Harmonie der Teile. Die Oktave ist die Einheit in der Musik. Innerhalb und mit dieser Einheit werden die unendlich vielen und mannigfachen Möglichkeiten geschaffen, aus denen sich die Harmonie zusammensetzt. So ist es auch bei der Baukunst. Die Einheit der Bauten wird durch ein unsichtbares Gerüst der Proportionen geschaffen. [...]
Erhalten Bauten ein „typisches" Gepräge, so ist das etwas sehr Gutes, sofern dadurch ein klarer Ausdruck ihrer Baubestimmung erreicht ist. Das wird dann als Ergebnis einer geklärten Baugesinnung zu bezeichnen sein. „Typisierung" dagegen bedeutet, richtig verstanden, eine Rückwirkung klarer Baugesinnung auf die einzelnen Teile einer Bauanlage durch bindende Gleichheit. Eine Typisierung hat innere Berechtigung nur bei solchen Bauanlagen, die auf der Grundlage eines gemeinschaftlichen Gedankens entstehen.
Bei der Typisierung einzelner Bauteile handelt es sich nicht um eine künstlerische Einengung, sondern einmal um die Erfüllung einer durch die Bauidee gegebenen Forderung, ein andermal um das Schaffen technischer und wirtschaftlicher Erleichterungen. Man wird eigentlich fast immer finden, daß der Widerstand gegen eine Typisierung von Bauteilen nur von sogenannten Künstlern ausgeht, denen Kunst gleichbedeutend mit einem romantischen Sichausleben ist, und die dies nur zu erreichen glauben, wenn sie ihr scheinbares Temperament in möglichst verschiedenartigen, höchst seltsam anmutenden Einzelformen aufspritzen lassen. [...]
Der wahre Künstler aber weiß gerade aus dem Gefühl heraus, daß Kunst etwas Gesetzmäßiges ist, daß sein Wollen nur Erfolg hat, wenn es auf

Eindringen in diese Gesetze gerichtet ist. Er schafft sich selbst Bindungen, zusammenhaltende Einheitlichkeit. Nur der Gedanke der Raumgestaltung ist leitend. Die Erfüllung der praktischen Bedingnisse wird zu einer selbstverständlichen Grundlage und mit ihr ganz naturgemäß die Vereinfachung und Vereinheitlichung der alltäglichen notwendigen Einzelteile. [...] Wie die lebenden Glieder der Wohngemeinschaft der Stadt durch unsichtbare Gesetze der sozialen Gemeinschaftsgesinnung zusammengebunden werden, so werden die einzelnen Teile ihrer Behausungen durch das Gesetz der Proportion und der ästhetischen Einheitlichkeit zusammengehalten.

Die soziale Richtung unserer Zeit, die Notwendigkeit der Organisation, die aus unserer Zeit herausgewachsen ist, gibt die Grundnote, welche auf eine Typisierung hindrängt.

Wo tauchte die Forderung nach Typisierung zuerst auf und setzte sich durch? Das war bei dem Bau von Arbeiterwohnhäusern. Und das ist etwas sehr Natürliches. Unserer Zeit wird das Gepräge geben durch die Einwirkung der Massen, durch ihr starkes, organisiertes Einheitsgefühl. Das Massenbedürfnis schuf sich für sein Lebensbedingungen geeignete Lebensformen, die Genossenschaften. [...] Mit dem Bestreben nach Typisierung einzelner Bauteile tritt ein Zurückführen auf das Wesentliche ein. [...] Keine Gleichmacherei, sondern nur ein Sichbesinnen auf die Grundlagen der Baukunst. Es ist der Anfang eines „Stils", entstanden als Forderung der Zeit und nicht künstlich erklügelt. [...]

Durch Reihung zahlreicher gleicher Teile des Hauses – Ergebnis der Typisierung – verstärkt sich die Wirkung entweder nach der Seite der ruhenden Lagerung durch Unterstreichung der wagerechten oder nach der Seite einer gebundenen Auflockerung durch die Reihung gleichartiger Anbauten, die das Senkrechte in den Wandlungen der Straße betonen. Gemeinsam ist aber diesen verschiedenen Möglichkeiten die innere Geschlossenheit, die Einheit auch bei stärkerer Auflockerung durch die Typisierung der einzelnen Teile, die eine gut abgestimmte Harmonie bei aller Mannigfaltigkeit ergeben und die kleinen, einzelnen Hausteile zu größerer Wirkung vereinen. [...]

Schließlich ist die Gruppierung, d. h. die Verschiebung mehrerer zusammengefaßter Hauseinheiten gegeneinander für die Art der Raumform ausschlaggebend. Hier wird die Bedeutung der gleichmäßigen Verwendung der Typen besonders augenfällig. Denn nur dadurch wird ermög-

licht, größere Baukörper aus den vielfachen doch recht kleinen Einzelteilen zu formen. So entsteht gleichsam aufs neue die Möglichkeit, den Grundriß des Einzelhauses, der Urzelle, im großen zu wiederholen, „Vielheit in der Einheit" zu schaffen. [...]
Es wäre sehr schlimm um die Baukunst bestellt, wenn ihre Gesetze von technischen Erfordernissen, von materiellen Bedingnissen bestimmt würden. Das wären keine treibenden und gestaltenden Kräfte. Aber die gleiche zeitliche Gesinnung, die die Industrie in bestimmte Bahnen lenkt, kann vergeistigt und umgewertet auch der Baukunst die Richtung geben. Der soziale Gedanke als bildende Kraft fordert auch von der Baukunst ihren Zoll. Sie ist es, die dem Stoff den Geist einhaucht. Richtig verstanden züchtet sie keine künstlichen Gewächse, zwingt nicht zusammen, was nicht zu einander gehört, sondern gleicht nur das an, was auf natürliche Weise auf gleichem Boden gewachsen, was aus gleichen Bedingungen entstanden ist. [...]

Serienhäuser

Die Bauwelt, 1922, Heft 29, S. 487 (Über Le Corbusier)

Nach einem Aufsatz von Le Corbusier-Saagnier in der französischen Zeitschrift L'Esprit Nouveau ist es Zeit, mit der bisherigen Einstellung zum Wohnhaus zu brechen, das Haus als Maschine zum Bewohnen anzusehen und nach den Grundsätzen Häuser zu bauen, die für Autos, Schiffe, Eisenbahnwagen und Flugzeuge maßgebend sind. D.h. man sollte die Abmessungen auf die zulässig kleinsten Maße bringen, Möbel einbauen usw. Es gehört kein „neuer Geist" dazu, das zu fordern. In Deutschland ist man lange auf dem Wege zu diesem Ziel, ohne allerdings über jahrhundertealte Bräuche Herr zu werden. Das Einbauen der Kastenmöbel ist in Holland und England besser entwickelt als bei uns. Was uns hindert, ist weniger die Schwierigkeit, die technischen Mittel zu finden, als das gefühlsmäßige Klebenbleiben an dem, was man internationalen Geschmack nennt. [...]

IV ÜBERGEORDNETE TEXTE 1918–1933

Ludwig Hilberseimer

Großstadtbauten

Hannover 1925

Der Historizismus vermittelte der Menschheit wesentliche Erkenntnisse. Ihre falsche Anwendung auf das Gebiet der Kunst hob diese zum größten Teil wieder auf. Vor allem in der Architektur. Die Erlernbarkeit und Anpassungsfähigkeit des Formenschatzes der Vergangenheit erzog eine Reihe von Epigonengeschlechtern, die die ganze Welt verantikten, vergotikten, verrenaissenceten, verbarockten. Architektur wurde mehr und mehr zu einer rein dekorativen Angelegenheit. Mit ihrer fortschreitenden Akademisierung verlor sie mehr und mehr jeden organischen Zusammenhang mit dem sie eigentlich erzeugenden Leben. Jeder belebende Gegenwartszusammenhang wurde ignoriert. Unter Verkennung seiner wesentlichsten Faktoren wurde das architektonische Problem als rein formales betrachtet, hinter dekorativen Stilatrappen schöpferisches Unvermögen zu verbergen gesucht. Die Ästhetik ließ die Architektur lediglich als optisches Problem der Form gelten. Aber ihr Wesen liegt tiefer, erschöpft sich nicht in bloßen optischen Eindrücken. Architektur kann nicht isoliert betrachtet werden. Architektur steht immer mit der Gesamtheit der sie begleitenden soziologischen, ökonomischen und psychologischen Umstände in Beziehung und ist deren künstlerischer Ausdruck. [...]
Die Architektur der Gegenwart unterscheidet sich von der der Vergangenheit vor allem durch ihre andersartigen soziologischen Voraussetzungen. Aus den neuen zwecklichen Anforderungen ergeben sich zugleich formale Eigentümlichkeiten, die für die heutige Architektur durchaus bestimmend sind. Sie sind das Neue und Belebende, stellen geformt das heute gültige künstlerische Moment dar. Wir bedürfen heute keiner Kathedralen, Tempel und Paläste, sondern Wohnhäuser, Geschäftshäuser und Fabriken, die allerdings wie Kathedralen, Tempel und Paläste gebaut wurden. Das Wohnhaus, das Geschäftshaus, die Fabrik sinnvoll zu gestalten ist eine der wesentlichsten Aufgaben heutiger Architektur. Reine Typen dieser Gebäudearten haben sich noch nicht herausgebildet, sie müssen erst noch geschaffen werden. Bei der Gleichartigkeit des Gebrauchszwecks ermöglicht sich eine umfassende Typisierung und da-

mit eine Industrialisierung des gesamten Bauwesens, eine notwendige Arbeit, zu der heute noch nicht einmal der Anfang gemacht worden ist. Die Architektur hat sich bisher der Normalisierung, die der gesamten Industrie zugrunde liegt, zu entziehen versucht. Sie beruht noch auf individuellen, handwerklichen Grundlagen, während die gesamte Gegenwart auf kollektiv-industrielle Voraussetzungen gegründet ist. [...] Der Architekt wird in Zukunft darauf verzichten müssen, Bauwerke äußerlich zu verschönern oder ihnen eine monumental sein sollende Maske aufzuprägen. Er muß den gesamten Formenballast, mit dem ihn eine gelehrte Erziehung belastet hat, vergessen. Vorbildlicher als das Dekorationsschema irgendeines Stils ist für ihn die Ökonomie eines D-Zug-Waggons oder eines Ozeandampfers. Er muß die Lösung der neuen Aufgaben organisch aus Gebrauchszweck, Konstruktion und Material entwickeln. Vor allem wird er das Interesse dem konstruktiven Problem zuwenden müssen, denn das Neue kann nur unter Zugrundelegung des Konstruktiven und Funktionellen entstehen. Die konstruktive Idee muß von architektonischem Geiste durchdrungen sein. Der ingenieurhafte Drang nach Charakteristik darf nicht durch vorgefaßte Formvorstellungen aufgehoben werden. Dem Architekten ist durch den Zwang der Arbeitsteilung und durch seine Ignoranz die Herrschaft über die konstruktiven Elemente entglitten. Nur wenn er sie wiedergewinnt und schöpferisch beherrscht, wird er über die Unfruchtbarkeit seines Epigonentums hinaus zu wirklich schöpferischen Leistungen kommen. [...]

Walter Gropius

Systematische Vorarbeit für den rationellen Wohnungsbau

Die Bauwelt, 1927, Heft 9, S. 197–200

[...] Die Zeit der Manifeste für das neue Bauen, die die geistigen Grundlagen klären halfen, ist vorüber. Es ist höchste Zeit, nun in nüchterne Rechnung und genaue Auswertung praktischer Erfahrung einzutreten. Greift man nur irgendein Gebiet des Bauwesens heraus, so trifft man überall nur auf vereinzelte Ansätze zu rationellem Vorgehen und steht sogleich wieder auf unsicherem Boden und vor unzuverlässigen Vermutungen.

Das Wohnhaus ist ein *betriebstechnischer Organismus,* dessen Einheit sich aus vielen Einzelfunktionen organisch zusammensetzt. Während der Ingenieur seit langem bewußt für die Fabrik und das Erzeugnis, das aus ihr hervorgeht, die knappste Lösung sucht, die mit möglichst geringem Aufwand an mechanischer und menschlicher Arbeitskraft, an Zeit, Werkstoff und Geld, ein Höchstmaß an Leistung ergibt, beginnt die Bauwirtschaft erst seit kurzem, ihren Weg auf ein gleiches Ziel für den Bau von Wohnhäusern zu richten.

Bauen bedeutet *Gestaltung von Lebensvorgängen.* Die Mehrzahl der Bewohner hat gleichartige Lebensbedürfnisse. Es liegt daher im Sinne eines wirtschaftlichen Vorgehens, diese gleichgearteten Massenbedürfnisse einheitlich und gleichartig zu befriedigen. Es ist also nicht gerechtfertigt, daß jedes Haus einen anderen Grundriß, eine andere Außenform, andere Baustoffe und einen anderen „Stil" aufweist. Dieses bedeutet Verschwendung und falsche Betonung des Individuellen. Unsere Kleider, Schuhe, Koffer, Automobile weisen eine einheitliche Gestaltung auf, und dennoch behält der einzelne die Möglichkeit, die persönliche Eigenart zu wahren. Jedem einzelnen bleibt die Wahlfreiheit unter den nebeneinander entstehenden Typen. Der am höchsten entwickelte Typ, dessen Lösung so einfach, aber vieldeutig ist, daß er die Mehrzahl an Forderungen und Wünschen befriedigt, ist erst reif, zur *Norm* erhoben zu werden. Ihn zu schaffen, ist nicht der einzelne imstande, sondern erst eine ganze Zeit kann ihn entwickeln. Die Abneigung vieler gegen den Typ entspringt oft dem richtigen Gefühl dafür, daß die Spitzenleistung, der Hauptnenner für alle berechtigten Forderungen, noch nicht endgültig gefunden ist. Das Endziel der Entwicklung wäre erst dann erreicht, wenn alle berechtigten Wünsche des einzelnen für seine Wohnung erfüllt werden können, ohne daß der wirtschaftliche Vorteil der serienmäßigen Herstellung verloren geht, d. h., die Häuser und ihre Einrichtungen werden in ihrer *Gesamterscheinung* entsprechend der Zahl und Art ihrer Bewohner *verschieden,* dagegen die *Einzelteile,* aus denen sie zusammengesetzt sind, die *gleichen* sein. Der Typ an sich ist nicht ein Hemmnis kultureller Entwicklung, sondern geradezu eine ihrer Voraussetzungen. Er birgt die Auslese des

Besten in sich und scheidet vom Persönlichen das Wesenhafte und Überpersönliche ab. Er ist das Zeichen gesellschaftlicher Ordnung und kulturellen Hochstandes. Durch weise Beschränkung, die sich mit ihm der Mensch auferlegt, steigt die Qualität der Dinge des Gebrauchs, dagegen sinkt ihr Preis, und der gesamte soziale Zustand hebt sich. [...]
Die Gefahr der Zersplitterung und des unzweckmäßigen Vorgehens bei der gedanklichen und wissenschaftlichen Vorarbeit besteht so lange, bis endlich das Reich und die Länder öffentliche Einrichtungen schaffen, die mit der Bearbeitung dieser grundlegenden Fragen in enger Zusammenarbeit mit der Fachwelt und der Privatwirtschaft betraut werden. [...]
Aber das Wesentliche fehlt noch: *ständige praktische Versuchsplätze*, die am besten in unmittelbarer Verbindung mit Siedlungsvorhaben einzurichten sind [...]
Das umfangreichste Arbeitsprogramm für diese dringend erforderlichen Versuchsstellen in Theorie und Praxis für die Rationalisierung der Bauwirtschaft ist etwa folgendes:
1. Aufstellung eines großzügigen Bebauungsplans für das ganze Reich auf lange Sicht, der die Wirtschaft instandsetzt, auf Jahre hinaus planmäßige Arbeitsvorbereitungen zu treffen.
2. Aufstellung eines Reichswohnungs-Finanzierungsplans (Hauszinssteuer, erste und zweite Hypotheken).
3. Gesetzliche Regelung der Bebauungspläne für die Städte und das flache Land auf lange Sicht (Städtebaugesetz).
4. Planmäßige Regelung der Einrichtung von Verkehrsmitteln und des Baues von Straßennetzen für das gesamte Reich unter Berücksichtigung der Zukunftsentwicklung neuzeitlicher Verkehrsmittel (elektrische Bahnen, Last- und Personenautos). Feststellung der Mindestforderungen für wirtschaftlich günstige Wohnstraßen.
5. Weitsichtige Planung im voraus für wirtschaftliche Zentralanlagen zur Belieferung mit Licht, Wasser, Wärme zur Verringerung der Anlieger- und Betriebskosten.
6. Feststellung der sozial und wirtschaftlich günstigsten Wohnform (Stockwerkhaus, Mehrfamilienhaus, Doppelhaus, Einfamilien-Reihenhaus, freistehendes Einzelhaus).
7. Feststellung der sozial und wirtschaftlich günstigsten Nutz- und Wohngärten und Siedlungsanwesen (städtischer Garten – Nutzgarten

IV ÜBERGEORDNETE TEXTE 1918-1933

für Selbstversorger – Anwesen für Landbebauung im Nebenberuf – Anwesen für Landbebauung im Hauptberuf).
8. Bestimmung der sozial und wirtschaftlich günstigsten Typen (Grund- und Aufrisse) als reinem Produkt der jeweiligen Wohnfunktion.
9. Feststellung der Betriebsart, des notwendigen Anlagekapitals, der Einrichtung, des Betriebsverlaufs, der Betriebskosten und -ergebnisse für die einzelnen Siedlungstypen.
10. Überprüfung der baupolizeilichen Bestimmungen unter Berücksichtigung neuer technischer Errungenschaften zwecks Herabsetzung der Baukosten.
11. Untersuchung neuer, raum- und stoffsparender Bauweisen und Baustoffe: üblicher Ziegelbau und seine Vereinfachung durch Sparverfahren, Schlackenbetonbauweisen, Bimsbeton-Bauweisen oder Bauweisen unter Verwendung von leichterhältlichen Rohstoffen, die maschinell so aufbereitet werden, daß der Baustoff tragfähiger und dennoch leichter und isolierender wird (Gasbeton, Zellbeton, granulierte Hochofenschlacke, Lehmgrus), Bauweisen aus vorbereiteten Platteneinheiten bzw. Balken, die mit Hilfe von Großgerät montiert werden (Bauweisen May-Frankfurt a. M., Gropius-Dessau, Plattenträgerbauweise Schäfer-Ludwigshafen, Occident-Bauweise Rummelsburg und entsprechende amerikanische Plattenbauverfahren, Heinemann-Berlin), Skelettbauweisen aus einem Eisen- oder Betongerüst mit Füllkörpern aus verschiedenen Baustoffen (Wagner-Ludwigshafen, Neumann-Ruppin, Torkretgesellschaft mit Breest u. Co.-Berlin, Urban-Ludwigshafen), Stahlbauweisen (die englischen Systeme, Aue u. Pretzsch-Leipzig, Braune u. Roth-Leipzig, Wöhr-Unterkochen, Stahlwerksverband-Düsseldorf, Harkort-Duisburg) und andere.
12. Untersuchung von Verfahren zur fabrikmäßigen Herstellung von Wohnhäusern auf Vorrat zur Umwandlung des Saisonbetriebs des Baugewerbes in Dauerbetrieb. Herstellung von montagefähigen Einzelteilen, einschließlich Decken, Dächern, Wänden.
13. Öffentliche Normung von Bauteilen auf Grund der besten erzielten Leistungen.
14. Typung und Normung der für die Installation der Häuser bestimmten Teile und des beweglichen Hausgeräts.

15. Feststellung von Richtlinien für die Aufstellung von Bauplänen und Kostenanschlägen für Wohnhäuser. Zeichnungen großen Maßstabs, die wie Maschinenmontagepläne jede Einzelheit im voraus genau festlegen.
16. Feststellung der geeigneten Verfahren zur Ausschaltung der Überraschungen und Zufälligkeiten alter Bauweisen: nicht passende Einbauteile durch ungenaue Rohbaumasse oder durch Einfluß von Baufeuchtigkeit, unvorhergesehene Tagelohnarbeiten, Zeit- und Zinsverlust durch verzögerte Austrocknung und die Folgen der überstürzten Planung der Hausentwürfe „nach Maß". Erzielung der Unabhängigkeit von Jahreszeit und Witterung, Ausschaltung von Baufeuchtigkeit, sicheres Ineinanderpassen der zu versetzenden Bauteile, fester Preis und kurze, festbestimmbare Bauzeit unter Garantie.
17. Feststellung des zweckmäßigsten Klein- und Großgeräts für die Hausherstellung an der Baustelle.
18. Feststellung des Zeit- und Kraftverbrauchs für die einzelnen Arbeitsvorgänge bei der Herstellung und Montage der Bauten (psychotechnische Prüfungen, Überprüfung der Prüfungsergebnisse in der Praxis), betriebswissenschaftliche Vorbereitung für den Ablauf der Arbeit auf der Baustelle. Aufstellung von rationellen Bauplatzplänen und von Arbeitszeitplänen, aus denen der zeitliche Ablauf der einzelnen Bauarbeiten überwacht werden kann.
19. Feststellung der günstigsten Einteilung der Arbeitsschichten zur vollen Ausnutzung des Tageslichts.
20. Feststellung der günstigsten Förderanlagen zum Bau und am Bau.
21. Aufstellung objektiver Berechnungsunterlagen zur Erlangung sicherer Vergleichszahlen von Baukosten.

Die Bearbeitung der zahlreichen einzelnen Gebiete der umfassenden Aufgabe hat nur dann Aussicht auf durchschlagenden Erfolg, wenn sie in ständiger Fühlungnahme aller bearbeitenden Gruppen untereinander durchgeführt wird. Das kann zunächst ohne Schaffung neuer Organisationen im Anschluß an solche praktischen Bauvorhaben geschehen, deren Erbauer Willen und Fähigkeit haben, sich im Dienst der Allgemeinheit gemeinsam mit den öffentlich zu ernennenden Sachwaltern für die Rationalisierung einzusetzen.

IV ÜBERGEORDNETE TEXTE 1918-1933

Lewis Mumford

Vom Blockhaus zum Wolkenkratzer

Berlin 1925

[...] Der Irrtum, der dieser neuen Bauform (Wolkenkratzer) anhaftet, liegt in dem Bestreben, den bloßen Vorgang oder die bloße Form zu verallgemeinern, während es doch darauf ankam, den wissenschaftlichen Geist zu verallgemeinern, aus dem heraus sie geboren sind. Der Entwurf für ein Wohnhaus, der ausschließlich den physischen Bedürfnissen seiner Bewohner Rechnung trägt, ist das Produkt einer beschränkten wissenschaftlichen Auffassung, die beim Physischen und Mechanischen haltmacht und Biologie, Psychologie und Soziologie hintansetzt. Wenn es geschmacklos war, Stahlgerüste mit Füllhörnern und Blumen zu dekorieren, so ist es ebenso geschmacklos, Wohnungen so zu bauen, als kämen die kleinen Kinder aus Brutöfen auf die Welt, und als ob Räder, und nicht Hunger und Liebe die Welt regierten.

In den Anfängen der industriellen Bewegung war es das Phantom des Pathetischen, das die neuen technischen Errungenschaften lähmte und einschnürte; heute sind wir von dem Phantom des Plutonischen besessen, das alles Lebendige, was wir berühren, in Metall verwandelt.

Um dem besseren Teil unserer maschinellen Architektur gerecht zu werden, muß ich darauf hinweisen, daß der Irrtum der Maschinen-Fanatiker das genaue Gegenstück zu dem Irrtum ist, den die Akademiker begehen. Die Schwäche der von den Schulen des 19. Jahrhunderts anerkannten Architektur war, daß sie nur für bestimmte Gebiete galt: wir wußten, wie ein nach den Regeln der Tradition erbautes Palais oder Postamt aussehen müßte, und ihre verruchten Abbilder haben wir sogar als Mietshäuser und Ladenfronten mit eigenen Augen erblickt; aber wie eine Fabrik nach den Vorschriften der Beaux-Arts beschaffen sein müßte, das wagte sich niemand vorzustellen, und Annäherungen daran, wie die Töpfereien in Lambeth, stellten solche Möglichkeit nur noch mehr in Zweifel. Die Schwäche unserer konventionellen Baustile war, daß sie an einem Punkte haltmachen, der Bauen heißt, womit der Punkt gemeint ist, wo die gewöhnlichen Regeln des ästhetischen Anstands und Herkommens versagen, weil es an Vorbildern fehlt. [...]

Insofern ist unsere maschinelle Architektur gewissermaßen ein architektonisches Esperanto: sie hat ein Wörterbuch, ohne eine Literatur zu haben, und sowie sie die elementaren Regeln ihrer Grammatik überschreitet, kann sie nur schlecht die erhabenen Gedichte und Heldengesänge in ihre eigene Sprache übersetzen, die uns von den Römern und Griechen und von den Baumeistern des Mittelalters geblieben sind. [...]
Kurzum, das Beste, was die moderne Arbeit geleistet hat, stützt sich nicht bloß auf die Maschine, sie stützt sich auf die Menschen, die ihr gebieten. Gerade die unbedeutenderen Künstler und Architekten sind es, die in ihrer Unfähigkeit, die Erzeugnisse der Maschine zu beherrschen oder zu gestalten, sie in ihrer Nacktheit verherrlichen, etwa so wie der Operettenfabrikant in der gleichen hilflosen Lobhudelei die junge Amerikanerin verherrlicht, als ob die Maschine oder die Amerikanerin so etwas brauchten.
Es war ein wirkliches Unglück für Amerika – Louis Sullivan hat in seiner „Autobiographie einer Idee" mit Bitterkeit darauf hingewiesen –, daß das Anwachsen des Imperialismus die Entwicklung eines gesunden, modernen Stils erstickt hat. In Europa, vor allem in Finnland, Deutschland und Holland wurden die besseren Erscheinungen amerikanischer Baukunst anerkannt, übernommen und, wie es so oft vorkommt, übertrieben; so, daß die ästhetische Wertschätzung der Maschine ihren Weg über den Atlantischen Ozean hin und wieder zurück machte, etwa wie Emersons Individualismus, von Nietzsche umgewandelt und zur mystischen Lehre vom Übermenschen wurde. Manche Ergebnisse dieser Bewegung sind interessant und lebenskräftig, wobei nur auf die Leistungen der holländischen Architekten in den Gartenvorstädten von Amsterdam hingewiesen zu werden braucht. Aber nicht die maschinelle Strenge der Form, die geistige Grazie ist es, was in diesen neuen Schöpfungen anspricht, sie sind gute Architektur, eben weil sie mehr sind als bloße Ingenieurarbeit. Wenn man einige wenige mustergültige Lösungen ausnimmt, besitzen unsere maschinellen Bauten in Amerika nicht diese Vitalität. Uns hat die Maschine zugrunde gerichtet, und wir hatten dem nichts entgegenzusetzen. [...]
Eine Zivilisation, die die Gebäude als bloße Maschinen auffaßt, endet damit, daß sie die menschlichen Wesen als Maschinenwärter auffaßt: daher kommt es, daß sie die vitaleren Impulse ertötet oder ablenkt, die

zum Beackern des Bodens oder zu einem intelligenten Eingehen auf die Entwicklung der Jugend führen würden. In blinder Auflehnung rächen die Menschen ihre eigenen Fehler an sich selbst: so hat sich das moderne, fabrikmäßig hergestellte Haus mit seinem strahlenden Badezimmer, seinen eleganten Heizungsanlagen, seinem zierlichen Müllablagerungssystem mehr und mehr zu einem Ort entwickelt, dem man nach Möglichkeit zu entgehen versucht. Der wahre Grund, warum die Garage nirgends fehlen darf, liegt in dem Wunsche der Menschen, irgendeinen Ersatz, irgendeinen Weg ins Freie aus diesem Labyrinth von Untergrundbahnen und Hausmaschinen zu finden. So freudlos auch am Sonntag eine Autofahrt auf diesen überfüllten Landstraßen sein mag, die aus der Großstadt ins Freie hinausführen, so ist es immer noch ein wenig besser als in einer Umgebung zu bleiben, die zum dauernden menschlichen Aufenthalt durchaus ungeeignet ist. So dringlich ist das Bedürfnis nach etwas Anmut, die uns von all diesen eisigen kommerziellen Errungenschaften erlösen könnte, daß das Handwerk wieder zu Ehren kommt, und zwar so, wie es sich Ruskin nicht hätte träumen lassen, und der unternehmendere Teil unserer Innendekorateure scheut sich nicht, Sentimentalitäten zu neuem Leben zu erwecken, wie jene Blumen aus Glas und Wachs, die ein Kennzeichen des viktorianischen Zeitalters waren. [...]

Cornelius Gurlitt

Neue Baustoffe und Bauarten

Deutsche Bauzeitung, 1927, Nr. 31/32, S. 268–272

Es besteht ein *Ausschuß für wirtschaftliches Bauen,* dem die Aufgabe gestellt wurde, die Frage zu untersuchen, welche Mittel zur Erreichung der Zwecke die geeignetsten seien. Einer seiner Vertreter erklärte, daß in der Herstellung und Verwendung neuer Bauweisen bereits „grundlegende Erfahrungen" gemacht worden seien, die zwar die Richtung weisen, aber noch kein „Endergebnis" herbeigeführt haben. „Selbstverständlich seien

in der ersten Zeit unendlich viel Fehler gemacht worden", man solle sich aber nicht mit dem Alten begnügen, sondern an den Irrtümern lernen. Voraussetzung sei, daß die Menschenkraft, soweit möglich, durch die Maschinen ersetzt werde. Das führe zur „Typisierung" selbst des ganzen Arbeiterhauses. Der Typus müsse das ersetzen, was früher die Überlieferung leistete. [...]
85 v. H. der deutschen Bevölkerung wohnen unter fast gleichen oder doch ähnlichen wirtschaftlichen und kulturellen Voraussetzungen, es handle sich daher um die Aufgabe, durch „Massenware" der Wohnungsnot Abhilfe zu schaffen. Das Reich hat 10 Millionen Mark für solche Untersuchungen ausgeworfen.
Das ist ja sehr schön. Aber sollen diese dafür ausgegeben werden, die Versuche an Massenbauten zu machen? Es ist sehr verständig, sie an einzelnen Häusern auszuproben und abzuwarten, bis die Zukunft erkennt, welche Versuche gute Ergebnisse brachten statt abzuwarten, welche Fehler große Siedlungen aufweisen werden. Goethe, der bekanntlich als Minister auch Dezernent für das Bauwesen war, sagte in dem „Geständnis" genannten Zwiegespräch:

A: Du toller Wicht, gesteh nur offen,
   Man hat dich auf manchem Fehler betroffen.
B: Ja, wohl! Doch macht' ich ihn wieder gut.
A: Wie denn? – B: Ei, wie's jeder tut.
A: Wie hast du denn dies angefangen?
B: Ich hab einen neuen Fehler begangen;
   Drauf waren die Leute so versessen,
   Daß sie den alten gern vergessen.

Zunächst zum Grundgedanken: Ersatz der Handarbeit durch die Maschinen. Da handelt es sich um einen Vorgang, gegen den anzukämpfen schwer ist. Er liegt im Lauf der Welt. Nur eines ist mir unklar, nämlich ob es *heute* in Deutschland ersprießlich ist, den Vorgang mit öffentlichen Mitteln zu beschleunigen, in einem Lande mit einer Million Arbeitslosen, deren im alten Bauverfahren viele Beschäftigung finden könnten, nämlich die Mitglieder des Baugewerbes. Dieses hat die Wohnungsnot vor dem Weltkriege bei dem gewaltigen Ansteigen der Bevölkerung, namentlich der Städte, wirkungsvoll bekämpft. Für mich fragt es sich, ob die

Maschine wirklich billiger arbeiten wird, in dem sie an Menschenkraft spart, wo diese in so trauriger Weise zu feiern gezwungen ist. Die Beihilfen, die den Arbeitslosen, also Werte nicht Schaffenden, gezahlt werden, sind nach meiner Ansicht den Kosten der nach neuen Grundsätzen zu errichtenden Bauten mit zuzurechnen. Je mehr an Arbeitern im Bauwesen gespart wird, desto teurer werden diese für die Gesamtheit, von der die Kosten für die Unterstützung der Arbeitslosen zu tragen sind.
Man soll eben mit der Einführung jener an Mißerfolgen zugestandenen Weise so reichen Fortschrittes für den Massenbau warten, bis die wirtschaftliche Lage sich gebessert hat. Schafft Arbeit! ist die Losung dieser Tage!
Die neuen Bauarten können, wie sich ihre Vertreter rühmen, von ungelernten Arbeitern ausgeführt werden, und diese seien billiger zu finden. Es ist dies ein Anruf an junge Leute, *nichts* zu lernen, denn die Zeit der Handwerkslehre ist natürlich für sie weniger lohnend, als wenn sie sofort sich auf ein Gebiet begeben, in dem von ihnen nichts gefordert wird als körperliche Kraft. [...]
Das Zugeständnis aus dem Kreise der Neuerer im Bauwesen, daß viele Fehler begangen worden sind, ist sehr erfreulich. Wer aber trägt die Folgen von Fehlern? Der kleine Mann, der das Haus bewohnt, es durch öffentliche, ihm zugestandene, hypothekarisch festgelegte Mittel in Besitz nahm, d. h. die „Spitze" aus seinen Ersparnissen bezahlte, also einen Geldbetrag, den er aus der Zinsen zahlenden Sparkasse entnahm, und der ihm nunmehr keine Zinsen einbringt. Er hat noch dazu die Ausbesserungskosten zu tragen, wohnt also wahrscheinlich teurer in dem Hause, dessen Hypothekenzinsen und für lange Zeit dessen Amortisationskosten mehr betragen als eine normale Miete. Oder die öffentliche Hand behält das Haus in Besitz, vergibt es zur Miete. [...]
Das arm gewordene Deutschland macht größere Ansprüche an die Wohnung als vorher. Es will dem kleinen Mann ein Eigenhaus und einen Garten geben, also das, was der Mittelstand nur in seltenen Fällen erreichte. Denn damals fürchtete man die allzu große Ausdehnung der Städte, namentlich, weil es noch an Transportmitteln fehlte, man in erster Linie mit dem Fußgänger rechnen mußte. Das Auto ist gekommen, die Beförderung von Menschen und Gütern in Kraftwagen der verschiedensten Art. Der Straßenbau hat sich in gewaltigem Maße vermehrt und

verteuert. Je größer die zu durchfahrenden Entfernungen werden, desto länger muß das Auto die Straßendecke ausnützen. Noch habe ich keine Rechnung darüber gesehen, daß die hierdurch erwachsenden Mehrkosten bei der Frage des Wohnwesens eingestellt worden seien. [...]
Als ich in einer Beratung über die hier behandelte Frage mir zu sagen erlaubte, man mißverstehe die Aufgabe, die dem Bauwesen unserer Zeit gestellt werde, wenn man sage, das Wichtigste sei, wie schnell Hunderttausende von Häusern gebaut werden. Die Frage sei vielmehr, wie man Hunderttausende von Menschen ein ihrer würdiges und behagliches Heim schaffe, daß also nicht der der Technik dienende Verstand, sondern das menschenliebende Herz den Vortritt haben müsse, – warf man mir Sentimentalität vor. Das hat mich wenig erschüttert. „Wenn ihr's nicht fühlt, ihr werdet's nie erjagen."

Le Corbusier spricht

Die Bauwelt, 1932, Heft 3, S. 62

Über einen Vortrag, den Le Corbusier vor kurzem in Paris hielt, sendet uns ein Teilnehmer der Veranstaltung folgenden Bericht:

Ein bis auf den letzten Platz gefüllter Saal, der über 2000 Menschen fassen kann, Lärm, Trillerpfeifen, dauernde Unterbrechungen, das ist der Rahmen, in dem eine rein akademische Auseinandersetzung über die Probleme der modernen Architektur stattfindet. Die Leidenschaften, mit denen hier in Paris um die Richtung der Architektur gekämpft wird, kann nicht besser als durch eine Versammlung im Pleyelsaal dargestellt werden. Daß eine Opposition vorhanden ist, ist selbstverständlich, aber daß die jungen Zuhörer, namentlich Schüler der „Ecole des Beaux Arts" ihre hypermodernen Anschauungen nicht anders ausdrücken können als durch recht blöde Zurufe ist im Interesse der Sache recht bedauerlich, denn der Hauptreferent, Frankreichs berühmtester Architekt Le Corbusier, ist kein großer Redner und inmitten des Lärmes zeitweise kaum verständlich.

IV ÜBERGEORDNETE TEXTE 1918-1933

Le Corbusier vertritt die radikale These der französischen modernen Architektur, die nur zwei Elemente kennt: die Sachlichkeit und die Kraft. Nur, wenn wir uns dessen bewußt sind, so ruft der Redner unter großem Beifall aus, werden wir den Traditionalismus in der Architektur bekämpfen können. Die maschinelle Revolution des 19. und 20. Jahrhunderts ist heute eine Tatsache, an der nichts mehr zu rütteln ist. Deshalb hat auch die Tradition in der Architektur keine Daseinsberechtigung mehr, wenn wir, Architekten, nicht den kulturellen Fortschritten unserer Zeit nachhinken sollen. Den Jugendstil um 1900 durch einen neuen Naturalismus zu bekämpfen, war sicherlich ein anerkennenswerter Versuch. Er reicht aber nicht aus, genau so wenig wie der Kubismus, der erste Versuch das Maschinelle unserer Zeit in der Architektur zur Geltung zu bringen. Da für das Ziel der modernen Architektur auch Le Corbusier nur noch die „Logik", d. h. der reine Nutzeffekt maßgebend ist, wird auch der künftige Typ des Architekten immer stärker sich von dem des reinen Baumeisters entfernen. Der Ingenieur-Architekt schwebt Le Corbusier vor, und er erinnert in diesem Zusammenhang an den Erbauer des Pleyelsaales, der sich vielmehr mit der Lösung des Akustikproblems als rein baulicher Fragen beschäftigte.
„Aber all unsere Anstrengungen werden vergeblich sein, so ruft Le Corbusier am Schlusse seines Referates aus, wenn wir nicht in der Städtebaukultur, im „urbanisme" weiter kommen. Ist es nicht im höchsten Maße bedauerlich, daß Stadtverwaltungen wie die von Paris und anderen großen Städten überhaupt noch keine Bebauungspläne besitzen? Solange dieser planlose Zustand anhält, werden Individualismus, Tradition und eine Architektur ihr Wesen treiben, die ohne Berücksichtigung der kulturellen Bedürfnisse als Gradmesser nur den Mietzins kennen."
Das zweite Referat hält Henri Sauvage, der nicht so weit geht wie Le Corbusier. Auch Sauvage verneint natürlich jede Berechtigung eines Traditionalismus, aber er will dem Individualismus einen etwas stärkeren Spielraum einräumen als Le Corbusier.
Filme, etwas zu lang – und warum mit ständiger Begleitmusik? – zeigen Wohnhäuser und Fabrikbauten neuesten Datums, darunter den Riesenkomplex von Hachette in Javel aus Eisen, Glas und Beton und eine Kirche, die nur aus Eisenbeton – auch die Kirchenstühle – besteht. Das Fordhaus auf den großen Boulevards – Glas, Nirostastahl, weißes Röhrenlicht wie bei Salamander in der Tauentzienstraße, Wohnhäuser und

Villen von Le Corbusier, Roux-Spitz und anderen Architekten modernster Richtung finden großen Beifall, während das Berlitz-Palais, mit seinen kolonialen Schnörkeln und Ornamenten als Symbol des Traditionalismus 1931 ausgepfiffen wird.

*

Uns kann der Bericht eines ausgezeichneten Beobachters der Pariser Vorgänge zeigen, daß Kämpfe, wie wir sie vor 30 Jahren erlebten, in Paris noch immer toben. Wenn nun anläßlich eines Vortrages von Le Corbusier in Paris Lärm entstand, so besagt das für den Architekten wenig genug. Er wird in gleichgerichteten Kreisen sehr vieler Länder immer als ein Führer und Anreger gelten, in andersgerichteten als Ausbund aller Kunstzerstörung, wo man die überkommene Kunst als Kunst schlechthin betrachtet. Man kämpft noch gegen die Art Tradition, die bei uns tot oder die harmlose Liebhaberei oft künstlerisch feinsinniger Verehrer des Alten ist. Paläste mit Renaissance-Fassaden erbaut niemand mehr. Gegen den Kitsch, auch wenn er noch so ungebärdig „fortschrittlich" aufgemacht ist, hat Le Corbusier und die junge Schule in *allen* Ländern zu kämpfen. Die Frage ist aber, ob Sachlichkeit, Kraft, Logik in der Kunst (über ihre Aufgabe im Kampf gegen Sinnlosgewordenes hinaus) noch eine Aufgabe, etwa im Sinne einer neuen geistigen Grundlage, haben. Über die Siedlung Pessac bei Bordeaux, in der Le Corbusier neuzeitliche Häuser baute, wird berichtet, daß sie von den Bewohnern durchaus nicht im Sinne des Architekten ausgestattet und bewohnt wird, sondern daß diese sich in altgewohntem Sinne darin eingerichtet haben. Dann wird aber kein sehr hoher „Nutzeffekt" herausgeholt. Ob das daran liegt, daß die Menschen nicht zu den Häusern passen oder diese nicht zu ihnen, ist für den Erfolg belanglos. Der rein materielle Gebrauchszweck – das Haus als Maschine – wird erst das Ziel des Wohnhausbaus sein können, wenn auch der Mensch Maschine geworden ist und auch durch Sachlichkeit, Kraft, Logik bestimmt wird.

IV ÜBERGEORDNETE TEXTE 1918–1933

Bruno Taut

„Rationelle Bauweisen"
und das Seminar für Wohnungsbau und Siedlungswesen auf der Technischen Hochschule Berlin

Deutsche Bauzeitung, 66. Jg., 1932, Nr. 14, S. 261–264

Die „Internationalen Kongresse für neues Bauen" haben bei Julius Hoffmann, Stuttgart, die Ergebnisse ihrer 2jährigen Brüsseler Verhandlungen unter dem Titel „rationelle bebauungsweisen" herausgebracht. [...] Was an einer „Bebauungsweise" rationell ist, kann aus den bloßen Zahlen auf Grund der wenigen Angaben ganz bestimmt nicht ermittelt werden. [...] Die Beurteilung verteilt die Prädikate „sehr gut" bis „gut" auf den streng nordsüdlich gerichteten Zeilenbau, während die Abweichungen durchweg eine schlechte Zensur erhalten. Eine solche Zusammenstellung von Bebauungsplänen ist im höchsten Maße bedenklich, da sie die Vielseitigkeit, den Reichtum der in jedem Falle vorliegenden Faktoren außer acht läßt. Am Ende einer solchen Behandlung des Themas Bebauungsplan steht das akademische Schema oder Ideal, das im 19. Jahrhundert im Stern- und Rechtecksystem lag und im 20. Jahrhundert nach der Meinung der maßgeblichen Verfasser im Rost des Zeilenbaues liegen soll. Wie jenes Stern- und Rechtecksystem, so soll die parallele Linierung von Norden nach Süden der Erdoberfläche ohne Rücksicht auf Berg und Tal, Fluß und Wald, Moor und Fels aufgepreßt werden. [...] Daß hier eine starke formale Tendenz durchbricht, mag auf den besonderen französisch-schweizerischen Einfluß zurückzuführen sein, dem diese internationalen Kongresse unterliegen. Sie sind der Hof eines Königs, dessen Name Le Corbusier ist. Sein Formalismus hat jedoch, da er aus der französischen Eleganz geboren ist, nicht viel mit Zeilenbau zu tun und gar nichts mit der Schulmeisterei, zu der eben der Formalismus in Deutschland werden muß. [...]
Die Architekten und Wissenschaftler, die heute im Städtebau den Stein der Weisen suchen, werden vielleicht einen Schritt weiter kommen, wenn sie sich die Betrachtungsweise zu eigen machen, deren Schöpfer vor 100 Jahren gestorben ist, nämlich Hegels Dialektik. Wie sich die von Hegel

geschaffene Denkweise der Dialektik auf dem Gebiet der Formen auswirkt, ist vielleicht in den folgenden Sätzen Hegels besonders deutlich zu erkennen: „Die Knospe verschwindet in dem Hervorbrechen der Blüte, und man könnte sagen, daß jene von dieser widerlegt wird; ebenso wird durch die Frucht die Blüte für ein falsches Dasein der Pflanze erklärt, und als ihre Wahrheit tritt jene an die Stelle von dieser. Diese Formen unterscheiden sich nicht nur, sondern verdrängen sich auch als unerträglich miteinander. Aber ihre flüssige Natur macht sie zugleich zu Momenten der organischen Einheit, worin sie sich nicht nur widerstreiten, sondern eins so notwendig wie das andere ist; diese gleiche Notwendigkeit macht erst das Leben des Ganzen aus." [...] Wenn Hegel mit jenen Sätzen die sich widersprechende und aufhebende Formenabfolge als Zeichen einer Ganzheit in der Zeitfolge darstellt, so gilt dies auch für die Raumfolge. [...] Und diese Dialektik beschränkt sich nicht allein auf die Gesamtheit z. B. eines Bebauungsplanes, sie tritt schon in den einzelnen ihn bedingenden Voraussetzungen zutage. Wie ist es denn eigentlich mit der Sonne, die das A und O des Zeilenbaues zu sein schien? Ist die Sonne in Paris ebenso wichtig wie in Haselhorst, und kann nicht in Mailand der Schatten wichtiger werden als die Sonne in Haselhorst? Wieviel sonnige Stunden hat Haselhorst und wieviel Mailand im Jahr? Ist Regen und Wind in stark bewölkten Gegenden mit wenig Sonnenstunden nicht ebenso beachtenswert wie die Sonne? Sind unter Umständen nicht die absoluten Abstände zwischen den Zeilen wichtiger als alles andere usw. usw.? Die ganze Kette der allein in diesem Punkt auftauchenden Fragen stellt sich ebenso bei jedem anderen Punkt ein, mit dem Erfolg, daß die völlige Herauslösung eines einzelnen Punktes nicht mehr möglich ist. Damit aber wird zugleich das Problem des Siedlungsplanes in seiner Gesamtheit deutlich gemacht. Die wissenschaftliche Untersuchung jedes einzelnen Elements, das als Voraussetzung zur Planung notwendig ist, soll nicht etwa mit geringerer Sorgfalt betrieben werden; im Gegenteil, die dialektisch kritische Methode hat nur dann Sinn, wenn sie auf möglichst präzisen Grundlagen der Teile und Teilgebiete beruht. – [...] So ist die Überbewertung des Zeilenbaues, die des Hochhauses im vorigen Jahre und jetzt nach Ablauf kaum eines Jahres die des reinen Flachbaues entstanden, so entstehen überhaupt keine anderen Dinge als Überbewertungen. [...]
Gegenüber der Forderung nach Totalauffassung im Siedlungswesen läßt

sich der Einwand erheben, daß sich dabei leicht eine Oberflächlichkeit in den Detailfragen breitmachen könnte. Die Widerlegung bieten schon die eben erwähnten Arbeiten über Einzelfragen, die den Geist des Ganzen atmen, einen Geist, den man einen enzyklopädischen nennen könnte. Und in der Tat muß dieses Gebiet, wenn es in seinen Grundzügen weiter entwickelt werden soll, enzyklopädisch behandelt werden. Die Arbeiten des von mir auf der Technischen Hochschule geleiteten Seminars werden einem solchen Gesichtspunkt unterstellt. [...]
Die wissenschaftliche Arbeitsweise muß sich, auch wenn sie heute eine Veränderung erfährt, im wesentlichen mit den Zwecken des Pädagogischen, wie sie die Universitäten und Hochschulen erfordern, decken. Vergleichsweise gesprochen ergibt sich etwa folgendes: Wie das Licht im Prisma, so zerlegt sich das Thema in seine Gebiete. Je nach dem Schliff des Prismas zerlegt sich das Licht in große grobe Abschnitte (blau, rot, gelb), die mit stärker zunehmender Schärfe des Prismas immer weiter differenziert und verfeinert werden. Genau so muß es bei der Bearbeitung eines wissenschaftlichen Themas gehen. Wie im Wissenschaftlichen die immer zunehmende Spezialisierung zu einer solchen Arbeitsweise zwingt, so führt sie im Pädagogischen zum Arbeitsunterricht auf den Schulen und der Gruppenarbeit in den Seminaren und Laboratorien der Hochschulen und Universitäten.
In diesem Falle wird also im Laufe von zwei Semestern ein Thema bearbeitet, dessen Wahl wiederum eine logische Beziehung zwischen den Jahresthemen herstellt; das erste Jahr 1930/31 war mit der Untersuchung der Zelle der Siedlung, also der einzelnen Wohnung angefüllt, das zweite wird die Untersuchung der Gemeinschaftseinrichtungen und ihre Einwirkungen auf die einzelne Wohnung ausfüllen, und das dritte die Synthese der bisher erarbeiteten Voraussetzungen, aus der wiederum neue Beziehungen innerhalb dieser Voraussetzungen selbst und neue Einwirkungen auf die Grundzelle sowohl wie auf die Gemeinschaftseinrichtungen erarbeitet werden. Dabei darf die thematische Fassung nicht allgemein bleiben; sie unterliegt einer ganz bestimmten und ganz klar präzisierten Aufgabe, nämlich im ersten Jahr der Frage nach der Grenze, bis zu der sich eine individuelle Wohnung verkleinern läßt, und in diesem Jahr nach der genauen Ermittlung der Differenz zwischen Einzelbetrieb und Sammelbetrieb.
Um die Arbeitsweise deutlicher darzustellen, sei auf das jetzt abgeschlos-

sene Thema des ersten Jahres eingegangen, das so lautete: „Die kleinste Wohnung oder wo liegen die Grenzen der Wohnungsverkleinerung?" Das Thema ist unter den etwa 30 Mitgliedern des Seminars im wesentlichen in vier großen Gruppen eingeteilt, von denen die eine das allgemeine Soziale, also das allgemein Volkswirtschaftliche und Soziologische der Sache bearbeitete, die andere die Frage des Grundrisses in seinen sämtlichen Abwandlungen, mit dem Effekt, daß etwa 700 Grundrisse verglichen und unter ihnen schließlich 46 auf genauere Vergleichswerte gebracht wurden. Die dritte Gruppe bearbeitete die Frage der Erschließung in ihren sämtlichen Erscheinungsformen, sowohl rein kostenmäßig wie auch in bezug auf die meteorologischen und sonstigen Voraussetzungen hin, nach der Seite des Flach- oder Hochbaues usw., wobei die Parzellensiedlung in Vorahnung der heute entstandenen Mode in Beispielen und Gegenbeispielen einen besonders weiten Abschnitt einnahm. Die vierte Gruppe befaßte sich ausschließlich mit Berechnungen der reinen Baukosten sowohl wie der Gesamtbaukosten, sie wurde unterstützt durch eine kleinere daran anschließende Gruppe über die verschiedenen Verfahren der Finanzierung und der Mietsberechnung und erhielt durch diese letzteren Arbeiten erst ihre Unterlagen für die endgültige Berechnung der Mieten der von ihnen im einzelnen untersuchten und durchgerechneten Häuser. Dabei wurden 26 Typen auf Grund der spezialisierten, in Einzelpositionen durchgearbeiteten Massenberechnungen und Kostenanschläge durchgearbeitet. Und aus der Gesamtheit der Resultate war es dann erst möglich, gewisse Beziehungen gesetzmäßiger Art festzustellen, die Fälle aufzuzeigen, in denen das Flachhaus dem Hochhaus überlegen ist (was bei vorsichtiger Berechnung der Baukosten hinsichtlich des Wohneffekts tatsächlich zutage trat), und schließlich zu zeigen, daß die Technik als solche ganz bestimmte Forderungen stellt, die man objektive nennen kann, Forderungen also, die in der Praxis nicht ungestraft außer acht gelassen werden können. [...] Die Arbeit begann im wesentlichen mit der Gruppe des soziologischen Teils, deren Mitglieder teilweise in Wohnungsämtern arbeiteten, bei 160 Mietern alter und neuer Wohnungen Ermittlungen anstellten und eine große Zahl von Wohnungen besichtigten –, das alles zu dem Zweck, damit zunächst einmal Klarheit über die tatsächlichen Bedürfnisse der Bevölkerung geschaffen wurde und man in der Diskussion zwischen Kabinentyp, Laubengangtyp und all dergleichen mehr einen einigermaßen sicheren Kompaß finden konnte. [...]

Man wird zunächst glauben, daß dieses Verfahren an die Studenten wesentlich höhere Anforderungen stellt, als das bisherige Entwerfen oder das Entgegennehmen der üblichen Vorlesungen. Das ist zweifellos der Fall und soll es auch sein. Demgegenüber steht aber auch die Tatsache, daß der Leiter des Seminars und seine Hilfe ebensoviel mehr in Anspruch genommen werden. Ebensowenig wie jetzt eine fertige Weisheit in mehr oder weniger großen Dosen verabreicht wird, ebensosehr muß von dem Leiter an der Zusammenfassung der Arbeit zu einem das Ganze umfassenden Resultat gearbeitet werden, und zwar um so mehr, als ihm selber das Resultat nicht bekannt ist, ja auch nicht bekannt sein darf, wenn diese Arbeit nicht ihren Sinn verlieren soll. Es ergibt sich daraus die Notwendigkeit einer ganz anderen Art von Besichtigungen als bisher, des Hinzuziehens von Fachleuten, die eben gerade über diese und jene bestimmte Frage Auskunft geben können und dergleichen mehr. Vor allem aber wird es die Sorge des Leiters sein, jeden Teilnehmer möglichst in jedem Stadium der Arbeit über den Stand der Arbeiten der übrigen Teilnehmer zu unterrichten, sie durch dauerndes Anhören von Berichten, Ansehen von Zeichnungen zur Meinungsäußerung anzuregen mit dem Ziel, daß die notwendige Spezialisierung durch den Überblick über das Ganze ausgeglichen wird. Daß also wie bei dem scharfgeschliffenen Prisma die Klarheit und Deutlichkeit der einzelnen Farben nicht den Blick für die Schönheit und Harmonie der gesamten Farbenskala beeinflußt, sondern ihn erst schärft. –

Fritz Schumacher

Schöpferwille und Mechanisierung

Zentralblatt der Bauverwaltung, 53. Jg., 1933, Heft 18, S. 205–210

Eine auch in Deutschland viel beachtete satirische Utopie des englischen Dichters Huxley „Welt – wohin?" fängt mit den Worten an: „Ein grauer Flachbau nur 34 Stockwerke hoch" und endet damit, daß der Held,

nachdem er alle Errungenschaften der Technisierung, die der Menschheit „im Jahre 300 nach Ford" zuteil geworden sind, durchkostet hat, versucht, sich in menschenferner Einöde ein primitives Dach mit selbstgemachten Geräten auf selbstbestelltem Acker zu schaffen. [...]
Man sieht, schon seit über einem halben Jahrhundert suchen Dichter – und ihre Zahl ließe sich leicht um viele Beispiele vermehren – das einzige Heil der Weiterentwicklung unserer der Technik verfallenen Zeit in der Rückkehr zur Primitivität, und in einer Epoche, wo unser Sorgen Wohnlauben und einfachsten Stadtrandsiedlungen gilt, hat die Frage vielleicht nicht bloß spielend-literarische Bedeutung, ob das „Welt – wohin?" nicht schließlich wirklich die Antwort nötig macht: Zurück. [...]
Heute spitzt sich dieser Kampf in ungeahnter Weise zu, viele meinen, zum Entscheidungskampf, denn der Geist hat es verstanden, sich im Laufe der Zeit immer mehr zu materialisieren. In dem, was wir Technik nennen, beginnt er unser Leben zu beherrschen, und unsere Zeitgenossen registrieren diese Tatsache bald mit Stolz und bald mit Schrecken. [...]
Wenn wir die Technik an der Quelle ihres Wesens betrachten, bedeutet sie nichts anderes, als die fortschreitende Emanzipation des Menschen aus einer Sphäre, in der er dem Ablauf von außen her begründeter Geschehnisse verhaftet ist, zur Freiheit einer Sphäre, deren Geschehnisse von *innen* her begründet sind. Sie ermöglicht dem Menschen zu wirken – wie *Dessauer* es ausdrückt: „im Dienste der menschlichen Urbestimmung, der Wendung zum Geiste, der Heimkehr zum Urgrund, zum Schöpfer, der selbst Geist ist". [...]
Die Frage, vor die wir [...] gestellt werden, lautet: *wo bleibt Raum für gefühlsmäßige Beseelung innerhalb der mechanisierenden Kräfte der Technik*. Wo bleibt – um mit Klages zu sprechen – Raum für die Seele neben dem Geist. Wo bleibt – um im Sinne unserer Blickrichtung des Schaffenden zu sprechen – Raum für den Schöpferwillen neben der Mechanisierung. [...]
Wenn wir diese Frage näher prüfen wollen, müssen wir zunächst unterscheiden, in welchen verschiedenen Grundgestalten uns die materiell gestaltende Technik entgegentritt. Wir sehen einen ersten grundlegenden Gegensatz zwischen dem, was wir „*statische Technik*", und dem, was wir „*dynamische Technik*" nennen können. Es ist der Unterschied zwischen den Begriffen „Bauwerk" und „Maschine". [...]
Wenn wir zunächst die *statische Technik* betrachten, so möchte ich

vorausschicken, daß wir natürlich erst bei der dynamischen Technik, der Maschine, auf den Kernpunkt der Gefahren stoßen. Aber auch bezüglich der statischen Technik treten gerade bei den Erscheinungen unserer Tage Fragen hervor, die vielfache Besorgnisse ausgelöst haben. Dabei ist es nicht das Bauwerk als solches, woran sich die Besorgnisse knüpfen, sondern sie richten sich bezeichnenderweise gegen diejenigen Erscheinungen unserer Zeit, in denen das Bauwerk *der Maschine ähnlich* zu werden scheint, in denen der Ingenieurcharakter hervortritt. Sie sehen schon in dieser Tatsache eine Entseelung des Bauwerks. Ist die Sorge berechtigt? [...]
Alles was „maschinenhaft" zu wirken scheint, wird in den Schatten der Bedenken gegen die Maschine kurzerhand mithereinbezogen. Eine ästhetische Frage wird mit einer soziologischen vermengt. [...]
Unser gewordenes Gefühl für bautechnische Konstruktion leidet unter zwei Hemmungen: der Gewöhnung an bestimmte, oftmals dekorative *Konstruktions-Symbolik,* die aus der liebevollen Beschäftigung mit dem, was wir „Historische Stile" nennen, hervorgegangen ist, und der Gewöhnung an einige wenige *Baumaterialien,* die eine jahrhundertlange Alleinherrschaft geführt haben. Vermissen wir jene alten Symbolformen oder begegnen wir gar statt dessen ungewohnten Konstruktionsformen ungewohnter Materialien, so meinen wir einer neuen Welt, der neuen „Welt der Technik" gegenüberzustehen. Es ist aber in ihrem tiefsten inneren Wesen meist gar nicht eine so neue Welt. [...] Es ist eine Täuschung, wenn man ohne weiteres einen dem Wesen nach anderen *Geist* zu spüren glaubt, weil die *Erscheinung* eine andere ist. [...]
Wir haben in der ersten Freude an der erstaunlich sich ausbreitenden Gestaltungsfähigkeit, die sich kraft mathematischer Gesetze und der aus ihnen entwickelten Gedankenreihen eröffnete, geglaubt, daß in diesen Gesetzen auch das letzte Wort für die sinnliche Wirkung der durch sie entstehenden Gebilde gesagt und damit die Frage des Gestaltens für die Werke, die nach der Seite des Bauingenieurs liegen, erledigt sei. Wir waren fest überzeugt, daß das Ergebnis einer eleganten statischen Berechnung nicht nur die *materielle* Form der höchsten Zweckmäßigkeit ergeben müßte, sondern daß wir sie auch ästhetisch als solche Form der höchsten Zweckmäßigkeit wohltuend empfinden würden. Der Gedanke einer „Ästhetik der materiellen Zweckmäßigkeit" war lange ein Lieblingsgedanke der Kunsttheorien.

Man nannte das *Wahrheit* und glaubte nicht fehl zu gehen, wenn man Wahrheit gleich „Schönheit" setzte. [...] Man braucht sich nur klar zu machen, daß es bei der Frage künstlerischer Wirkung ja nicht darauf ankommt, was den Schaffenden als „Wahrheit" gelenkt hat, sondern nur auf das, was der Beschauer als Wahrheit empfindet. Und da weiß der Architekt, daß das beim baulichen Tun durchaus nicht das gleiche ist. Die ganze künstlerische Gestaltung dessen, was wir beim Stein architektonische *Formen* nennen, beruht ja darauf, mit der Materie etwas vorzunehmen, was die Kraft ihrer *materiellen* Funktionen durchaus nicht zu verstärken braucht und doch die Kraft ihrer *gefühlsmäßigen* Funktionen erheblich steigert, ja manchmal überhaupt erst weckt. [...]
Wir stehen [...] vor den Werken aus Eisen und Eisenbeton, künstlerisch betrachtet, in den meisten Fällen auf Neuland. [...] Es handelt sich nicht etwa darum, die sogenannte „nackte" Konstruktion durch Zutaten, die der Künstler beisteuert, äußerlich künstlerisch salonfähig zu machen, sondern es handelt sich um die *innerliche* Belebung, die ein Werk der Technik erfahren muß, um vollwertig zu sein. Es handelt sich um eine Paarung von Geist und Gefühl. Aus dieser Paarung erst wird *Beseelung*.
Wir erkennen damit den großen Irrtum, der im Reich des Gestaltens „Geist" und „Seele" einander gegenüberstellt. Beim Schöpfungsakt sind „Geist" und „Gefühl" die großen Gegensätze. Erst durch ihre Vermählung, *nicht etwa durch einseitige Wahl zwischen ihnen*, entsteht „Seele". „Mens – sensus – anima" ist das uralte heilige Siegel der Kunst. Wohl stehen sich die „logozentrischen" und die „biozentrischen" Mächte als polare Gegensätze gegenüber, aber wir dürfen die Kraft der Seele nicht auf der einen der beiden Seiten suchen – sie erwacht erst durch die Vereinigung des Geistes und der Sinne. Das bedeutet: die geistgeborene Technik ist nur da Widersacherin der Seele, wo sie die Mitwirkung des Gefühls ausschließt. Sobald das nicht der Fall ist, kann Schöpferwille über Mechanisierung siegen.
Die Gerippekugel der Jahrhunderthalle in Breslau, das Motorenhaus der AEG., eine Fabrik Poelzigs, die Flugzeughalle in Travemünde, die Hängebrücke in Köln – das sind nicht nur Erzeugnisse des rechnenden Verstandes, sie sind ebensosehr Erzeugnisse des wägenden Gefühls. [...] Wenn das äußere Bild unserer Zeit wieder einigermaßen einheitlich werden soll, muß es nicht allein unser Bestreben sein, das Ingenieurwerk

IV ÜBERGEORDNETE TEXTE 1918-1933

gefühlsmäßig zu beseelen, sondern ebensosehr ist unsere Aufgabe, das Architekturwerk mit dieser neuen Welt in einen inneren Einklang zu bringen. [...]
Bezüglich des *Arbeitsproduktes* bedeutet diese Forderung: der Maschine nur solche Arbeiten zuzumuten, deren seelischer Gehalt von ihr nicht entwertet werden kann. Das ganze weite Reich der dekorativen Belebung, das die formende Hand für sich ausgebaut hat, fällt damit fort, aber es wäre falsch, zu glauben, das was übrig bleibt mit den Begriffen „Zweckmäßigkeit" und „Sachlichkeit" charakterisieren zu können. Die zahlreichen Manifeste, die versuchten, auf diesen Begriffen ein neues Evangelium aufzubauen, haben viel zur Verkennung der Aufgabe unserer Zeit beigetragen. Zweckmäßigkeit und Sachlichkeit sind selbstverständliche Voraussetzungen für das, wovon die Rede ist. *Darüber hinaus* handelt es sich aber um etwas, was nicht mit dem Verstande, sondern nur mit dem *Gefühl* wirklich erreicht werden kann: dem organischen Wesen der Dinge möglichst nahezukommen.
Auf dem Wege zur organisch wirkenden Form fällt alles Dekorative, das ebensooft zum Verhüllen wie zum Schmücken gebraucht wird, fort; an die Stelle des Reizes, der in der Phantasiewelt des Ornamentes liegen kann, tritt das geschärfte Gefühl für die lebenspendende Kraft, die in der feinsten Spanung der Linie oder des Umrisses zu liegen vermag. Alle Lebenswerte aber, die auf Linie und Formenumriß beruhen, entziehen sich nicht der wiedergebenden Kraft der Maschine. Will man diese Lebenswerte wahren, muß der Schaffende sie *vor* dem Ausführungsprozeß in seinem Entwurfe eingefangen haben, da sie während des Ausführungsprozesses nicht mehr entstehen können. Diese Forderung verlangt eine neue Art schöpferischen Fühlens. Wo sie erfüllt wird, bedeutet es kein Herabschrauben der Ansprüche an seelische Energie. Ihre Spannkraft muß vielmehr so groß sein, daß sie über den Zwischenzustand des mechanischen Prozesses *herüberwirken* kann. [...]
Aber es würde einen ganz falschen Eindruck machen, wenn es so wirkte, als wollte ich mit solchen Feststellungen das Bild des „Maschinenzeitalters" leise umschminken. Ich möchte es nur von einigen Verzerrungen und von verdunkelnden Firnisschichten befreit wissen. Was übrig bleibt, ist ernst genug. Wir können uns den Versuch einer realistischen Schilderung sparen, wenn wir sagen, daß wir uns in der Lage des Goetheschen Zauberlehrlings befinden, der entsetzt sieht, wie der mechanische Helfer,

den er gerufen hat, seine Existenz bedroht, ohne daß er das Zauberwort kennt, ihn in seine Schranken zu weisen. Daß wir – das soll heißen unsere Zeit – dies Zauberwort einstweilen nicht gefunden haben, müssen wir trotz allem Optimismus zugeben, aber bei Goethe gibt es schließlich noch den Meister, der es zu sprechen vermag und der den Spuk bannt. Können wir auf einen solchen Meister, das soll heißen auf die Möglichkeit einer Entwicklungswendung hoffen?
Ganz gewiß nicht in dem Sinne, daß der Besen wieder wird „was er gewesen". Wer darauf hofft, scheint mir die Menschenseele nicht zu kennen.
Auch wenn die Maschine in der Gewalt des Menschen bleibt, muß er sein Leben gründlich umgestalten, damit es nicht verzerrt wird. Sobald die Maschine ihr dienendes Wesen verliert und Übermacht bekommt über den Menschen, kann er ihrer mit den Mitteln der *materiellen Technik* überhaupt nie wieder Herr werden, er braucht dazu einen von außen eingreifenden Bundesgenossen. Diesen Bundesgenossen kennen wir schon: es ist die *geistige Technik*. Nur sie kann als „Meister" das erlösende Zauberwort sprechen.
Wenn wir heute in den Formen unseres Daseins ein Gewirr um uns erblicken, in dem das Zerstörende einstweilen deutlicher hervortritt als das Aufbauende, so erklärt sich das nicht nur mit der Entschuldigung des Übergangs. Und wenn wir hierfür die Technik und ihre Mechanisierungstendenzen schlechthin verantwortlich machen, so liegt darin nicht nur die Oberflächlichkeit, daß wir die verschiedenen Arten ihres Wesens nicht unterscheiden und deshalb weder die Ursachen unserer Unlust, noch die Mittel richtig erkennen, mit denen wir sie abwehren können. Es ist vielmehr charakteristisch für unsere Zeit, daß sich die organisierende geistige und die gestaltende materielle Technik in den wichtigsten Fragen der Lebensgestaltung entwickelt haben, ohne wirkliche Fühlung untereinander zu besitzen. Der Unsegen, den die meisten Kritiker unseres Zeitalters im Wesen der gestaltenden Technik suchten und zu finden glaubten, liegt darin, daß die organisierende Technik dies ihr Wesen nur mangelhaft erkannte, es vielfach aber unbedenklich mißbrauchte. Sie muß die technische Kraft in den Dienst der ethischen Ziele stellen, aus denen sie in Wahrheit entsprungen ist.
Wenn die Maschine mehr produziert, als konsumiert werden kann, so liegt das nicht an dem Laster ihrer übermäßigen Leistungsfähigkeit,

sondern an dem Irrtum einer kaufmännischen Organisation. Wenn eine Landschaft durch eine Brücke entstellt wird, so liegt das nicht an der Unfähigkeit der Technik, eine gute Brücke zu schaffen, sondern an der Unfähigkeit der Organisatoren des Unternehmens, den richtigen technischen Schöpfer zu finden. Wenn unser Leben immer mehr von herandrängenden technischen Einwirkungen umsponnen wird, so liegt das nicht nur an der Aufdringlichkeit dieser Wirkungsmächte, sondern an der Überorganisation, die sie sich haben gefallen lassen müssen. Wenn Dinge vernichtet werden, ehe sie reif zum Sterben sind, so liegt das nicht an dem Machthunger des Dämons Technik, sondern an der Gefühllosigkeit oder auch der Kopflosigkeit, mit der diese Kräfte in irgendeine *andere Absicht* eingespannt werden. Wenn heute die raumweitende und zeitkürzende Eigenschaft der Technik ihre Segnungen noch nicht entfalten kann, sondern nur ihre Sensationen, so liegt das daran, weil dieser grandiosen Weitung des technischen Raumes nicht etwa eine entsprechende Weitung des Wirtschaftsraumes, sondern im Gegenteil eine von allen Seiten kommende künstliche Verengung gegenübersteht.

Ja, selbst bei der ernstesten Anklage, vor die die Technik heute gestellt wird, der Anklage, daß sie dem Arbeiter nicht etwa nur die lebendige Anteilnahme an seiner Arbeit nimmt, nein, daß sie ihm vermöge ihrer mechanischen Überlegenheit überhaupt die Arbeit raubt und ihm das schwerste Schicksal bereitet, das es gibt: die Arbeitslosigkeit – müssen wir uns klarmachen, daß wir nicht auf ein Problem technischer, sondern volkswirtschaftlicher Organisation stoßen. Wenn wir heute den Ruf hören: „Zerstört die Maschine", dann begreifen wir das psychologisch sehr gut – aber wir wissen, daß es ein unsinniges Beginnen wäre. Wohl kann man den Bagger oder den Kran eine Zeitlang stillegen und durch Menschenarbeit ersetzen, wenn organisatorische Technik es zeitweise verlangt, aber niemals wird man Kran oder Bagger wieder aus der Welt bringen. Ein Stück menschlichen Wachstums hängt daran. [...]

Die Überwindung der schwersten Gefahren, die das „Zeitalter der Technik" entfesselt hat, kann nur durch ein Zusammenwirken aller Kulturvölker wirksam gefördert werden. Wir stehen vor einer Menschheitsfrage, auf welche die Menschheit Antwort geben muß. Es ist die große Frage, die uns in allen Dingen des heutigen Lebens entgegentritt, die Frage, wo der richtige Weg zwischen Zwang und Freiheit verläuft – dieser Weg, den neu zu suchen die unentrinnbare Aufgabe jeder Zeitepoche ist. [...]

Wenn man es unternimmt, sich wie wir im Vorangehenden mit den ungeklärten Erscheinungen unserer Zeit auseinanderzusetzen, spähend, wo der mechanisierende Stacheldraht der Technik dem beseelten Schöpferwillen noch eine Lücke läßt, lockt es den künstlerisch empfindenden Menschen immer wieder, allen Äußerungen der Zivilisation einfach die Kraft und den Reiz des Naturnahen gegenüberzustellen. [...] Noch mehr fast möchte man sich schämen bei dem Gedanken, daß es scheinen mag, als wäre man stumpf gegenüber den Verzerrungen, die uns als Zeichen der Zeit umgeben.

Nein, mehr noch als das Preisen jener Naturwelt lockt es einen, die Auswüchse dieser mangelhaft konstruierten künstlichen Welt zu geißeln. Aber man muß sich den Luxus dieses geistigen Vergnügens versagen, weil zu viele ihm frönen, und weil die Mächte der Zeit, mit denen uns zu ringen gegeben ist, zu ernst sind. Mit Hölderlin möchte man sagen:

Zu lang schon waltest über dem Haupte mir
Du in der dunklen Wolke, Du Geist der Zeit!
Zu wild, zu bang ist's ringsum, und es
Trümmert und wankt ja, wohin ich blicke.
Ach, wie ein Knabe seh ich zu Boden oft,
Such in der Höhle Rettung vor Dir und möcht,
Ich Blöder, eine Stelle finden,
Alleserschütterer, wo Du nicht wärest.
Laß endlich, Vater, offenen Auges mich Dir
Begegnen! –

Man sieht: das Schicksal des mit seiner Zeit ringenden schaffenden Menschen ist seelisch immer das gleiche gewesen.
Nichts nutzt es uns, die Strömungen, in denen wir zu leben gezwungen sind, anders zu wünschen. Keine Philosophie kann uns *dazu* helfen. Dieser Strom der Zeit trägt uns unaufhaltsam weiter, und wir können weder zurück noch aus ihm heraus.
Deshalb darf es nichts anderes geben, als das Lebendige im ewig Neuen zu suchen – das ewig Neue im Lebendigen. Einem Worte Schinkels getreu, das er gleichsam als Überschrift über alles bauliche Tun geschrieben hat: *„Überall ist man nur da wahrhaft lebendig, wo man Neues schafft."*
[...]

4 Lehren aus der Geschichte

[1] Peter Behrens
 Zum Problem
 der technischen und tektonischen Beziehungen

[2] Friedrich Tamms
 Schinkels Bedeutung
 für die Entwicklung der neuen Baukunst

Die Zertrümmerung der Geschichte ist eines der Hauptargumente gegen die Moderne. Inzwischen hat die neuere Architekturgeschichtsschreibung erkannt, wie aktiv und wie stetig fast alle Architekten der Moderne sich mit der „Geschichte" auseinandergesetzt haben.
In der vorliegenden Anthologie kommen nur zwei Architekten zu Wort. Ihr Altersabstand zählt 36 Jahre. Der eine, Peter Behrens (geb. 1868), begleitete die Moderne seit ihren Anfängen vor dem Ersten Weltkrieg. Der andere, Friedrich Tamms (geb. 1904), ging durch die Schule von Theodor Fischer und Hans Poelzig (1923–1929); seine berufliche Laufbahn begann in der Endzeitstimmung der Moderne. Beide sprachen über den Übervater der Moderne, über Karl Friedrich Schinkel.
Peter Behrens, der seinen architektonischen Berufsaufstieg mit kunstfreudigem Mäzenatentum verknüpft hatte, wußte 1910 in einem Vortrag über Kunst und Technik, „reife Kunst" artikuliere sich nicht durch die Sprache der Technik, sondern „nur durch die Sprache der Kunst". Der Behrens-Schüler Gropius lobte 1914, Behrens hätte die Verschmelzung von Zweck- und Würdeform, die aktive Einsetzung einer suggestiven Formensprache überzeugend vorgeführt (*Jahrbuch des Werkbundes 1914*). Behrens' Haltung in der frühen Republik, 1919, wurde schon beobachtet. Es ist interessant, die Lebensbahn von Behrens weiter zu verfolgen. In den späten zwanziger Jahren bereitete er seine Rückkehr aus dem auftragsmäßig unbefriedigenden Wien (er war dort von 1922 bis 1927 Direktor der Architekturabteilung der Kunstakademie) nach Berlin vor. Am 17. Januar 1926 fragte der ehrwürdige Professor einen Hamburger Architekturstudenten (der kurz darauf in Schumachers Oberbaudirektion Hamburg arbeitete) namens Konstanty Gutschow in einem Brief, ob er Interesse habe, bei ihm in Babelsberg zu arbeiten. Die Berlin-Rückkehr wurde mit einem Vortrag „Schinkel und die Moderne" eingeleitet (*Deutsche Bauzeitung*, H. 4, 1927). Der Architekten- und Ingenieur-Verein zu

Berlin hatte Behrens gebeten, am 13. März 1927 den Festvortrag des Schinkelfestes zu halten. Behrens sprach in seinem Vortrag „Zum Problem der technischen und tektonischen Beziehungen" über den Realisten Schinkel, der nichts anderes als Sachlichkeit gewollt habe. Dennoch warnte er vor jeder Einseitigkeit, die zum „Untergang des Abendlandes" führe (Geschichte 1). 1933 erhielt Behrens den Auftrag für ein neues Verwaltungsgebäude der AEG an der Berliner Nord-Süd-Achse. Und 1936 wurde Behrens als Nachfolger von Poelzig die Leitung der Meisterschule für Architektur an der Preußischen Akademie der Künste in Berlin anvertraut.

Fritz (oder *Friedrich*) *Tamms*, ein weiterer hier genannter Schinkel-Forscher unter den Architekten, hatte als sechsundzwanzigjähriger junger Architekt die Ehre, bei der Eröffnung eines Schinkel-Museums im Berliner Kronprinzenpalais zum 150. Geburtstag des Meisters, 1931, einen Vortrag zu halten (Geschichte 2). Der aufstrebende junge Mann berichtet über die Prinzipien der Schinkelschen Kunst, er sprach von Zweckmäßigkeit, von Raumersparnis und von Konstruktion. Schinkel wäre der Anfang der neuen Bewegung. Dennoch hätten die Produzenten des funktionellen Bauens Schinkel wohl mißverstanden, da sie die Intuition ausgeschlossen hätten.

Lebenserfahrung und Lebenserwartung wurden so mit dem Lebenswerk Schinkels verknüpft. Bei der durchgängigen Haltung des neunundfünfzigjährigen Behrens scheint alles klar und begreiflich – abgesehen davon, daß er sich Ende der zwanziger Jahre nach einer „neuen Zeit" sehnte und sich von der Zukunft mehr Verständnis erhoffte.

Der junge Tamms stand, schon eine weltpolitische Veränderung vor Augen, kurz vor seiner „zupackenden Lebens- und Arbeitszukunft". Nach seinem Diplom bei Poelzig, 1929, erhielt er eine Anstellung im Brückenbauamt der Stadt Berlin, welche 1934 in die Stelle eines Architekten der Reichsautobahn umgewandelt wurde. Von da an ging sein Lebensweg bergauf. Tamms wurde der Architekt der „Straßen Adolf Hitlers", der „Erbauer der Flaktürme" in Hamburg und Wien. Schließlich übernahm er im „Arbeitsstab Wiederaufbauplanung zerstörter Städte" als Mitglied der „Nationalmannschaft der Architekten" (Durth) im Büro des Generalbauinspektors Speer den Part des Typisierungsrationalisten. Der Überlebensweg führte Tamms, mittlerweile Professor, nach 1945 in die mit fast unbeschränkter Machtfülle ausgestattete „Ära Tamms" in Düsseldorf: „Der Strom lockte den Brückenbauer an", und die Brückenstadt wehrte sich nicht.

Peter Behrens

Zum Problem
der technischen und tektonischen Beziehungen

*Festvortrag auf dem Schinkelfest des Architekten- und Ingenieur-Vereins
zu Berlin am 13. März 1927
Deutsches Bauwesen, Band III, Heft 4, 1927, S. 73–77*

Wir wissen, daß *Carl Friedrich Schinkel,* geb. am 13. März 1781, der ureigentlichste preußische Baumeister war und bis auf unsere Tage heute geblieben ist. Und wir wissen auch dieses, daß er als Genie seiner Zeit um ein Jahrhundert voraus war.
Wenn wir die Schönheiten Berlins suchen, die freilich oft schwer zu finden sind, wenn wir hinauskommen an die Peripherie der Stadt und ins Freie gelangen und aufatmen, sei es in Tegel oder Glienicke, vor Bauten, die uns gefangen nehmen und unsere Schritte verlangsamen, so sind es dann die Werke dieses preußischen Baumeisters. [...]
Wenn man mich berufen hat, an diesem heutigen Tage seines Geburtstages zu sprechen, so kann mich persönlich nur das interessieren, was ihn mit *unserer Zeit* verbindet. Und das eben ist das große Interesse, das ich an diesem Manne finde, daß er ein Vorkämpfer für seine Zeit und ein unverstandener Mensch in seiner eigenen war, trotzdem er von königlichen Gnaden im Jahre 1830 zum Baudirektor ernannt wurde, zu jener Zeit, als *Goethe* den zweiten Teil des „Faust" vollendete. [...]
Ein jeder, der sich in Goethe vertieft hat, weiß, wie dieser geniale Mensch schwankte zwischen Lyrik und elektrischen Maschinen, wie er die reine Schönheitslinie suchte und sich gleichzeitig in botanischen Kenntnissen verlor. Schinkel war ein Geist *dieser* Art auf seinem Gebiete, und wie es für Goethe kein Gebiet gegeben hat, das er nicht anregend und erweiternd berührte, so war auch Schinkel Maler, Bildhauer und Architekt zu gleicher Zeit. [...]
(Was) uns heute [...] an diesem Manne interessiert, ist nicht nur die Universalität seines Könnens, sondern sein weitausschauender Geist. Spät erst kam er zum Bauen, nachdem er eine zweijährige Studienreise durch Italien gemacht, dann, nach Berlin zurückgekehrt, malen mußte,

um Brot zu verdienen. [...] Aus diesen Anregungen in den südlichen Zonen sind Schloß Tegel und Charlottenhof entstanden.
Da sagt man nun, dieses seien Anlehnungen an klassisch-italienische Vorbilder, während, wer hinschaut und hinschauen mag, etwas anderes sehen muß, nämlich die darin zum Ausdruck kommende Modernität unserer eigenen Zeit. Man erinnere sich z. B. an Schloß Glienicke und sinne darüber, ob es nicht durch Ruhe, Schlichtheit, kubische Geschlossenheit und Flachdächigkeit ein Gleiches ist, was heute die Modernen unserer Baukünstler erstreben.
Freilich hat Schinkel wohl auf seinen Reisen in andern Ländern viel gelernt, doch war es ihm nicht vergönnt, die edlen Materialien, für die er so schwärmte, in einem eigenen Lande zu verwenden. Er kam zurück in ein wirtschaftlich düstres Land und mußte suchen nach Ersatz für die Schönheiten, die er in sich aufgenommen hatte. Wer weiß es! Vielleicht ist es eine Notwendigkeit für die Kunst, daß sie dann erst recht aufblüht, wenn die wirtschaftlichen Zeiten schlechte sind. So kann es uns nicht wundern, daß der Künstler unseres heutigen Interesses abging von den Schönheiten seiner Studienerfahrungen und Hilfe suchte in der fortgeschrittenen Technik, wenn sie auch damals wohl noch gering war. Jedenfalls aber war er der erste Baumeister, der das Eisen, wenn auch nur in Gußform, zur konstruktiven Notwendigkeit erkannte.
Wenn Schinkel als Klassizist in der Geschichte die alleinige Bedeutung zu haben scheint, so ist das insofern ein Irrtum, als er der *Realist* seiner Zeit war. Er ist vielmehr der Mann, der sich bemühte, die technischen Erneuerungen zu suchen.
Seine Werke, wie ich sie sehe, sind nicht von Italien übernommene römische Klassik. Man mag das Alte Museum für eine antikische Architektur ansehen, aber wenn man auf der Rückseite vorbeigeht, wo einfache Fensterreihen sich aneinanderreihen, so sieht man das Haus an der Ecke gestützt durch einen Pfeiler der nicht hervortritt, sondern auf beiden Seiten in der Bündigkeit seiner Fassade bleibt. Diese Wirksamkeit, die jedem Beschauer auffällt, ist nur dadurch bewirkt, daß an beiden Seiten des stark emporstrebenden Baugliedes Nuten eingegraben sind.
Es ist im höchsten Maße erstaunlich, wie Schinkel, der seinerzeit nur römische Architektur kennen konnte, ein solch griechisches Gefühl hatte. Denn unsere Kenntnis vom Griechischen haben wir erst durch *Schliemann* und seine Nachfolger erfahren, und um so mehr muß man

das Vorausschauende dieses genialen Geistes bewundern. Sein Wesen war ebensosehr weitausschauend wie tief empfindend. Er ist der Typ des genialen Menschen aller Zeiten, in dessen Brust sich zwei Seelen streiten, die des empfindenden und die des fortstrebenden Gefühls oder – wenn man es so bezeichnen will – des Romantikers und des Klassizisten. Aber ich glaube, daß alle Kultur aus diesem Widerspruch und Gegenstreit ihre Anregung zu allen Zeiten fand, und daß es zu unserer Zeit heute nicht anders steht.

Auch *wir* stehen heute vor diesem Dilemma. Viele unserer Zeitgenossen glauben daran, daß sich eine neue Architektur und Kunst entwickeln wird. Diese wäre ganz im Geiste Schinkels, denn er wollte, als Realist, der er war, nichts anderes als die Sachlichkeit, die heute als die „neue Sachlichkeit" das Leitmotiv unserer Zeit zu sein scheint. Aber wir wollen uns gerade in Erinnerung an diesen Mann überlegen, was solche Sachlichkeit bedeutet. [...]

Das Zeitinteresse wendet sich der Technik zu, denn die eindrucksvollsten Leistungen sind die Erzeugnisse der modernen Technik. Die Fortschritte der heutigen Technik haben eine Höhe erreicht, wie es bisher in der Geschichte nicht der Fall gewesen ist. Die Bedingung der modernen Technik ist keine wissenschaftliche Fachangelegenheit mehr, sondern sie hat Einfluß gewonnen auf das gesamte Leben der Völker. Eine neue Stufe in der Menschheitsentwicklung ist durch sie entstanden. Und wie man einst von der Steinzeit, von der Bronzezeit, von der Eisenzeit sprach, so wird man in späteren Jahrhunderten von unserer Zeit vielleicht von der „elektrischen" sprechen.

Wenn so durch unsere technische Entwicklung unsere heutige Zivilisation geworden ist, so mag es freilich scheinen, daß sie mechanischem Geiste erliegen könne. Und gerade diese Aussicht ist es ja, die *Spengler* wohl veranlaßte, von dem „Untergang des Abendlandes" zu sprechen. Denn alle Einseitigkeit führt zum Niedergang.

Trotzdem nehmen wir die Erscheinung wahr, daß viele Werke des Ingenieurs Schönheit in sich tragen. Wir wollen uns nur erinnern an die Eisenhallen, Brücken, Elevatoren, Retorten und besonders an die Maschinen selbst. Hierin liegt eine Schönheit, die uns zunächst als eine Pseudo-Ästhetik anmuten könnte, denn diese Gebilde sind dem Zwecke nach entstanden.

Aber nun fragt es sich, ob rein zweckliche Absichten immer vorlagen, ob man nur im arithmetischen Denken tätig war oder ob im Unterbewußtsein die Form vorschwebte. Hier sagt *Kant:* „Es war nichts in der Vernunft, was nicht zuvor in der Sinnlichkeit war." [...]

Friedrich Tamms

Schinkels Bedeutung für die Entwicklung der neuen Baukunst

Die Baugilde, 1931, S. 385–391

Wenn wir uns heute wieder mit Schinkel beschäftigen, so geschieht das nicht nur aus dem äußeren Anlaß der 150. Wiederkehr seines Geburtstages und der Eröffnung eines eigenen Schinkel-Museums im Berliner Kronprinzessinnenpalais, sondern aus einer inneren Verwandtschaft unserer Zeit mit der seinen. [...]
Es wird leicht vergessen, daß das Leben Schinkels (1781–1841) zwischen zwei Revolutionen stand, der von 1789 und der von 1848, und daß diese Zeit von politischen und sozialen Umwälzungen und denkbar schwersten wirtschaftlichen Erschütterungen angefüllt war. Die hemmungslos vordringende Industrialisierung und die zahllosen Kriege hatten eine Wirtschaftskatastrophe nach der andern im Gefolge, begleitet von Hungersnot, Arbeitslosigkeit und Auswanderung. Es ist das Zeitalter der Umwandlung der Produktionsformen, des Aufkommens der Maschine, der rationellen Wirtschaft und des Sozialismus. Langsam kristallisieren sich neue Gesellschaftsformen heraus, aus denen zögernd ein neues, technisches Zeitalter seinen Anfang nimmt. [...]
An der Lösung dieser neuen Probleme hat Schinkel, dessen Hauptschaffenszeit mitten in diese revolutionierende Zeit fällt, praktisch und theoretisch hervorragenden Anteil genommen.
Eine ganze Reihe seiner Bauten (Militärgefängnis, Leuchtturm, Sternwarte, Wohnhäuser, Warenhaus u. a.) sind in diesem Sinne (d. h. eine

engumrissene Zweckbestimmung zu architektonischem Ausdruck zu bringen) zu lösen unternommen worden. Theoretisch hat Schinkel diese Probleme in einem umfassenden, aber Entwurf gebliebenen Werk zu lösen versucht, an dessen Anfang er die folgenden Gedanken über das „Prinzip der Kunst in der Architektur" setzt:
1. Verschiedene Materialien zu einem, einem bestimmten Zweck entsprechendem Ganzen verbinden, heißt bauen.
2. Diese Erklärung, umfaßt sie das Bauen geistiger oder körperlicher Art, so zeigt sie deutlich, daß Zweckmäßigkeit das Grundprinzip alles Bauens sei.
3. Das körperliche Gebäude, welches jedesmal ein geistiges voraussetzt, ist hier der Gegenstand meiner Betrachtung.
4. Die Zweckmäßigkeit eines jeden Gebäudes läßt sich unter drei Hauptgesichtspunkten betrachten, diese sind:
a) Zweckmäßigkeit der Raumverteilung oder des Planes,
b) Zweckmäßigkeit der Konstruktion oder der dem Plane angemessene Verbindung,
c) Zweckmäßigkeit des Schmucks oder der Verzierung.
5. Diese drei Hauptpunkte bestimmen die Form, das Verhältnis, den Charakter des Gebäudes.
6. Die Zweckmäßigkeit der Raumverteilung oder des Planes enthält folgende drei Haupteigenschaften:
a) höchste Ersparung des Raumes,
b) höchste Ordnung in der Verteilung,
c) höchste Bequemlichkeit im Raume.
7. Die Zweckmäßigkeit der Konstruktion enthält folgende drei Haupteigenschaften:
a) bestes Material,
b) beste Bearbeitung und Fügung des Materials,
c) sichtbarste Andeutung des besten Materials der besten Bearbeitung und Fügung des Materials.
8. Die Zweckmäßigkeit des Schmuckes oder der Verzierung enthält folgende drei Haupteigenschaften:
a) beste Wahl des Ortes der Verzierung,
b) beste Wahl der Verzierung,
c) beste Bearbeitung der Verzierung. [...]

IV ÜBERGEORDNETE TEXTE 1918-1933

Diese Auffassung von zweckmäßigem Bauen ist grundlegend geworden für das 19. Jahrhundert. Sie ist der eigentlich positive Beitrag Schinkels für die Entwicklung der neuen Baukunst.
Vergleicht man nun diese Gedankengänge mit den Bauten Schinkels, die in ihrem Sinne errichtet sind (Militärgefängnis Berlin, Leuchtturm Arcona, Feilnerhaus und Bauakademie Berlin, Warenhaus usw.), so wird man zwar feststellen können, daß sie mit der darin geforderten Zweckerfüllung übereinstimmen, daß aber aus diesen Bauten noch ein anderes spricht, welches nicht aus den gleichen Theorien hergeleitet werden kann: ihre künstlerische Haltung!, d. h. daß trotz aller Beachtung der praktischen und vernünftigen Forderungen, wie sie aus der gesellschaftlichen Struktur der damaligen Zeit erwuchsen, diese Bauten Schinkels nicht nur der praktischen Vernunft gehorchen, sondern ohne diese zu vernachlässigen, dem lebendigen Schönheitsempfinden des Künstlers ihre Formen verdanken, und seiner Intuition folgen, ohne seine Vernunft zu verletzen.
Wenn sich nun heute die gesellschaftlichen Grundlagen gegenüber denen der Schinkelzeit verschoben haben, so sind sie doch grundsätzlich nicht anders, sondern eine Fortentwicklung der alten in der gleichen Richtung. Dementsprechend ist die heutige Baukunst, so sehr sie auch ein anderes Gesicht zeigt, eine Fortsetzung dessen, was bei Schinkel seinen Anfang genommen hat. Um so unnatürlicher muß daher der Gegensatz erscheinen, der sich zwischen den Bauten Schinkels und den der Gegenwart auftut, indem Schinkel der künstlerischen Intuition ihre persönliche und geistige Bedeutung zukommen ließ, während die Gegenwart versucht, allein mit Vernunftgründen, mit Sachlichkeit, Konstruktion und rationellem Bauen zum Ziele zu kommen. Obschon nun diese Vernunftgründe für die Entwicklung der Baukunst von großem Wert sind, [...] so wird dadurch doch nichts daran geändert, daß man mit vernunftgemäßen Überlegungen wohl bauen kann, daß aber Bauen erst dann zu Baukunst wird, wenn die künstlerische Intuition hinzutritt.
Es entsteht nun die Frage, ob denn diese „künstlerische Intuition" in diesem Zusammenhang überhaupt notwendig oder erstrebenswert ist. Aber abgesehen davon, daß es ein menschliches Grundgesetz ist, alles, was den menschlichen Händen bewußt oder unbewußt entstammt, in eine gewisse Ordnung und Gesetzmäßigkeit zu bringen, so wird diese Frage auch indirekt dadurch beantwortet, daß man gerade in neuerer Zeit

verwirrt durch die ungeheuren Ausmaße, die die reinen Zweckbauten der Industrie und Technik nach und nach angenommen haben, und durch gewisse Beobachtungen, die man an ihnen wahrnehmen konnte, darin mehr hat sehen wollen, als das, woraus sie ursprünglich entstanden sind. Man hat sich davon täuschen lassen, daß in einigen Fällen eine Gesetzmäßigkeit entstand, die gewissen künstlerischen Grundelementen entsprach, und die besonders im Industriebau nichts ungewöhnliches war. Der wiederholte gleiche Arbeitsprozeß einer Serienherstellung in einer Fabrik erforderte einen wiederholten gleichen Arbeitsraum. Raum reihte sich an Raum. Aus solchen räumlichen, wirtschaftlichen, statischen und konstruktiven Gründen setzten sich viele gleiche Elemente auf- und nebeneinander, woraus ein geregeltes Ganzes entstand, das sowohl durch seinen außerordentlichen Nutzeffekt wie dekorativen Reiz verblüffte. Diesen dekorativen, aus sachlichen, konstruktiven und wirtschaftlichen Gründen ungewollt und unbewußt entstandenen Reiz hat man als Kunst zu deuten und daraus umgekehrt die oben erwähnten Thesen (Sachlichkeit, Konstruktion, Funktion, Wirtschaft) als grundlegende Faktoren eines neuen Bauens zu bilden versucht. So sah denn dies „funktionelle Bauen" in der Maschine und der maschinellen Produktion den Mittelpunkt alles neuen Gestaltens und glaubte den Dualismus zwischen Vernunft und Intuition dadurch ausschalten zu können, daß es die letztere einfach leugnete. [...]
Es ist jedoch einfältig, zu glauben, daß alles, was gebaut wird, Anspruch darauf hätte, als Kunst, als Architektur gewertet zu werden. Das ist weder von den Bauten der alten Zeit, noch den Wohnungsbauten und technischen Wunderwerken der Neuzeit der Fall. So haben sich denn auch einsichtige Künstler gegen diese oberflächliche Gedankenkonstruktion gewandt und selbst Le Corbusier, einer von denen, die zuerst auf die Formen der Technik hingewiesen haben, hat seinem Schaffen nichts Wichtigeres voranzustellen gewußt als: „Die Architektur ist eine reine Schöpfung des Geistes". Damit wird wieder an das angeknüpft, was aus Schinkels Werk zu uns sprach und was bei einer Reihe seiner Bauten als das Positive, als das in die Zukunft weisende bezeichnet wurde. [...]

Die Dokumente. Gesamtübersicht

I Dokumente 1919-1923

1 Ausblicke, Rückblicke

Behne, Adolf, Die Pflicht zur Wahrhaftigkeit, in: Sozialistische Monatshefte, H. 17/18, 1919, S. 720-724
Poelzig, Hans, Werkbundrede, Stuttgart 1919, in: Mitteilungen des Deutschen Werkbundes, Nr. 4, S. 109-124, Selbstverlag des DWB, Berlin 1919
Müller-Wulckow, Walter, Aufbau-Architektur!, Berlin 1919
Behrens, Peter, Das Ethos und die Umlagerung der künstlerischen Probleme, in: Die Leuchter, Zeitschrift für Wissenschaft..., hrsgg. v. Graf H. Keyserling, Darmstadt 1920, S. 315-338
Behne, Adolf, Der moderne Zweckbau (1923), München 1926, Berlin, Frankfurt/Main, Wien 1964
Mendelsohn, Erich, Problem einer Neuen Baukunst (Vortrag 1919), in: Wasmuths Monatshefte für Baukunst, 8. Jg., 1924, S. 3/4
Mendelsohn, Erich, Dynamik und Funktion (1923), in: Wasmuths Monatshefte für Baukunst, 8. Jg., 1924, S. 4
Mies van der Rohe, Ludwig, Gelöste Aufgaben, in: Die Bauwelt, 14. Jg., 27. Dezember 1923, S. 719

2 Expressionismus

Pinthus, Kurt (Hrsg.), Menschheitsdämmerung, Symphonie jüngster Dichtung, Vorwort des Herausgebers, Berlin 1919, S. V-XIII
Hilberseimer, Ludwig, Von der Wirkung des Krieges auf die Kunst, in: Sozialistische Monatshefte, H. 12, 1923, S. 730-732
Taut, Bruno, Ex Oriente Lux, Ein Aufruf an die Architekten, in: Das hohe Ufer I, 1920, S. 15-18
Hilberseimer, Ludwig, Afrikanische Kunst, in: Sozialistische Monatshefte, H. 12/13, 1920, S. 520-523
Hilberseimer, Ludwig, Expressionismus, in: Sozialistische Monatshefte, H. 23/24, 1922, S. 955-957
Behne, Adolf, Die Zukunft unserer Architektur, in: Sozialistische Monatshefte, H. 2, 1921, S. 90-94
Worringer, Wilhelm, Künstlerische Zeitfragen, München 1921, S. 7-16

3 Zusammenschlüsse

Deutsche Architekten! Aufruf, in: Die Bauwelt, Jg. 10, H. 23, 1919, S. 5-6
Ein neues künstlerisches Programm, Programm des Arbeitsrats für Kunst in: Die Bauwelt, Jg. 9, H. 52, 1918, S. 5

Behne, Adolf, Unbekannte Architekten, in: Sozialistische Monatshefte, H. 9/10, 1919, S. 422–424
Taut, Bruno, Der Sozialismus des Künstlers, in: Sozialistische Monatshefte, H. 6/7, 1919, S. 259–262
Alexander, Gertrud, Ausstellungskunst, in: Rote Fahne, H. 14 (Nr. 266) u. 15 (Nr. 268), 6. 1921
Alexander, Gertrud, Dada, Ausstellung am Lützowufer 13, Kunstsalon Burchard, in: Rote Fahne, 25. 7. 1920

II Dokumente 1924–1928

1 Die Protagonisten oder Sieg des neuen Baustils

Behne, Adolf, Funktion und Form, in: Sozialistische Monatshefte, H. 12, 1924, S. 767–768
Mies van der Rohe, Ludwig, Baukunst und Zeitwille, in: Der Querschnitt, 4. Bd., 1924, 5. 31–32
Behrendt, Walter Curt, Zum Bauproblem der Zeit, in: Der Neubau, Jg. 7, H. 1, 1925, S. 1–4
Behrendt, Walter Curt, Der Sieg des neuen Baustils, Stuttgart 1927
Behrendt, Walter Curt, Vom Neuen Bauen, in: Zentralblatt der Bauverwaltung, Jg. 48, Nr. 41, 1928, S. 657–662
Meyer, Hannes, Die Neue Welt, in: Das Werk, H. 7, 1927, S. 205–224
Gropius, Walter, Geistige und technische Voraussetzungen der neuen Baukunst, in: Die Umschau/Frankfurt am Main, 1927, H. 45, S. 909–910
Taut, Bruno, Ästhetik der Architektur, in: Deutsches Bauwesen, Bd. IV, H. 10, 1928, S. 223–227 (Vortrag auf dem 53. Deutschen Architekten- und Ingenieurtag in Ludwigshafen am 21. 9. 1928)

2 Zweifel, Kritik

Schultze-Naumburg, Paul u. Walter Gropius, Wer hat Recht? Traditionelle Baukunst oder Bauen in neuen Formen. Zwei sich widersprechende Ansichten, in: Uhu, April-Heft, 1926, S. 30–103
Frank, Josef, Vom Neuen Stil. Ein Interview, in: Die Baukunst, 1927, S. 233–250
Meyer, Peter, Moderne Architektur und Tradition, Zürich 1928
Hegemann, Werner u. Leo Adler, Warnung vor „Akademismus" und „Klassizismus", in: Wasmuths Monatshefte für Baukunst, Jg. 11, H. 1, 1928, S. 1–11
Häring, Hugo, Wege zur Form, in: Die Form, 1925, S. 3–41
Muthesius, Hermann, Kunst und Modeströmungen, in: Wasmuths Monatshefte für Baukunst, 1928, S. 496–498
Schwab-Felisch, Hildegard, Formen und Form, Soziologische Randbemerkungen, in: Die Form, 1928, S. 240–244

III Dokumente 1929–1933

1 Appell an die Vernunft oder Was ist modern?

Mann, Thomas, Deutsche Ansprache. Ein Appell an die Vernunft, Berlin 1930, Auszüge, S. 7 ff.
Frank, Josef, Was ist modern? Vortrag gehalten am 25. Juni 1930 auf der öffentlichen Kundgebung der Tagung des Deutschen Werkbundes in Wien, in: Die Form, 1930, S. 399–406
Behne, Adolf, Kann die Kunst im Leben aufgehen?, in: Sozialistische Monatshefte, 1932, S. 138–143

B.: Kann man im haus tugendhat wohnen?, in: Die Form, 1931, S. 392-393
Schwarz, Rudolf, Neues Bauen?, in: Die Schildgenossen, 9. Jg., 1929, S. 207-217
Kallai, Ernst, bauen und leben, in: bauhaus, Zeitschrift für Gestaltung, 3. Jg., 1929, Nr. 1, S. 12 ff.
Mies van der Rohe, Ludwig, Die neue Zeit. Schlußworte des Referats Mies van der Rohes auf der Wiener Tagung des Deutschen Werkbundes, in: Die Form 1930, S. 406
Le Corbusier, Wo beginnt die Architektur, in: Die Form, 1929, S. 180-181
Gropius, Walter, bilanz des neuen bauens. Vortrag gehalten am 5. Februar 1934 in Budapest. Ms. Bauhaus-Archiv, Gropius-Sammlung 20/15. aus: Probst/Schädlich, Walter Gropius, Bd. 3, S. 152 ff.

2 Die Patriarchen kommen zu Wort

Poelzig, Hans, Der Architekt. Vortrag gehalten auf dem 28. ordentlichen Bundestag des BDA in Berlin am 4. Juni 1931, in: Die Baugilde, 13. Jg., 10. Juni 1931, H. 11., S. 926, 928 f., 937
Kreis, Wilhelm, Romantik und Sachlichkeit in der modernen Architektur. Eröffnungsansprache zur Architekturausstellung des BDA im Folkwang-Museum in Essen zum Thema: Fünf Jahre Bauschaffen, in: Die Baugilde, 1930, S. 1623-1625
Schumacher, Fritz, Die Zeitgebundenheit der Architektur, Vortrag auf der Wanderversammlung des 54. Deutschen Architekten- und Ingenieurtages in Hamburg am 6. 9. 1929, in: Deutsches Bauwesen, 1929, Bd. V., H. 10, S. 238-243
Behrens, Peter, Zeitloses und Zeitbewegtes. Rede am 22. März 1932 gehalten in der öffentlichen Sitzung der preußischen Akademie des Bauwesens, in: Zentralblatt der Bauverwaltung, 52. Jg., 20. Juli 1932, Nr. 31, S. 361-365
Bestelmeyer, German, Über neuere deutsche Baukunst, nach einem Vortrag gehalten auf dem 12. Internationalen Architektenkongreß in Budapest, in: Deutsche Bauzeitung, 1930, S. 702-704

3 Front

Riezler, Walter, Front 1932, in: Die Form, 1932, S. 1-5
Riezler, Walter, Der Kampf um die deutsche Kultur, in: Die Form, 1932, S. 326-328
Schmitthenner, Paul, Tradition und neues Bauen, in: Deutsche Kulturwacht. Blätter des Kampfbundes für deutsche Kultur, 2. Jg., H. 17, Juli 1933, S. 11-12

IV Übergeordnete Texte 1918-1933

1 Blick über die Grenzen

Behne, Adolf, Die Wiederkehr der Kunst, 1918, S. 64-69
Behne, Adolf, Vorschlag einer brüderlichen Zusammenkunft der Künstler aller Länder, in: Sozialistische Monatshefte, H. 4/5, 1919, S. 155-157
Behne, Adolf, Europa und die Architektur, in: Sozialistische Monatshefte, H. 1, 1921, S. 28-33
Behne, Adolf, Blick über die Grenze, in: Bausteine, Nr. 2/3, Berlin 1925, S. 3-6
Behne, Adolf, Holländische Baukunst in der Gegenwart, in: Wasmuths Monatshefte für Baukunst, Jg. VI, 1921/22, H. 1/2, S. 1-7
Taut, Bruno, Architektonische Vortragsreise (Februar 1923), im besetzten Gebiet Deutschlands und in Holland, in: Bouwkundig Weekblad, Jg. 44, 1923, S. 292-295
Behne, Adolf, Junge französische Architektur, in: Sozialistische Monatshefte, H. 12/13, 1922, S. 512-517
Behne, Adolf, Rußlands Kunst von heute, in: Die Bauwelt, H. 7, 1924, S. 99-100

Ginsburg, Moissej Jakowlewitsch, Zeitgenössische Architektur in Rußland, in: Die Baugilde, 1928, S. 1370–1375
Malewitsch, Kasimir, Supprematistische Architektur, in: Wasmuths Monatshefte für Baukunst, Jg. 11, 1927, S. 412–413
o. V., Die Sowjetunion und das neue Bauen, in: Der Bauspiegel, Jg. 1, 1933, S. 4–5 (Artikel über Hans Schmidt)

2 Wohnung, Wohnkultur

Behne, Adolf, Das Musterhaus der Bauhausausstellung, in: Die Bauwelt, Jg. 14, H. 41, 1923, S. 501–502
Kallai, Ernst, Zehn Jahre Bauhaus, in: Die Weltbühne, Jg. 26, 1930, Nr. 4, S. 135–140
Meyer, Hannes, Die neue Welt, in: Das Werk, 1926, Heft 7, S. 222
Lihotzky, Grete, Rationalisierung im Haushalt, in: Das neue Frankfurt, Jg. 1, Nr. 5, 1927, S. 120–123
Taut, Bruno u. Otto Häsler, Umfrage: Architekt und Wohnungsbau, in: Die Baugilde, 1928, S. 1458f.
Frank, Josef, Drei Behauptungen und ihre Folgen, in: Die Form, 1927, S. 289–291
Riezler, Walter, Die Wohnung, in: Die Form, 1927, S. 258–266
Loos, Adolf, Von der Sparsamkeit, in: Die Baugilde, Jg. 7, 1925, S. 384–385
Behne, Adolf, Architekt und Mieter, in: Sozialistische Monatshefte, 1926, S. 107–108
Behne, Adolf, Weg zu einer besseren Wohnkultur, in: Sozialistische Monatshefte, 1927, S. 121–123
Behne, Adolf, Dammerstock, in: Die Form, 1930, S. 163–166
Mende, Clara, Die Frau und der Architekt in der Gegenwart, in: Die Baugilde, 1928, S. 1381–1382

3 Typ, Serie und Sozialisierung

Gutkind, Erwin, Typisierung und Individualismus als künstlerisches Problem, in: Die Bauwelt, Jg. 9, H. 38, 1918, S. 3–6
o. V., Serienhäuser, in: Die Bauwelt, 1922, H. 29, S. 487 (über Le Corbusier)
Hilberseimer, Ludwig, Großstadtbauten, Hannover 1925
Gropius, Walter, Systematische Vorarbeit für rationellen Wohnungsbau, in: Die Bauwelt, H. 9, 1927, S. 197–200
Mumford, Lewis, Vom Blockhaus zum Wolkenkratzer, Berlin, 1925
Gurlitt, Cornelius, Neue Baustoffe und Bauarten, in: Deutsche Bauzeitung, 1927, Nr. 31/32, S. 268–272
o. V., Le Corbusier spricht, in: Die Bauwelt, H. 3, 1932, S. 62
Taut, Bruno, Rationelle Bebauungsweisen und das Seminar für Wohnungsbau und Siedlungswesen auf der technischen Hochschule Berlin, in: Deutsche Bauzeitung, Jg. 66, 1932, Nr. 14, S. 261–264
Schumacher, Fritz, Schöpferwille und Mechanisierung, in: Zentralblatt der Bauverwaltung, Jg. 53, H. 18, 1933, S. 205–210

4 Lehren aus der Geschichte

Behrens, Peter, Zum Problem der technischen und tektonischen Beziehungen, in: Deutsches Bauwesen, Bd. 112, H. 4, 1927, S. 73–77
Tamms, Friedrich, Schinkels Bedeutung für die Entwicklung der neuen Baukunst, in: Die Baugilde, 1931, S. 385–391

Namenregister

In den Originaltexten fanden wir fehlerhafte Namen, die im Register nach Möglichkeit korrigiert, resp. der aktuellen phonetischen Transkription angepaßt wurden. Die **halbfett** gedruckten Seitenhinweise kennzeichnen die jeweilige Person als Aufsatzautor, die *kursiven* Zahlen weisen auf Bildunterschriften hin.

Aalto, Alvar	15
Adenauer, Konrad	239
Adler, Leo	181
Adorno, Theodor W.	24, 26
Ahrens, Bruno (hier Ahrends)	46, 105
Alberti, Leon Battista	68, 160
Alexander III	327
Alexander, Gertrud (G. G. L.)	103, **113**, 115
Anrooy, H. A. van	309
Appia, Adolphe	26
Argan, Giulio Carlo	39
Auburtin, Victor	274
Bach, Johann Sebastian	45
Barbusse, Henri	24, 44
Barlach, Ernst	283, 286
Bartning, Otto	46, 107, 108
Bassermann, Albert	53
Bauer, Catherine	39
Bauer, Rudolf	107, 321
Bazel, Karel Petrus Cornelis de	309, 310
Becher, Johannes R.	45
Behne, Adolf	19, 33, 34, 41, 47, 48, 54, **56**, **69**, 81, 82, 83, **92**, 102, 108, 114, 115, 123, **127**, 199, 200, **214**, 294, 295, **297**, **299**, **300**, **305**, 307, **320**, 325, 335, 337, **338**, **356**, **359**, 362

Behrendt, Walter Curt	107, 124, 125, **131, 135, 137,** 336
Behrens, Peter	38, 54, 55, 63, **65,** 102, 105, 181, 217, 218, 239, 240, 241, **260,** 321, 401, 402, **403**
Benjamin, Walter	25, 33, 48, *120*
Benton, Tim	39
Berg, Max	107
Bergson, Henri	261
Berlage, Hendrik Petrus	12, 94, 261, 307, 308, 309, 310, 311, 318
Bernini, Gian Lorenzo	302
Bernoulli, Hans	29
Bernoully, Ludwig	63, 64
Bestelmeyer, German	39, 44, 102, 105, 159, 160, 239, 240, 241, **268**
Beyme, Klaus	40
Billing, Hermann	44, 63, 64
Blaauw, Cornelis Jonke	309
Blake, Peter	10
Bloch, Ernst	25, 33, 35, 40, 47, 48
Bloch, Joseph	107
Block, Alexander	46
Blondel, Francois d. Ä.	12
Blunck, Erich	159
Bonatz, Paul	18, 39, 63, 64, 139, 159, 160, 240, 293
Borngräber, Christian	40
Boterenbrood, Jan	310, 319
Botticelli, Sandro	114
Braque, Georges	320
Braudel, Fernand	17
Braune, Heinz	107
Braut, Kuno (ironisches Synonym für Taut, Bruno)	31
Brecht, Bertold	21, 22, 45, 199, 257
Brik, Ossip	326
Brinckmann, Albert	107
Brinckmann, Albert Erich	107
Brinkmann, Michiel (Wohnungsbau Spangen,Rotterdam)	316
Brockhusen, Theo von	107
Brolin, Brent, C.	11
Brückmann, Wilhelm	92, 109

Buddensieg, Tilmann	19
Burckhardt, Jacob	265
Caron, Julien	295, 323
Cato, Marcus Porcius d. Ä.	170
Cézanne, Paul	326
Chamberlain, Huston Stewart	261
Charlot (Charly Chaplin)	147
Chiattone, Mario	302
Cocteau, Jean	27, 55
Conrads, Ulrich	17, 22, 37, 38, 41, 44
Coogan, Jackie	147
Cook, Catherine	13, 40
Coudenhove-Kalergi, Richard	298
Cuijpers, Petrus Josephus Hubertus	307, 317
Däubler, Theodor	138
Debschitz, Wilhelm von	107
Dessauer, Friedrich	393
Diaghilew, Sergei	27
Diogenes von Sinope	170
Dix, Otto	118
Döcker, Richard	219, 293
Doesburg, Theo van	43, 214, 216, 311, 312
Döllgast, Hans	14
Dostoevskij, Fedor Michajlovic	59
Drexler, Arthur	20
Dürer, Albrecht	302
Durth, Werner	17, 40, 41, 402
Eberstadt, Rudolf	335
Ebert, Friedrich	116
Ebhardt, Bodo	105
Edison, Thomas Alva	220
Eesteren, Cornelis van	123
Ehrenburg, Ilja	55
Eiermann, Egon	15
Einstein, Albert	55, 263
El Lissitzky, Lazar' Markovic	43, 55, 306
Elsässer, Martin	18, 107
Emerson, Ralph Waldo	381
Endell, August	63, 64, 71, 128

Epen, Johannes Christiaan van (hier genannt van Eyden)	310
Erdmann, Boris	*333*
Erkes, Eduard	59
Eulenberg, Hedda	107
Eulenberg, Herbert	107
Exter, Alexandra	306
Fahrenkamp, Emil	160, 240
Fairbanks, Douglas	147
Falconet, Etienne Maurice	327
Fallada, Hans	199
Feder, Gottfried	277
Feininger, Lyonel	45, *83*
Feuchtwanger, Lion	277
Fichte, Johann Gottlieb	261
Fidus (Hugo Höppener)	286
Finsterlin, Hermann	92, 93
Fischart, Johann	114
Fischer, Alfred	63, 139
Fischer, Theodor	18, 33, 55, 63, 125, 137, 139, 160, 161, 236, 239, 277, 401
Fischer, Wend	17, 38, 41
Flechtheim, Alfred	107
Foch, Ferdinand	57
Fontane, Theodor	53
Frampton, Kenneth	8, 36, 38, 40
Franck, Philipp	107
Frank, Josef	31, 32, 47, 159, 160, **166**, 199, **208**, 223, 337, **351**
Fratellini, Les (Francois, Paolo, Albert)	147
Freud, Sigmund	28, 38, 44
Friedeberger, Hans	107
Fries, Heinrich de	313
Fromm, Erich	34, 35, 48
Furtwängler, Adolf	27
Gantner, Joseph	333
Gaudì, Antoni	294
George, Stefan	28, 46, 182, 199
Geßner, Albert	159
Giedion, Siegfried	20, 40, 41

Ginzburg, Moisseij Jakovlevic	295, **327**
Goebbels, Joseph Paul	46
Goecke, Theodor	335
Goesch, Paul	92
Goethe, Johann Wolfgang von	56, 182, 206, 216, 241, 247, 261, 262, 263, 264, 287, 370, 383, 396, 397, 403
Gogh, Vincent van	283
Goya, Francisco	11
Graeff, Werner	55
Granpré Molière, Marinus Jan	241, 309, 317
Gratama, Jan	310
Grimm, Hans	241
Grisebach, August	107
Grock (Adrian Wettach, Musikclown, hier fälschlicherweise Grogg)	147
Gropius, Walter	15, 17, 22, 23, 39, 46, 63, 101, 102, 107, 108, 125, **148**, 159, **162**, 201, 218, **233**, *237*, 241, 293, 342, 343, 354, 363, 369, 370, **375**, 378, 401
Grosz, George	*6, 279*
Gruber, Karl	14
Gumbel, Emil Julius	46
Gundolf, Friedrich	28
Gurlitt, Cornelius	46, 161, 239, 321, 370, **382**
Gutkind, Erwin	102, 105, 107, 369, **371**
Gutschow, Konstanty	16, 241, 401
Gutschow, Niels	40
Habermas, Jürgen	38
Hablik, Wenzel	92, 109
Haesler, Otto	13, 336, **349**, 363, 365
Hansen, Hans	92, 315
Hardeveld, J. M. van (Betondorp Rotterdam 1924/25)	310
Häring, Hugo	125, 139, 161, **183**, 218
Hartmann, Eduard von	261
Hausenstein, Wilhelm	107
Hausmann, Raoul	116, 117
Haussmann, Georges-Eugène	30
Heartfield, John	113
Heckendorf, Franz	107
Hegel, Georg Wilhelm Friedrich	261, 370, 388, 389

Hegemann, Werner	31, 43, 160, 161, **181**, 293
Heinrich, Hans-Jürgen	11
Heise, Carl Georg	107
Hellwag, Fritz	107
Hendrich, Hermann	283, 286
Hentrich, Helmut	16
Herkendell, Hanns	*276*
Hertlein, Hans	293
Herzfeld, Ernst	107
Herzl, Theodor	38
Hesse, Hermann	53
Heuser, Werner	107
Hilberseimer, Ludwig	81, 82, **86**, **89**, **91**, 124, 369, **374**
Hiller, Kurt	44, 81, 102, 293
Hilpert, Thilo	42
Hindenburg, Paul von	30, 86
Hirschfeld, Magnus	81
Hitchcock, Henry-Russell	39
Hitler, Adolf	42, 43, 288, 402
Hochmann, Elaine	*103*
Hoetger, Bernhard	64, 102, 240
Hoff, Robert van t'	313
Hoffmann, Hubert	13, 15, 44
Hoffmann, Julius	388
Hoffmann, Ludwig	38, 43, 44, 101, 137, 139, 239, 240
Hofmann, Albert	105
Höger, Fritz	27, 140
Hölderlin, Friedrich	399
Holländer, Hans	38
Horkheimer, Max	48
Hübsch, Heinrich	12
Huelsenbeck, Richard	86
Huxley, Aldous	392
Iscelenov, Nikolaj Ivanovic	326
Jacobs, Jane	20
Jacobson, Arne	15
Jacobsen, Holger	340
Jaeckel, Willy	107
Jäckh, Ernst	201
Jansen, Hermann	240

Jaques-Dalcroze, Emile	26
Jeanneret, Charles-Edouard (s. Le Corbusier)	
Jencks, Charles	10, 11, 39
Jessner, Leopold	53
Johnson, Philip	39, 40, 42
Jünger, Ernst	24, 119
Kaesbach, Walter	107
Kaldenbach, Friedrich Hugo	109, 302
Kallai, Ernst (Ernö)	200, **227**, 335, **341**
Kandinskij, Vasilij	30, 300, 306
Kant, Immanuel	25, 406
Kassak, Lajos	200
Keller, Rolf	41
Kersten, Paul	107
Keyserling, Hermann Graf von	65
Klages, Ludwig	227, 393
Klee, Paul	25, 30, 44, 92
Klein, César	102, 107, 336
Klenze, Leo von	14
Klerk, Michel de	309, 310, 318, 319, *324*
Klotz, Heinrich	10, 19, 39
Koch, Hans	107
Kohtz, Otto	119, 321
Kok, A. J.Th.	309
Kollwitz, Käthe	82, 87, 102, 107
Komardjenkoff, W.	*145*
Konenkov, S. T.	327
König, Leo von	107
Kopp, Anatole	8
Korte, Hermann	41
Kortner, Fritz	53
Krakauer, Siegfried	48
Kramer, Pieter Lodewijk	309, 318, 319
Krauskopf, Bruno	107
Krayl, Carl	92, 109
Kreis, Wilhelm	63, 239, 240, **246**, 314
Kromhout, Willem	309, 318
Kropholler, Margaret (später Staal-Kropholler)	309
Kropotkin, Piotr A.	28

Kuhnert, Nikolaus	21
Kümmel, Otto	59
Laban, Rudolf	26, 146
La Croix, Guillaume Frédéric	310
Ladowskij, Nikolaj Aleksandrovic	326
Lampugnani, Vittorio Magnago	17, 38, 42
Lancaster, Osbert	*361*
Lane, Barbara Miller	17
Langbehn, Julius	27, 45
Langen, Gustav	29
Lansdorp, N.	319
Lauweriks, J. L. Mathieu	302, 309
Le Corbusier	20, 23, 26, 41, 42, 43, 176, 178, 187, 201, 229, **231**, 241, 295, 320, 321, 322, 323, 331, 337, 340, 353, 369, 370, 373, **385**, 386, 387, 388, 409
Lefèbvre, Henri	20
Léger, Fernand	10, 33
Lehmbruck, Josef	17
Leonardo da Vinci	68, 114
Lichnowsky, Mechtilde	107
Liebermann, Max	285
Liebig, Justus von	146
Liebknecht, Karl	47, 53
Liebknecht, Kurt	41
Lihotzky, Grete (heute Schütte-Lihotzky)	336, **346**
Lloyd, Harold	19, 147
Loghem, J. B. van (Wendingen, Redakteur)	310
Loos, Adolf	38, 218, 337, **355**
Luckhardt, Hans	92, 109, 119
Luckhardt, Wassilji	15, 92, 109
Ludwig XIV	303
Ludwig XV	351
Lukacs, György (Georg)	28, 45, 47, 83
Lunacarskij, Anatolij Vasilijevic	326
Luther, Martin	182
Luxemburg, Rosa	47, 53
Lyotard, Jean-Francois	11, 23, 36, 44

Maatsch, Thilo	*350*
Mächler, Martin	123
Majakowskij, Vladimir Vladimirovic	306
Maldonado, Tomás	39
Malevic, Kazimir	295, **328**
Mann, Heinrich	46, 53, 81
Mann, Klaus	28
Mann, Thomas	28, 53, 144, 199, **202**
Marchi, Virgilio	306
Marconi, Guglielmo	263
Marées, Hans von	285, 302
Masereel, Frans	*49*
May, Ernst	13, 46, 229, 277, 336, 378
Mebes, Paul	46, 107
Meid, Hans	107
Meier-Graefe, Julius	107
Melzer, Moritz	102
Mende, Clara	337, **366**
Mendelsohn, Erich	32, 55, **72, 73**, 123, 125, 139, 160, 217, 293
Mensendiecks, D.	146
Messel, Alfred	38, 63, 137, 139
Mey, Johan Melchior van der	309, 318
Meyer, Hannes	13, 24, 30, 31, 125, **146**, 200, 219, 335, 336, 343, 344, **345**
Meyer, Peter	33, 48, 160, **173**
Michelangelo Buonarroti	68
Mies van der Rohe, Ludwig	10, 17, 22, 23, 39, 42, 43, 55, **76**, 101, 103, 123, 124, **129**, 160, 161, *165*, 201, 221, 222, **230**, 241, 278, 286, 337
Mitscherlich, Alexander	13, 41
Moholy-Nagy, Lázló	343
Möhring, Bruno	102, 105, 119, 239
Mondrian, Piet	26
Moore, Charles	11
Morgenstern, Christian	114
Muche, Georg	340
Müller, Michael	40
Muesmann, Adolf	240
Müller-Wulckow, Walter	54, **63**
Mumford, Lewis	20, 39, 43, 125, 370, **380**
Munch, Edvard	283

Musil, Robert	81
Mussolini, Benito	53
Muthesius, Hermann	63, 161, **187**, 240
Nauen, Heinrich	107
Naumann, Friedrich	270
Neitzke, Peter	21
Nell	321
Nerlinger, Oskar	*51*
Neumann, Johann Balthasar	68
Niemeyer, Wilhelm	63, 107
Nietzsche, Friedrich	24, 26, 28, 182, 206, 261, 381
Nipperdey, Thomas	38
Nolde, Emil	283
Noske, Gustav	118
Novalis, Georg Philipp Friedrich Freiherr von Hardenberg	247
Obrist, Hermann	64
Olbrich, Josef Maria	63, 71, 128
Orwell, George	11
Osborn, Max	11
Osthaus, Karl Ernst	45, 107
Oud, Jacobus Johannes Pieter	144, 181, *237*, 311, 312, 316, 317, 340
Ozenfant, Amédée	320
Palucca, Gret	45, 125, 146
Paul, Bruno	18, 55, 105, 239
Paul, Jean (eigentlich Johann Paul Friedrich Richter)	215
Paulsen, Friedrich	105, 107
Pechstein, Max	102, 103, 107
Pehnt, Wolfgang	41, 45
Perrault, Claude	12
Perret, Auguste	181, 323
Perzynski, Friedrich	107
Peter der Große	327
Pfammatter, Ueli	18
Picasso, Pablo	27, 320
Pinnau, Cäsar F.	16
Pinthus, Kurt	81, **84**
Poelzig, Hans	18, 54, **61**, 63, 64, 82, 101, 107, 119, 160, 200, 224, 228, 239, 240, **242**, 395, 401, 402

Pöppelmann, Matthäus Daniel	301
Posener, Julius	31, 41, 47, 240
Prinzhorn, Hans	27, 28, 44, 82, 200, 227, 228
Pross, Harry	46
Rabelais, Francois	114
Redslob, Edwin	45, 239, 293
Reger, Max	27
Rembrandt (Hermansz van Rijn)	27, 188
Richter, Hans	55
Richter, Heinrich	107
Riegl, Alois	267
Riemerschmid, Richard	63, 278
Rietveld, Gerrit Thomas	312, 340
Riezler, Walter	27, 221, 222, 223, 278, **280**, **284**, 337, 353
Rilke, Rainer Maria	244
Rodcenko, Alexandr Michailovic	294, 326
Röhl, Karl Peter	*344*
Rohlfs, Christian	107
Rorschach, Hermann	25
Rosenberg, Alfred	277
Roux-Spitz	387
Ruegenberg, Sergius	43
Salvisberg, Otto Rudolf	63, 102, 105, 107, 108, 336
Salzmann, Alexander	26
Sant'Elia, Antonio	294, 302
Sauerbruch, Ferdinand	285
Sauvage, Henri	386
Savonarola, Girolamo	170
Scharf, Edmund	15
Scharoun, Hans	13, 44, 92
Scheerbart, Paul	25, 44, 81, 82, 88, 89, 110, 297
Scheffler, Karl	56, 134, 253
Scheidemann, Philipp	53
Schelling, Friedrich Wilhelm Joseph von	45, 252, 261,
Schlegel, Friedrich von	248
Schlemmer, Oskar	26, 45, *344*
Schliemann, Heinrich	404
Schlieper, Eugen Erich	107

Schmidt, Dieter	39
Schmidt, Hans	13, 296, 331, 332, 333
Schmidt-Hellerau, Karl	39
Schmitthenner, Paul	18, 39, 42, 46, 63, 102, 107, 139, 159, 278, 279, **287**, 336
Schmitz, Bruno	92, 181, 240
Schmitz, Hans	*79*
Schmitz, Hermann	107, 301
Schmohl, Eugen G.	107
Schneider, Romana	38
Schönberg, Arnold	26, 45
Schopenhauer, Arthur	206, 261
Schreiber, Mathias	40, 42
Schultze-Naumburg, Paul	18, 39, 46, 47, 109, 159, **162, 163**, 228, 277, 284, 286
Schumacher, Fritz	18, 46, 63, 161, 240, 241, **253**, 293, 370, **392**, 401
Schütz, Werner	18
Schwab, Alexander	161
Schwab-Felisch, Hildegard	161, **191**
Schwabach, Erik-Ernst	107
Schwarz, Rudolf	14, 34, 200, **223**, *226*
Sedlmayr, Hans	19, 42
Seeck, Otto	159
Seidl, Gabriel von	137
Semper, Gottfried	12, 249, 250, 267
Sert, José Luis	20
Shakespeare, William	188
Sharp, Dennis	38, 39, 41
Siedler, Wolf Jobst	11
Signoli, Hans	*290*
Simmel, Georg	54
Simon, Dieter	22
Simon, Hugo	107
Sinclair, Emil (Pseudonym für Hermann Hesse)	53
Sitte, Camillo	335
Socrates	244
Soeder, Hans	101
Sohn Rethel, Otto	107
Sohn, Carli	107
Sörgel, Hermann	28

Speer, Albert	15, 277, 402
Spengler, Oswald	19, 28, 42, 405
Sperlich, Hans G.	17, 41
Sprengel, Peter	38
Staal, Jan Frederik	309
Stam, Mart	29
Steger, Milly	107
Stein, Clarence S.	125
Steinbach, Erwin von	278
Stepanowa, Varvara Fedorovna	306
Steppes, Edmund	286
Sterenberg, Davis	326
Stoffregen, Heinz	63, 159
Stone, Sasha	*120*
Straumer, Heinrich	105
Strawinski, Igor	27, 55
Strnad, Oskar	160
Sudermann, Hermann	59
Sullivan, Louis	10, 381
Summerson, John	36
Swarzenski, Georg	107
Tairov, Alexander J. (Theaterregisseur Moskauer Kammertheater, Gastspiel in Berlin 1923)	325, 326
Tamms, Friedrich	15, 16, 46, 277, 401, 402, **406**
Tappert, Georg	103, 107
Tatlin, Vladimir Elgrafovic	178, 294, 306, 326
Taut, Bruno	13, 14, 23, 25, 26, 40, 44, 45, 46, 63, 81, 82, **87**, 92, 102, 107, 108, **109**, *112*, 125, 126, 139, **151**, 277, 294, 302, **313**, 335, 336, **348**, 370, **388**
Taut, Max	13, 63, 92, 102, 107, 108
Teut, Anna	17
Thieß, Frank	144
Thomsen, Christian V.	38
Topfstedt, Thomas	41
Topp, Arnold	107
Trier, Walter	*196*
Troost, Paul Ludwig	43, 63
Trubetzkoi, Grigorij Nikolajewitz, Fürst	327

Tschaikow	326
Tschumi, Bernard	40
Ulbricht, Walter	14, 40
Umbro, Appolonio	39
Unwin, Raymond	241
Valentiner, Wilhelm R.	107
Valéry, Paul	244
Vattimo, Gianni	11
Velde, Henry van de	38, 63, 65, 71, 123, 128, 134, 142, 190, 302, 319
Venturi, Robert	10
Verhagen, P.	309
Vesnin, Aleksandr Aleksandrovic	325
Viollet-le-Duc, Eugène Emmanuel	12
Vorhoelzer, Rudolf	8
Vorkink, Piet (hier gen. als Vorrinck)	310
Wachsberger, Arthur	56
Wagner, Martin	364
Wagner, Otto	12, 71, 129
Wagner, Richard	206, 239
Walden, Herwarth	8, 38, 102, 321
Wallot, Paul	19, 161, 240, 249
Weiß, Hilde	34
Welsch, Wolfgang	22
Welzenbacher, Lois	8
Wendland, Winfried	277
Westendorp, Fritz	107
Westheim, Paul	295
Wigman, Mary	26, 27, 44, 45, 82
Wijdeveld, Hendricus Theodorus	309, 310, 311, 319,
Wilhelm II	53, 118
Wils, Jan	313, 340
Wlach, Oskar	160
Woelfflin, Heinrich	54
Wolde, Ludwig	107
Wormser, Jacques Ph. (Büro zusammen mit Vorkink)	310
Worringer, Wilhelm	83, **96**, 102, 107
Wortmann, Wilhelm	16

Wright, Frank Lloyd	312, 313
Wyneken, Gustav	28, 81
Yamasaki, Minora	10
Zeppelin, Ferdinand Graf von	263
Zille, Heinrich	337
Zucker, Paul	43, 107
Zweig, Stefan	44

Bauwelt Fundamente
(lieferbare Titel)

1 Ulrich Conrads (Hrsg.), Programme und Manifeste zur Architektur des 20. Jahrhunderts
2 Le Corbusier, 1922 – Ausblick auf eine Architektur
3 Werner Hegemann, 1930 – Das steinerne Berlin
4 Jane Jacobs, Tod und Leben großer amerikanischer Städte
12 Le Corbusier, 1929 – Feststellungen
14 El Lissitzky, 1929 – Rußland: Architektur für eine Weltrevolution
16 Kevin Lynch, Das Bild der Stadt
20 Erich Schild, Zwischen Glaspalast und Palais des Illusions
24 Felix Schwarz und Frank Gloor (Hrsg.), „Die Form" – Stimme des Deutschen Werkbundes 1925–1934
36 John K. Friend und W. Neil Jessop (Hrsg.), Entscheidungsstrategie in Stadtplanung und Verwaltung
40 Bernd Hamm, Betrifft: Nachbarschaft
47 Werner Durth, Die Inszenierung der Alltagswelt
50 Robert Venturi, Komplexität und Widerspruch in der Architektur
51 Rudolf Schwarz, Wegweisung der Technik und andere Schriften zum Neuen Bauen 1926–1961
53 Robert Venturi, Denise Scott Brown und Steven Izenour, Lernen von Las Vegas
56 Thilo Hilpert (Hrsg.), Le Corbusiers „Charta von Athen". Texte und Dokumente. Kritische Neuausgabe
57 Max Onsell, Ausdruck und Wirklichkeit
58 Heinz Quitzsch, Gottfried Semper – Praktische Ästhetik und politischer Kampf
60 Bernard Stoloff, Die Affaire Ledoux
62 Giorgio Piccinato, Die Entstehung des Städtebaus
65 William Hubbard, Architektur und Konvention
67 Gilles Barbey, WohnHaft
68 Christoph Hackelsberger, Plädoyer für eine Befreiung des Wohnens aus den Zwängen sinnloser Perfektion
69 Giulio Carlo Argan, Gropius und das Bauhaus
70 Henry-Russell Hitchcock und Philip Johnson, Der Internationale Stil – 1932

71 Lars Lerup, Das Unfertige bauen
72 Alexander Tzonis und Liane Lefaivre, Das Klassische in der Architektur
73 Elisabeth Blum, Le Corbusiers Wege
74 Walter Schönwandt, Denkfallen beim Planen
75 Robert Seitz und Heinz Zucker (Hrsg.), Um uns die Stadt
76 Walter Ehlers, Gernot Feldhusen und Carl Steckeweh (Hrsg.), CAD: Architektur automatisch?
78 Dieter Hoffmann-Axthelm, Wie kommt die Geschichte ins Entwerfen?
79 Christoph Hackelsberger, Beton: Stein der Weisen?
81 Stefan Polónyi, ... mit zaghafter Konsequenz
82 Klaus Jan Philipp (Hrsg.), Revolutionsarchitektur
83 Christoph Feldtkeller, Der architektonische Raum: eine Fiktion
84 Wilhelm Kücker, Die verlorene Unschuld der Architektur
85 Ueli Pfammatter, Moderne und Macht
86 Christian Kühn, Das Schöne, das Wahre und das Richtige
87 Georges Teyssot, Die Krankheit des Domizils
88 Leopold Ziegler, Florentinische Introduktion
89 Reyner Banham, Theorie und Gestaltung im Ersten Maschinenzeitalter
90 Gert Kähler (Hrsg.), Dekonstruktion? Dekonstruktivismus?
91 Christoph Hackelsberger, Hundert Jahre deutsche Wohnmisere – und kein Ende?
92 Adolf Max Vogt, Russische und französische Revolutionsarchitektur 1917 · 1789
93 Klaus Novy und Felix Zwoch (Hrsg.), Nachdenken über Städtebau
94 Mensch und Raum. Das Darmstädter Gespräch 1951
95 Andreas Schätzke, Zwischen Bauhaus und Stalinallee
96 Goerd Peschken, Baugeschichte politisch
97 Gert Kähler (Hrsg.), Schräge Architektur und aufrechter Gang
98 Hans Christian Harten, Transformation und Utopie des Raums in der Französischen Revolution
99 Kristiana Hartmann (Hrsg.), Trotzdem modern (in Vorbereitung)
100 Magdalena Droste, Winfried Nerdinger, Hilde Strohl und Ulrich Conrads, Die Bauhaus-Debatte 1953

Geldbahnhöfe und andere Neubauten

von Ulf Jonak

1994. Ca. 170 Seiten. (Bauwelt Fundamente, herausgegeben von Ulrich Conrads und Peter Neitzke) Kartoniert.
ISBN 3-528-06101-4

Aus dem Inhalt:

Ulf Jonak zählt zu den profiliertesten, vor allem zu den couragiertesten Architekturnachdenkern des Landes. Weit über den Horizont des Architektonischen hinaus gebildet, sind die Texte des Architekten und Lehrers (Architekturtheorie GHS Siegen) – oft aus aktuellem Anlaß geschrieben, jedoch (wie die erneute Lektüre zeigt) frisch und reich wie zum Zeitpunkt ihrer ersten Publikation – so etwa wie Wegzeichen: hellsichtige Entzifferungen einer Welt, die oftmals nur ihrer Formseite nach rezipiert wird. Der Band versammelt die besten, die Geschichte der Architekturmoderne ebenso reflektierenden wie aktuellen Fragestellungen nachspürenden Aufsätze.

Über den Autor:

Prof. Dr.-Ing. Ulf Jonak lehrt Grundlagen der Gestaltung und Architekturtheorie an der Universität Gesamthochschule Siegen.

Verlag Vieweg · Postfach 58 29 · 65048 Wiesbaden

Bei Fragen zur Produktsicherheit wenden Sie sich bitte an:
If you have any questions regarding product safety,
please contact:

Birkhäuser Verlag GmbH
Im Westfeld 8
4055 Basel, Schweiz
productsafety@degruyterbrill.com